李彦昌　王海波　杨荣俊　编著

预拌混凝土质量控制

Quality Control of Ready-mixed Concrete

 化学工业出版社

·北京·

本书是根据编者多年预拌混凝土质量控制工作经历编写而成。全书共九章，内容涵盖了预拌混凝土质量控制的各个环节，包括生产控制（即原材料控制、配合比设计、生产、运输、交付、浇筑和养护等过程控制），合格控制（即混凝土验收质量控制）；同时介绍了特殊过程及特种混凝土质量控制；对预拌混凝土质量责任进行了界定，并提出应对措施；最后提出了提升预拌混凝土自动化的几点设想。

　　本书主要面向搅拌站技术人员，同时也可供建设单位、施工单位、监理单位、大专院校等相关人员参考。

图书在版编目（CIP）数据

预拌混凝土质量控制/李彦昌，王海波，杨荣俊编
著．—北京：化学工业出版社，2016.4（2023.3重印）
ISBN 978-7-122-26328-5

Ⅰ.①预…　Ⅱ.①李…②王…③杨…　Ⅲ.①预搅拌
混凝土-混凝土质量-质量控制　Ⅳ.①TU528.520.7

中国版本图书馆 CIP 数据核字（2016）第 032689 号

责任编辑：仇志刚　　　　　　　　　　装帧设计：刘丽华
责任校对：王素芹

出版发行：化学工业出版社（北京市东城区青年湖南街 13 号　邮政编码 100011）
印　　装：北京机工印刷厂有限公司
787mm×1092mm　1/16　印张 20¼　字数 524 千字　2023 年 3 月北京第 1 版第 7 次印刷

购书咨询：010-64518888　　　　　　　售后服务：010-64518899
网　　址：http://www.cip.com.cn
凡购买本书，如有缺损质量问题，本社销售中心负责调换。

定　　价：88.00 元

序

  我国近 30 年来建筑工程和铁路、公路、桥梁、地铁、水工结构等基础设施建设高速发展，混凝土成为最大宗也是最重要的建筑材料之一。我国预拌混凝土生产起步较晚，20 世纪 70 年代才少量生产，而有现代意义的较大规模的预拌混凝土生产是从 1979 年上海宝钢建设开始的，当时他们从日本引进预制混凝土工厂，年产量约为 40 万立方米。而现在，据不完全统计，2014 年我国为建筑工程和市政建设服务的预拌混凝土总产量已达 18 亿立方米，而生产企业多达 8000 余家。总产量约占世界的一半，无疑我国是世界上最大的预拌混凝土生产国，然而首先从质量、生产过程自动化、机器人的利用、劳动生产率等方面，与发达国家比，差距还是比较大的。

  另一方面近年来我国混凝土结构工程事故有不断增加的趋势，据公开报道的有老建筑的坍塌，也有刚建成不久的桥梁引桥被压垮，屡坏屡修不能正常运行的大桥；更有施工过程拆模时因混凝土强度不够而坍塌，混凝土 28d 强度达不到设计标准而被迫拆除返工，诸此等等。更多的是秘而不报的较小型的工程事故。这不能不引起混凝土工程业内技术人员的不安和忧虑。

  按理说为保证和提高工程质量的花费与工程造价和建筑的销售天价相比可以说是微不足道的，而投资方和开发商却为追求利润的最大化，力求降低建造成本而置质量于不顾。从技术角度分析工程事故的原因，有设计方对工程的安全性和耐久性设置水平较低，施工承包商的技术水平和工人技术素质低，当然也有混凝土材料生产质量问题。混凝土质量是保证和提高工程质量的材料基础。

  不容否认，近年来我国混凝土质量有所下降。原因是前几年盲目投资建立搅拌站，现在预制混凝土的生产能力大大超过了工程需要量，于是形成企业在降低成本上的恶性竞争。降低生产成本的途径不外乎加大石灰石粉和（或）粉煤灰掺量以及购买廉价外加剂。目前混凝土中掺合料含量（包括水泥厂和搅拌站掺量之和）过多，价廉质次的外加剂混迹市场。综上所述，我认为提高混凝土质量已成为当今混凝土生产技术发展的最主要任务之一。

  本书三位作者都是北京市政路桥集团所属的预制混凝土公司的技术骨干，我与该公司合作已有十几个年头了。我与他们经常讨论技术方案、试验研究计划、质量保证措施等。他们都在生产和施工一线兢兢业业地工作，十分重视混凝土的质量控制和关心工地现场的施工。非常可贵的是，他们还从事新材料和新技术的开发研究。可以说这本书是他们在这个行业阶段性的工作总结。

在本书中作者总结了从原材料进厂到生产和施工过程的质量控制经验，提出了许多操作性强的质量控制措施，如原材料进场快速检验项目、用半坍落度法进行原材料稳定性控制、利用 EXCEL 软件进行配合比自动化设计并快速进行配合比设计的调整。他们还介绍了新技术如高层泵送、自密实混凝土、硫铝酸盐快硬混凝土抢修工程的实例。本书内容有一定的新颖性和创造性。

我期望本书的出版能为预拌混凝土企业的技术人员起启发、参考和借鉴作用，也为土建设计和施工人员介绍一些混凝土的基本知识，对提高混凝土质量有所裨益。我也期盼有更多密切联系实践的混凝土佳作问世。

同济大学退休教授

2015 年 11 月于上海

前 言

　　我国预拌混凝土是随着改革开放的大潮而发展起来的，到目前为止，已走过近三十多年的路程，为建设事业做出了卓越贡献。根据中国混凝土网的不完全统计，2014年我国预拌混凝土总产量为23.71亿立方米，较上一年同比增长7.94%，这在全世界的建设史上是绝无仅有的，因此我们完全有理由说，我们是世界上最大的混凝土生产和应用国家。然而我们的预拌混凝土企业管理粗放，集约化水平低，生产水平和质量控制水平落后，生产自动化和信息化应用水平低，混凝土质量波动大，因此我们还称不上是预拌混凝土强国。

　　为了帮助预拌混凝土行业人员做好质量控制方面的工作，保证混凝土生产过程质量，为工程结构质量打下坚实基础，作者根据多年预拌混凝土质量控制工作经历，总结了原材料、试验过程、生产过程、施工过程、验收过程、特殊过程及特种混凝土等方面的质量控制经验，深入浅出，提出诸多可操作性强的质量控制措施。

　　本书共九章，内容涵盖了预拌混凝土质量控制的各个环节，包括生产控制（即原材料控制、配合比设计、生产、运输、交付、浇筑和养护等过程控制），合格控制（即混凝土验收质量控制）；同时介绍了特殊过程及特种混凝土质量控制；对预拌混凝土质量责任进行界定，并提出应对措施；最后提出了提升预拌混凝土自动化的几点设想。本书主要面向搅拌站技术人员，同时也可供建设单位、施工单位、监理单位、大专院校等相关人员参考。

　　与已经出版的预拌混凝土类图书相比，本书内容主要有以下一些特点：

　　（1）提出了搅拌站原材料质量控制及快速检验项目；参考外加剂相容性试验方法，创造性地提出了"原材料进场质量控制用半坍落度试验方法"。

　　（2）用Excel软件进行配比自动化设计，利用其强大的函数公式功能，解决了体积法计算的繁琐弊端，保证了配合比计算的准确性，并做到快速、准确、可靠地进行配合比调整；提出了科学的"原材料经济性对比方法"。

　　（3）提出了剩退混凝土的科学处理方法。

　　（4）提出了混凝土实体抗冻性后评估的标准程序及气泡间隔系数抗冻性评价指标的范围划分。

　　（5）提出了基于流变学理论的自密实混凝土设计与控制方法；提出自密实混凝土三低（低用水、低胶材、低砂率）的设计理念；提出高层泵送混凝土可泵性的核心要求是在保证稳定性（不离析）的前提下降低黏度和屈服应力；介绍北京市高强混凝土有限责任公司拥有自主知识产权的预拌硫铝酸盐水泥快硬混凝土技术。

（6）提出了质量责任界定的原则及搅拌站的应对措施，可以帮助行业人员提高质量责任意识，减少质量纠纷，保证混凝土的最终质量。

本书由李彦昌、王海波、杨荣俊编写，由李彦昌统一策划、组织并定稿。第 1 章由李彦昌、杨荣俊负责编写，第 2～6 章由王海波编写，第 7 章由李彦昌、杨荣俊、王海波共同编写，第 8 章由李彦昌编写，第 9 章由李彦昌、王海波编写。

本书是编者多年工作经验的总结，在此要特别感谢北京市高强混凝土有限责任公司原董事长邬长森，正是在其推动下，公司成立了研发机构，从工程中选题，针对实际工程开展了大量的技术开发和质量控制研究工作。在本书的编写过程中，我们也得到了北京市高强混凝土有限责任公司下属搅拌站的技术人员、北京市琉璃河水泥有限公司桑红山、北京班诺混凝土有限公司张颖等的大力帮助，在此一并对他们表示由衷的感谢。

在本书的编写过程中，尽管我们每一位成员都尽心竭力，但局限于理论水平与实践经验，书中不足之处在所难免，敬请读者能够提出宝贵的意见和建议，您的反馈将是我们继续努力的动力，本书的后继版本也将会更加完善。您可以加入我们专设的"预拌混凝土质量控制"QQ 群（群号：336757886），也可以发送电子邮件到 newhaibo@163.com，同时也欢迎关注我们的博客：http://blog.sina.com.cn/ybhnt，我们会在这里发布本书的勘误、修正和新增内容。本书未注明的部分摘录内容，请当事人发现后及时告知，我们将在博客中进行说明，并在后续的版本中进行标注。

编者
2016 年 2 月

目 录

第四章　生产过程质量控制

第五章　施工过程质量控制

第六章　硬化混凝土质量控制

第七章 特殊过程及特种混凝土质量控制

第八章 预拌混凝土质量责任界定及应对措施

第九章　预拌混凝土质量控制自动化

第一章

概述

　　混凝土是当代最大宗使用的建筑与土木工程结构材料，在我国社会与经济发展中占据着重要的位置。与其他常用建筑材料（如钢铁、木材、塑料等）相比，混凝土具有原材料易得、来源广、使用面广、生产能耗低、制作工艺简便、生产成本低等特点，还具有耐久、防火、相容性强、应用方便等特点。因此在今后相当长的时间内，混凝土仍将是应用最广、用量最大的建筑材料。

　　本章概述了混凝土及预拌混凝土的定义、分类及发展历史，介绍了混凝土质量及质量控制的概念，可帮助读者对预拌混凝土及其质量控制有初步的认识。

第一节　混凝土的定义和分类

一、混凝土

（一）定义

　　混凝土是由胶结材料（无机的、有机的或无机有机复合的）、颗粒状集料以及必要时加入的化学外加剂和矿物掺合料，以合理组分组成的混合材，经硬化后形成具有堆聚结构的复合材料。

　　黄士元等对混凝土的定义为：是将天然的（或人工的）岩石和砂子，用胶凝材料聚集在一起形成的坚硬的整体，且具有多种力学性能的结构材料[1]。

（二）分类

　　混凝土可按其组成材料、结构、密度、用途、性能和制造工艺等进行分类[2]。

1. 按胶结材分类

　　① 无机胶结材混凝土：水泥混凝土、硅酸盐混凝土、石膏混凝土、水玻璃混凝土、碱矿渣混凝土等。

　　② 有机胶结材混凝土：沥青混凝土、聚合物胶结混凝土、聚合物水泥混凝土、聚合物浸渍混凝土等。

2. 按混凝土的结构分

　　① 普通结构混凝土。

　　② 细粒混凝土。

③ 大孔混凝土。

④ 多孔混凝土。

3. 按用途分

主要有：结构用混凝土、隔热混凝土、装饰混凝土、耐酸混凝土、耐碱混凝土、耐火混凝土、道路混凝土、大坝混凝土、收缩补偿混凝土、海洋混凝土、防护混凝土等。

此外还有按混凝土性能和制造工艺分类等。

二、普通混凝土

普通混凝土是历史最悠久、应用最广泛、用量最多的混凝土品种。

（一）定义

《混凝土学》对普通混凝土的定义为：由水泥、粗细集料（碎石、卵石及硅质砂）加水拌合，经水化硬化而成的一种人造石，主要作为承受荷载的结构材料使用。为了改进混凝土的工艺性能和力学性能，常常加入某些外加剂及矿物掺合料[2]。

《建筑材料术语标准》（JGJ/T 191—2009）分别对混凝土和普通混凝土进行了定义。混凝土是以水泥、集料和水为主要原材料，也可加入外加剂和矿物掺合料等材料，经拌合、成型、养护等工艺制作的、硬化后具有强度的工程材料。普通混凝土为干密度为 2000～2800kg/m³ 的混凝土。

（二）普通混凝土的分类

1. 按稠度分

① 干硬性混凝土：坍落度小于 10mm。

② 塑性混凝土：坍落度 10～100mm 之间。

③ 流动性混凝土：坍落度大于 100mm。

2. 按强度等级分

① 普通强度混凝土：C10～C55 混凝土。

② 高强混凝土：不低于 C60 的混凝土。

此外还有其他的分类方法。

三、预拌混凝土

随着混凝土使用范围的不断扩大，以及混凝土技术的不断提高，产生了可以专业化生产管理的预拌混凝土（ready-mixed concrete）。预拌混凝土是现代混凝土技术发展史上的重大进步，预拌混凝土的使用程度反映了一个国家混凝土工业和建筑施工水平的高低，是建筑施工走向现代化的重要标志。

《预拌混凝土》（GB/T 14902—2012）将预拌混凝土定义为：在搅拌站（楼）生产的、通过运输设备运送至使用地点的、交货时为拌合物的混凝土。

第二节　预拌混凝土发展历史

一、预拌混凝土行业的发展

预拌混凝土又称商品混凝土，是随着建筑技术的发展而兴起的一个新型产业[3]，其特点就是工厂内集中搅拌，市场化供应；具体是指将水泥、集料、水及根据需要掺入的外加剂和掺合料等组分按一定比例集中在搅拌站（厂），经计量、拌制后出售，并用运输车在规定时间内运抵使用地点的混凝土拌合物。

混凝土集中拌制有利于采用新技术，提高机械化、自动化程度，严格控制拌制工艺，提高计量精度，确保混凝土工程质量，降低消耗，提高劳动生产率；同时还可以加快工程进度，提高建筑工业化水平和行业的整体素质，促进混凝土及相关产业的技术进步与发展；大量利用工业固体废弃物改善城市环境，促进城市文明建设，具有良好的经济效益和社会效益。推广预拌混凝土是经济发展和社会化大生产的必然，也是提高建筑工程机械化水平、保证工程质量、满足规模施工以及减少城市环境污染的需要。

（一）国外预拌混凝土行业的发展

预拌混凝土起源于欧洲，到20世纪70年代，世界预拌混凝土的发展进入黄金时期，预拌混凝土在混凝土总产量中已经占有绝对优势，其中美国占84%，瑞典占83%，日本占78%，澳大利亚占63%，英国占57%。70年代末全世界已有30000多家预拌混凝土工厂。近年来，美国和日本作为国外最大的两个预拌混凝土生产国，年产量均在2亿立方米左右，约占本国混凝土总用量的80%。美国的预拌混凝土制造商达2300多家，境内的工厂数将近6000多家。欧洲22个发达国家累计年生产预拌混凝土3亿立方米。包括东欧国家，全欧洲总的年产商品混凝土约4亿立方米。在欧洲国家中，德国预拌混凝土产量最高，年产量达到7400万立方米，人均$0.9m^{3[4]}$。

目前，预拌混凝土发展在国外已经进入成熟阶段，产量基本稳定或略有下降。由于欧洲、美国、日本等国家和地区的基础设施已经较为完善，未来这些地区预拌混凝土的增长空间有限，而印度、巴西等发展中国家对预拌混凝土的需求量将会越来越多。

据中国混凝土网统计的2013年世界混凝土十强排名，作为全球最大的建筑材料和水泥生产商之一的墨西哥Cemex集团，2013年混凝土销量为5830万立方米，同比增长6%，排名世界第一。其销售额的增长源于其在美国、地中海地区、亚洲、南美洲、中美洲和加勒比地区交易量的增长，以及公司在大部分业务地区提高了产品售价。排名第二的海德堡水泥，2013年混凝土销量达4030万立方米，同比增长2.81%；瑞士Holcim集团近几年一直紧随Cemex后居于次席，但2013年集团混凝土销量跌至3950万立方米，同比减少15.78%，已被德国海德堡水泥反超，此次居于第三名。2014年，面对复杂多变的全球经济形势以及激烈的市场竞争（表1-1），世界混凝土巨头们纷纷调整了各自的全球战略计划，其中，全球两大水泥、混凝土生产商——法国拉法基集团（Lafarge）与瑞士豪瑞集团（Holcim）宣布合并，将缔造一家合计年营收达400亿欧元的行业巨擘。另一大巨头德国海德堡集团（Heidelberg Cement）也宣布将收购意大利水泥集团（Italcement）45%的股份。

表1-1　2014年世界混凝土企业排名

排名	公司名称	English Name	RMC销量/万立方米	集团销售额/亿美元	RMC销售占比
1	西麦斯集团	CEMEX	6005	231.00	34%
2	豪瑞集团	Holcim	3700	220.00	34%
3	海德堡水泥	Heidelberg Cement	3660	178.00	32%
4	拉法基集团	Lafarge	2640	143.48	33%
5	老城堡集团	CRH	1330	210.00	9%
6	布兹由尼斯	Buzzi Unicem	1200	35.50	29%
7	意大利水泥	Italcement	1150	44.00	28%

续表

排名	公司名称	English Name	RMC 销量/万立方米	集团销售额/亿美元	RMC 销售占比
8	沃特兰亭	Votorantim	1120	107.90	10%
9	阿哥斯水泥	Cementos Argos	1110	23.20	37%
10	威凯特水泥	Vicat SA	830	27.38	32%

从上榜企业所属地区来看，有 7 家企业来自欧洲，2 家企业来自南美洲，1 家企业来自北美洲，从目前的全球混凝土市场格局来看，欧洲混凝土企业凭借着行业领先的专业技术和完善的配套解决方案依然领导着全球混凝土行业的发展。

（二）国内预拌混凝土行业的发展

我国著名水泥混凝土技术专家黄大能先生一直大力提倡发展商品混凝土，提出了发展我国商品混凝土的十大效益：①节约水泥，减少水泥浪费和损耗至少 20%；②有利于推广散装水泥；③可促进混合材的商品化和合理利用，完善水泥产品结构；④可大大促进各种外加剂的推广使用，从而能进一步节约水泥，扩大混凝土材料的使用面；⑤有利于发展砂石加工业，提高砂石加工质量，并促进砂石集料的商品化；⑥通过混凝土生产的自动化、工厂化，可大大提高混凝土的质量；⑦节约能源，节约水源；⑧促进混凝土施工工艺的改进和新工艺的推广，如发展流态混凝土、泵送混凝土、喷射混凝土等；⑨减少工地环境污染，促进文明生产，有利于城市环保；⑩对水泥的再加工、深加工，由于产品结构的改变，又由于技术进步，必然能大大提高建材行业的人均产值。

1. 初始阶段

预拌混凝土在我国的兴起始于 20 世纪 50 年代，当时主要用于预制构件的生产，代表性的厂家包括北京市第一建筑构件厂、丰台桥梁厂和前苏联援助的西安制品厂等。当时一些大型建设工程需要大量现浇混凝土，由于施工场地狭窄、工期紧迫等原因，组织施工遇到困难，承担施工的企业于是在施工现场或施工现场附近设立混凝土搅拌设施，采用翻斗式汽车运输，吊斗浇筑混凝土，解决了施工中的急需问题。这是预拌混凝土的初始阶段，这一时期的预拌混凝土是针对某一工程专门设立搅拌站集中搅拌混凝土，而不向其他工程和社会供应，一般采用翻斗车运输，多数是塑性混凝土。

2. 起步阶段

1973 年，北京市建工局建设北京饭店东楼时，从前捷克斯洛伐克引进了 $1m^3$ 的立轴强制式搅拌机，建立了北京市的第一个混凝土搅拌站。真正的预拌混凝土始于上海宝钢建设，1979 年特地从日本专门进口两个搅拌楼，建设了年产 40 万立方米的混凝土搅拌站。20 世纪 70 年代末至 80 年代初，北京、上海、天津、无锡、沈阳等城市的预拌混凝土开始社会化供应，并采用搅拌车运输、泵车输送浇筑，混凝土发展为以流态为主，技术逐步成熟和完善。从这时起，预拌混凝土作为一个独立的、新兴的产业真正开始起步，走向发展。这一时期的预拌混凝土由于受到技术和规模的限制，供应范围较小，覆盖半径一般为 10～15 公里，搅拌站的年生产能力一般为 50000～150000m³。

3. 快速发展阶段

（1）第一个高峰　进入 20 世纪 90 年代，改革开放带来了经济建设的快速发展，城市建设和基础设施建设逐年增多，混凝土需求量也随之增大，由此带动了预拌混凝土行业的快速发展。"八五"和"九五"期间，建设部安排国家支持施工企业技术改造专项贷款 11 亿元人民币，其中有 5 亿元之多用于支持预拌混凝土的发展。到 1995 年，全国有预拌混凝土站

（厂）616家，预拌混凝土企业年设计生产能力约6000万立方米，年实际产量达2600万立方米。

（2）第二个高峰 2003年10月16日，国家商务部、公安部、建设部、交通部四部委联合颁布了《关于限期禁止在城市城区现场搅拌混凝土的通知》（商改发［2003］341号文），该文件明确规定在我国124个城市禁止现场搅拌混凝土。继此《通知》出台后，商务部、住房城乡建设部等六部委于2007年6月6日又联合下发《关于在部分城市限期禁止现场搅拌砂浆工作的通知》。两个通知的相继出台使我国预拌混凝土进入了第二个高速发展时期。据不完全统计，到2010年，我国已建成预拌混凝土站（厂）5000多家，年设计生产能力达到15亿立方米，实际产量接近10亿立方米。北京、上海、广州、南京、沈阳、大连、常州等城市应用的预拌混凝土量已达到该城市混凝土总用量的60%以上，接近经济发达国家水平。这一时期预拌混凝土更多地出现了一些年产50万~100万立方米的大型混凝土搅拌站。这些大型搅拌站的计量精度、质量控制水平、自动化程度、工业废料利用条件、环保设施等都明显优于20世纪80年代自行配套的搅拌站，预拌混凝土设备的配套技术、混凝土生产技术、管理经验逐步趋于成熟。

4. 现状

据中国混凝土网不完全统计，2012年末全国有预拌混凝土生产企业7886家，比上年末增加1334家；从业人员19.72万人，比上年增加3.34万人；设计生产能力48.03亿立方米，比上年的40.53亿立方米增加7.5亿立方米，增长18.49%；生产预拌混凝土16.45亿立方米，比上年的14.79亿立方米增加1.66亿立方米，增长11.26%。2013年，受城镇化建设影响，建设市场发展较快，促使我国宏观经济增长情况良好，全年混凝土产量完成21.96亿立方米，较2012年同期增长了18.77%。2014年，当"新常态"翩然而至，混凝土行业也步入了更加成熟的一年，告别高速增长时代，行业迎来中高速增长时期，整体景气度伴随投资增速的放缓也趋于缓慢下行，2014年我国商品混凝土总产量为23.71亿立方米，较上一年同比增长7.94%，增速较上一年下滑13.54%。

表1-2是中国建筑行业协会混凝土分会统计的2014年我国部分省、市、自治区预拌混凝土企业的生产情况，数据中尚不包括水工、公路和铁路系统预拌混凝土产量，如果全部列入，我国预拌混凝土产量预计在25亿立方米左右。据各地协会统计，受房地产政策调控影响，2014年全国预拌混凝土产量较2013年仅增加3000万立方米，增幅较小，但是企业数量却增幅不小，同质化严重，竞争更加激烈。江苏，山东依然位居产量龙头，浙江则超越广东从第四跃居第三位，河南增幅较大，从第八名直接跳到第五名，预计未来受京津冀一体化与一路一带规划影响，河北、天津产量会继续上升，中西部地区产量也会继续增加。

表1-2 2014年我国部分省、市、自治区预拌混凝土企业生产情况统计表

项目 排序	省市	企业总数	设计能力 /(万立方米/年)	实际产量 /万立方米	生产设备数量			
					搅拌机	搅拌运输车	车泵	拖泵
1	江苏	984	83501	24609	2142	20353	3827	1486
2	山东	1223	40000	21978	2417	18660	3210	2546
3	浙江	493	32780	18025	1145	12627	1596	1372
4	广东	736	50302	17243	1360	14900	1460	1453
5	河南	403	32076	7492	872	8287	740	637
6	辽宁	465	25000	7300	1163	16005	2550	1500
7	安徽	387	15200	6230	576	4760	750	358
8	重庆	155	17385	5959	401	8382	422	1431

项目 排序	省市	企业总数	设计能力 /(万立方米/年)	实际产量 /万立方米	生产设备数量			
					搅拌机	搅拌运 输车	车泵	拖泵
9	上海	160	9820	5867	405	3087	491	45
10	陕西	320	16678	5760	640	6080	800	690
11	北京	113	16250	5655	416	3911	420	237
12	新疆	280	8210	5500	323	2190	426	703
13	福建	223	12000	5480	345	4554	762	522
14	湖南	216	11000	5100	367	4605	656	610
15	山西	324	18162	4363	593	5839	814	594
16	天津	213	14760	4351	518	3176	452	261
17	广西	204	11465	4067	702	2322	232	310
18	江西	246	17800	3850	510	3100	605	340
19	成都	165	13300	3500	517	3400	565	772
20	云南	165	12500	3150	538	1988	367	655
21	黑龙江	232	11757	2974	470	4670	440	259
22	武汉	129	7100	2600	300	2200	247	244
23	贵阳	76	4600	1520	174	1262	110	120
24	宁夏	115	7500	1400	350	850	317	91
25	内蒙古	66	2700	1200	168	544	96	153
26	青海	39	1850	997	65	254	87	128
27	兰州	54	6050	801	108		158	150
总计		8186	499726	176971	17585	156206	22708	17347

中国混凝土与水泥制品协会经过详细的市场调查，综合各方面数据，推选出 2014 年度中国预拌混凝土十强企业（表1-3）。从排名看，其中 4 家是建工企业，其余的都是水泥企业产业链延伸到混凝土的，前十强企业产量占全国产量的 10% 左右，集中度非常低，因此行业企业兼并重组的道路还是很遥远。

表 1-3　2014 年度中国预拌混凝土十强企业

排序	企业名称	排序	企业名称
1	中国建材集团	6	北京金隅集团股份有限公司
2	中建西部建设股份有限公司	7	中国中材集团有限公司
3	上海建工集团股份有限公司	8	华新水泥股份有限公司
4	华润水泥控股有限公司	9	重庆建工集团股份有限公司
5	唐山冀东混凝土有限公司	10	云南建工集团股份有限公司

二、预拌混凝土技术的发展

预拌混凝土技术发展主要表现在外加剂、矿物掺合料的使用以及泵送施工技术等三个方面。

（一）外加剂技术的发展

混凝土外加剂是一种在混凝土搅拌之前或拌制过程中加入的、用以改善新拌混凝土和（或）硬化混凝土性能的材料。混凝土外加剂改善了新拌和硬化混凝土的性能，促进了混凝土新技术的发展，促进了工业副产品在胶凝材料系统中更多的应用，有助于节约资源和环境保护，已经逐步成为优质混凝土必不可少的材料。近年来，国家基础建设保持高速增长，铁路、公路、机场、煤矿、市政工程、核电站、大坝等工程对混凝土外加剂的需求一直很旺盛，我国的混凝土外加剂行业也一直处于高速发展阶段[5]。

外加剂已成为预拌混凝土中不可缺少的组分，成为现代混凝土技术进步的标志之一。多年来混凝土技术只有少数几次重要的突破。20世纪40年代开发的引气剂是其中之一，它改变了北美混凝土技术的面貌；高效减水剂是另一次重大突破，它在今后许多年里将对混凝土的生产与应用带来巨大的影响[6]。

减水剂是混凝土外加剂中最重要的品种，按其减水率大小，可分为普通减水剂（以木质素磺酸盐类为代表）、高效减水剂（包括萘系、密胺系、氨基磺酸盐系、脂肪族系等）和高性能减水剂（以聚羧酸系高性能减水剂为代表）。其中，高性能减水剂被认为是目前最高效的新一代减水剂，它具有一定的引气性，较高的减水率和良好的坍落度保持性能。与其他减水剂相比，高性能减水剂在配制高强度混凝土和高耐久性混凝土时，具有明显的技术优势和较高的性价比。国外从20世纪90年代开始使用高性能减水剂，日本现在用量占减水剂总量的60%～70%，欧、美约占减水剂总量的20%左右。

（二） 矿物掺合料技术的发展

《矿物掺合料应用技术规范》（GB/T 51003—2014）对矿物掺合料的定义为：以硅、铝、钙等一种或多种氧化物为主要成分，具有规定细度，掺入混凝土中能改善混凝土性能的粉体材料。主要包括粉煤灰、粒化高炉矿渣粉、硅灰、沸石粉、复合掺合料等。国外将这种材料称为辅助胶凝材料（supplementary cementitious materials）。矿物掺合料已成为混凝土不可缺少的第六组分。

1. 第一阶段（20世纪30～60年代）

自从工业锅炉改为煤粉炉后，人们就开始对粉煤灰的火山灰性质进行了研究。最初，粉煤灰等工业废渣只是被当作节省水泥、降低成本的一种措施，在很长时间内人们对其应用都持一种消极的态度，甚至认为矿物掺合料的掺入是以牺牲混凝土性能为代价的。

20世纪30年代，美国开始对粉煤灰掺入混凝土和砂浆进行较完整的研究，而较早地把矿渣作为水泥混凝土掺合料的公开论文是德国学者R. Grun在1942年发表的《高炉矿渣在水泥工业中的应用》。1948年，R. E. Davis成功地将粉煤灰大规模应用于美国蒙大拿州的俄马坝工程，为矿物掺合料的应用树立了典范。

2. 第二阶段（20世纪70～80年代）

直到20世纪70年代，能源危机、环境污染以及资源枯竭问题的出现，才又强烈激发起人们对粉煤灰、矿渣等工业废渣进行再利用的研究，为工业废渣用作水泥混凝土掺合料开辟了新篇章。目前粉煤灰的利用率为70%左右。一些发达国家的粉煤灰利用率则超过了80%，日本利用率最高，达到了98%以上。国家标准规定结构混凝土只能使用Ⅰ、Ⅱ级粉煤灰，Ⅲ级粉煤灰不能用于结构工程，所以用量很少。

中国的粉煤灰应用从60年代大跃进开始，当时主要用于大型砌块等墙体材料。80年代初，同济大学黄士元教授首次提出，我国粉煤灰利用的途径不能仅仅是生产墙体材料这一条路径，应该发展用于混合材、混凝土和道路工程等，只有这样粉煤灰利用率才可能有大幅度的提高，电厂的粉煤灰处理问题和环境保护问题才有可能得到较好的解决[7]。这一观点得到上海建科所谷章昭、沈旦申的大力支持和响应，并于1987年2月获得联合国资金资助，国家科委正式批准成立"中国城乡建设粉煤灰利用技术研发中心"，至此国内粉煤灰综合利用的工作如火如荼地展开。

黄士元教授是国内最早开始粉煤灰在混凝土中的研究和应用的学者之一，他对粉煤灰特性和粉煤灰在预拌混凝土中的应用进行了深入的研究。

3. 第三阶段（20 世纪 90 年代～现在）

经过一定的质量控制或制备技术获得的优质矿物掺合料，可明显改善硅酸盐水泥自身难以克服的组成和微结构等方面的缺陷，包括劣化的界面区、耐久性不良的晶相结构、高水化热造成的微裂纹等，赋予了混凝土优异的耐久性能和工作性，超越了传统的降低成本和环境保护的意义。矿物掺合料已成为混凝土材料一个不可或缺的组分，有人称之为混凝土的第六组分。

（三）泵送施工技术的发展

国内最早应用泵送施工技术的是上海宝钢，当时主要是用于基础泵送。20 世纪 90 年代泵车设备仍较为落后，需要混凝土具备较好的泵送性能，在提高混凝土泵送性的关键材料技术措施上，100m 以下高度主要靠掺加优质粉煤灰来解决，100m 以上高度主要靠优质粉煤灰加优质引气剂（SJ-2）来解决。典型工程包括上海杨浦大桥（208m）、上海广播电视塔（350m）、上海金茂大厦（380m）等[8]。后来由于泵车技术的改善，泵送施工技术渐趋成熟。

预拌混凝土施工技术发展很快，混凝土泵送技术日趋成熟。在全国预拌混凝土行业，泵送混凝土的使用已达到 80％以上。在泵送高度上也有很大提高，上海金茂大厦一次泵送高度达到 382.5m；广州电视塔 C100 混凝土一次泵送高度达到了 400 多米；迪拜塔将混凝土泵送至 606m；2015 年 9 月 8 日，天津 117 大厦混凝土实际泵送高度 621m，一举超越了哈利法塔 601m 的"净身高"，同时也超越了上海中心大厦 606m 的混凝土泵送高度，缔造了世界混凝土泵送第一高度。

泵送混凝土强度等级也有了提高。20 世纪 80 年代以前，我国混凝土平均强度等级长期徘徊在 20MPa 左右。进入 90 年代后，混凝土强度等级发展为以 C30、C40 为主，C50、C60 混凝土也逐渐应用于实际工程，C80、C100 以及更高等级的混凝土已研制成功，并开始在部分工程中得到应用。我国的高性能混凝土的制作和施工技术达到国际先进水平。

第三节　预拌混凝土质量及质量控制

《质量管理与质量保证——术语》（GB/T 6583—94）（等同采用 ISO8402-1994《质量管理与质量保证》国际标准）中有关质量及质量控制的定义如下。

①　质量：反映实体满足明确和隐含需要的能力的特性总和。

②　质量控制：为达到质量要求所采取的作业技术和活动。

国家标准《建筑结构可靠度设计统一标准》（GB 50068—2001）中规定材料和构件的质量控制应包括下列两种控制。

①　生产控制：在生产过程中，应根据规定的控制标准，对材料和构件的性能进行经常性检验，及时纠正偏差，保持生产过程中质量的稳定性。

②　合格控制（验收）：在交付使用前，应根据规定的质量验收标准，对材料和构件进行合格性验收，保证其质量符合要求。

其中生产控制属于生产单位内部的质量控制，合格控制是生产单位和用户之间进行的质量控制，即按统一规定的质量验收标准或双方同意的其他规则进行验收。在生产控制阶段，材料性能的实际质量水平应控制在规定的合格质量水平之上。当生产有暂时性波动时，材料性能的实际质量水平亦不得低于规定的极限质量水平。

上述质量和质量控制的概念适用于普通商品，而预拌混凝土具有半成品的属性，其质量和质量控制有自身的特点。因此，预拌混凝土应按照《质量管理与质量保证——术语》（GB/T 6583—94）、《建筑结构可靠度设计统一标准》（GB 50068—2001）的要求，结合自身特点开展质量控制活动[9]。

一、预拌混凝土的质量特性

预拌混凝土具有区别于一般产品的显著特点，其质量特性具有显著的时效性、滞后性和复杂性。预拌混凝土从生产到使用过程具有较强的时效性；混凝土强度及结构验收具有较长时间的滞后性；混凝土质量问题成因具有较高的复杂性。

（1）时效性　时效性指预拌混凝土必须在有效的时间段内完成生产、运输、交付、泵送与浇筑等环节，否则预拌混凝土性能会受很大影响。

（2）滞后性　滞后性是指预拌混凝土在现场交付时只能检验拌合物的性能，其硬化后的重要性能指标——力学性能和耐久性能均要在交付后的不同龄期进行检验与评定，在时间上会有长达28d甚至60～90d的滞后。同时由于交付后由使用方（施工方）负责的泵送、浇筑与养护等环节对混凝土硬化后的性能指标会产生很大影响，其结构中混凝土性能的评价周期更长，这是预拌混凝土区别于一般产品的显著特点。

（3）复杂性　复杂性是指影响预拌混凝土质量的因素复杂多变，主要有：

① 混凝土原材料质量波动大，而每种材料的质量波动都会对预拌混凝土质量产生一定影响；

② 混凝土生产工艺简单原始，自动化和信息化程度低，人为因素多，导致预拌混凝土质量受生产过程的影响大；

③ 施工过程中，浇筑、振捣和养护等过程对结构混凝土质量影响也很大；

④ 温度、湿度及风速等环境因素对混凝土质量也有一定影响。

二、预拌混凝土的质量

预拌混凝土的质量由混凝土拌合物性能、硬化混凝土力学性能、长期性能与耐久性能等构成。

（1）拌合物的性能　混凝土各组成材料按一定比例配合，拌制而成的尚未凝结硬化的混合物，称为混凝土拌合物，也称为新拌混凝土。其性能主要有：工作性能（和易性：坍落度、扩展度、黏聚性、坍落度经时损失等）、凝结时间、泌水和压力泌水、表观密度、含气量等。

（2）力学性能　混凝土力学性能是指混凝土抵抗压、拉、弯、剪等应力的能力。混凝土强度是混凝土硬化后最重要的力学性能，也是混凝土质量最直接的指标。通常以混凝土强度控制混凝土质量，以抗压强度作为一般评定混凝土质量的指标，并作为确定强度等级的依据。其性能主要有：抗压强度、抗折强度、抗拉强度、抗剪强度、粘接强度及弹性模量等。

（3）长期性能和耐久性能　混凝土的长期性能和耐久性能是指混凝土在实际使用条件下抵抗各种破坏因素的作用，长期保持强度和外观完整性的能力，以及混凝土结构在规定的使用年限内，在各种环境条件作用下，不需要额外的费用进行维护修缮加固处理而保持其安全性、正常使用和可接受的外观能力。其性能主要有：抗水渗透、抗冻、碳化、开裂、徐变、抗氯离子渗透、抗侵蚀、耐磨、碱集料反应、体积稳定性（热膨胀性、收缩）等性能。

三、预拌混凝土质量控制现状

我国预拌混凝土质量整体状况堪忧，原材料、生产过程、交付过程以及浇筑与养护过程中都存在诸多问题，因此加强预拌混凝土质量控制是当前的重要任务。

1. 原材料

（1）水泥　水泥目前的问题主要有以下几方面。

① P·O 42.5 水泥中混合材质量差、品种多、用量超标、比例变化随意。P·O 42.5 水泥占据了大量市场，而由于混合材实际质量差和用量超标，使得近几年 P·O 42.5 水泥强度下降较大，由原来的 55～60MPa 降到了 48～52MPa。图 1-1 是 2005～2010 年某搅拌站 P·O 42.5 水泥平均强度的变化情况。

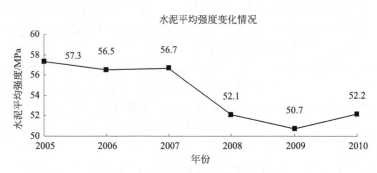

图 1-1　水泥强度变化情况图

② 水泥的细度过大，几乎没有比表面积低于 350m²/kg 的水泥。据笔者的试验结果和了解的情况，水泥的比表面积大都在 380～420m²/kg，高的甚至接近 500m²/kg，这种高比表面积水泥对混凝土拌合物性能影响很大，会大量增加混凝土单方用水量，造成坍落度损失过快，因外加剂用量高而出现对用水量敏感等，同时也会造成混凝土后期强度增长幅度降低等。

③ 水泥粉磨过程中掺加助磨剂已比较普遍，而预拌混凝土搅拌站无法了解水泥中助磨剂的种类及与混凝土各组分之间的相互影响，因此使用过程中难免出现这样或那样的问题。助磨剂的成分比较复杂，通常是由各种有机和无机化合物复合而成，不同组分有着不同作用，助磨机理也比较复杂。少数助磨剂供应商为了迎合水泥厂加大混合材用量的要求，为了在超标使用混合材的情况下水泥强度仍能满足标准，在助磨剂中添加了大量的强度激发剂，有些强度激发剂会对混凝土耐久性、后期强度、钢筋锈蚀、表面泛碱、混凝土拌合物工作性等产生不利的影响。

④ 水泥供不应求时，水泥厂没有陈放水泥的时间，运到搅拌站的水泥温度通常很高，多数情况下在 70℃ 以上，甚至接近 100℃。水泥温度过高，混凝土坍落度损失加快，严重影响混凝土拌合物性能。

⑤ 水泥品种和等级单一化。不知从何时起，预拌混凝土搅拌站所用的水泥品种和等级趋于单一化，几乎仅有一种 P·O 42.5 水泥，这就意味着不管搅拌站生产什么样的混凝土，都要通过 P·O 42.5 水泥来解决，这种情况对预拌混凝土非常不利。作为预拌混凝土企业，最希望使用的水泥应该是 P·Ⅰ 和 P·Ⅱ 硅酸盐水泥。

（2）掺合料　混凝土可用的掺合料种类很多，目前常用的主要是粉煤灰和矿渣粉两种，硅灰只有在少数情况下使用，其他像火山灰、沸石粉等几乎很少使用。

① 由于预拌混凝土在全国发展势头迅猛，粉煤灰特别是优质粉煤灰供不应求，而搅拌站所用粉煤灰几乎都不直接来自电厂，而是来自运输商，供应紧张时，粉煤灰的来源、质量等情况搅拌站根本无从了解、无法控制，搅拌站筒仓内的粉煤灰五花八门，造成质量控制难度很大。同时，由于优质粉煤灰的大量缺口，市场上出现了很多磨细粉煤灰，在磨细过程中

还加入了助磨剂，对混凝土质量有不利影响。另外，搅拌站在粉煤灰进站控制上多采用较为简便易行的测细度方法，而需水量比和烧失量做的较少，也给磨细粉煤灰生产和供应提供了可乘之机。

② 随着粉煤灰和矿渣粉双掺技术的大量应用，矿渣粉的用量越来越多，磨细矿渣粉企业也如雨后春笋，带来矿渣粉质量变化多端，难以控制的局面。大型立磨矿渣粉生产企业，有自己固定的渣源，自动化水平高、产量大、质量稳定；但小型球磨矿渣粉企业存在渣源不固定、水渣质量差、自动化水平低、无规范的质量控制体系等问题。同时，部分小厂掺杂使假，在磨细过程中加入劣质的粉煤灰、炉渣、石灰石等材料，严重影响混凝土质量。

（3）集料 随着工程量的快速增长，天然集料越来越匮乏，集料质量也因此变得越来越差，已成为影响预拌混凝土质量的主要原因之一。因为砂石料用量很大，对混凝土质量存在很大影响，但无论是政府管理部门还是行业内部对砂石质量重要性的认识却远远不够。北京市砂石年用量数千万吨，用量高时超过亿吨，全国的用量更是天文数字，但用量如此之大的材料却难得见到一家正规生产厂家，几乎是清一色的个体厂商，绝大多数厂家生产规模小、人员素质差、设备落后、生产条件简陋、对产品质量几乎实行"零"控制，所有的质量管理职责几乎全部落到用户头上。这种完全靠用户进行质量管理的现状，势必过度依赖市场，总体受市场左右，经常出现"萝卜快了不洗泥"的局面，而用户的选择余地很小，只能被动接受。图1-2是某搅拌站单月砂含泥量进站的日检结果，砂的含泥量在0.8%～11.3%范围内，波动非常大。

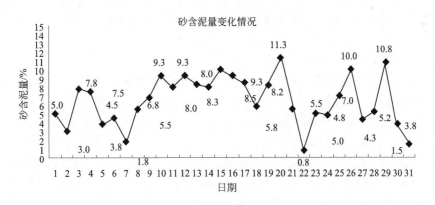

图 1-2 砂含泥量进站日检结果

（4）外加剂 由于使用聚羧酸外加剂不但可以改善混凝土性能，还可以降低成本的广泛宣传，聚羧酸外加剂应用在全国范围内快速推进，有些地区甚至出现一哄而上的局面，质量状况鱼龙混杂。聚羧酸系减水剂是一种引气型减水剂，在未进行消泡处理的情况下，混凝土含气量会随其用量的增加而大幅度提高，且引出的气泡结构不良，不但会大幅度降低混凝土强度，而且对混凝土耐久性也不会有太大改善。因此聚羧酸系减水剂通常必须首先进行消泡处理，对为改善混凝土和易性和耐久性要求有一定含气量的混凝土，必须通过在聚羧酸系减水剂中加入一定量的引气剂来解决。但据作者了解，很多聚羧酸厂家为了降低成本，不但不采取"先消后引"的技术处理措施，还利用聚羧酸外加剂的引气性能来增加减水率和改善混凝土和易性，给混凝土质量带来很多隐患。图1-3是某高速路工程对入围的13家搅拌站使用的聚羧酸外加剂抽检项目中含气量及经时损失的试验结果。试验采用的配合比见表1-4。

表 1-4 混凝土含气量及经时损失试验的配合比

配合比	用水量 /(kg/m³)	水泥 /(kg/m³)	砂 /(kg/m³)	碎石/(kg/m³)		外加剂 掺量	出机坍落度 /mm
				5~10mm	10~20mm		
基准	根据出机坍落度调整	360	828	405	607	0	210±10
受检	根据出机坍落度调整	360	828	405	607	推荐掺量	210±10

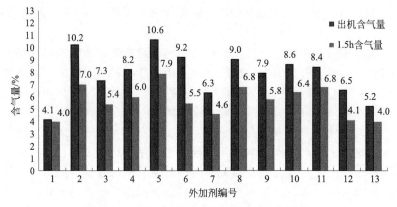

图 1-3 混凝土含气量及经时损失的试验结果

另外,聚羧酸外加剂对砂的含泥量和粉煤灰品质波动非常敏感,控制不好很容易出现严重的离析泌水和混凝土坍落度突然快速损失的现象,造成严重的质量问题或事故。

2. 生产过程

(1) 配合比问题

① 混凝土强度保证率问题 《普通混凝土配合比设计规程》(JGJ 55—2011)中规定:混凝土配制强度应按下式计算:$f_{cu,o} \geqslant f_{cu,k} + 1.645\sigma$(C60 以下混凝土),其中,1.645 为混凝土强度保证系数,表示混凝土强度保证率为 95%,即混凝土强度达不到 $f_{cu,k}$(混凝土立方体抗压强度标准值)的可能性为 5%。混凝土生产量越大,强度试验组数越多,混凝土的合格率与保证率就越接近,也就是说据此确定的配合比在有较大试验组数的情况下,合格率不小于 95% 就可以满足规范要求。但是,根据预拌混凝土的现实情况,混凝土出站时如果用 95% 的保证率控制,而运输、浇筑和养护过程对混凝土强度的保证率也不会超过 95%,那么浇筑到结构中的混凝土强度保证率就应该不大于 $0.95^4 = 0.8145$,也就是说强度保证率还达不到 81.45%,这样的保证率是不能接受的。因此,为了保证浇筑到结构的混凝土强度保证率达到 95%,预拌混凝土搅拌站确定配合比时,必须充分考虑各种不利因素,提高强度保证率。在此,建议根据搅拌站的实际控制水平按照 $f_{cu,k} + 2.0\sigma \sim f_{cu,k} + 2.5\sigma$ 来确定配合比。

② 掺合料用量问题 随着预拌混凝土市场竞争的加剧,经营者对降低混凝土成本趋之若鹜,不断要求技术人员降低混凝土成本,导致混凝土掺合料用量越来越多,并由此带来很多质量隐患。殊不知任何企业要想基业长青,必须强化内部管理,通过精细化管理提高效益,而不是牺牲混凝土质量降低混凝土成本。当然使用掺合料本身与混凝土质量隐患并没有直接关系,只是掺合料使用不当,不细分混凝土浇筑部位、运输时间、结构特点等情况,一味追求大掺量才可能出现不良后果。

有的搅拌站混凝土掺合料已用到水泥用量的 50% 以上,常用的 C30 混凝土中 P·O

42.5 水泥用量甚至不到 $150kg/m^3$。大量使用掺合料的混凝土只要坍落度稍大，在浇筑过程中就很容易出现表面浮浆层，造成表面"粉尘"化，严重影响混凝土匀质性，同时在竖向结构模板内侧形成富浆层，富集大量粉煤灰和矿渣粉，使得混凝土表面的密实度和强度与内部差别较大。

同时，竖向结构拆模较早，养护不到位，施工方能象征性地浇几天水就算很不错了，这样面层混凝土中水泥因长期处在干燥状态而几乎停止水化，致使 $Ca(OH)_2$ 浓度更低，面层混凝土的密实度更差，混凝土碳化速率更快，在一个月内就能碳化几毫米，甚至 1cm，对混凝土耐久性非常不利。

因此搅拌站技术人员应该加强对掺合料混凝土的性能试验，同时总结在各种情况下掺合料作用的发挥情况，根据实际情况，严格控制混凝土掺合料用量，而不能因现有的标准规范对掺合料应用限制较松而盲目提高掺量，也不能迎合经营需要盲目提高掺量来降低成本。建议单掺粉煤灰时取代量不宜超过 30%，粉煤灰和矿渣粉双掺时，总取代量不宜超过 50%，以粉煤灰和矿渣粉各取代 20% 为宜。

(2) 生产过程控制问题　预拌混凝土自动化程度低，是混凝土质量波动大的重要原因之一。预拌混凝土生产工艺极其简单，从原材料进场到混凝土出场，主要工艺有原材料进场称量、原材料进场检验与试验、原材料存储、上料、计量、搅拌、混凝土出场检验与试验、运输等，自动化工艺仅有原材料进场称量、计量和搅拌，而决定预拌混凝土质量的关键环节——检验与试验完全没有自动化。即使生产过程可以自动称量上料，但由于预拌混凝土原材料中的砂石一般都含水，且含水率随时变化，由于不能自动测量和扣除水分，因此预拌混凝土中水、砂和石的量不是准确值，而是在某一个范围内变化，这个变化的范围需要人为掌握和控制，因此造成水胶比的变化，对混凝土的强度产生直接影响。

由于混凝土生产搅拌过程中无法实现对混凝土拌合物的性能自动检测和调整，因此混凝土拌合物性能只能靠人为控制，靠有经验的技术人员对其实施控制，导致预拌混凝土质量对人的依赖程度很高。混凝土出场和施工现场性能检验也没有自动化手段，即使检测出一定问题，现场也很难调整。

3. 交付过程

(1) 混凝土验收问题　众所周知，现场浇筑混凝土过程中加水现象严重，对混凝土质量造成非常大的危害，主要原因是施工人员漠视混凝土质量，片面追求浇筑速度，要求混凝土坍落度越大越好。但是事情都具有两面性，在目前原材料质量变化很大的情况下，搅拌站出厂的混凝土坍落度波动很大也是现场加水的原因之一。如果混凝土坍落度波动很大，一旦到达现场的混凝土坍落度太小而不能满足现场浇筑需要时，施工人员首先想到的不是将混凝土退回（因为那样经常会花费很多时间去等待下一车混凝土），而是选择加水调整。因此，混凝土和易性控制和现场交付过程如何确认拌合物质量，成了困扰双方的难题，而一旦因现场加水造成质量事故，搅拌站与施工方很难分清双方责任，通常情况下处于弱势的搅拌站常常承担大部分责任。

就北京市的情况而言，混凝土现场验收没有统一模式，多数情况下都是现场收料人员在运输单上签字即可，这种验收方式与大家通常理解的质量与数量的验收大相径庭，不但不确定质量，数量的确定也要等到浇筑后搅拌站定期到施工单位进行签认，签认过程搅拌站与施工单位还要讨价还价，经常会被无端克扣供应量。因此，混凝土现场验收问题不能被忽视，从政府主管部门到有关各方都应积极采取措施，尽快实现现场验收的规范化，这样不但有利于混凝土质量，有关各方也能达到共赢。

(2) 试件质量问题　试件强度是结构混凝土强度的代表，一旦试件的代表性差，出现强度达不到设计要求时，会带来很多不必要的麻烦。目前从混凝土的取样到试件制作、拆模和养护过程都存在很多问题，可以总结为以下几方面。

① 试件制作人员不具备资格，且经常变动　很多施工项目部为了减少开支，所有试验项目常常只有一名试验员负责，根本忙不过来，所以像制作混凝土试件这样的事就随便抓一个农民工来做，他们对试件的代表性和影响试件强度的因素知之甚少或根本不了解。

② 取样不规范　为了省事，取样的时机、数量达不到规定要求。比如：混凝土搅拌车刚一放混凝土就开始取样，这对于经长途运输且运输量动辄就是十几立方的混凝土搅拌车来说，混凝土的匀质性很差，这时候取样的代表性可想而知；就地制作试件时用铁锹直接从混凝土搅拌车下料槽中边取边作，混凝土代表性无法保证等。

③ 制作过程不规范　混凝土浇筑现场通常与试验室有较长的一段距离，造成施工单位试验人员有两种严重影响混凝土试件质量的制作方法。其一，用小推车现场取样后，长距离运输到试验室，混凝土严重离析，在小推车内已不能将其搅拌均匀，而用离析的混凝土直接制作试件；其二，在浇筑现场制作好试件，用小推车运到试验室，试件内的混凝土严重分层离析。正确的做法应该是：用小推车按规定在现场取样，推到试验室后，把混凝土倒在不吸水的地面上或事先准备好的铁板上，翻拌均匀后装模制作试件。

④ 制作试件的环境达不到要求　现场试件制作环境千差万别，但多数达不到规定要求，夏天温度很高，冬天温度很低，混凝土拆模时间很难掌握。

⑤ 拆模不规范　拆模时间通常比较随意，不是以混凝土强度来确定，而是以拆模人员自己方便来定，只要能拆，哪怕只有 1MPa 的强度，也勉强拆模，经常造成试件缺棱掉角，特别是春夏和秋冬季节交替期间，因拆模时间过早、拆模时又不细心等，极易造成试件混凝土内部损伤，严重影响试件强度。另外还有少数项目部因试模少，急需周转而拆模过早，影响试件强度等。

4. 浇筑与养护过程

(1) 浇筑问题　混凝土浇筑方面最大的问题在于把混凝土浇筑看成是没有任何技术含量的工作，随便什么人都可以干，建筑企业没有自己的浇筑队伍，项目经理要听"民工头"的，根本谈不上什么质量意识，当然也谈不上质量。但要从根本上解决这样的问题难度很大，不是近期就能见效的。因此，希望施工单位更加重视浇筑过程，加强浇筑过程的监督和控制，搅拌站技术人员做好延伸服务，双方共同把好浇筑质量关。

(2) 养护问题　目前，规范中要求的混凝土养护问题完全被忽视，很多施工单位把预拌混凝土当成了"免养护产品"，而一旦混凝土出现裂缝等问题，施工单位的一些人还振振有词地说："我在干某某工程时，从来不养护，也没有出现问题啊！为什么你们的混凝土就出了问题了？"，这种倒打一把的事屡见不鲜，可见混凝土养护问题已严重到何种地步。由于掺合料的大量应用，混凝土养护应该得到进一步加强，只有充分地养护，才能更好地发挥掺合料的作用。只有早期养护到位，混凝土的后期强度才有保证，早期没有养护好，后期强度也几乎没有增长，而后期强度的高低也直接影响混凝土的耐久性。因此，养护问题应该引起施工方的足够重视，希望尽可能减少完全不养护和养护不到位的情况发生。

总之，影响预拌混凝土质量的因素非常复杂，很难全面涉及，因此，从事预拌混凝土行业的有关人员必须进一步提高质量意识，重视自身的完善与提高，采取一些可行措施提高产品质量，当混凝土质量与其他任何事情发生冲突时，必须坚持质量第一的观念，严把质量关。同时也呼吁政府主管部门及相关行业的有关人员，要提高预拌混凝土质量，不能只把眼光集中在搅拌站，要分析预拌混凝土质量形成的全过程，全面提升管理力度，才能从根本上提高预拌混凝土的质量，为社会提交放心工程。

四、预拌混凝土的质量控制

作者根据前面对预拌混凝土的质量以及质量控制的论述，将预拌混凝土的质量控制分为原材料质量控制、试验过程质量控制、生产过程质量控制、施工过程质量控制、硬化混凝土质量控制、特殊过程及特种混凝土质量控制等。

（1）原材料质量控制　原材料的质量控制是预拌混凝土质量控制的源头。原材料质量控制包括混凝土原材料选择、进场检验等。本书"第二章　原材料质量控制"对此进行了讲述。

（2）试验过程质量控制　试验过程质量控制是混凝土质量控制的核心环节，主要指混凝土配合比的设计、试配与确定。本书"第三章　配合比设计及原材料经济性对比方法"对此进行了讲述。

（3）生产过程质量控制　生产过程质量控制包括混凝土开盘过程、施工配合比调整、生产过程、出场检验、搅拌站混凝土试件制作、养护和测试等。本书"第四章　生产过程质量控制"对此进行了讲述。

（4）施工过程质量控制　施工过程质量控制包括混凝土的交货检验、输送、浇筑、振捣、收面、养护、拆模等一系列施工过程的质量控制。本书"第五章　施工过程质量控制"对此进行了讲述。

（5）硬化混凝土质量控制　硬化混凝土质量控制包括混凝土结构工程施工质量验收、混凝土强度统计评定、质量问题处理等。本书"第六章　硬化混凝土质量控制"对此进行了讲述。

（6）特殊过程及特种混凝土质量控制　本书"第七章　特殊过程及特种混凝土质量控制"为专项质量控制。

另外，为了提高混凝土质量，减少质量纠纷，在"第八章　预拌混凝土质量责任界定及应对措施"中提出了预拌混凝土质量界定的原则；为了提高混凝土质量自动化控制水平，推动行业升级改造，在"第九章　混凝土质量控制自动化"中提出了质量控制自动化的设想，使行业向更高层次发展。

参 考 文 献

[1] 黄士元，蒋家奋，杨南如，等 . 近代混凝土技术 . 西安：陕西科学技术出版社，1998.
[2] 重庆建筑工程学院 . 混凝土学 . 北京：中国建筑工业出版社，1981.
[3] 路来军 . 我国预拌混凝土的发展与思考 . 混凝土世界，2011.
[4] GB 8076—2008 混凝土外加剂 .
[5] 刘英利 . 外加剂应用讲义 .
[6] 黄士元 . 从西方国家的"粉煤灰热"谈我国粉煤灰的利用 . 硅酸盐建筑制品，1982，5.
[7] 曹天霞 . 上海金茂大厦混凝土工程施工技术 . 施工技术，1999.
[8] 韩素芳，王安岭 . 混凝土质量控制手册 . 北京：化学工业出版社，2012.

第二章

原材料质量控制

原材料是实现混凝土性能的基础，只有控制好混凝土的原材料质量，合理地使用原材料，才能获得性能优良、成本低廉的混凝土。

本章对各种原材料的基本性能参数、原材料与混凝土质量的关系（原材料在混凝土中的作用机理、原材料质量变化对混凝土质量的影响）、搅拌站原材料质量控制项目等进行了介绍和分析，可以帮助技术人员正确选择与合理使用原材料。

第一节　水　　泥

水泥是混凝土最主要和最活泼的组成材料，水泥的水化和水泥浆体结构与性能是学习和研究混凝土材料的基础。水泥工业作为我国建材产业的重要组成部分，其产值约占建材工业的 40%，总产量自 1985 年以来一直位居世界第一。据欧洲水泥协会的数据显示，2013 年，全球水泥产量合计达到 40 亿吨，其中中国为 24.2 亿吨，占全球总产量的 58.6%，紧随中国后面的印度占全球产量的 7%，而美国仅占全球总产量的 1.9%。近几年，我国水泥产量增速明显放缓，2014 年我国水泥产量 24.76 亿吨，比 2013 年增加 1.77%，创 1991 年以来最低增速。

一、水泥概述

1. 定义和分类

水泥是一种水硬性无机胶凝材料，即加入一定量水拌和成塑性浆体，能胶结砂、石等适当材料并能在空气和水中硬化的粉状水硬性胶凝材料。水泥既能在水中硬化，又能在空气中硬化，能将砂、石等颗粒或纤维材料牢固地胶结在一起，形成具有一定强度的材料，又称为胶结料。通用硅酸盐水泥是指以硅酸盐水泥熟料和适量的石膏及规定的混合材料制成的水硬性胶凝材料。搅拌站使用的水泥多数为通用硅酸盐水泥，其依据的现行产品标准为《通用硅酸盐水泥》（GB 175—2007）。

由于水泥熟料矿物组成的差别，以及混合材料品种和掺量的差别，形成了不同的水泥品种。根据《水泥的命名、定义和术语》（GB/T 4131—1997），对水泥进行了如下分类。

（1）按用途和性能分类　水泥按其用途分为通用水泥、专用水泥和特性水泥。

① 通用水泥为一般土木工程通常采用的水泥。主要用于建筑工程，又分为：硅酸盐水泥、普通硅酸盐水泥、矿渣硅酸盐水泥、粉煤灰硅酸盐水泥、火山灰硅酸盐水泥和复合硅酸盐水泥等。

② 专用水泥指专门用途的水泥，如砌筑水泥、道路水泥、油井水泥等。

③ 特种水泥指某种性能比较突出的水泥，如快硬硅酸盐水泥、抗硫酸盐水泥、膨胀水泥、低热水泥等。

（2）按水泥的主要水硬性物质名称分类　分类为硅酸盐水泥、铝酸盐水泥、硫铝酸盐水泥、氟铝酸盐水泥、铁铝酸盐水泥、以火山灰或潜在水硬性材料和其他活性材料为主要组分的水泥等。

2. 强度等级和质量要求

《通用硅酸盐水泥》（GB 175—2007）对水泥强度等级划分为：

① 硅酸盐水泥的强度等级：42.5、42.5R、52.5、52.5R、62.5、62.5R 六个等级。

② 普通硅酸盐水泥的强度等级：42.5、42.5R、52.5、52.5R 四个等级。

③ 矿渣硅酸盐水泥、火山灰质硅酸盐水泥、粉煤灰硅酸盐水泥的强度等级：32.5、32.5R、42.5、42.5R、52.5、52.5R 六个等级。

④ 复合硅酸盐水泥的强度等级分为 32.5R、42.5、42.5R、52.5、52.5R 五个等级。〔根据 GB 175—2007《通用硅酸盐水泥》第 2 号修改单（2014 年第 26 号），取消复合硅酸盐水泥 32.5R 等级。〕

通用硅酸盐水泥质量要求见表 2-1 和表 2-2。

表 2-1　通用硅酸盐水泥化学指标（质量分数）　　　　　　　%

品种	代号	不溶物	烧失量	三氧化硫	氧化镁	氯离子
硅酸盐水泥	P·Ⅰ	≤0.75	≤3.0	≤3.5	≤5.0	≤0.06
	P·Ⅱ	≤1.50	≤3.5			
普通硅酸盐水泥	P·O	—	≤5.0			
矿渣硅酸盐水泥	P·S·A	—	—	≤4.0	≤6.0	
	P·S·B	—	—		—	
火山灰质硅酸盐水泥	P·P	—	—	≤3.5	≤6.0	
粉煤灰硅酸盐水泥	P·F	—	—			
复合硅酸盐水泥	P·C	—	—			

表 2-2　通用硅酸盐水泥强度等指标要求

品种	强度等级	抗压强度/MPa 3d	抗压强度/MPa 28d	抗折强度/MPa 3d	抗折强度/MPa 28d	初凝/min	终凝/min	安定性	碱含量	细度
硅酸盐水泥	42.5	≥17.0	≥42.5	≥3.5	≥6.5	≥45	≤390	沸煮法合格	若使用活性集料，用户要求提供低碱水泥时，水泥中的碱含量应不大于0.60%或买卖双方协商确定	比表面积≥300m²/kg
	42.5R	≥22.0		≥4.0						
	52.5	≥23.0	≥52.5	≥4.0	≥7.0					
	52.5R	≥27.0		≥5.0						
	62.5	≥28.0	≥62.5	≥5.0	≥8.0					
	62.5R	≥32.0		≥5.5						
普通硅酸盐水泥	42.5	≥17.0	≥42.5	≥3.5	≥6.5		≤600			80μm 方孔筛筛余≤10%或 45μm 方孔筛筛余≤30%
	42.5R	≥22.0		≥4.0						
	52.5	≥23.0	≥52.5	≥4.0	≥7.0					
	52.5R	≥27.0		≥5.0						
矿渣硅酸盐水泥、火山灰硅酸盐水泥、粉煤灰硅酸盐水泥、复合硅酸盐水泥	32.5	≥10.0	≥32.5	≥2.5	≥5.5					
	32.5R	≥15.0		≥3.5						
	42.5	≥15.0	≥42.5	≥3.5	≥6.5					
	42.5R	≥19.0		≥4.0						
	52.5	≥21.0	≥52.5	≥4.0	≥7.0					
	52.5R	≥23.		≥4.5						

注：表中的复合硅酸盐水泥指标要求不含 32.5 等级。

二、水泥与混凝土质量的关系

水泥是混凝土中最重要的组成成分之一，也是决定混凝土性能的最重要部分。水泥的性能如强度、耐久性等在相当大的程度上影响混凝土的性能。

水泥净浆胶凝材料包裹集料表面并填充集料的空隙，在混凝土凝结硬化前起润滑作用，使混凝土拌合物具有适于施工的工作性；水泥水化使混凝土具有所需的强度、耐久性等重要性能。水泥水化后产生的 C-S-H 凝胶可将砂、石等物体胶结在一起。随着水泥的逐步水化，产生的网状结构凝胶越多，混凝土内部结构越来越致密，混凝土强度越来越高，承载重量越来越大。

（一）水泥在混凝土中的作用

水泥在混凝土中的作用可概括为以下几点。

① 化学作用　水泥与水发生水化反应，生成凝胶体，形成了混凝土的强度和耐久性等物理力学性能。

② 填充润滑作用　与水形成水泥浆，填充集料的孔隙，使混凝土拌合物具有良好的工作性能。

③ 胶结作用　包裹在集料表面，通过水泥浆的凝结硬化，将砂、石集料胶结成整体，形成固体。

④ 其他作用　使用特种水泥可以配制出特种性能的混凝土，比如快硬混凝土、耐火混凝土、彩色混凝土等。

（二）水泥质量变化对混凝土质量的影响

水泥对混凝土质量影响主要体现在：强度、凝结时间、坍落度损失、耐久性以及体积稳定性等方面。

1. 强度

水泥是形成混凝土强度的基础，水泥强度对混凝土强度有很大的影响，是配制混凝土的重要参数。水泥强度提高，混凝土强度会随之提高；反之，水泥强度降低时，混凝土的强度也会降低，但影响混凝土强度的不仅仅是水泥强度，混凝土强度主要取决于水胶比，同时还与其他因素有关。

2. 细度

水泥的细度并不是越大越好。水泥细度的增加和减少对混凝土的性能都会有不同程度的影响。

（1）混凝土工作性　细度增加有利于提高混凝土的黏聚性和保水性。但随着细度的提高，达到相同工作性时的混凝土需水量增大，混凝土坍落度损失变大。

细度降低时，混凝土需水量小，坍落度损失小。但细度过低时，混凝土黏聚性降低，容易导致混凝土出现离析和泌水。

水泥的颗粒分布对混凝土的工作性也有一定的影响。如果水泥的颗粒分布不合理，容易造成混凝土的离析泌水。

（2）混凝土强度　水泥细度对混凝土的抗压强度影响较大，对抗折强度影响较小。

细度增加时，水泥水化速率加快，混凝土早期强度提高，但对后期强度影响不大。可以通过提高水泥细度的方式来配制早强混凝土，用于早期强度要求高、拆模时间短等工程的施工。

细度降低时，混凝土早期强度降低，后期强度提高。

（3）混凝土耐久性 细度增加对混凝土的耐久性产生不利的影响。细度增加时，混凝土收缩值提高，增加混凝土开裂的风险；细度增加也会使水泥早期放热量大，造成混凝土内部温升高，增加内外温差，增大混凝土产生温度裂缝的风险；细度增加，混凝土强度增长快，造成过渡层缺陷增加，影响混凝土密实度。

细度降低时，混凝土收缩减小，内部温升低，密实度高，有利于提高混凝土的耐久性。

3. 凝结时间

水泥在加入一定量的水以后经过搅拌形成了具有可塑性的浆体，水泥水化消耗水分，水化产物也会吸附水，使得浆体中的游离水减少，导致浆体稠化，从而产生凝结和硬化。凝结时间对混凝土的工程施工非常重要，混凝土需要在初凝前完成浇筑、振捣、抹面等工序，同时要有合适的终凝时间，使得拆模等后续工序能够连续进行。

（1）水泥的凝结行为 硅酸盐水泥水化浆体液相中铝酸盐对硫酸盐之间的平衡，是决定凝结行为是否正常的原因。作为缓凝剂的石膏在水泥中的加入量应当根据获得水泥的最佳性能来确定。水泥的凝结行为可分为以下5种情况。

① 当液相能获得的铝酸盐离子和硫酸盐离子的速率低时，水泥浆体能保持可塑性的时间在45min左右，浆体在加水1～2h后可塑性变小，并在2～3h内开始固化。常用水泥的凝结行为多数为这种情况，属于正常凝结。

② 当液相获得硫酸盐离子和铝酸盐离子的速率高时，很快地形成了大量钙矾石，浆体在10～45min内稠度明显降低，在1～2h内固化。在C_3A含量高的水泥中，或水泥中的半水石膏的量及硫酸钠（钾）的量也高时，将出现这一现象。这种情况往往会导致混凝土的坍落度经时损失增大，我们在使用时要多留意。

③ 当水泥中C_3A的数量多，而溶解进入液相中的硫酸盐不能满足正常凝结的需要时，将很快形成单硫型水化硫铝酸钙和水化铝酸钙的六方板状晶体，使浆体在45min以内就凝结，这个现象称为快凝。

④ 当磨细的硅酸盐水泥熟料中石膏的掺量很少或没有掺时，C_3A在加水后很快水化并形成大量六方水化铝酸钙，几乎在瞬间就产生凝结，同时放出大量的热，这个现象称为闪凝，并且使得浆体的最终强度很低。

⑤ 如果C_3A因某种原因活性降低了，而水泥中的半水石膏又较多，液相中所含的铝酸盐离子的浓度甚低，钙和硫酸根离子的浓度很快达到了过饱和，这时二水石膏晶体大量形成，浆体失去稠度，这种现象叫作假凝。但是并不放出大量的热。若在浆体中再加一些水，同时再将浆体激烈搅拌，可以消除上述现象，浆体还可以正常凝结和硬化。

（2）影响水泥凝结时间的因素 影响水泥凝结时间的因素有水泥熟料的矿物组成（表2-3）、拌合水用量、石膏和温度等。

表 2-3　硅酸盐水泥熟料主要矿物组成的性质

性能指标		熟料矿物			
		C_3S	C_2S	C_3A	C_4AF
水化速率		快	最慢	最快	快,仅次于C_3A
凝结硬化速率		快	慢	快	快
放热量		多	最少	最多	中
强度	早期	高	低	低	低
	后期	高	高	低	低

其中，C_3S水化速率比C_2S快，但比C_3A和C_4AF慢些。C_3S遇水后很快水化、凝结

并产生强度，它对水泥凝结和早期强度起关键性作用，对后期强度也有一定贡献。但由于 C_3S 水化形成的 $Ca(OH)_2$ 远高于 C_2S 产生的 $Ca(OH)_2$ 量，有时候为了保证混凝土的耐久性，从抗化学侵蚀的角度出发，在某些工程例如大体积和水工工程的水泥，均限制其中 C_3S 的含量。

C_2S 是水化最慢、水化热最小的一种矿物，它主要对水泥后期强度有贡献，其早期强度较低。C_2S 在酸性和硫酸盐的环境中的耐久性比 C_3S 好。

C_3A 是水化最快、水化热最大的一种矿物，其对水泥强度的贡献主要在早期。C_3A 遇水立即反应，伴随放出大量的热，并且即刻凝结，但强度不高，所以在制备水泥时，为延缓 C_3A 的凝结需要加入石膏。正是由于 C_3A 的这种特性，在某些工程，如大体积混凝土、大坝用混凝土以及具有硫酸盐介质侵蚀的场所，要限制水泥熟料中 C_3A 的含量。

C_4AF 水化速度仅次于 C_3A，同时后期强度仍可继续发展，它在水化反应中放热量低。C_4AF 含量高时，水泥具有较好的耐化学介质侵蚀、抗冲击的性能，可以制成道路、海港、大坝等工程所需要的水泥。

（3）水泥凝结时间对混凝土质量的影响　通常情况下，水泥的凝结时间对混凝土的凝结时间有很大的影响，水泥的凝结时间长，混凝土的凝结时间也长，反之亦然。但水泥的凝结时间与混凝土的凝结时间并不一致，混凝土的凝结时间还受水胶比、掺合料用量、外加剂组分（缓凝、早强、快硬等组分）、环境温湿度等的影响。预拌混凝土经常采用调节掺合料比例、外加剂组分等措施来得到设计要求的凝结时间。

4. 温度

水泥温度主要影响混凝土拌合物的出机坍落度和坍落度经时损失。

温度过高，水泥水化速率过快，对水和外加剂的消耗加快，导致混凝土出机坍落度变小，混凝土经时损失增大。要达到要求的出机坍落度和坍落度经时损失，需要增加混凝土的单方用水量或者提高外加剂掺量，这样就会造成混凝土的成本上升，也容易造成其他质量问题。

5. 混合材

水泥中的混合材对混凝土的影响主要有三方面，即品种、质量和掺量。

（1）不管是活性混合材还是非活性混合材，都会降低混凝土的早期强度，降低水化热，改善混凝土和易性，提高混凝土耐久性等。但非活性混合材（如石灰石等）掺入过多，会降低混凝土的黏聚性，增大混凝土出现离析、泌水的风险。

（2）混合材料质量差，对混凝土的性能也有不利影响。如使用Ⅲ级或更差的粉煤灰，活性低的矿渣时，会严重影响混凝土的工作性和强度，也会降低混凝土的耐久性。

（3）混合材掺量的提高会降低混凝土的早期强度，不利于配制早强混凝土。水泥厂的混合材和搅拌站的掺合料多数一致，它们既可以在水泥中直接掺入，也可以在搅拌站配制混凝土时掺入。在搅拌站和水泥厂使用时，各有其优缺点。

① 对于水泥厂来说，使用混合材有利于增加产能，降低成本，调节水泥性能。水泥中掺加混合材可使其与水泥熟料经过充分混合，提高匀质性。

② 对于搅拌站来说，水泥中混合材用量增加，限制了搅拌站进一步使用掺合料，难以满足施工单位对不同性能混凝土的个性化需求。

我们认为，水泥可以作为一种标准产品，品种越单一、质量波动越小，越有利于水泥的使用，因此水泥厂宜生产硅酸盐水泥。预拌混凝土是个性化产品，种类、浇筑条件、耐久性要求等都不相同，应该划分得越细越好，因此掺合料在搅拌站掺加更为有利。

6. 助磨剂

水泥助磨剂为水泥粉磨时加入的起助磨作用而又不损害人体健康和水泥混凝土性能的外加剂，分为液体和粉体两种。助磨剂可以提高粉磨效率，降低能耗。

由于助磨剂的品种很多，都会对混凝土的性能产生不同程度的影响。因此，水泥厂选择助磨剂时应考虑水泥与外加剂的相容性，以及其对混凝土性能的影响。

7. 存放时间

水泥存放一定时间有利于水泥的陈化，水泥的温度降下来，其各种组分也逐渐稳定下来，对于水泥与外加剂的相容性、混凝土坍落度损失、混凝土强度等都有好处。有研究表明水泥陈化 3～4d 后各项性能将逐渐趋于稳定。

标准规定存放超 3 个月时需要进行重新试验，根据试验结果的强度等级使用。笔者认为这一规定更适合密封条件差的袋装水泥。预拌混凝土搅拌站的筒仓密封条件非常好，存储量大，不易受到外界环境的影响，因此存放的时间要远比标准规定的时间长。在这种情况下，标准的规定对预拌混凝土就不尽合理。笔者曾经碰到一个搅拌站，其水泥存放在密封性良好的筒仓中（每筒仓 100 多吨），存放 3 年后，水泥经检验各项指标仍合格，用该水泥进行混凝土试配后，确定了相应的配合比进行正常生产，混凝土质量合格。

三、搅拌站水泥质量控制项目

《混凝土质量控制标准》（GB 50164—2011）规定水泥的质量控制项目应包括凝结时间、安定性、胶砂强度、氧化镁和氯离子含量，碱含量低于 0.6% 的水泥主要控制项目还应包括碱含量，中、低热硅酸盐水泥或低热矿渣硅酸盐水泥的主要控制项目还应包括水化热。

北京市为了加强预拌混凝土所用原材料的质量管理，在多个规范中规定了原材料的进场检验项目。《预拌混凝土质量管理规程》（DB 11/385—2011）中对各种原材料进场复试项目和检验批次进行了规定；《建筑工程资料管理规程》（DB11/T 695—2009）"附录 H 常用建筑材料进场复验项目表"中，规定了进场复检项目、组批原则及取样规定等，北京市所有的建设单位必须根据该规范要求进行原材料的进场复验，并根据其他国家标准规范进行其他控制项目的补充试验。北京市把水泥的强度、凝结时间、安定性作为进场检验项目，要求搅拌站按批次进行试验。同厂家、同品种、同等级的散装水泥不超过 500t 为一检验批；当同厂家、同品种、同等级的散装水泥连续进场且质量稳定时，可按不超过 1000t 为一检验批。本书也将以这些检验项目作为主要的控制项目，同时为了不同的目的增加了一些其他的检验项目。

本书对标准中已明确规定的试验方法不再赘述，主要侧重点放在影响试验结果或者直接影响混凝土质量的方面。

1. 强度控制

强度控制通过水泥胶砂强度试验来进行。在进行水泥胶砂试验时，除了应按照标准取样、试验、养护外，还应特别注意以下几种情况。

① 标准砂的真假。标准砂必须要到正规的地方购买，假的标准砂里面含有贝壳、草根等杂物，细度模数也不标准，对水泥强度有影响。

② 热水泥不能直接进行试验。刚取的水泥温度可能很高，对试验会有影响，应将水泥样品放置水泥试验室 24h 以上，并且实测水泥温度与水泥试验室温度（20℃±2℃）一致后，再进行试验。

③ 胶砂试块带模养护时，为防止养护箱上面的冷凝水直接滴到胶砂试件上，建议在养护箱顶端加倾斜顶板，将冷凝水引导至试模以外的区域。

④ 试件拆模后养护时，推荐使用恒温养护水槽，以保证养护水温度的均匀。建议用温度计定期校对水槽内的水温，同时为保证水槽内各处温度的均匀性，建议使用水泵循环养护水。养护期间试件间隔及试体上表面的水深不得小于5mm。

⑤ 搅拌叶片和锅之间间隙过大会造成搅拌不均匀，影响检测结果，应每月检查一次；由于试模磨损或组装时缝隙未清理干净，造成尺寸超差，应及时更换[1]。

⑥ 建议绘制强度走势图，一旦出现较大波动时，及时采取措施。

2. 安定性控制

安定性控制通过饼法和雷氏夹法试验进行。饼法属于定性试验，而雷氏夹法可以准确检测水泥在蒸煮条件下的变形值。

随着水泥生产工艺及控制手段的不断改善，新型干法水泥的安定性大部分合格。但由于安定性是水泥的重要性能指标，使用安定性不合格的水泥会导致混凝土结构的崩塌，因此应按批次进行检测，对于安定性不合格的水泥应退货。

安定性试验可以差别对待，对生产规模小，自动化水平低、质量控制水平差的水泥厂，应加强安定性的检测。

3. 凝结时间控制

凝结时间控制通过凝结时间试验进行。在测定初凝时间时，应轻扶金属杆使其徐徐下降，以防试针撞弯变形，但结果以自由落下为准。

水泥凝结时间影响混凝土的凝结硬化，对凝结时间异常的水泥，如闪凝、假凝、快凝、凝时过长应特别注意，谨慎使用。

4. 温度控制

水泥供不应求时，水泥厂没有陈放水泥的时间，导致运到搅拌站的水泥温度通常很高，多数情况下在60℃以上，有时甚至接近100℃，对混凝土拌合物的性能影响很大。根据实际生产控制经验，搅拌站使用的水泥温度宜控制在60℃以内。超过60℃的水泥应采取措施进行降温处理。搅拌站的降温措施包括：①增加水泥仓的储量和数量，轮流使用；②洒水降温；③遮阳等。但这个降温过程往往会需要很长时间，如果搅拌站的生产任务繁忙，将会影响生产速度。

搅拌站控制水泥温度属于被动行为，手段不多且效果不佳。水泥厂主动采取措施控制水泥温度手段多，效果好。水泥厂可以采取的降温措施包括：①降低入磨物料温度；②提高物料易磨性，缩短粉磨时间；③磨细过程中增加降温措施，如加大磨内通风；④加大熟料库，增加倒库频次；⑤增加水泥储料仓，延长出库时间等。

5. 细度控制

《通用硅酸盐水泥》（GB 175—2007）规定，硅酸盐水泥和普通硅酸盐水泥的细度以比表面积表示，其比表面积不小于$300m^2/kg$；矿渣硅酸盐水泥、火山灰质硅酸盐水泥、粉煤灰硅酸盐水泥和复合硅酸盐水泥的细度以筛余表示，其$80\mu m$方孔筛筛余不大于10%或$45\mu m$方孔筛筛余不大于30%。

标准对硅酸盐水泥和普通硅酸盐水泥的比表面积设置$300m^2/kg$的低限，对高限没有控制，当水泥的比表面积很大，达到$400m^2/kg$以上时，尽管水泥是合格的，但这种水泥与外加剂的相容性很差，给混凝土的配制和生产带来很多困难。建议搅拌站在比表面积控制时设置高限。

由于水泥的细度对混凝土质量有显著的影响，建议在标准中对水泥的细度设置合理的控制区间。

6. 水泥进场快速检验项目

上述的检验项目对控制水泥质量、分析质量问题或事故原因以及界定质量责任都是非常必要的。但是随着预拌混凝土的发展，大型搅拌站一天内使用的水泥就可达到几个批次，上述试验项目的结果出来时，这些批次的水泥早已用到工程中，对于实时控制预拌混凝土质量效果有限。因此，为了更好地进行实时控制，建议搅拌站建立水泥的快速检验项目。预拌混凝土其他原材料也存在相同的问题，也建议参照水泥快速检验项目，建立相应的原材料快速检验项目，本章后续内容也会有相应介绍。

水泥的快速检验项目有：温度、细度、与外加剂的相容性等。

(1) 温度快速检验　建议在高温季节或水泥供应紧张时进行车检，超过 60℃时应进行温度控制。当生产中遇到水泥温度很高时，可通过增加单方用水量、提高掺合料用量、调整外加剂配方、增加外加剂掺量等措施调整，有时需要采取两种或两种以上的综合措施才能有效。如果上述措施效果不好，可以采取外加剂二次添加工艺。

(2) 细度快速检验　水泥的细度可以车检，也可以定期检验。当水泥的细度超过规定的控制范围时，应退货或按照合同约定办法进行处理。当生产中遇到细度超出控制范围的水泥时，可通过调整用水量、调整水泥用量、调整外加剂配方等措施继续处理。

(3) 与外加剂的相容性快速检测　水泥与外加剂的相容性试验应根据情况进行车检或定期检验，对检验结果进行统计分析，并与水泥厂及时沟通。笔者在长期的水泥质量控制中，借鉴外加剂相容性试验方法，以半坍落度筒试验方法来检测水泥质量的稳定性，试验方法详见本章"第六节　原材料进场质量控制用半坍落度试验方法"。

7. 水泥选择和技术约定

水泥的质量归根结底是由水泥厂来控制的，在目前水泥和混凝土分属两个行业的现状下，搅拌站对水泥的控制更多地要靠选择或约定技术要求来实现。

水泥厂家选择应选择规模较大、产品质量稳定、生产工艺先进（新型干法窑）、口碑好、自有矿山的水泥厂。

搅拌站生产的是个性化的产品，需要标准化的材料来配制不同特点的混凝土。对于预拌混凝土来说，使用硅酸盐水泥应该是最合理的。搅拌站需要的水泥应具有良好的匀质性和稳定性、低的开裂敏感性、与外加剂良好的相容性、有利于混凝土结构长期性能的发展以及无损混凝土结构耐久性的超量成分[2]。

搅拌站可根据自己的特点制定详细的技术合同，如水泥的最低强度及强度标准差以及水泥中混合材的品种与掺量；水泥磨细时是否可以使用助磨剂，或可以使用何种类型的助磨剂；对于进场温度有要求的原材料，原材料到达搅拌站的温度控制指标与措施等。

第二节　矿物掺合料

矿物掺合料是以硅、铝、钙等一种或多种氧化物为主要成分，具有规定细度，掺入混凝土中能改善混凝土性能的粉体材料。掺合料已经成为预拌混凝土必不可少的原材料之一。目前预拌混凝土使用的矿物掺合料主要有粉煤灰、粒化高炉矿渣粉、硅灰、石灰石粉、沸石粉、钢渣粉、钢铁渣粉、复合掺合料等。

一、粉煤灰

粉煤灰是从电厂煤粉炉烟道气体中收集的粉末，是燃煤电厂排出的主要固体废弃物。现代火力发电厂煤粉燃烧过程中，煤通过锅炉的炉膛高温区时，挥发性物质和炭粒燃烧发热，煤中的大部分矿物如黏土、石英、长石等在高温下熔融，熔融物到低温区成球状和多孔状玻璃体，大部分玻璃体随着烟气通过收尘器被分离收集下来，就得到粉煤灰，一小部分从炉膛底部落下，叫作炉渣或炉底灰。煤的平均灰分为30%左右，因此粉煤灰的排放量很大。中国是全球最大的煤炭消费国，2013年煤炭总消费量36.1亿吨，其中21亿吨被用来发电，提供了全国80%以上的电力能源，排放出约5.8亿吨的粉煤灰。

（一）粉煤灰概述

1. 定义和分类

电厂煤粉烟道气体中收集的粉末称为粉煤灰。粉煤灰是一种活性火山灰材料，其组成和性能与煤种、燃烧条件及收集工艺有关。混凝土用粉煤灰的现行产品标准为《用于水泥和混凝土中的粉煤灰》（GB/T 1596—2005）。

粉煤灰按煤种和氧化钙含量分为F类和C类。F类粉煤灰是由无烟煤或烟煤煅烧收集的粉煤灰，也称低钙粉煤灰；C类粉煤灰是由褐煤或次烟煤煅烧收集的粉煤灰，其CaO含量一般大于10%，也称高钙粉煤灰。

2. 技术要求

粉煤灰按技术要求分为Ⅰ级、Ⅱ级和Ⅲ级共三个等级，详见表2-4。

表2-4   拌制混凝土用粉煤灰技术指标及试验方法标准

项目	技术要求			试验方法标准
	Ⅰ级	Ⅱ级	Ⅲ级	
细度（45μm方孔筛筛余）/%，不大于	12.0	25.0	45.0	GB/T 1596—2005
需水量比/%，不大于	95	105	115	GB/T 1596—2005
烧失量/%，不大于	5.0	8.0	15.0	GB/T 176—2008
含水量/%，不大于	1.0			GB/T 1596—2005
三氧化硫/%，不大于	3.0			GB/T 176—2008
游离氧化钙/%，不大于	1.0（F类） 4.0（C类）			GB/T 176—2008
安定性（雷氏夹沸煮后增加距离）/mm，不大于	5.0（C类）			GB/T 1596—2005 GB/T 1346—2001

3. 组成

（1）化学组成   粉煤灰的化学组成主要取决于煤种及其燃烧方式和条件，波动范围比较大。一般粉煤灰中主要含有SiO_2、Al_2O_3、Fe_2O_3，三者总量在70%以上，另外还含有SO_3、CaO、MgO、未燃尽的炭等。粉煤灰的活性主要来源于玻璃相，化学组成与粉煤灰活性没有直接的关系。但一般情况下，SiO_2、Al_2O_3含量高时，粉煤灰活性较高。

我国大多数电厂的粉煤灰化学组成范围见表2-5。

表2-5   我国大部分粉煤灰化学组成变化范围[3]   单位：%

组分	SiO_2	Al_2O_3	Fe_2O_3	CaO	MgO	R_2O	SO_3	烧失量
质量分数	34~55	16~34	1.5~19	1~10	0.7~2.0	1~2.5	0~2.5	1~15

（2）矿物组成   粉煤灰的结构是在煤粉燃烧和排出过程中形成的，比较复杂。在显微镜下观察，粉煤灰是晶体、玻璃体及少量未燃炭组成的一个复合结构的混合体。其中结晶体包括石英、莫来石、磁铁矿等；玻璃体包括光滑的球体形玻璃体粒子、形状不规则孔隙少的小颗粒、疏松多孔且形状不规则的玻璃体球等；未燃炭多呈疏松多孔形式。

（3）颗粒组成   粉煤灰是以颗粒形态存在的，按照粉煤灰颗粒形貌，可将粉煤灰颗粒分为玻璃微珠、海绵状玻璃体（包括颗粒较小、较密实、孔隙小的玻璃体和颗粒较大、疏松多孔的玻璃体）、炭粒等。

根据北京科技大学宋存义等用扫描式电子显微镜的观察（图 2-1）表明，粉煤灰由多种粒子构成，其中珠状颗粒包括空心玻珠（漂珠）、厚壁及实心微珠（沉珠）、铁珠（磁珠）、炭粒、不规则玻璃体和多孔玻璃体等五大品种。其中不规则玻璃体是粉煤灰中较多的颗粒之一，大多是由似球和非球形的各种浑圆度不同的粘连体颗粒组成。多孔玻璃体形似蜂窝，具有较大的表面积，易黏附其他碎屑，密度较小，熔点比其他微珠偏低，其颜色由乳白至灰色不等。这些颗粒各自组成上的变化，组合上的比例不同，直接影响到粉煤灰质量的优劣。

图 2-1　粉煤灰的扫描
电子显微照片

（二）粉煤灰与混凝土质量的关系

1. 粉煤灰在混凝土中的作用

粉煤灰作为混凝土矿物掺合料的一种，已经成为预拌混凝土中必不可少的重要组分和功能材料。我国 20 世纪 70 年代末开始做粉煤灰在混凝土中的研究和开发工作，最初只是作为混凝土的掺合料使用，取代水泥以节省成本。随着人们对粉煤灰的研究和应用的深入，粉煤灰的其他作用逐渐被认识。优质粉煤灰可改善新拌混凝土的可泵性、坍落度损失、减少单方用水量等，可以降低大体积混凝土的水化热，提高硬化混凝土的抗渗性等耐久性能。如今，优质粉煤灰已成为普通混凝土、特殊性能混凝土、高强高性能混凝土的一个重要组成材料。

粉煤灰在混凝土中的作用主要有以下几点。

① 粉煤灰的使用减少了水泥用量，节省成本，使用粉煤灰可以减少自然资源和能源的消耗，减少对环境的污染，有利于节能环保和可持续发展。

② 粉煤灰的使用可以改善混凝土的工作性能，减少混凝土的泌水，降低混凝土的坍落度经时损失，提高混凝土的可泵性。

③ 粉煤灰混凝土的早期强度（3d、7d）低于普通混凝土，低温环境下更加明显，但后期强度则普遍高于普通混凝土。粉煤灰基本不参与混凝土的早期水化，后期发挥其火山灰效应，与水泥水化反应的副产品 $Ca(OH)_2$ 发生二次反应，生成结晶性好的、更致密的水化硅酸钙、水化铝酸钙等胶凝物质，从而提高混凝土的后期强度。

④ 粉煤灰取代水泥可以降低混凝土水化热，有利于降低大体积混凝土发生温差裂缝的风险。

⑤ 粉煤灰混凝土的抗拉强度、抗折强度和弹性模量等其他力学性能与普通混凝土无明显的差异。

⑥ 混凝土的收缩大部分是水化物凝胶孔脱水形成的，而粉煤灰混凝土的水化产物要比纯水泥混凝土浆体少很多，因此，优质粉煤灰配制的混凝土收缩和徐变均小于普通混凝土，劣质粉煤灰因颗粒和炭粒的吸附性大，可能增加混凝土的收缩和徐变。

⑦ 粉煤灰的掺入改善了混凝土的耐久性能，提高硬化混凝土的抗渗性，耐化学侵蚀性、抗钢筋锈蚀性能，减少钢筋受 Cl^- 锈蚀的危险，减少碱集料反应引起的膨胀等。对粉煤灰混凝土的抗冻性能有两种不同的观点。一种观点认为，粉煤灰混凝土的抗冻性能比普通混凝土差，需要掺加引气剂来改善其抗冻性能。另一种观点认为，粉煤灰混凝土抗冻性能差的原因是检测龄期较早造成的，此时粉煤灰作用没有完全发挥，影响了早期抗冻性能。如延长检测龄期，粉煤灰混凝土的抗冻性能完全可以达到甚至超过普通混凝土。

2. 粉煤灰对混凝土的作用机理

沈旦申、张荫济等在 20 世纪 80 年代总结国内外大量研究成果，提出粉煤灰"三大效应"理论，科学全面地阐述了粉煤灰在混凝土及粉煤灰制品中的作用和机理，对指导我国粉煤灰综合利用起到了积极的作用。

（1）三大效应

① 形态效应　在显微镜下显示，粉煤灰中含有 70% 以上的玻璃微珠，粒形完整，表面光滑，质地致密。这种形态对混凝土而言，无疑能起到减水作用、致密作用和匀质作用，促进初期水泥水化的解絮作用，改变拌合物的流变性质、初始结构以及硬化后的多种性能，尤其对泵送混凝土能起到良好的润滑作用。

② 活性效应　粉煤灰系人工火山灰质材料，其"活性效应"又称之为"火山灰效应"。因粉煤灰中的化学成分中有大量活性 SiO_2 及 Al_2O_3，在潮湿的环境中与 $Ca(OH)_2$ 等碱性物质发生化学反应，生成水化硅酸钙、水化铝酸钙等胶凝物质，对混凝土能起到增强作用且能堵塞其中的毛细孔，增加混凝土的密实度，提高混凝土的耐久性能。

③ 微集料效应　粉煤灰中粒径很小的微珠和碎屑，在水泥石中可以相当于未水化的水泥颗粒，极细小的微珠能明显地改善和增强混凝土及制品的结构强度，提高匀质性和致密性。

在上述粉煤灰的三大效应中，形态效应是物理效应，活性效应是化学效应，而微集料效应既有物理效应又有化学效应。这三种效应相互关联，互为补充。粉煤灰的品质越高，效应越大。所以我们在应用粉煤灰时应根据水泥、混凝土的不同要求选用适宜和定量的粉煤灰。

（2）产生"三大效应"的机理　黄士元等对粉煤灰水泥浆体的组成、孔结构和显微结构进行了研究，从材料组成、结构与性能的角度上对粉煤灰的作用（效应）作了进一步的探讨和补充。认为粉煤灰在混凝土中的作用可以归纳为活性效应、微集料效应和颗粒形态效应。进一步分析，也可归纳为火山灰活性作用、孔的细化作用、内核作用和润滑、吸附作用。

① 活性效应　粉煤灰活性的来源是它所含的玻璃体。粉煤灰在浆体中的反应程度很低，其火山灰活性激发是依时性的，早期（7d 前）几乎没有活性，28d 时反应率在 1.5%～5.5% 之间，90d 在 8%～13% 之间，180d 在 15%～19% 之间，最终反应率不超过 20%[4]。因此火山灰反应生成 C-S-H 凝胶的数量不多，这些反应生成物以及水泥水化反应生成物必须能与未反应的粉煤灰建立起牢固的粘接界面，使未反应的粉煤灰一起参与承载外力才能得到高的强度和性能。在火山灰反应生成物和水泥水化生成的凝胶数量不足以建立牢固界面时，粉煤灰混凝土的潜在优良性能没有表现出来，粉煤灰的作用也没有充分发挥。

粉煤灰与水泥水化物反应逐渐填充了粉煤灰颗粒与周围水化物的界面孔隙，界面黏结增强，受力破坏的薄弱环节向水化物转移。粉煤灰的活性作用同时又带来孔的细化作用，孔的细化赋予粉煤灰混凝土一系列特性。

② 内核作用　粉煤灰是高温煅烧的产物，其颗粒本身很坚固，有很高的强度。粉煤灰混凝土中有相当数量的未反应的粉煤灰颗粒，这些坚固的颗粒共同承受外力，很好地起到了"内核"的作用，也就是所谓的"微集料效应"[5]。

微集料效应是由同济大学黄士元通过对粉煤灰水泥浆体结构的扫描电镜观察得以定量证明。在用扫描电子显微镜（SEM）观察粉煤灰水泥浆体的微结构随养护时间及温度的变化后，黄士元发现，粉煤灰玻璃体与周围水泥浆的黏结，早龄期破坏是在接触面，后期则是粉煤灰颗粒的破坏[6]。

③ 形态效应　粉煤灰对新拌混凝土性能的影响取决于它的表面形态。优质粉煤灰能增大拌合物的流动性，粉煤灰中的球状玻璃体对浆体起到"润滑作用"，增加流动性，减少泵

送阻力。另外粉煤灰中的多孔玻璃体和炭粒，有较强的吸附性，使粉煤灰需水量增大，流动性降低，外加剂掺量增加，这是形态效应的负面效应，可称之为"吸附效应"。

3. 粉煤灰质量变化对混凝土质量的影响

（1）细度　粉煤灰的细度用 $45\mu m$ 方孔筛筛余表示。未用比表面积来表征粉煤灰细度对活性和品质的影响，是因为多孔玻璃体和炭粒的比表面积很大，但对品质却是负面效应[1]。

① 细度增加　一般说来，经过分选的粉煤灰越细，玻璃微珠越多，且多为球形颗粒，表面光滑，掺入混凝土之后能起滚球润滑作用，不增加甚至减少混凝土拌合物的用水量，起到减水作用，从而提高了混凝土的流动性；同时越细的粉煤灰，其比表面积越大，巨大的比表面积对高效减水剂起到载体作用，降低了它的饱和点，从而改善了水泥与高效减水剂的相容性。

如果是通过磨细使粉煤灰细度增加，其改善效果远不如分选的粉煤灰。现代化电厂一般采用多级收尘，可以收集到优质的Ⅰ级粉煤灰，其细度、需水量比、含碳量等各项性能均非常优异，但其产量严重不足，因此有的厂家或中间商就采取磨细粉煤灰工艺，将粗的粉煤灰磨细到Ⅰ级细度范围，作为Ⅰ级粉煤灰出售。与分选的优质粉煤灰相比，磨细工艺中把一些需水量大的多孔玻璃体、炭粒粉碎，分散成粘连的球体。磨细后的粉煤灰颗粒表面较为粗糙，颗粒的吸附能力增强，增加表面吸附水，形成絮凝结构的趋势增大，会降低混凝土的流动性。球状玻璃体在磨机中不易粉碎，但表面也会或多或少地受到一定程度的损伤，对粉煤灰的品质会有所降低。另外有些厂家在磨细过程中加入一定量的化学激发剂，也造成磨细粉煤灰与外加剂的相容性变差。因此，大量的研究结果证明，在使用磨细粉煤灰时要特别注意，其用量要有一个限值，超过后会起到反作用。

② 细度降低　粉煤灰细度降低，其中的多孔玻璃体和炭粒增加，"吸附效应"增强，在混凝土中的填充效应变差，对混凝土的流动性影响较大，混凝土变黏；混凝土的后期强度增长不明显；混凝土耐久性变差。

（2）需水量比　粉煤灰的质量核心是需水量比。需水量比是指粉煤灰与水泥相比，达到相同流动度范围时的用水量之比，是粉煤灰质量的综合体现，可以反映出粉煤灰的性能。一般来说粉煤灰需水量比越小，对混凝土性能越有利。

需水量比与粉煤灰的细度、烧失量和球状玻璃体含量等密切相关。粉煤灰越粗，需水量比越大；烧失量越高，需水量比越大；球状玻璃体颗粒含量高，密度大，其需水量比小；如玻璃体颗粒疏松多孔，片状的颗粒多，密度小，则需水量比大。

需水量比的大小直接影响混凝土拌合物的流动性，达到相同的流动性需要的用水量不同，需要调整外加剂用量，以免因水胶比变化影响混凝土的强度。通过调整外加剂掺量或组分来减少需水量对混凝土流动性的影响时，外加剂的使用量会随着需水量比的增大而增加，这样也容易造成离析泌水等问题。所以，对粉煤灰的需水量比应该重点加以控制。一般情况下，需水量比小于 100% 的粉煤灰配制的混凝土质量较好。

（3）烧失量　粉煤灰中未燃尽的炭粒是公认的有害组分，其颗粒表面呈海绵多孔状，粒径大部分在 $45\mu m$ 以上，平均密度只有 $1.5g/cm^3$ 左右，体积比高。粉煤灰中含碳量变化较大，与煤的品种、煤粉细度、燃烧温度、电厂运行效率及负荷有直接关系。我国粉煤灰含碳量偏大，这与我国煤的灰分较大、煤粉较粗和燃烧温度偏低有关。

烧失量表征了粉煤灰含碳量的多少。粉煤灰烧失量越大，含碳量就越高，混凝土的需水量比就越大。当烧失量大于 10% 时，粉煤灰对流动度和扩展度就起不到有利的作用；粉煤灰含碳量增高，烧失量增大，在混凝土搅拌、运送、成型过程中，粉煤灰更容易浮到表面，影响混凝土的外观与内在质量。另外，由于烧失量增大，还会降低外加剂的使用效果。对引气混凝土来说，粉煤灰烧失量的变化会造成混凝土含气量的大幅度波动，烧失量增加会严重降低混凝土的引气效果，不利于引气混凝土的生产和质量控制。

（4）活性　粉煤灰的活性属于火山灰活性。玻璃体是粉煤灰火山灰活性的来源。

粉煤灰玻璃体有球状和表面多孔状。球状玻璃体如玻璃球一般，需水量小，流动性好，是粉煤灰中最理想的组分；多孔玻璃体表面呈海绵状或蜂窝状，也包括球状颗粒和不规则碎屑状颗粒的粘连体，虽然也有活性，但其表面吸附性强，需水量大，对混凝土来说，其性能远不如球状玻璃体。

粉煤灰中玻璃体含量波动很大，其球状玻璃体和多孔玻璃体的比率波动也很大，主要取决于煤的品种、煤粉细度、燃烧温度和电厂运行情况等。煤的灰分大、颗粒粗、燃烧温度低、电厂运行不正常，则玻璃体含量和玻璃球的比例就小，粉煤灰的品质下降。一般情况下含碳量高的粉煤灰中玻璃体和玻璃球含量较低。

粉煤灰的活性比矿渣粉和硅灰低，主要是因为粉煤灰的化学组成中氧化钙的含量低，粉煤灰玻璃体结构的 Si—O—Si 键不易破裂，玻璃体的活性也难被激发。磨细粉煤灰的活性有所提高，主要是磨细后粉煤灰颗粒的比表面积增大，同时改变了系统的颗粒堆积状态，提高了参与火山灰反应的颗粒面积，从而提高了反应速率。粉煤灰早期基本不参与水化，主要是影响混凝土的后期强度。

现在的一些电厂采取特定工艺，专门收集球状玻璃体，作为"微珠"出售。微珠对混凝土的性能改善非常大，在高强高层泵送混凝土的配制和使用中效果良好。收集后剩余的粉煤灰严格来说不能再用于预拌混凝土。

（5）密度　粉煤灰的密度一般在 $1800\sim2400\mathrm{kg/m^3}$ 范围内，密度大小与粉煤灰的实心玻璃球含量有关。通常情况下，粉煤灰的密度大，其含有的实心玻璃球较多，需水量比低，对混凝土的质量和成本都有较好的效果。

（6）SO_3 含量　粉煤灰 SO_3 含量对混凝土的体积稳定性有一定影响。

粉煤灰中的硫酸盐以 SO_3 计，通常在 $0.2\%\sim1.5\%$ 之间。粉煤灰中的 SO_3 主要以 $CaSO_4$ 的形式存在，在 SO_3 含量高的粉煤灰中，有剩余的 $CaSO_4$ 存在，其水化速率很慢，当 $CaSO_4$ 的溶解度达到二水石膏的饱和溶解度时，结晶析出二水石膏，造成体积增大时，已是水化过程后期，此时的膨胀可对混凝土结构造成破坏。另外有研究表明，$CaSO_4$ 溶解于水后与活性的 Al_2O_3 等反应生成的钙矾石同样导致体积膨胀，其水解速率也很慢，钙矾石的生成是在其胶凝材料水化反应到一定程度时才进行，而此时胶凝材料已具有一定的初期强度，所以此时生成的钙矾石也是具有破坏性的。因此，我国标准规定粉煤灰中的 SO_3 含量不应大于 3%。

（7）CaO 含量　粉煤灰中的 CaO 含量与使用的煤种有关，高钙粉煤灰的 CaO 含量一般大于 10%，其游离氧化钙含量不大于 4% 时可用于预拌混凝土。

高钙粉煤灰（C 类粉煤灰）与普通粉煤灰（F 类粉煤灰）在品质上有明显差异。高钙粉煤灰的氧化钙一部分以 C_2S 形态存在，所以粉煤灰本身与水拌和就有一定的胶凝性，这与矿渣粉的性质类似。所以高钙粉煤灰混凝土的早期强度要高于普通粉煤灰混凝土，这是其优点。但高钙粉煤灰中存在较多的游离 CaO 可能会引起体积安定性不良，易产生膨胀，导致混凝土开裂。因此使用高钙粉煤灰时要对胶凝材料参照水泥的体积安定性试验标准进行相关的安定性试验，合格后方可使用。

（8）脱硫石膏粉煤灰　电厂脱硫石膏工艺会造成过量石膏残留，导致混凝土严重缓凝，不建议使用。

另外，有时混凝土浇筑后会不断冒出气泡，越是大体积混凝土就越明显，严重影响混凝土结构性能。造成这种问题的原因比较复杂，有可能是粉煤灰中混入了铝粉等起泡元素，或者粉煤灰采用氨水脱硫工艺时有氨水残留，建议试配或生产时密切关注混凝土是否存在异味、凝结时间是否异常等现象。

（三） 粉煤灰质量控制项目

《混凝土质量控制标准》（GB 50164—2011）规定粉煤灰的质量控制项目应包括细度、需水量比、烧失量和三氧化硫含量、放射性等，C类粉煤灰的主要控制项目还应包括游离氧化钙和安定性。《矿物掺合料应用技术规范》（GB/T 51003—2014）规定粉煤灰的进场检验项目为细度、需水量比、烧失量、安定性（C类粉煤灰），要求搅拌站按批次进行试验，同厂家、同规格且连续进场的粉煤灰不超过200t为一检验批。

1. 细度

粉煤灰细度应按其等级来控制。早期标准使用80μm筛检测细度，因45～80μm之间有大量未燃尽的碳粒，不能准确表征混凝土的性能指标，所以以后期标准改用45μm方孔筛。

（1）取样方法　对粉煤灰进行细度试验时，要特别注意取样方法。如果从运输车罐口取样，细度结果代表性较差，有时候出现罐口细度合格，筒仓内细度严重超标的情况。建议采取以下两种方法进行，以避免类似情况发生，同时防止供应商弄虚作假。

① 用取样器，对多个罐口进行取样。取样器上、中、下部分的样品混合均匀后进行细度试验。

② 动态取样。在"吹料开始、中部、尾部"过程中分别取样，混合均匀后试验。这种取样方法最贴合实际情况，试验结果也最容易让双方信服。具体实现方法为，在吹料口安装阀门，用U形管与阀门连接，进行取样。

（2）试验方法　细度试验应到筛不下去为止，筛一次就停止可能没有筛分彻底，容易造成误判，也容易引起纠纷。常规的筛析时间为3min，停机后观察筛余物，如出现颗粒成球、粘筛或有细颗粒沉积在筛框边缘，应用毛刷将细颗粒轻轻刷开，将定时开关固定在手动位置，再筛析1～3min直至筛分彻底为止。

（3）湿度控制　粉煤灰较细，吸潮速度很快，因此细度试验本身受环境湿度的影响很大，建议试验过程中使用干燥器，并加快试验速度。

2. 需水量比

需水量比是粉煤灰最重要的质量控制指标，搅拌站应对该指标进行严格的控制。需水量比合格的情况下，可以适当放宽细度要求。

现行的标准规范对粉煤灰需水量比试验所采用的对比水泥规定不一致。《用于水泥和混凝土中的粉煤灰》（GB/T 1596—2005）规定，对比水泥应采用GSB14-1510强度检验用水泥标准样品；《粉煤灰混凝土应用技术规范》（GB/T 50146—2014）规定，需水量比试验用对比水泥样品应符合现行国家标准《通用硅酸盐水泥》（GB 175）规定的强度等级为42.5的硅酸盐水泥或工程实际应用的水泥；《矿物掺合料应用技术规范》（GB/T 51003—2014）规定，需水量比、流动度比、活性指数试验应采用基准水泥或合同约定水泥。

根据我们的理解，判定粉煤灰是否合格，应使用产品标准《用于水泥和混凝土中的粉煤灰》（GB/T 1596—2005）。

搅拌站需水量比试验可采用基准水泥或生产用水泥，但两者的结果可能不一致，意义也不尽相同。使用基准水泥目的是用于评定粉煤灰质量是否合格；生产用水泥主要用于自控，目的是指导搅拌站的实际生产过程的质量控制。

搅拌站生产用水泥中掺加的混合材种类和数量与基准水泥不一致，其达到规定流动度范围需要的用水量就不一致。按搅拌站生产用水泥试验时，达到 $130\sim140$mm 流动度的实际用水量才是搅拌站真正需要的试验数据，不一定是 125mL。用实际试验值作为需水量比的计算参数，其指导意义更大。

笔者认为，标准使用125mL的用水量，是将粉煤灰作为一个产品，其出场检验指标只能用基准水泥进行检验，而 125mL 是基准水泥的代表性用水量，为了简化试验，直接将125mL 作为基准水泥达到规定流动度的用水量。

举例：基准水泥与搅拌站生产用普通水泥的试验结果对比（表 2-6）。

表 2-6 不同用水量的需水量比结果对比（Ⅰ级粉煤灰）

使用搅拌站生产用水泥	对比胶砂用水/mL	试验胶砂用水/mL	需水量比/%
直接按标准进行计算	125	117	94
采用实际试验结果	122	117	96(不合格)
	126	117	93

建议搅拌站用基准水泥对不同厂家的粉煤灰进行不少于一次的需水量比试验验证，确保采用标准方法的试验结果合格。过程中即可采用实际生产用水泥进行控制。如果不进行验证，可能出现搅拌站实际水泥试验结果需水量比合格，但检测单位试验结果却不合格的情况。而政府主管部门将以检测单位的不合格结果为准，判定搅拌站使用不合格的粉煤灰。举例如表 2-7。

表 2-7 不同水泥需水量比试验结果对比（Ⅰ级粉煤灰）

水泥种类	对比胶砂用水/mL	试验胶砂用水/mL	需水量比/%
搅拌站生产用水泥	128	120	94(合格)
检测单位用基准水泥	125	120	96(不合格)

3. 烧失量

烧失量也是衡量粉煤灰质量的重要指标，搅拌站应严格按标准规定的范围进行控制。烧失量试验恒重过程中，应使用干燥器，否则会因样品吸潮而不能恒重。

4. 颜色

粉煤灰的颜色变化反映了厂家的变动或燃煤的品质波动，与粉煤灰质量有直接的联系。

正常粉煤灰的颜色为浅灰色或灰白色，当出现黄色、黑色、白色、红色等颜色变化时，往往预示着粉煤灰质量的波动，需要提高警惕，建议进行退货处理，或立即进行游离氧化钙、需水量比、烧失量等项目的检验，辅助混凝土试拌进行品质验证，并根据验证结果谨慎使用。

5. 粉煤灰进场快速检验项目

粉煤灰的快速检验项目为细度和需水量比。由于粉煤灰的用量不是特别大，但其质量波动对混凝土质量影响很大，建议进行逐车检验。检验方法及注意事项遵照前面的阐述。

二、矿渣粉

矿渣粉是混凝土主要的矿物掺合料之一，是重要的绿色低碳建筑材料。据统计，我国矿渣粉在 2013 年产量已超过 1.2 亿吨，位居世界第一。矿渣粉在混凝土中已得到广泛的使用，《矿物掺合料应用技术规范》（GB/T 51003—2014）规定，混凝土使用普通硅酸盐水泥，水胶比≤0.40 时，单掺矿渣粉的最高比例为 55%，国外许多国家允许掺量更高，可达 70% 以上。

（一）矿渣粉概述

1. 定义

矿渣粉是粒化高炉矿渣粉的简称，是以粒化高炉矿渣为主要原料，可掺加少量石膏制成一定细度的粉体。

粒化高炉矿渣是炼铁过程中产生的废渣，是从炼铁高炉中排出的，以硅酸盐和铝硅酸盐为主要成分的熔融物，经淬冷成粒。在高炉炼铁过程中，除了铁矿石和燃料（焦炭）之外，为降低冶炼温度，还要加入适量的石灰石和白云石作为助熔剂，它们在高炉内分解得到的氧化钙、氧化镁和铁矿石的废矿以及焦炭中的灰分相熔化，生成了以硅酸盐与铝硅酸盐为主要成分的熔融物，浮在铁水表面，定期从排渣口排出，经水淬或空气急冷处理，形成以玻璃体为主要成分的颗粒，具有潜在的胶凝性，即为粒化高炉矿渣，简称矿渣。

水淬或空气急冷处理工艺对矿渣粉的活性非常重要。未经水淬的矿渣，其矿物形态呈稳定的结晶体，这些结晶体除少部分 C_2S 尚有一些活性外，其他矿物基本上不具有活性。如经淬水急冷，由于液相中黏度在很短的时间内很快增大，阻滞了晶体成长，形成了玻璃态结构，就使矿渣处于不稳定的状态，因而具有较大的潜在化学能。出渣温度越高，冷却速率越快，则矿渣玻璃化程度越高，矿渣的潜在化学能越大，活性也越高。

2. 等级及性能指标

《用于水泥和混凝土中的粒化高炉矿渣粉》（GB/T 18046—2008）将矿渣粉分为 S105、S95、S75 三个级别，各级别的技术指标如表 2-8。

表 2-8 矿渣粉技术指标及试验方法标准

项 目		级别			试验方法标准
		S105	S95	S75	
密度/(g/cm³)		≥2.8			GB/T 208—2014
比表面积/(m²/kg)		500	400	300	GB/T 8074—2008
活性指数/%	7d	≥95	≥75	≥55	GB/T 18046—2008
	28d	≥105	≥95	≥75	
流动度比/%		≥95			GB/T 18046—2008
含水量(质量分数)/%		≤1.0			GB/T 18046—2008
三氧化硫(质量分数)/%		≤4.0			GB/T 176—2008
氯离子(质量分数)/%		≤0.06			JC/T 420—2006
烧失量(质量分数)/%		≤3.0			GB/T 176—2008 GB/T 18046—2008
玻璃体含量(质量分数)/%		≥85			GB/T 18046—2008
放射性		合格			GB 6566—2010

3. 组成

（1）化学组成 矿渣粉的主要化学成分是 CaO、SiO_2、Al_2O_3、MgO，这四种组分约占其全部氧化物的 95% 以上，与水泥熟料的成分很相似。与水泥熟料相比其 CaO 含量较低，而 SiO_2 含量较高。除了上述氧化物外，根据所用原材料和冶炼生铁的品种不同，矿渣粉中可能含有少量的 FeO、MnO、TiO、BaO、K_2O、Na_2O 等。这些氧化物对矿渣粉的作用与其含量和存在形式有很大关系。

不同钢铁厂矿渣的化学成分差异很大，即使同一炼钢厂不同时期排放的矿渣有时也不一样，所以矿渣粉的质量也不尽相同。水泥厂和搅拌站使用矿渣时，要按批次及时检测其性能指标的变化，水泥厂要检测其化学成分的变化。

（2）矿物组成 矿渣粉的结晶矿物主要有钙长石（2CaO·Al_2O_3·SiO_2，简写 C_2AS）、硅酸二钙（C_2S）、硅酸一钙（CS）以及一些硫化物等。上述这些矿物质中只有 C_2S 具有胶凝性，当其快速冷却时形成具有活性的 β-C_2S，但当 C_2S 经过慢冷却时易形成 γ-C_2S，几乎没有活性。

矿渣粉的活性主要取决于化学成分和玻璃体的含量和性能。玻璃体含量越高，其活性也越高。如前所述，为了使矿渣粉具有活性，必须采取急速冷却的生产工艺。经过急冷，玻璃体的含量一般高达80%以上，使矿渣具有较好的水硬活性，所以应尽可能选用玻璃体含量高的矿渣粉。

（3）颗粒组成　矿渣粉与粉煤灰不同，它不是自然形成的，而是由高炉矿渣经过机械粉

图2-2　矿渣粉的扫描电子显微照片

磨而成的，其颗粒组成与粉磨工艺有关。矿渣粉的颗粒大小是很不均匀的，可以通过激光粒度测试仪来测试矿渣粉颗粒群的分布情况。比表面积能从一定程度上表示矿渣粉的粗细，但却无法反映矿渣粉的颗粒分布情况，具有相同细度的矿渣粉，其比表面积有时候是完全不同的。

图2-2为矿渣粉的电子显微照片。

4. 粉磨工艺

（1）球磨矿渣粉　球磨工艺生产的矿渣粉，其比表面积一般在$350\sim400m^2/kg$之间。

优点：一次性投资低。磨出的矿渣粉表面特征好于立磨工艺，对混凝土工作性有利。

缺点：细度不够高，波动大；能耗高、磨损大，质量不稳定，随磨损增加，产品细度降低，活性也显著降低；球磨过程产生大量的噪音、粉尘污染，对环境影响大。

（2）立磨矿渣粉　我国大型立磨矿渣粉生产和应用虽然起步较晚，1997年建成第一条立磨矿渣粉生产线，但发展十分迅速。采用先进立磨工艺（图2-3）生产的矿渣粉，其比表面积一般在$420m^2/kg$以上。

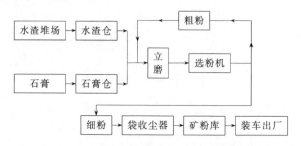

图2-3　矿粉立磨生产流程工艺图

优点：细度、级配可控，质量稳定，能耗低，效率高，活性高。应优先选择立磨工艺生产的矿渣粉。

缺点：一次性投资大，矿渣表面形状多为片状，对混凝土和易性有不利影响。

（二）矿渣粉与混凝土质量的关系

1. 矿渣粉在混凝土中的作用

① 矿渣粉等量替代水泥，降低了混凝土的成本，节能降耗。

② 大掺量矿渣粉可降低混凝土的水化热，延迟水化热达到峰值的时间，降低温差开缝的危险。

③ 矿渣粉能优化混凝土的孔结构，增加混凝土的密实度，提高抗渗性能，降低氯离子扩散速率，抑制碱集料反应。

④ 矿渣粉能提高混凝土抗硫酸盐腐蚀能力，矿渣混凝土在水中的稳定性、耐热性、与钢筋的粘接力也会增强，非常适用于水工和海工工程以及大体积混凝土工程等。

⑤ 混凝土中如果掺入矿渣粉过多，会影响混凝土和易性，容易产生泌水。同时水泥用量减少会导致凝结时间延长。

⑥ 矿渣粉细度增加，会增大混凝土的干燥收缩；

⑦ 矿渣粉会降低混凝土的早期强度，但后期抗压强度、弹性模量等与普通混凝土基本一致。

⑧ 在相同含气量下，矿渣混凝土的抗冻性与普通混凝土相当。

根据杨荣俊著的《掺矿粉混凝土配制技术研究》，除了以上普遍性的规律以外，针对首钢嘉华公司生产的立磨矿粉的研究，得出以下结论。

混凝土中单独掺加矿粉时，混凝土黏聚性提高，可能对混凝土泵送带来一定的不利影响；比表面积为 430m^2/kg 矿粉，掺量在 30%～40% 的范围内，增强效应表现得最为显著；在掺量超过 50% 或更高时，可显著降低混凝土的水化热。

实际应用中，建议采用矿粉和粉煤灰复配配制混凝土，可使混凝土坍落度增加，和易性好，黏聚性好，泌水得到改善；针对水泥-粉煤灰-矿粉胶凝材料体系，在等量取代的前提下，粉煤灰的掺量以不超过 15% 为宜，粉煤灰和矿粉掺量以不超过 40% 为宜，在此范围内，混凝土在满足 28d 等强的同时，后期强度依然有很好的增长。

在混凝土抗裂方面，按现行标准测试，在配制 C30 混凝土时，掺加 40% 的首钢矿粉混凝土的干缩值与基准混凝土相比变化不大；而在配制 C50 混凝土时，掺加 40% 的首钢矿粉，混凝土的干缩值有一定程度的增加，早期（3d、7d）增幅较后期大。矿粉细度在 430～520m^2/kg 之间变化，对混凝土干缩值的影响不明显。矿粉与粉煤灰复掺与矿粉单掺相比，明显增加混凝土干缩值，混凝土强度等级越高增加幅度越大。

2. 矿渣粉对混凝土的作用机理

根据《近代混凝土技术》的描述，矿渣具有潜在的胶凝性，根据其中碱性氧化物和酸性氧化物含量的比值 M 的大小，把矿渣划分为碱性、中性和酸性。$M=(CaO+MgO)\%/[(Al_2O_3+SiO_2)\%]$，并以 $M=1$ 作为中性划分的界限，$M>1$ 的为碱性，$M<1$ 的为酸性，一般酸性矿渣的胶凝性较差，碱性矿渣的胶凝性好。

矿渣水泥的水化和硬化过程的基本原理与硅酸盐水泥相同，却更为复杂。磨细的矿渣单独和水的反应是非常缓慢的，但是，在加入硅酸盐水泥熟料后，水泥熟料矿物 C_3S 会很快与水反应，生产水化硅酸盐的同时析出氢氧化钙，Ca^{2+} 可以对高炉矿渣中的玻璃体起激发作用，使玻璃体中 $[SiO_4]^{4-}$ 四面体的聚合体中的 Si—O—Si 键解离，生成聚合度小的硅酸盐阴离子，它们和 Ca^{2+} 反应，生产新的水化硅酸钙。矿渣粉中自有的一些离子，如 Ca^{2+}、Al^{3+}、$[AlO_4]^{5-}$ 等也同时进入溶液，生成相应的水化硅酸钙、水化铝酸钙及钙矾石等。在水化的后期，还可能形成水化钙黄长石（C_2ASH_8）和水化石榴子石。

矿渣水泥的水化过程可归纳为：与水混合后，首先是水泥熟料矿物水化，析出的 Ca^{2+} 使矿渣参与水化反应。可以设想，矿渣水泥浆体中液相的碱度比普通硅酸盐水泥浆体液相的碱度要低，其中氢氧化钙的含量也相对较少，这对水泥的性能是有利的。

3. 矿渣粉质量变化对混凝土质量的影响

（1）比表面积 矿渣粉的粗细以比表面积来表征，例如 S95 级矿粉的比表面积要求不小于 400m^2/kg。矿渣粉比表面积越大，活性就越高，用其配制的矿渣水泥或矿渣混凝土的强度也会越高。但矿渣粉的比表面积应控制在合适的范围内，比表面积过大，需水量增加，对外加剂的要求增高，混凝土坍落度损失加大，混凝土开裂敏感性加大。相反如果比表面积太小，则混凝土的保水能力变差，容易离析和泌水。

2002 年某大型海工工程高性能混凝土的配制采用了专用掺合料技术，专用掺合料是以矿粉、粉煤灰、硅灰等活性矿物掺合料按一定比例复合并深加工而成，根据其组分不同及应用技术特点，将其分为Ⅰ型和Ⅱ型专用掺合料。Ⅰ型和Ⅱ型的区别是后者掺有一定量的硅灰，其矿物掺合料的比例也有一定的区别。专用掺合料要求矿粉比表面积大于 500m²/kg，实际应用造成高强预应力管桩严重开裂，最后不得已改为钢桩。因此针对矿渣粉的比表面积，从降低开裂敏感性考虑，我们认为应控制在合适的范围内（400～450m²/kg）[7]。

（2）流动度比　矿渣粉的流动度比与粉煤灰的需水量比类似，分别从两个不同角度反映其对混凝土和易性的影响。粉煤灰使用需水量比，主要是利用其形态效应；矿渣粉的流动度比主要是利用其活性，活性的发挥应以不影响混凝土的流动性为前提，在此前提下，矿渣粉的流动度比越大越好。

（3）活性指数　影响矿渣粉活性的因素主要包括化学组成、玻璃体含量和粉磨细度。化学组成取决于原渣，主要取决于 CaO 和 Al_2O_3 的含量；玻璃体含量取决于水淬的效果；粉磨细度取决于粉磨工艺，主要由比表面积体现。

活性指数反映了矿渣粉对硬化混凝土力学性能的影响，活性指数越高，其对应的混凝土强度就越高。但活性指数越高，硬化混凝土开裂敏感性越大，因此从控裂的角度，S115 等级的矿粉应慎重使用。

（4）烧失量　通过矿粉的烧失量指标可以区分是球磨还是立磨工艺生产的矿粉，球磨工艺生产的矿粉烧失量大主要由掺加石灰石粉所致，真正的矿粉烧失量应为 0%。现行国标《用于水泥和混凝土中的粒化高炉矿渣粉》（GB/T 18046—2008）对烧失量≤3.0%的指标要求过松。

（三）矿渣粉质量控制项目

《混凝土质量控制标准》（GB 50164—2011）规定矿渣粉的质量控制项目应包括比表面积、活性指数和流动度比、放射性等。《矿物掺合料应用技术规范》（GB/T 51003—2014）规定矿渣粉的进场检验项目为比表面积、活性指数、流动度比，要求搅拌站按批次进行试验，同一厂家、相同级别且连续进场的矿渣粉，以不超过 500t 为一检验批。

（1）比表面积　矿渣粉的比表面积测试方法按水泥的测试方法进行，应按《水泥比表面积测定方法 勃氏法》（GB/T 8074—2008）标准进行试验，S95 级矿渣粉比表面积宜控制在 400～450m²/kg 之间。

勃氏法主要根据一定量的空气通过具有一定空隙率和固定厚度的粉料层时，所受阻力不同引起流速的变化来测定粉料的比表面积。目前搅拌站基本采用自动勃氏比表面积测定仪进行测定，试验注意事项如下。

① 空隙率选择。矿渣粉空隙率选择 0.53。标准规定 P·Ⅰ水泥、P·Ⅱ水泥空隙率取0.50，其他水泥和粉料的空隙率取 0.53，如有些粉料按此空隙率计算的试样量，在圆筒内的有效体积容纳不下或经掏实后未能充满圆筒和有效体积时，可允许改变空隙率。

② 试样应先通过 0.9mm 方孔筛，再在 110℃±5℃下烘干，并在干燥器内冷却至室温。

③ 仪器要进行漏气检查后确认不漏气时再使用，保证仪器的气密性。

④ 透气仪的 U 形压力计内颜色水的液面应保持在压力计最下面一条环形刻度上，如有损失或蒸发，应及时补充。

⑤ 试验时穿孔板上下面应与测定体积时方向一致，以防由于仪器加工精度不够而影响体积大小，从而导致结果不一致。

⑥ 穿孔板上的滤纸应与圆筒内径相同，边缘光滑；穿孔板上的滤纸比圆筒内径小时，会有部分试样沿着内壁高出圆板的上部；穿孔板上的滤纸比圆筒内径大时，会引起滤纸皱起，而

使结果不准。如果使用的滤纸品种质量有波动时，或更换穿孔板时，应重新标定体积。

⑦ 试料层体积的测定至少要测定二次，每次单独压实，取二次体积差不超过 0.005cm³ 的平均值，并记录测定时的温度，每隔一季度或半年要重新测定其体积。

⑧ 捣实器捣实时，捣器支持环必须与圆筒顶边接触，并旋转 1～2 圈，慢慢取出捣器。

⑨ 在用抽气泵抽气时，不要用力过猛，应使液面徐徐上升，以免水的损失。

⑩ 测定时要尽量保持温度不变，以防止空气黏度发生变化而影响测定结果。比表面积测定仪要避免阳光直射。

（2）活性指数　应按批次检验矿渣粉的活性指数。

现行的标准规范对矿渣粉活性指数、流动度比试验所采用的对比水泥规定不一致。《用于水泥和混凝土中的粒化高炉矿渣粉》（GB/T 18046—2008）规定，对比水泥应为符合 GB 175 规定的强度等级为 42.5 的硅酸盐水泥或普通硅酸盐水泥，且 7d 抗压强度 35～45MPa，28d 抗压强度 50～60MPa，比表面积 300～400m²/kg，SO₃ 含量（质量分数）2.3%～2.8%，碱含量（Na₂O+0.658K₂O）（质量分数）0.5%～0.9%；《矿物掺合料应用技术规范》（GB/T 51003—2014）规定，流动度比、活性指数试验应采用基准水泥或合同约定水泥。根据笔者的理解，判定矿渣粉是否合格，应使用产品标准《用于水泥和混凝土中的粒化高炉矿渣粉》（GB/T 18046—2008）规定的对比水泥。

同粉煤灰需水量比试验类似，使用对比水泥（基准水泥）判定矿渣粉质量是否合格，使用合同约定水泥（搅拌站生产用水泥）用于自控，指导实际生产。

矿渣粉活性指数试验应同时用对比水泥（基准水泥）和合同约定水泥（搅拌站生产用水泥）进行对比检验，两个试验结果都应合格，否则可能存在用对比水泥合格，而用生产使用水泥不合格，或者用对比水泥不合格，而用生产使用水泥合格的情况。具体做法和注意事项参考粉煤灰需水量比试验控制的相关内容。

（3）流动度比　流动度比试验按照《用于水泥和混凝土中的粒化高炉矿渣粉》（GB/T 18046—2008）附表 A.1 胶砂配比和 GB/T 2419—2005 进行试验，分别测定对比胶砂和试验胶砂的流动度进行计算，试验注意事项参考活性指数试验。

（4）烧失量　矿渣粉的烧失量按照 GB/T 176—2008 进行，但灼烧时间规定为 15～20min。矿渣粉在灼烧过程中由于硫化物的氧化引起误差，应进行校正，校正过程应执行《用于水泥和混凝土中的粒化高炉矿渣粉》（GB/T 18046—2008）。

由于矿渣粉在磨细的过程中通常会加入石膏等添加料，这些添加料对矿渣的烧失量会产生一定的影响。因此矿渣粉在灼烧过程中发生的物理化学变化比较复杂，有时甚至出现越烧越重的情况，应根据实际情况进行分析，保证试验结果的准确性。

（5）颜色　同一厂家的矿渣粉颜色变化非常小，如果有明显的颜色变化，须谨慎使用。好的矿渣粉一般是白色或灰白色的。

颜色变化可能是因为使用了其他厂家的矿渣粉，或者是在粉磨过程中掺入粉煤灰、炉渣、煤矸石、石灰石粉等添加料。

（6）矿渣粉进场快速检验项目　矿渣粉的快速检验项目为比表面积、流动度比。由于矿渣粉的用量不是特别大，但其质量波动对混凝土质量影响很大，建议对比表面积进行逐车检验，流动度比可定期进行检验。检验方法及注意事项遵照前面的阐述。

另外，矿渣粉掺假现象比较普遍。可能有以下掺假情况，应在进站检验中加以控制。例如以次充好，将小球磨机生产的比表面积低的矿渣粉，混入立磨生产的 S95 级矿渣粉中；掺石灰石粉，矿渣粉的活性降低，烧失量受到较大影响；掺劣质粉煤灰，导致矿渣粉的活性降低，影响矿渣粉的使用量；掺钢渣粉成为钢铁渣粉，可能引发安定性不良等问题。

三、硅灰

硅灰是一种优质的矿物掺合料，外观为灰色或灰白色，其 SiO_2 含量高达 85％以上，颗粒细，粒径范围在 $0.01\sim1\mu m$，比表面积介于 $15000\sim25000m^2/kg$（采用 BET 氮吸附法测定），远远高于水泥、粉煤灰和矿渣粉等胶凝材料。硅灰可促使水泥水化与硬化，使混凝土更密实，提高了混凝土的强度、耐久性等其他性能。但因其价格昂贵、密度小、运输成本高、添加不方便等原因，早期使用较少。近年来人们对硅灰作用的认识逐渐深入，硅灰加密工艺逐渐改进，硅灰价格也逐渐下降，这也促进了其在预拌混凝土中的使用，尤其是在高强、自密实、超高层泵送、特殊混凝土中已趋于常态化。

（一）硅灰概述

1. 定义

硅灰（Silica fume）是在冶炼硅铁合金或工业硅时，通过烟道排出的粉尘，经收集得到的以无定形二氧化硅为主要成分的粉体材料。

2. 硅灰发展简史[8]

1947 年：在挪威 Fiskaa 工厂，世界上首次进行硅灰收尘。

1951 年：开始混凝土应用试验研究，1952 年第一次在奥斯陆 BERNHARDT 隧道工程中应用。

20 世纪 70 年代：生产收尘技术日趋成熟，硅灰作用引起广泛兴趣，应用研究工作在世界范围展开。挪威颁布硅灰在混合水泥与混凝土中应用的国家标准。

20 世纪 80 年代：应用技术、应用领域和用量快速发展阶段。成为高强喷射、高强泵送（80～130MPa）、高抗冲磨混凝土的基本组分。

20 世纪 90 年代：用于改善混凝土工作性能和耐久性，用于超高性能混凝土（UHPC、RPC）。欧美混凝土学会编制硅灰应用指南，有许多国家、国际组织编制了硅灰产品标准。

目前：利用其独特性能为混凝土、砂浆、灌浆料、水泥浆等改善流变性能、防止泌水离析、提高强度和耐久性。

3. 技术要求

《砂浆和混凝土用硅灰》（GB/T 27690—2011）和《高强高性能混凝土用矿物外加剂》（GB/T 18736—2002）对硅灰的定义及技术要求如下，见表2-9。

表 2-9　硅灰技术指标

《砂浆和混凝土用硅灰》 GB/T 27690—2011		《高强高性能混凝土用矿物外加剂》 GB/T 18736—2002	
项　目	指　标	项　目	指　标
SiO_2 含量	≥85％	SiO_2 含量	≥85％
氯含量	≤0.1％	Cl^- 含量	≤0.02％
含水率（粉体）	≤3.0％	含水量	≤3％
烧失量	≤4.0％	烧失量	≤6％
需水量比	≤125％	需水量比	≤125％
比表面积（BET 法）	≥15m²/g	比表面积	≥15000 m²/kg
活性指数（7d 快速法）	≥105％	28d 活性指数	≥85％
固含量（液料）	按生产厂控制值的±2％		
总碱量	≤1.5％		
放射性	Ira≤1.0 和 Ir≤1.0		
抑制碱集料反应性	14d 膨胀率降低值≥35％		
抗氯离子渗透性	28d 电通量之比≤40％		

4. 化学组成与矿物组成

硅灰的化学组成（表 2-10）主要是 SiO_2，且大部分是无定形 SiO_2。除此之外，还有少量的 Fe_2O_3、CaO、SO_3 等，其含量随矿石的成分而稍有变化。硅灰的矿物组成也很简单，主要是无定形的 SiO_2 矿物和少量的高温型 SiO_2 矿物。

表 2-10　硅灰的化学组成（举例）

项　目	SiO_2	Al_2O_3	Fe_2O_3	MgO	CaO	Na_2O
含量	75%～98%	1.0%±0.2%	0.9%±0.3%	0.7%±0.1%	0.3%±0.1%	1.3%±0.2%

5. 颗粒组成

硅灰在形成过程中，因相变的过程中受表面张力的作用，形成了非结晶相无定型圆球状颗粒，其粒径极小，表面光滑，粒型很好，具有很高的活性（图 2-4）。

图 2-4　硅灰扫描电子显微照片

（二） 硅灰与混凝土质量的关系

1. 硅灰在混凝土中的作用

硅灰已经成为预拌混凝土中重要的矿物掺合料之一，混凝土中掺入硅灰可以提高各项性能。

① 具有保水、防离析、泌水、大幅降低混凝土泵送阻力、改善泵送性能的作用。有研究表明 2%～3% 的掺量可降低泵送压力 15% 左右。

② 显著提高混凝土强度，是高强混凝土的必要成分，已有 C150 混凝土的工程应用实例。

③ 显著提高混凝土密实度，提高混凝土的抗渗、防腐、抗冲击及耐磨性能。延长混凝土的使用寿命，特别是在氯盐污染侵蚀、硫酸盐侵蚀等恶劣环境下，可使混凝土的耐久性提高一倍甚至数倍。

④ 硅灰的比表面积很大，使其需水量显著增加；硅灰颗粒粒径非常小，起到很好的填充作用，同时硅灰的球形颗粒起到润滑作用。硅灰这三个方面的作用综合影响着混凝土的性能。

另外，硅灰也有一些缺点：硅灰在管道内输送困难；不容易充分分散；易使混凝土拌合物黏滞；易产生塑性收缩裂缝；混凝土自收缩大，增大裂缝敏感性。

2. 硅灰在混凝土中的作用机理

（1）火山灰效应　硅灰属于人工火山灰质材料的一种。人工火山灰是将某些天然含水矿物或岩石，经过不同方式的热处理，使它由无火山灰活性变为具有火山灰活性，或者成为以 SiO_2 为主要成分的工业废渣。硅灰属于后者。由于硅灰几乎没有水泥熟料成分，主要是以 SiO_2 为主，因此其不具有自硬性。硅灰的高活性主要来自于其在非常高的温度下形成的无定形结构和相当大的比表面积。硅灰与水泥拌合后，硅灰中的活性 SiO_2 与水泥水化产物 $Ca(OH)_2$ 进行二次水化反应，生成水化硅酸钙，或者与已生成的 Ca/Si 比高的 C-S-H 反应生成更稳定的 Ca/Si 比低的 C-S-H。

（2）填充效应　硅灰的颗粒直径比水泥、粉煤灰、矿渣粉等矿物掺合料小很多，表现出很强的填充作用，能填充到更小的空隙中去，同时也有助于混凝土中空隙和毛细孔的细化，从更微观尺度增加混凝土的密实度。如用硅灰取代 10% 水泥，则在水泥浆体中水泥颗粒与硅灰颗粒的数量之比为"1∶100000"。

3. 硅灰质量变化对混凝土质量的影响

（1）烧失量　硅灰的烧失量对混凝土性能的影响与粉煤灰相同，但是由于硅灰用量很小，其烧失量对混凝土性能的影响也较小。

（2）需水量比　硅灰的需水量比对混凝土的性能影响与粉煤灰的需水量比原理相同，且更加明显。在选择硅灰时应将其需水量比作为一个重要参数。

（3）比表面积　比表面积影响硅灰的活性，进而影响硅灰混凝土的强度等性能。同时比表面积的变化也会造成硅灰混凝土用水量的变化，比表面积越大，需水量就越高，同时由于硅灰吸水的同时阻滞了水分的上浮，也有效地抑制了混凝土的泌水。

尽管标准没有对硅灰的比表面积进行等级划分，但市场上供应的硅灰确实存在不同比表面积，并且价格差异很大，性能差异也较大。

（4）颗粒组成　硅灰的颗粒粒径范围为 $0.01 \sim 1\mu m$，平均直径 $0.1 \sim 0.15\mu m$，可有效填充混凝土中更微观的空隙，可对混凝土中的毛细孔进行细化，可改善集料-水泥浆界面过渡区。其颗粒组成的变化对混凝土性能变化有一定影响，需进行进一步的研究。

（三）硅灰进场质量控制项目

《混凝土质量控制标准》（GB 50164—2011）规定硅灰的质量控制项目应包括比表面积和二氧化硅含量、放射性等。《矿物掺合料应用技术规范》（GB/T 51003—2014）规定硅灰的进场检验项目为需水量比、烧失量，要求搅拌站按批次进行试验。同一厂家、相同级别且连续进场的硅灰不超过 30t 为一检验批。

1. 需水量比

硅灰的需水量比试验按照《高强高性能混凝土用矿物外加剂》（GB/T 18736—2002）附录 C 进行，试验过程与粉煤灰类似。其区别主要在以下三个方面。

① 受检胶砂配比中，硅灰的取代量为 10%（45g），粉煤灰为 30%（135g）；

② 基准胶砂的用水量为 225g，粉煤灰为 125g；

③ 受检胶砂流动度达基准胶砂流动度值 ±5mm，粉煤灰为达到 $130 \sim 140mm$ 的流动度。

2. 烧失量

烧失量试验及注意事项同粉煤灰烧失量试验。

3. 快速检验项目

硅灰的快速检验项目为需水量比和混凝土试拌。

硅灰的用量不大，由于检测手段和其他各方面原因，搅拌站对硅灰的进场检验存在一些问题，大多数不做检验拿来就用，也出现了很多问题，应引起足够的重视。为了更好地控制硅灰的质量，建议每车（次）同时进行需水量比和混凝土试拌检验。

四、其他矿物掺合料

混凝土矿物掺合料除了上面所介绍的粉煤灰、粒化高炉矿渣粉、硅灰以外，还有石灰石粉、钢渣粉、钢铁渣粉、沸石粉、复合掺合料、火山灰等。

1. 石灰石粉

石灰石粉是近年来开始使用的一种新型粉体材料，其粒径一般小于 $10\mu m$，在混凝土中具有良好的减水和填充效应。石灰石粉是否作为矿物掺合料尚存争议，但《石灰石粉混凝土》（GB/T 30190—2013）、《石灰石粉在混凝土中应用技术规程》（JGJ/T 318—2014）、《矿物掺合料应用技术规范》（GB/T 51003—2014）等标准均将其作为矿物掺合料，配合比计算时将石灰石粉用量计入胶凝材料用量，其使用方法与其他矿物掺合料基本相同。

石灰石粉在国外得到广泛应用，例如日本用石灰石粉配制高流动性混凝土和高性能喷射混凝土，美国将石灰石粉作为混凝土的矿物掺合料。

① 世界跨度最大的日本明石海峡吊桥的桥墩、缆索锚固结构体的高流动性混凝土，块体混凝土的配比中水泥用量为 $260kg/m^3$，石灰石粉的掺量为 $150kg/m^3$，用水量为 $145kg/m^3$。

② 法国的西瓦克斯核电站Ⅱ号反应堆 C50 高性能混凝土的配合比中使用了 CPJ5 细掺料水泥，含有 9% 的石灰石粉。而混凝土中水泥用量为 $266kg/m^3$，石灰石粉掺量为 $114kg/m^3$，硅灰掺量为 $40kg/m^3$，水胶比为 0.38，坍落度为 $180\sim230mm$，28d 抗压强度为 67MPa，绝热温升为 30℃，其他指标均符合要求。

我国在部分水电工程中，由于受到地域的限制，常用的掺合料如粉煤灰、矿渣粉等不易得到，因此采用现场的石灰石直接加工成粉，应用于低强度大体积混凝土结构中，取得了较好的效果。但在房建、铁路、公路等其他领域应用不多。

（1）定义　石灰石粉是指以一定纯度的石灰石为原料，经粉磨至规定细度的粉状材料。

（2）技术要求　石灰石粉技术要求及测试方法标准见表 2-11。

表 2-11　石灰石粉技术要求及测试方法标准

项目		技术指标	测试方法标准
碳酸钙含量/%		≥75	应按 1.785 倍 CaO 含量折算，CaO 含量按现行国家标准 GB/T 5762《建材用石灰石化学分析方法》测定
细度（45μm 方孔筛筛余）/%		≤15	《水泥细度检验方法 筛析法》（GB/T 1345）负压筛分析法
活性指数/%	7d	≥60	应参照行业标准《水泥砂浆和混凝土用天然火山灰质材料》（JG/T 315—2011）附录 A 的规定，并将天然火山灰质材料替代为石灰石粉后进行测试
	28d	≥60	
流动度比/%		≥100	
含水量/%		≤1.0	应参照行业标准《水泥砂浆和混凝土用天然火山灰质材料》（JG/T 315—2011）附录 B 的规定，并将天然火山灰质材料替代为石灰石粉后进行测试
亚甲蓝值/（g/kg）		≤1.4	应按 JGJ/T 318—2014 附录 A 的方法测定

（3）作用机理　石灰石粉的作用机理主要为填充作用和减水作用。

① 填充作用　石灰石粉填充混凝土的孔隙，有助于毛细孔的细化，从而提高混凝土的密实度。

② 减水作用　减水作用是石灰石粉的重要性能。石灰石粉对外加剂的吸附量极小，仅为水泥的 1/20，掺减水剂的情况下，石灰石粉的减水效应发挥非常明显。而在不掺减水剂

的情况下，石灰石粉在胶砂中的减水效应并不明显。

另外有研究表明，石灰石粉会加速水泥的水化，提高水泥的水化程度，同时石灰石粉在混凝土中发生水化反应，生成碳铝酸盐。这些观点有待于进一步研究。

（4）石灰石粉混凝土的性能

① 工作性能　石灰石粉用于混凝土中，具有突出的减水能力，减少外加剂用量，可增加浆体含量，明显降低混凝土黏度，提高混凝土的泵送性能。这是由超细石灰石粉的化学成分与表面性质决定的，在此处具有决定意义的表面性质是表面能，碳酸钙的表面能很低，仅为 $230 \times 10^{-7} J/cm^2$，这有利于颗粒的分散和填充。

② 力学性能　石灰石粉对混凝土的 7d、28d 强度没有明显的改善，与掺加粉煤灰或矿渣粉混凝土的强度相当。但由于石灰石粉没有火山灰效应，长龄期强度增长不明显。

③ 耐久性能　研究表明，石灰石粉能改善孔结构，降低孔隙率，显著提高混凝土的密实度。但石灰石粉对混凝土抗冻性能不利，尤其在低温环境中，需要控制石灰石粉的掺量，通过掺加引气剂来改善石灰石粉混凝土的抗冻性能。

因怀疑在潮湿、低温（低于 15℃）且存在硫酸盐的环境中，碳酸钙和水化硅酸钙及硫酸盐会生成碳硫硅钙石，引起混凝土微结构的解体，在《混凝土耐久性设计规范》（GB/T 50476—2008）中明确规定，硫酸盐环境中的水泥和矿物掺合料中，不得加入石灰石粉。在欧洲，如果混凝土有抗冻要求或抗硫酸盐要求，规定不得掺加石灰石粉。

2. 钢渣粉

钢渣、矿渣和粉煤灰被统称为三大工业废渣，由于钢渣存在稳定性不良、活性低且硬度高难破碎等缺点，因此其利用率远低于矿渣和粉煤灰。通常钢渣用于道路工程填料，生产建材（钢渣水泥、钢渣砖等）、地基回填和软土地基加固、生产钢渣肥料和土壤改良剂等，但总体而言利用率不高。

（1）定义　钢渣粉是指从炼钢炉中排出的，以硅酸盐为主要成分的熔融物，经消解稳定化处理后粉磨所得的粉体材料。

（2）组成

① 化学组成　钢渣粉中含有一定数量的水泥熟料，其主要矿物是 C_2S、C_3S 等，可以用作水泥混合材和混凝土掺合料。钢渣的化学成分如表 2-12。

表 2-12　钢渣的化学成分举例[9]　　　　　　单位：%

种类	SiO_2	Fe_2O_3	Al_2O_3	CaO	MgO	MnO	FeO	P_2O_5	S
马钢	15.55	5.19	3.83	43.15	3.42	2.31	19.22	4.08	0.35
首钢	12.26	6.12	3.04	52.66	9.12	4.59	10.42	0.62	0.23
武钢	14.38	5.22	1.35	50.51	4.49	—	14.80	1.12	—
鞍钢	8.84	8.79	3.29	45.37	7.93	2.31	21.38	0.72	0.26

② 矿物组成　钢渣粉的矿物组成主要有 C_2S、C_3S 和 C_4AF，接近普通硅酸盐水泥熟料，具有水硬性的基础条件。由于钢渣的生成温度过高，并溶入了较多的 FeO、MgO 等杂质，结晶较完善，使得这些矿物与水泥中的相同矿物相比，活性要低得多。钢渣中含有大量不稳定的游离 MgO 和 f-CaO、FeO，而且 f-CaO 形成温度较高、结晶较好，因而活性较低。此外，钢渣质地坚硬难破碎、化学成分波动大、富镁铁等特点限制了钢渣应用。

（3）性能

① 稳定性不良　钢渣中含有大量不稳定的游离 MgO 和 f-CaO、FeO，在混凝土中水化很慢，且水化产物产生大量的膨胀，可造成混凝土结构的破坏。

② 密度大　钢渣粉的密度为 $3500kg/m^3$ 左右，会造成混凝土的表观密度增大。因此很

多情况下，钢渣可以制作成粗细集料，用于配制重混凝土。

③ 成分复杂　钢渣的成分与生产工艺和原材料组分有关，某些特种钢的钢渣内含有有害物质，这类钢渣制成的钢渣粉对混凝土的性能不利。

④ 活性较低　钢渣的矿物虽与硅酸盐水泥熟料相似，但钢渣经历了过高温度的作用。钢渣的生成温度为1560℃以上，而硅酸盐水泥熟料的生成温度在1460℃左右。所以矿物活性较水泥熟料中的矿物低得多，钢渣粉的水化作用较慢，会导致混凝土早期强度较低。

（4）钢渣粉混凝土的性能

① 工作性能　钢渣粉可改善新拌混凝土的工作性能，但钢渣粉混凝土的凝结时间会延长。

② 力学性能　钢渣混凝土早期强度发展较慢，后期钢渣粉与水泥水化产物$Ca(OH)_2$进行二次反应，提高了混凝土的后期强度，但提高效果不如粉煤灰和矿渣粉等掺合料明显。

③ 耐久性能　钢渣粉用于混凝土可以降低混凝土的水化热，增加混凝土的密实度，提高硬化后混凝土的耐磨性能、韧性、抗掺性能等。

由于钢渣粉本身稳定性能存在一定的隐患，对混凝土性能有一定的影响，很多情况下都是陈化较长时间后再使用，或者与矿渣粉、粉煤灰等复合使用，这样可以弥补钢渣粉的不足。

（5）钢铁渣粉　钢铁渣粉是以钢渣和粒化高炉矿渣为主要原料，可掺加少量石膏粉磨成一定细度的粉体材料（需要时可加入助磨剂）。矿渣粉改善了钢渣粉的安定性不良、活性低等缺点，促进了工业废钢渣的消纳。

钢铁渣粉按活性指数划分为G75级、G85级、G95级。具体技术指标要求和使用依据其产品标准《钢铁渣粉》（GB/T 28293—2012）。通常情况下，钢铁渣粉钢渣的占比为20%～50%，粒化高炉矿渣的占比为50%～80%。

钢渣粉不宜单独使用，即使与粒化高炉矿渣粉复合后作为钢铁渣粉使用，也要非常谨慎。

3. 沸石粉

沸石矿物是1756年瑞典矿物学家Cronstedt研究冰岛玄武岩时在其空洞中发现的。由于它具有完好的自然晶体和吹管加热时发泡而取名为沸石（zeolite）。沸石是呈架状结构的多孔含水铝硅酸盐晶体的总称，有自然界天然存在的矿物，也有人工合成的晶体。天然沸石具有独特的内部结构和晶体化学性质，使其具有吸水、吸附、选择性吸附、离子交换、催化反应、耐酸和耐辐射等性能[10]。

（1）定义　沸石粉是指将天然斜发沸石岩或丝光沸石岩磨细制成的粉体材料。

（2）技术要求　沸石粉技术要求见表2-13。

表2-13　沸石粉技术要求

项　目	技术指标（按级别）		项　目	技术指标（按级别）	
	Ⅰ	Ⅱ		Ⅰ	Ⅱ
28d活性指数/%	≥75	≥70	需水量比/%	≤125	≤120
细度（80μm方孔筛筛余）/%	≤4	≤10	吸铵值/(mmol/100g)	≥75	≥70

（3）组成　沸石的主要化学成分为SiO_2和Al_2O_3，活性较高。其化学组成举例如表2-14。

表2-14　沸石粉的化学组成　　　　　　　　　　　　　　%

项　目	SiO_2	Al_2O_3	Fe_2O_3	CaO	MgO	SO_3
含　量	66.24	12.82	1.42	2.40	1.08	—

（4）性能　沸石粉的活性主要取决于沸石的特殊结构和化学活性。

沸石的结构为硅（铝）氧四面体，其连接方式呈多样性，在沸石结构中形成了许多孔穴和孔道，内表面积很大。沸石粉加入水泥混凝土后，在搅拌初期，由于沸石粉的吸水性，一部分自由水被沸石粉吸走。在混凝土硬化过程中，水泥进一步水化需水时，沸石粉排出原来吸入的水分，促进了水化，提高了沸石粉与水化产物的结合程度，从而提高了混凝土的强度[11]。

另一方面，沸石中的可溶 SiO_2、Al_2O_3 也与水泥水化产物 $Ca(OH)_2$ 发生二次反应，生成 C-S-H 凝胶以及水化硫铝酸钙。

（5）沸石粉混凝土的性能　沸石粉由于其特殊的结构，早期会吸收一些自由水，所以要得到相同的坍落度和扩展度，需要增加用水量和外加剂的用量。建议采用多种掺合料复合使用。

沸石粉混凝土的早期强度发展较缓慢，后期强度会有较大的增长。沸石粉混凝土的其他物理力学性能也优于普通混凝土。

由于沸石粉可以吸附混凝土中的碱，可以抑制混凝土的碱集料反应。

4. 复合矿物掺合料

复合矿物掺合料是指将《矿物掺合料应用技术规范》（GB/T 51003—2014）所列的两种或两种以上矿物掺合料按一定比例复合后的粉体材料。比较常见的组合有"粉煤灰＋矿渣粉"、"矿渣粉＋钢渣粉"、"粉煤灰＋沸石粉"等。

表 2-15　复合矿物掺合料的技术要求

项　目		技术指标
细度	80μm 方孔筛筛余/%	≤12
	比表面积/（m²/kg）	≥350
活性指数/%	7d	≥50
	28d	≥75
流动度比/%		≥100
含水量/%		≤1.0
三氧化硫含量/%		≤3.5
烧失量/%		≤5.0
氯离子含量/%		≤0.06

复合掺合料（表 2-15）在搅拌站中的使用有利有弊，并且不是很普遍。有利的一面是，减小搅拌站粉料筒仓的需求，降低管理难度；不利的一面是，复合掺合料中各组分比例相对固定，限制配合比设计的灵活性，不利于配制不同质量要求的混凝土，例如大体积混凝土需要多掺粉煤灰，路面混凝土需要适当降低粉煤灰用量等。另外，出现质量问题时，很难判断是哪一种掺合料造成的，不利于质量问题或事故的分析与处理。因此作者不建议使用复合掺合料。

五、矿物掺合料选择与应用关键技术

前面分别论述了多种矿物掺合料的性能、质量控制以及与混凝土质量的关系，主要从单独使用的角度来考虑。任何一种材料都有其特性，包括优点和缺点，某些优点本身同时也带来缺点，没有一种放之四海而皆准的材料。我们应充分认识掺合料的特点和作用机理，对掺合料进行灵活地选择和复合使用，根据其优缺点，应用上趋利避害，做到量体裁衣、对症下药。

1. 正确认识矿物掺合料的作用

混凝土中掺入矿物掺合料，其作用具体表现在工作性、力学性能和耐久性能等三方面。

（1）工作性能　改善混凝土拌合物的工作性能。

（2）力学性能　因掺入掺合料后对硅酸盐水泥起到稀释作用，可促进硅酸盐水泥的早期水化；可适当延缓早期强度发展（硅灰等超细材料除外）；可提高后期强度持续增长率（石灰石粉等不含铝硅成分的掺合料除外）。

（3）耐久性能　改善混凝土硬化后的微结构，提高混凝土密实度，提高混凝土抵抗化学腐蚀的能力；降低混凝土因水泥水化产生的温升；提高混凝土的体积稳定性。

笔者认为，在掺合料使用方面，应充分考虑不同掺合料的特点，针对不同目的选用不同矿物掺合料，因事制宜，因时制宜，因地制宜。

2. 掺合料品种的特性

矿物掺合料从种类上可分为三类。一是火山灰质矿物掺合料，以无定形 SiO_2 和 Al_2O_3 为主要成分，能在常温有水的条件下与石灰反应生成水硬性产物的无机粉状材料，如硅灰和粉煤灰；二是有潜在水硬性的矿物掺合料，以铝硅酸盐玻璃体为主，含少量水硬性矿物，能被硫酸盐和碱性物质激发而生成水硬性产物的无机粉状材料，如矿渣粉；三是其他类型的矿物掺合料，可与硅酸盐水泥的某些组分反应改善混凝土硬化前后某些性质的无机粉状材料，或可对混凝土拌合物改性并参与混凝土微结构形成的无机粉状材料，如石灰石粉。

不同类型的矿物掺合料有不同的性质和作用，应用上存在利弊，两利相权应取其重，两弊相权应取其轻。如化学活性越高，对混凝土早期强度影响越小，相同水胶比下抗碳化性能越强，但对混凝土降低温升作用越小，自收缩越大；再如并非任何矿物掺合料越细越好，如矿渣粉越细，化学活性越高，但开裂敏感性越强；又如抗化学腐蚀的能力与不同矿物掺合料本身吸附能力有关，需要合适的掺量才能发挥作用；最后，只有在低水胶比下才能充分发挥矿物掺合料本身的物理特性，不可盲目追求其化学活性。

表 2-16 列出了常用矿物掺合料的特性和优缺点，可参考此表进行合理搭配。

表 2-16　常用矿物掺合料的特性和优缺点

	特性	优点	缺点
硅灰	超细玻璃体	化学活性高、抗离析性好	需水量大，自收缩大，不降低温升
矿渣粉	玻璃体为主	化学活性较高、抗碳化较好	自收缩较大，掺量小于 50% 时降低温升作用小，抗裂性差
粉煤灰	含玻璃微珠	降低水化温升、对氯离子吸附性较强，抗裂好，抗自收缩	化学活性低，抗碳化差，对湿养护要求较高
石灰石粉	无硅铝质活性、对水吸附性小	减水作用明显，可改善拌合物流变性	对强度贡献小，对混凝土抗冻、抗硫酸盐侵蚀不利

3. 掺合料的使用

矿物掺合料的使用应按施工性和使用环境要求选择掺量，并按掺量调整水胶比，低水胶比有利于矿物掺合料发挥作用，同时宜按等浆集体积比调整拌合物配合比。

矿物掺合料用量通常用掺合料取代水泥的取代率或掺入混凝土中的量来表示。随着搅拌站的迅速扩张，搅拌站之间的价格战越来越激烈，使得能够降低混凝土成本的掺合料大取代率、大掺量应用成了搅拌站趋之若鹜的新技术，一味追求大产量事态的发展对混凝土质量带来很多不良影响，应该得到充分关注。

（1）避免盲目使用大掺量　粉煤灰的掺量不应超过 30%，并且这里面也包括水泥中的粉煤灰混合材用量。大体积混凝土的掺量可以适当放宽。

掺合料最初使用时，一般掺量在 10％～20％，后来随着大家对掺合料认识的加深，掺合料用量达到了 30％～40％，但那时使用的普通硅酸盐水泥中的混合材（掺合料）不超过 15％，这样的掺量没有出现太多问题。但是目前水泥标准将普通硅酸盐水泥混合材的用量上限提高到了 20％，如果在此基础上掺合料的取代率达到 40％，以基准水泥用量 380kg/m³ 为例，纯硅酸盐水泥的用量为：$(380-380×40％)-(380-380×40％)×20％=182.4(kg/m^3)$，掺合料用量为 $380-182.4=197.6(kg/m^3)$ 实际掺合料的总取代率为 $197.6÷380=0.52=52％$，已经超过 50％，盲目使用这种掺量存在很大风险。

由于目前市场很不规范，水泥和掺合料质量发生了很大变化，部分水泥厂生产的水泥混合材用量远大于 20％，而搅拌站在使用这种水泥时仍然使用高掺量，有时会接近或超过 50％，掺合料的实际取代率将高达 60％以上，纯硅水泥的用量很低，尽管这时试验室的强度结果仍然能满足规定要求，但结构工程中混凝土质量受多种因素影响，使用这样的配合比不仅结构中的混凝土强度将大打折扣，混凝土的耐久性也将受到严重影响。

（2）根据实际情况确定掺合料用量　细化配合比，按照不同水泥品种、不同耐久性要求、不同结构特点、不同浇筑难易程度、不同养护方式和不同施工单位实际养护效果等情况，采用不同掺合料取代率。掺合料的适宜掺量不能仅通过试验室确定，一定要跟踪工程中混凝土的实际质量状况，通过实际结果确定其合适用量。

（3）要了解目前结构中混凝土快速碳化与掺合料用量的关系　混凝土碳化是大家非常关心的事，也是近几年困扰大家的常见问题之一。作者认为混凝土碳化受诸多因素影响，与混凝土表面密实度、面层 $Ca(OH)_2$ 浓度、空气中 CO_2 浓度、养护条件、环境温湿度等有关。掺合料用量高并不是导致混凝土碳化加快的直接因素，但混凝土碳化确实与掺合料用量有关。

以下示意图说明掺合料用量及养护等因素对碳化的影响。

① 掺合料用量高，养护不到位，见图 2-5。

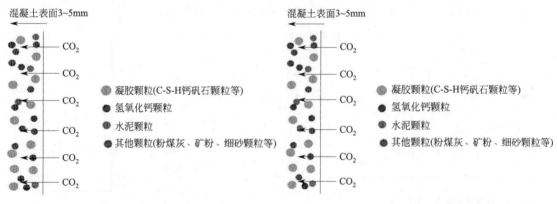

图 2-5　混凝土碳化程度示意图 1　　　　图 2-6　混凝土碳化程度示意图 2

由于养护不到位，面层水泥水化很少，同时由于取代率高，水泥颗粒少，氢氧化钙颗粒也很少；另外，混凝土表面密实度差，二氧化碳易扩散至混凝土表层内；表面混凝土与内部混凝土差别很大造成回弹强度远低于内部混凝土强度。

② 掺合料用量高，养护到位，见图 2-6。

由于养护较好，面层水泥水化比较充分，尽管取代率高，水泥颗粒少，但水泥水化产生的凝胶体和氢氧化钙颗粒较多，混凝土表面比较密实；混凝土表面密实度较好，二氧化碳不易扩散至混凝土表层内；表面混凝土与内部混凝土差别不大，回弹强度较高。

③ 掺合料用量低，见图 2-7。

由于取代率较小，水泥颗粒较多，其水化产物也较多，混凝土表面比较密实；混凝土表面密实度较好，二氧化碳不易扩散至混凝土表层内；表面混凝土与内部混凝土差别不大，回弹强度较高。

④ 掺合料用量高、现场加水，见图 2-8。

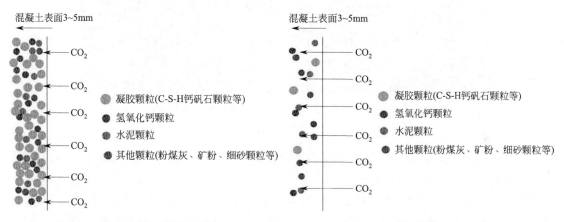

图 2-7　混凝土碳化程度示意图 3　　　　　图 2-8　混凝土碳化程度示意图 4

由于现场加水造成混凝土水胶比增加，混凝土密实度降低，二氧化碳易扩散至混凝土表层内；这种情况下混凝土早期碳化速度很快，拆模后不久就可以达到几毫米；表面混凝土与内部混凝土差别很大造成回弹强度远低于内部混凝土强度。

（4）混凝土碳化与养护关系实例　阜石路二期防撞墩滑模（图 2-9）与模筑施工对比。滑模施工混凝土坍落度为 10～35mm；掺合料取代率为 40%～50%。

（a）　　　　　　　　　　　　　　　（b）

图 2-9　阜石路二期防撞墩滑模施工养护

从滑模和模筑混凝土的碳化深度（图 2-10）来看，混凝土结构实体使用约 3 年后，滑模施工混凝土的碳化深度仅有 1～2mm，但现浇模筑段已经有少量的表面剥落，碳化深度已深达 5～6mm，混凝土质量明显开始劣化，严重影响耐久性，势必带来较高的维修保养成本。

（5）结合温升控制及碳化等因素确定掺合料用量

① 大体积混凝土中的"混凝土结构物实体最小尺寸不小于 1m 的大体量混凝土"，同时，较好养护的部位且养护较好的情况下掺合料用量可以用高限甚至超高限，但超过高限要有充分依据。比如：底板混凝土、水下混凝土等。大体量混凝土能够集聚混凝土水化热，促进水泥水化的同时，也可加速掺合料的二次水化，掺合料的作用可以得到充分发挥。

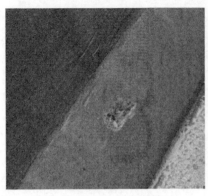

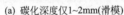

(a) 碳化深度仅1~2mm(滑模)　　　　　　(b) 碳化深度5~6mm(模筑)

图 2-10　混凝土碳化深度

② 对于竖向薄壁构件或地面混凝土应采用底限取代或低于底限。例如窄剪力墙、路面或地面混凝土等。窄剪力墙是混凝土质量问题概率很高的结构部位，其主要原因有：浇筑难度大造成现场加水严重；拆模早且竖向结构难度大；混凝土砂率大等，如果掺合料用量高，势必造成混凝土表面密实度差、碳化速度快等影响混凝土结构质量。路面或地面混凝土掺合料用量高时常出现表面粉尘化等现象，影响使用功能。

③ 其他情况可根据情况，选取中间值。具体选择取代率应根据强度等级、结构部位、体量大小、施工方的养护情况等因素确定。比如：顶板混凝土易于浇筑和养护，混凝土坍落度不需要太大、面层混凝土上还有二次做法等，可以采用较大取代率；体积较大的柱子因为拆模后多数施工单位直接用塑料薄膜包裹，可以选用较高的取代率；施工单位养护措施不到位，应尽可能采用较低的取代率。在冬期、季节交替时期，应采用较小掺量。

④ 对于大体积混凝土中"预计会因混凝土中胶凝材料水化引起的温度变化和收缩而导致有害裂缝产生的混凝土"，是常常被忽视的大体积混凝土，出现裂缝的情况非常普遍。这种混凝土必须按照《大体积混凝土施工规范》（GB 50496—2009）的要求采取相应措施进行控制。这类混凝土的典型部位是民建结构的地下室外墙、地铁工程和地下通道的 U 形槽、市政工程中水厂和污水处理厂的池壁等。此类工程应采用高取代率，降低水泥用量，降低水化热，并采用 C60 强度作为验收强度等措施，同时考虑矿渣粉会增加混凝土后期干缩，宜采用单掺粉煤灰配合比。

4. 关注碳化问题

要关注掺矿物掺合料混凝土的碳化问题，采取有效措施控制混凝土碳化。由于混凝土碳化问题涉及到很多施工环节，因此搅拌站应与施工方充分沟通，共同采取措施，如延迟拆模时间、增加水养护时间、采用透水模板布或采取表面涂层技术（涂刷养护剂）等。

关于混凝土碳化的详细描述参考本书"第六章 硬化混凝土质量控制"。

第三节　集　　料

一、集料概述

集料是混凝土的主要组成材料，约占混凝土总体积的 70%～80%。集料在混凝土中既有技术作用，又有经济效果。在技术上，集料主要起骨架作用，使混凝土具有更好的体积稳定性和更好的耐久性；经济上，集料比水泥便宜很多，可作为廉价的填充材料，降低成本。而且集料易得，可以就地取材，使混凝土应用更广泛。

（一）集料的分类

（1）按形成过程分类　集料按形成过程有天然集料和人造集料之分。碎石、卵石等经过自然条件风化、磨蚀或人工破碎而成的是天然集料；人工砂、轻集料、再生集料等属于人造集料。

（2）按密度大小分类　按密度大小可分为轻集料、普通集料和重集料。轻集料例如陶粒、陶砂等多用于保温隔热混凝土；普通集料如常用的卵石、碎石等，多用于普通混凝土；重集料如重晶石、钢渣等，多用于防辐射混凝土、抗浮配重混凝土。

（3）按颗粒大小分类　按颗粒大小分为粗集料和细集料，公称粒径小于5mm的为细集料，按细度模数又细分为粗砂、中砂、细砂和特细砂四种规格，按产源和材质又可分为河砂、山砂、海砂、人工砂和废渣砂等；公称粒径大于5mm的为粗集料，按产源和材质又可分为卵石、碎石、碎卵石、矿渣、碎砖、再生集料及各种具有特殊功能的天然岩石（如安山岩、石英岩）或人工煅烧物（如耐火砖块、耐火黏土熟料）等。

（二）集料主要技术参数

集料的技术参数表征了集料的性质，而集料的性质取决于其微观结构、先前的暴露条件与加工处理等因素。蒋家奋将决定集料性质的因素归为三类：第一类为随孔隙率而定的特性，如密度、吸水性、强度、硬度、弹性模量和体积稳定性；第二类为随先前的暴露条件和加工因素而定的特性，如粒径、颗粒性质和表面光滑和粗糙程度；第三类为随化学矿物组成而定的特性，如强度、硬度、弹性模量与所含的有害物质。

下面对集料的主要技术参数，如密度、空隙率、吸水率、含水率、含泥量、泥块含量等进行简单介绍，其他技术参数如粒型、粒径、颗粒性质、强度、硬度、弹性模量及有害物质含量等，将在粗细集料章节中分别介绍。

1. 密度

集料的密度包括密度、相对密度、表观密度、松散堆积密度、紧密堆积密度等。

① 密度是指材料在绝对密实状态下单位体积的质量（kg/m^3）。所谓绝对密实状态下的体积，是指不包括材料内部孔隙的固体物质的实体积。单位体积是指含物质颗粒固体及其闭口、开口孔隙体积及颗粒间空隙体积。

② 相对密度又称比重，是用材料的质量与同体积水（4℃）的质量的比值表示，其值与材料密度相同，无单位。

③ 表观密度是指材料在自然状态下（包含内部孔隙）单位体积所具有的质量。所谓自然状态下的体积，是指包括材料实体积和内部孔隙（闭口和开口）的外观几何形状的体积。

④ 堆积密度是指单位体积（含物质颗粒固体及其闭口、开口孔隙体积及颗粒间空隙体积）物质颗粒的质量，有紧堆积密度及松堆积密度之分。材料的堆积密度反映散粒构造材料堆积的紧密程度及材料可能的堆放空间。松散堆积密度是指散粒状材料在自然堆积状态下单位体积的质量（kg/m^3），可简称为堆积密度。紧密堆积密度是指集料按规定方法颠实后单位体积的质量，可简称为紧密密度（kg/m^3）。

由于大多数材料或多或少均含有一些孔隙，因此一般材料的表观密度总是小于其密度。密度并不能反映材料的性质，但可以大致了解材料的品质，并可用来计算材料的孔隙率；表观密度建立了材料自然体积与质量之间的关系，可用来计算材料的用量、构件自重等；堆积密度可用于确定材料堆放空间、运输车辆等。

2. 孔隙率、空隙率

集料孔隙的构造，可分为连通的与封闭的两种。连通孔隙不仅彼此贯通且与外界相通，而封闭孔隙则彼此不连通而且与外界隔绝。孔隙按尺寸分为极微细孔隙、细小孔隙、较粗大孔隙。孔隙的大小及其分布、特征对材料的性能影响较大。

孔隙率（图 2-11）是指材料中孔隙体积（含开口孔隙、粒间空隙）占材料总体积（含颗粒固体、闭口孔隙）的百分率。材料中孔隙的大小，以及大小孔隙的级配是各不相同的，而且孔隙结构形态也各不相同，有的与外界相连通，称开口孔隙，有的与外界隔绝，称封闭孔隙。孔隙率是反映材料细观结构的重要参数，是影响材料强度的重要因素。除此之外，孔隙率与孔隙结构形态还对材料表观密度、吸水、抗渗、抗冻、干湿变形以及吸声、绝热等性能密切相关。因此，孔隙率虽然不是工程设计和施工中直接应用的参数，但却是了解和预估材料性能的重要依据。

空隙率是指散粒状材料在自然堆积状态下，颗粒之间空隙体积占总体积的百分率。空隙率的大小反映了散粒材料的颗粒相互填充的致密程度。空隙率可作为控制混凝土集料级配与计算砂率的依据，可以通过降低集料空隙率，以减少用水量和胶凝材料用量、提高工作性能。

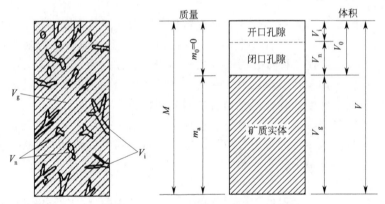

图 2-11　集料孔隙率示意图

3. 吸水率、含水率

（1）集料含水状态（干燥状态）　集料含水状态分为：全干、气干（干燥）、饱和面干、湿润四种状态。

① 全干状态　全干状态是集料在烘箱中烘干至恒重，集料颗粒所含的可蒸发水已被驱除干净，又称烘干状态。

② 气干状态　气干状态直指在集料的内部含有一定水分，而表层和表面是干燥无水的。集料在干燥的环境中自然堆放达到的干燥状态往往就是气干状态，又称干燥状态。

③ 饱和面干状态　饱和面干状态是指集料内部孔隙含水达到饱和而其表面干燥。饱和面干状态时，水分进入集料并充满其中的孔隙，集料的内部和表层均含水达到饱和状态，而表面的开口孔隙及面层却处于无水状态。拌合混凝土的集料处于这种状态时，与周围水的交换最少，对配合比中水的用量影响最小。

④ 湿润状态　湿润状态是指集料内部不但含水饱和，其表面还被一层水膜覆裹，颗粒间被水所充盈。

（2）吸水率　吸水率是指集料从干燥状态（烘干状态）到饱和面干状态所吸收的水分总量与烘干状态集料质量之比的百分率。

有效吸水率为集料由气干状态到饱和面干状态所吸收的水量与饱和面干集料质量之比的百分率。

表面吸水率是表示已超过饱和面干状态所含的水量与饱和面干状态集料质量之比的百分数。

（3）含水率　含水率是指集料内部所包含水分的质量占骨料干质量的百分率。

4. 含泥量、泥块含量

含泥量是指砂、石中公称粒径小于 $80\mu m$ 的颗粒含量。砂的泥块含量是指砂中公称粒径大于 $1.25mm$，经水洗、手捏后变成小于 $630\mu m$ 的颗粒的含量，石的泥块含量是指石中公称粒径大于 $5.00mm$，经水洗、手捏后变成小于 $2.50mm$ 的颗粒的含量。

集料中的泥主要是黏土或其他细粉料，主要覆盖或聚集于集料的表面，削弱了集料与水泥浆体之间的粘接力，降低混凝土的力学性能，增大混凝土的收缩。集料的含泥量对混凝土外加剂用量也非常敏感。

集料中的泥块体积不稳定，干燥时收缩、潮湿时湿胀，对混凝土有较大的破坏作用。

（三）集料在混凝土中的作用概述

集料在混凝土的作用可以简单归纳为以下几点：

① 作为廉价的填充材料，可节省水泥用量，降低成本；
② 在混凝土中起骨架作用、传力作用，影响混凝土强度；
③ 可以提高混凝土的体积稳定性，减小收缩，抑制裂缝扩展；
④ 降低混凝土水化热；
⑤ 提供混凝土耐磨性。

（四）集料性质对混凝土性能的影响

由于集料在混凝土中占据的体积达到 3/4 左右，其性质必然对混凝土性能有很大的影响。

（1）集料性能对新拌混凝土性能的影响　集料的性能如密度、孔隙率、级配、颗粒形状、含水状态及表面结构等对混凝土拌合物的性能有着重要的影响。

① 颗粒形状及表面光滑粗糙程度　集料的颗粒形状及表面光滑粗糙程度是影响混凝土拌合物工作性的主要因素。细集料（砂）的颗粒形状和表面特征主要影响混凝土拌合物的工作性，粗集料的颗粒性质和表面特征不仅影响混凝土拌合物的工作性，还影响其与胶凝材料的结合力，从而影响硬化混凝土的力学性能。

大量的胶凝材料浆体包裹集料的表面，以提供润滑，减少搅拌、运输与浇筑时集料颗粒之间的摩擦阻力，使混凝土拌合物能够保持均匀并不产生分层离析。因此，理想的集料应该是表面比较光滑，颗粒外形近于球形的。天然河砂和砾石均属此种理想材料，而碎石、颗粒形状近似立方体以及扁平、细长的粗集料，由于其表面粗糙或其"面积/体积"比值较大，而需增加包裹表面的浆体量。

② 集料的粒径分布或颗粒级配　集料的粒径分布或颗粒级配对混凝土所需的浆体量也有重大的影响。为得到良好的混凝土工作性，浆体不仅需包裹集料颗粒的表面，还需填充集料颗粒间的空隙。当粗细集料颗粒级配适当时，空隙率会降低，从而可减少混凝土所需的浆体量。

③ 含水率　由于集料本身往往含有一些与表面贯通的孔隙，水可以进入集料颗粒的内部，水也能保留在颗粒表面而形成水膜，使集料具有含水的性质。较高的细集料含水率，使颗粒间的水膜层增厚，由于水分所产生的表面张力，会推动颗粒的分离而增加集料的表观体积，形成湿胀现象。湿胀的大小取决于砂子的含水率和砂的细度。一般含水率 5%～8% 时，湿胀最大，可达 20%～30%。此时应避免按体积来配料，以免产生显著的误差。若按体积配料时，应根据砂的细度和含水量对所用的砂体积数乘以砂的湿胀系数（湿胀前后比值的倒数）进行体积校正。

(2) 集料性能对硬化混凝土性能的影响　影响硬化混凝土力学性能的主要因素是粗集料。粗集料的表面特征对硬化混凝土性能的影响，恰恰与对混凝土拌合物工作性的影响相反。粗糙的粗集料表面可以改善和增大粗集料与浆体的结合力，从而有利于混凝土强度的提高。

集料性能对硬化混凝土性能的影响可以从表 2-17 得到很好地反映。

表 2-17　集料性质对硬化混凝土性能的影响[12]

混凝土性质	相应的集料性质
强度	强度,表面织构,清洁度,颗粒性质,最大粒径
耐久性	
抗冻融	稳定性,孔隙率,孔结构,渗透性,饱和度,抗拉强度,织构和结构,黏土矿物
抗干湿	孔结构,弹性模量
抗冷热	热胀系数
耐磨性	硬度
碱集料反应	存在异常的硅质成分
弹性模量	弹性模量,泊松比
收缩和徐变	弹性模量,颗粒形状,级配,清洁度,最大粒径,黏土矿物
热导率	热导率
比热容	比热容
相对密度	相对密度,颗粒形状,级配,最大粒径
易滑性	趋向于磨光
经济性	颗粒形状,级配,最大粒径,需要的加工量,可获量

粗集料的最大粒径对硬化混凝土的力学性能有很大的影响，尤其是在配制低水胶比混凝土时，混凝土抗压强度会随着粗集料最大粒径的增大而降低，称之为粗集料粒径效应。在配制高强混凝土时，应采用最大粒径较小（如 16mm）的粗集料。粗集料粒径效应也影响混凝土的抗拉强度。

粗集料效应的机理，有以下几种论点。

① 由于粗集料粒径的增大，削弱了粗集料与水泥浆体的黏结，增加了混凝土材料内部结构的不连续性，从而导致混凝土强度的降低。

② 粗集料在混凝土中对水泥收缩起着约束作用。由于粗集料与水泥浆体弹性模量不同，因而在混凝土内部产生拉应力，此内应力随粗集料粒径的增大而增大，导致混凝土强度的降低。

③ 随着粗集料粒径的增大，在粗集料界面过渡区的 $Ca(OH)_2$ 晶体尺寸变大，结晶富集且垂直于颗粒表面生长，取向度较大，孔隙率也较高，使界面结构削弱，从而降低了混凝土的强度。

④ 随着粗集料粒径的增大，在不同荷载下的 σ/ε 所表征的混凝土"弹性/塑性"的比值有所降低。

（五） 集料性能对混凝土耐久性的影响

集料的耐久性通常分为物理耐久性和化学耐久性两类。

物理耐久性主要表现在体积稳定性和耐磨性。集料体积随着环境的改变而产生的变化，导致了混凝土的损坏，称之为集料的不稳定性。集料体积稳定性的根本问题是抗冻融循环，粗集料的抗冻融循环与混凝土一样敏感。集料的抗冻融循环的能力决定于集料内部孔隙中水分冻结后引起体积增大时，是否产生较大的内应力，内应力的大小与集料内部孔隙连贯性、渗透性、饱水程度和集料的粒径有关。从集料的抗冻融性来分析，集料有一个临界粒径，临界粒径是集料内部水分流至外面所需要的最大距离的度量。小于临界粒径的集料将不会出现冻融危机。大部分粗集料的临界粒径都大于粗集料本身的最大粒径，但某些固结差并具有高吸水性的沉积岩，如黑硅石、杂砂岩、砂岩、页岩和层状石灰石等，其临界粒径可能小于粗集料本身的最大粒径。混凝土在遭受磨耗及磨损时，集料必然起到主要作用。因此，有耐磨性要求的混凝土工程，必须选用坚硬、致密和高强度的优良集料。

集料对化学耐久性的影响，最常见也是最主要的是碱集料反应，以及一些其他类型的化学性危害。

二、细集料（砂）

混凝土中常用的细集料为砂，砂在不同标准中定义和分类不尽相同。

《普通混凝土用砂、石检验方法标准》（JGJ 52—2006）中的砂系指河砂、海砂、山砂及特细砂；人工砂（包括尾矿）及混合砂。天然砂是指由自然条件作用而形成的，公称粒径小于5.00mm的岩石颗粒。按其产源不同，可分为河沙、海砂、山砂；人工砂只是岩石经除土开采、机械破碎、筛分而成的，公称粒径小于5.00mm的岩石颗粒；混合砂是指由天然砂与人工砂按一定比例组合而成的砂。

《建设用砂》（GB/T 14684—2011）将砂按产源分为天然砂、机制砂两类。天然砂是指自然生成的，经人工开采和筛分的粒径小于4.75mm的岩石颗粒，包括河砂、湖砂、山砂、淡化海砂，但不包括软质、风化的岩石颗粒；机制砂是指经除土处理，由机械破碎、筛分制成的，粒径小于4.75mm的岩石、矿山尾矿或工业废渣颗粒，但不包括软质、风化的颗粒，俗称人工砂。

（一） 砂概述

目前搅拌站多使用行业标准《普通混凝土用砂、石检验方法标准》（JGJ 52—2006）进行砂石的质量控制，因此本节以行标 JGJ 52—2006 的技术要求为主，并列出其与国标 GB/T 14684—2011 的不同之处。

1. 规格

细度模数是衡量砂粗细程度的指标。《普通混凝土用砂、石检验方法标准》（JGJ 52—2006）将砂按细度模数分为粗、中、细、特细四种规格，其细度模数分别为：

粗砂：3.7～3.1；

中砂：3.0～2.3；

细砂：2.2～1.6；

特细砂：1.5～0.7。《建设用砂》（GB/T 14684—2011）未将特细砂列入标准。

2. 类别

《普通混凝土用砂、石检验方法标准》（JGJ 52—2006）未按技术要求进行分类。《建设用砂》（GB/T 14684—2011）将砂按技术要求分为Ⅰ类、Ⅱ类和Ⅲ类。Ⅰ类宜用于强度等级大于 C60 的混凝土；Ⅱ类宜用于强度等级为 C30～C60 及抗冻、抗渗或其他要求的混凝土；Ⅲ类宜用于强度等级小于 C30 的混凝土和建筑砂浆。

3. 技术要求

（1）颗粒级配　砂的颗粒级配是指不同粒径砂颗粒的分布情况，通过级配区或筛分曲线判定砂级配的合格性。

《普通混凝土用砂、石检验方法标准》（JGJ 52—2006）规定，除特细砂外，砂的颗粒级配可按公称直径 $630\mu m$ 筛孔的累计筛余量，分成三个级配区，即Ⅰ区、Ⅱ区、Ⅲ区，且砂的颗粒级配应处在这三个区的某一区内。砂的实际颗粒级配与表 2-18 中的累计筛余相比，除公称粒径为 5.00mm 和 $630\mu m$ 的累计筛余外，其余公称粒径的累计筛余可稍有超出分界线，但总超出量不应大于 5%。由于特细砂多数为 $150\mu m$ 以下颗粒，因此无级配要求。

表 2-18　砂颗粒级配（JGJ 52—2006）

累计筛余/%　　级配区 公称粒径	Ⅰ区	Ⅱ区	Ⅲ区
5.00mm	10～0	10～0	10～0
2.50mm	35～5	25～0	15～0
1.25mm	65～35	50～10	25～0
$630\mu m$	85～71	70～41	40～16
$315\mu m$	95～80	92～70	85～55
$160\mu m$	100～90	100～90	100～90

《建设用砂》（GB/T 14684—2011）规定，砂的颗粒级配按天然砂和人工砂分别分为 1 区、2 区、3 区，应符合表 2-19 的要求；砂的级配类别应符合表 2-20 的要求。对于砂浆用砂，4.75mm 筛孔的累计筛余量应为 0。砂的实际颗粒级配除了 4.75mm 和 $600\mu m$ 筛档外，可以略有超出，但各级累计筛余超出值总和应不大于 5%。

表 2-19　砂颗粒级配（GB/T 14684—2011）

砂的分类	天然砂			人工砂		
类别	1 区	2 区	3 区	1 区	2 区	3 区
方孔筛	累计筛余/%					
4.75mm	10～0	10～0	10～0	10～0	10～0	10～0
2.36mm	35～5	25～0	15～0	35～5	25～0	15～0
1.18mm	65～35	50～10	25～0	65～35	50～10	25～0
$600\mu m$	85～71	70～41	40～16	85～71	70～41	40～16
$300\mu m$	95～80	92～70	85～55	95～80	92～70	85～55
$150\mu m$	100～90	100～90	100～90	97～85	94～90	94～75

表 2-20　砂级配类别（GB/T 14684—2011）

类　别	Ⅰ	Ⅱ	Ⅲ
级配区	2 区	1、2、3 区	

可以看出，JGJ 52—2006 的级配区域类似于 GB/T 14684—2011 的天然砂的 1 区、2 区、3 区。

以累计筛余百分率为纵坐标，以筛孔尺寸为横坐标，作出三个级配区的筛分曲线图（图 2-12）。观察所计算的砂的筛分曲线是否完全落在三个级配区的任一区内，即可判断该砂级配的合格性。

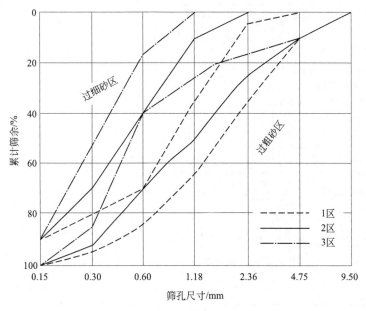

图 2-12　砂筛分曲线

（2）含泥量、石粉含量、泥块含量　《普通混凝土用砂、石检验方法标准》（JGJ 52—2006）规定，天然砂中含泥量、泥块含量应符合表 2-21 要求。对于有抗冻、抗渗或其他特殊要求的小于或等于 C25 混凝土用砂，其含泥量不应大于 3.0%，泥块含量不应大于1.0%。石粉含量是指人工砂中公称粒径小于 80μm，且其矿物组成和化学成分与被加工母岩相同的颗粒含量。亚甲蓝（MB）值是用于判定人工砂中公称粒径小于 80μm 颗粒的吸附性能的指标。

表 2-21　天然砂中含泥量、泥块含量（JGJ 52—2006）

混凝土强度等级		≥C60	C55～C30	≤C25
含泥量（按质量计）/%		≤2.0	≤3.0	≤5.0
泥块含量（按质量计）/%		≤0.5	≤1.0	≤2.0
石粉含量/%	MB<1.4（合格）	≤5.0	≤7.0	≤10.0
	MB≥1.4（不合格）	≤2.0	≤3.0	≤5.0

《建设用砂》（GB/T 14684—2011）规定的含泥量、泥块含量和石粉含量如表 2-22所示。

表 2-22　砂的含泥量、泥块含量和石粉含量要求（GB/T 14684—2011）

	类　别		I	II	III
天然砂	含泥量（按质量计）/%		≤1.0	≤3.0	≤5.0
	泥块含量（按质量计）/%		0	≤1.0	≤2.0
人工砂	MB 值≤1.4 或快速法试验合格	MB 值	≤0.5	≤1.0	≤1.4 或合格
		石粉含量（按质量计）/%		≤10.0	
		泥块含量（按质量计）/%	0	≤1.0	≤2.0
	MB 值>1.4 或快速法试验不合格	石粉含量（按质量计）/%	≤1.0	≤3.0	≤5.0
		泥块含量（按质量计）/%	0	≤1.0	≤2.0

（3）坚固性、压碎指标　坚固性是指砂在自然风化和其他外界物理化学因素作用下抵抗破裂的能力。砂的坚固性指标见表 2-23。

表 2-23 砂的坚固性指标

JGJ 52—2006 规定		GB/T 14684—2011 规定	
混凝土所处的环境条件及其性能要求	采用硫酸钠溶液进行试验,5 次循环后的质量损失/%	类别	采用硫酸钠溶液法进行试验,砂的质量损失/%
在严寒及寒冷地区室外使用并经常处于潮湿或干湿交替状态下的混凝土 对于有抗疲劳、耐磨、抗冲击要求的混凝土; 有腐蚀介质作用或经常处于水位变化的地下结构混凝土	≤8	Ⅰ类 Ⅱ类	≤8
其他条件下使用的混凝土	≤10	Ⅲ类	≤10

（4）人工砂压碎指标 《普通混凝土用砂、石检验方法标准》（JGJ 52—2006）规定人工砂的压碎值指标应小于 30%。

《建设用砂》（GB/T 14684—2011）规定人工砂的压碎指标应满足表 2-24。

表 2-24 砂压碎指标（GB/T 14684—2011）

类　别	Ⅰ	Ⅱ	Ⅲ
单级最大压碎指标/%	≤20	≤25	≤30

（5）有害物质含量 当砂中含有云母、轻物质、有机物、硫化物及硫酸盐、氯化物、贝壳等有害物质时，其含量应符合表 2-25 的规定。当砂中含有颗粒状的硫酸盐或硫化物杂质时，应进行专门检验，确认能满足混凝土耐久性要求后，方可采用。砂中不应混有草根、树叶、树枝塑料等杂物。

表 2-25 砂中有害物质限量

项　目	JGJ 52—2006 规定	GB/T 14684—2011 规定		
	质量指标	Ⅰ	Ⅱ	Ⅲ
云母含量(按质量计)/%	≤2.0	≤1.0	≤2.0	
	≤1.0(抗冻、抗渗混凝土)			
轻物质含量(按质量计)/%	≤1.0	≤1.0		
硫化物及硫酸盐含量(折算成 SO_3 按质量计)/%	≤1.0	≤0.5		
有机物含量(用比色法试验)	颜色不应深于标准色。当颜色深于标准色时,应按水泥胶砂强度试验方法进行强度对比试验,抗压强度比不应低于 0.95	合格		
氯化物(以氯离子质量计)/%	≤0.06%(钢筋混凝土)	≤0.01	≤0.02	≤0.06
	≤0.02%(预应力混凝土)			
贝壳(按质量计)/% (仅适用于海砂)	≤3.0(≥C40)	≤3.0	≤5.0	≤8.0
	≤5.0(C35~C30)、(抗冻、抗渗及其他特殊要求的不高于 C25 的混凝土)			
	≤8.0(C25~C15)			

有害物质产生的危害：

① 云母表面光滑，为层状、片状物质，与水泥浆黏结力差，易风化，影响混凝土强度及耐久性；

② 硫化物及硫酸盐对水泥起腐蚀作用，降低混凝土的耐久性；

③ 有机质可腐蚀水泥，影响水泥的水化和硬化；

④ 氯盐会腐蚀钢筋。

（6）表观密度、堆积密度、空隙率 《建设用砂》（GB/T 14684—2011）规定砂的表观密度等指标如下：

表观密度不小于 $2500kg/m^3$；松散堆积密度不小于 $1400kg/m^3$；空隙率不大于 44%。

（7）碱活性试验 《普通混凝土用砂、石检验方法标准》（JGJ 52—2006）规定，对于长期处于潮湿环境的重要混凝土结构用砂，应采用砂浆棒（快速法）或砂浆长度法进行集料的碱活性检验。经上述检验判断为有潜在危害时，应控制混凝土中的碱含量不超过 $3kg/m^3$，或采用能抑制碱-集料反应的有效措施。

《建设用砂》（GB/T 14684—2011）规定，碱集料反应试验后，试件应无裂缝、酥裂、胶体外溢等现象，在规定的试验龄期膨胀率应小于 0.10%。

（8）含水率、饱和面干吸水率 《建设用砂》（GB/T 14684—2011）规定，当用户对含水率或饱和面干吸水率有要求时，应报告其实测值。

（二）砂与混凝土质量的关系

1. 砂在混凝土中的作用

砂起骨架作用，传递应力，同时抑制收缩，防止开裂。砂子主要填充石子的空隙，使混凝土更加密实。另外砂子、胶凝材料和水组成砂浆，以保证混凝土的和易性。

天然砂（河砂和海砂等）经水流冲刷，颗粒多为近似球状，且表面少棱角、较光滑，配制的混凝土流动性往往比人工砂要好，但与水泥的黏结性能相对较差；人工砂表面较粗糙不光滑，颗粒形状棱角多，粉末含量较大，故混凝土拌合物流动性相对较差，用水量或外加剂用量需要适当增加，但与水泥的黏结性能较好。

混合砂能克服人工砂和天然砂的缺点，发挥各自的优势，配制出不同细度模数和级配区域的砂，可按混凝土拌合物性能要求或强度等级调整混合比例，用于配制不同要求的混凝土。

2. 砂质量变化对混凝土质量的影响

砂属于地材，质量波动大。其中波动最大的是含泥量和细度模数，这两项指标对混凝土黏聚性、坍落度损失影响很大。砂的其他指标如级配、含石、含水等对混凝土的质量均有不同程度的影响。在本章"集料概述"中已经讲述了"颗粒形状及表面光滑粗糙程度、粒径分布或颗粒级配"等对混凝土性能的影响，下面重点介绍其他参数变化对混凝土性能的影响。

（1）细度模数 细度模数表征砂的粗细程度。细度模数越大表示砂越粗，越小表示砂越细。

① 粗砂在配制高强度等级混凝土时具有优势，可以降低混凝土的黏度。用于配制低强度等级混凝土时，拌合物包裹性差，增加离析泌水的倾向。

② 中砂多用于配制普通混凝土。搅拌站生产的混凝土主要为流动性混凝土，宜选用级配合理的中砂，配制的混凝土和易性好，易于泵送。

③ 细砂配制低强度等级混凝土效果较好，可以改善混凝土的和易性。但细砂会增加混凝土的单方用水量，增加混凝土收缩，易产生干缩裂纹。

④ 特细砂单独配制混凝土时黏度较大，如进行合理的原材料选择和配合比设计，也可以获得性能合适的混凝土。作者建议特细砂宜与天然中砂或天然粗砂配合使用，可以有效减少天然砂含石率波动对砂率的影响，也可与人工砂复合改性，配制出细度模数和级配合理的混合砂后再使用。值得注意的是，当砂细度模数降到 1.2 以下时，砂子不能顺利地从配料秤中下料，尤其是当含水或含泥（石粉含量）较高时更为严重，大大降低了生产效率。操作人员有时候会增加计量冲量以提高下料速度，这又会增大砂的计量误差。

（2）级配 砂级配合理，其空隙率小，有利于改善混凝土的和易性。混凝土中砂粒之间的空隙是由胶凝材料浆体所填充，为节省胶凝材料和提高混凝土的强度，就应尽量减少砂粒之间的空隙。要减少砂粒之间的空隙，就必须有大小不同的颗粒合理搭配。

搅拌站生产普通混凝土时，一般选用级配比较合理的Ⅱ区中砂。

砂的颗粒级配与细度模数和空隙率有一定的关系。细度模数相同的砂子，级配不一定相同，但级配相同的砂子，细度模数一定相同；级配合理空隙率小，但空隙率小级配不一定合理。因此，不仅要关注砂的细度模数和空隙率，更要关注其级配。

(3) 含泥量（石粉含量） 砂的含泥量是影响混凝土质量最重要、最敏感的性质之一。含泥量增大会加剧混凝土坍落度损失，降低混凝土强度，增大混凝土收缩，加大开裂的风险。为了控制坍落度损失，通常的做法是提高外加剂用量，这会增加混凝土的敏感性，延长凝结时间、提高含气量等一系列问题。因此必须控制砂的含泥量在规定的范围内。

人工砂的石粉含量也对混凝土和易性有一定影响。人工砂石粉含量的试验方法与天然砂相同，但人工砂中的石粉不完全是石粉，有可能有泥的成分，无法区分结果中的泥含量和石粉含量的大小，需要通过亚甲蓝试验进行定性判定。亚甲蓝试验不合格的人工砂的石粉中往往含有较多的泥。根据作者的使用经验，石粉含量宜控制在 8% 以下。石粉含量过高，会导致混凝土出机坍落度减小，坍落度经时损失增大，混凝土的收缩也会增大，增加开裂的危险。石粉含量过低时，混凝土的砂率和外加剂掺量需要及时调整以确保黏聚性，否则混凝土容易离析泌水，必要时需要增加胶凝材料用量。

(4) 含水率 含水率是搅拌站生产过程中质量控制最重要的指标之一。含水率的波动实时影响着混凝土拌合物的性能。由于生产过程中使用的砂多为不同含水率的湿砂，且无法随时测定砂的含水，因此在混凝土的各种材料中，其他材料都可以做到准确计量，只有单方的砂和水的用量不能准确确定，一般只能控制在某一范围内。因砂的用量很大，砂含水调整 1%，混凝土的用水量变化 $10kg/m^3$ 左右，如果调整不当，会严重影响混凝土的实际水胶比。生产时操作工控制混凝土出机坍落度的重要手段就是调整砂含水，必须谨慎操作，应通过授权限定其调整范围。

(5) 含石率 含石率多指天然砂中超过 5mm 石的量。含石率是影响混凝土和易性的重要因素，是质检员调整混凝土砂率的主要原因。目前含石率的问题越来越突出，需要重点加以控制。人工砂由于加工工艺的原因，含石率一般不高于 10%，且含石变化不大，比较稳定，因此人工砂混凝土的砂率变动不大。

砂的含石率计算方式试验标准中没有统一规定，但不管用哪种方法进行计算，根本上还是要控制砂的含石率在规定的范围内。

方法 1：按含水率的计算方法计算，即含石量除以净重。这种计算方法的好处是在用砂含石调整砂率时，直接乘以砂含石率来调整砂率。但这种计算方法在砂含石很高时，含石率会成倍增加，往往会给人以误导。例如当 5mm 以上石子为 200g 时，计算含石率为 200/(500−200)＝67%；当 5mm 以上石子为 250g 时，计算含石率为 250/(500−250)＝100%；当 5mm 以上石子超过 250g 时，含石率将大于 100%。

方法 2：按含石量除以总重。方法 1 中 67%、100% 含石时，方法 2 的计算结果分别为 200/500＝40%，250/500＝50%，比较好理解（表 2-26）。

表 2-26 砂含石计算结果对比表

500g 砂中 5mm 筛筛余量/g	0	50	100	150	200	250	300
方法 1（除以净重）	0.0%	11.1%	25.0%	42.9%	66.7%	100.0%	150.0%
方法 2（除以总重）	0.0%	10.0%	20.0%	30.0%	40.0%	50.0%	60.0%

对同一批砂来说，计算含石率方法不同，其结果也不同，用于调整砂率时的计算方法也不同，但最终的结果是一致的（表2-27）。

表 2-27 砂率调整计算举例

500g 砂中 5mm 筛筛余量：100g		原始砂用量800g
方法 1（除以净重）	25%	800g×（1+25%）=1000g
方法 2（除以总重）	20%	800g/（1-20%）=1000g

（三）砂质量控制项目

《混凝土质量控制标准》（GB 50164—2011）规定砂的质量控制项目应包括颗粒级配、细度模数、含泥量、泥块含量、坚固性、氯离子含量和有害物质含量；海砂主要控制项目除应包括上述指标外尚应包括贝壳含量；人工砂主要控制项目除应包括上述指标外尚应包括石粉含量和压碎值指标，人工砂主要控制项目可不包括氯离子含量和有害物质含量。

《普通混凝土用砂、石检验方法标准》（JGJ 52—2006）规定了每验收批砂石至少应进行颗粒级配、含泥量、泥块含量检验。对于海砂或有氯离子污染的砂，还应检验其氯离子含量；对于海砂，还应检验贝壳含量；对于人工砂及混合砂，还应检验石粉含量。对于重要工程或特殊工程，应根据工程要求增加检验项目。对其他指标的合格性有怀疑时，应予检验。使用单位应按砂或石的同产地同规格分批验收，应以 400m³ 或 600t 为一检验批。当砂或石的质量比较稳定、进料量又较大时，可以 1000t 为一检验批。

北京市标准《预拌混凝土质量管理规程》（DB11 385—2011）规定细集料的进场检验项目为颗粒级配、含泥量、泥块含量，同厂家、同规格的集料不超过 400m³ 或 600t 为一检验批。当同厂家、同规格的集料连续进场且质量稳定时，可一周至少检验一次。质量稳定的判断方法，标准中没有明确规定，作者认为可采取连续 10 次以上的试验结果，进行统计评定分析，根据标准差数据确定其稳定性。

行标和国标的试验方法是一样的，但结果判定却不相同。建议搅拌站按照行业标准《普通混凝土用砂、石检验方法标准》（JGJ 52—2006）进行控制。

（1）颗粒级配 按标准的试验方法进行筛分，控制在相应的区域内。对级配不合理的砂子，可以通过多级配的方式进行调整。

（2）含泥量 含泥量是砂的最重要指标之一，应按标准要求严格控制。有条件的搅拌站应根据不同的含泥量区域，分仓存储，搭配使用。

人工砂的石粉含量应根据试配情况确定一个标准允许范围内的最高值，并进行严格的质量控制。

（3）含水率、含石率 含水率、含石率是天然砂变动较大的两个性能参数，应按设定的限值进行严格控制。有条件的搅拌站应对不同含水或含石的砂分仓存储，搭配使用。或者通过均化工艺进行处理（详见本书第九章）。

（4）砂进场快速检验项目 砂进场快速检验项目为含泥量（石粉含量）、含水率、含石率。根据不同来源、不同供应商等情况，进行逐车检验、规定车次检验或每日检验等。

为了达到快速试验的目的，其试验方法与标准试验方法不同。通过电磁炉、微波炉等进行烘干处理后，进行相关试验。含水率、含石率通过直接烘干后计算，含泥量直接在 $80\mu m$ 筛上进行水洗后，再烘干后计算。

这些计算结果与标准的试验结果基本一致，作为快速检验用于生产控制非常有效。

三、粗集料（石）

混凝土中常用的粗集料为石，石在不同标准中定义和分类不尽相同。

《普通混凝土用砂、石检验方法标准》（JGJ 52—2006）将石分为碎石和卵石。碎石是由天然岩石或卵石经破碎、筛分而得的，公称粒径大于 5.0mm 的岩石颗粒，即山碎石和卵碎石；卵石是指由自然条件下形成的，公称粒径大于 5.00mm 的岩石颗粒。

《建设用卵石、碎石》（GB/T 14685—2011）定义粗集料为粒径大于 4.75mm 的岩石颗粒，分为卵石和碎石两类。卵石是指由自然风化、水流搬运和分选、堆积形成的，粒径大于 4.75mm 的岩石颗粒；碎石是指由天然岩石、卵石或矿山废石经机械破碎、筛分制成的，粒径大于 4.75mm 的岩石颗粒。

（一）石概述

1. 分类、类别

《普通混凝土用砂、石检验方法标准》（JGJ 52—2006）未按技术要求分出不同类别。

《建设用卵石、碎石》（GB/T 14685—2011）将建设用石分为碎石和卵石，并按技术要求分为Ⅰ类、Ⅱ类、Ⅲ类三种类别。Ⅰ类宜用于强度等级大于 C60 的混凝土；Ⅱ类宜用于强度等级为 C30～C60 及抗冻、抗渗或其他要求的混凝土；Ⅲ类宜用于强度等级小于 C30 的混凝土。

2. 技术要求

（1）颗粒级配　《普通混凝土用砂、石检验方法标准》（JGJ 52—2006）规定，混凝土用石应采用连续级配。单粒级宜用于组合成满足要求的连续粒级；也可与连续粒级混合使用，以改善其级配或配成较大粒度的连续粒级。碎石或卵石的颗粒级配应符合表 2-28 的要求。

表 2-28　卵石或碎石的颗粒级配范围（JGJ 52—2006）

级配情况	公称粒级/mm	累计筛余(按质量)/%											
		方孔筛筛孔边长尺寸/mm											
		2.36	4.75	9.50	16.0	19.0	26.5	31.5	37.5	53	63	75	90
连续粒级	5～10	95～100	80～100	0～15	0	—	—	—	—	—	—	—	—
	5～16	95～100	85～100	30～60	0～10	0	—	—	—	—	—	—	—
	5～20	95～100	90～100	40～80	—	0～10	0	—	—	—	—	—	—
	5～25	95～100	90～100	—	30～70	—	0～5	0	—	—	—	—	—
	5～31.5	95～100	90～100	70～90	—	15～45	—	0～5	0	—	—	—	—
	5～40	—	95～100	70～90	—	30～65	—	—	0～5	0	—	—	—
单粒级	10～20	—	95～100	85～100	—	0～15	0	—	—	—	—	—	—
	16～31.5	—	95～100	—	85～100	—	—	0～10	0	—	—	—	—
	20～40	—	—	95～100	—	80～100	—	—	0～10	0	—	—	—
	31.5～63	—	—	—	95～100	—	75～100	45～75	—	0～10	0	—	—
	40～80	—	—	—	95～100	—	—	70～100	30～60	0～10	0		

《建设用卵石、碎石》（GB/T 14685—2011）规定，卵石、碎石的颗粒级配应符合表 2-29 的规定。

表 2-29 石颗粒级配 (GB/T 14685—2011)

公称粒级 mm		累计筛余/%										
		方孔筛/mm										
		2.36	4.75	9.50	16.0	19.0	26.5	31.5	37.5	53.0	63.0	75.0	90
连续粒级	5~16	95~100	85~100	30~60	0~10	0							
	5~20	95~100	90~100	40~80	—	0~10	0						
	5~25	95~100	90~100	—	30~70	—	0~5	0					
	5~31.5	95~100	90~100	70~90	—	15~45	—	0~5	0				
	5~40	—	95~100	70~90	—	30~65	—	—	0~5	0			
单粒级	5~10	95~100	80~100	0~15	0								
	10~16		95~100	80~100	0~15								
	10~20		95~100	85~100	—	0~15	0						
	16~25			95~100	55~70	25~40	0~10						
	16~31.5		95~100		85~100			0~10		0			
	20~40			95~100		80~100			0~10	0			
	40~80					95~100			70~100		30~60	0~10	0

(2) 含泥量及泥块含量 《普通混凝土用砂、石检验方法标准》(JGJ 52—2006) 规定,碎石或卵石中含泥量和泥块含量应符合表 2-30 的要求。

表 2-30 碎石或卵石中的含泥量和泥块含量 (JGJ 52—2006)

	混凝土强度等级	≥C60	C55~C30	≤C25
含泥量 (按质量计)/%	普通混凝土	≤0.5	≤1.0	≤2.0
	抗冻、抗渗或其他特殊要求混凝土	同上	同上	≤1.0
	含泥是非黏土质的石粉时	≤1.0	≤1.5	≤3.0
泥块含量 (按质量计)/%	普通混凝土	≤0.2	≤0.5	≤0.7
	抗冻、抗渗或其他特殊要求的强度等级小于 C30 的混凝土	同上	同上	≤0.5

《建设用卵石、碎石》(GB/T 14685—2011) 对石的含泥量和泥块含量规定如表 2-31。

表 2-31 石含泥量和泥块含量 (GB/T 14685—2011)

类 别	Ⅰ	Ⅱ	Ⅲ
含泥量(按质量计)/%	≤0.5	≤1.0	≤1.5
泥块含量(按质量计)/%	0	≤0.2	≤0.5

(3) 针片状颗粒含量 卵石、碎石颗粒的长度大于该颗粒所属相应粒级的平均粒径 2.4 倍者为针状颗粒;厚度小于平均粒径 0.4 倍者为片状颗粒。石的针片状颗粒含量应符合表 2-32 的规定。

表 2-32 针片状颗粒含量

JGJ 52—2006 规定	混凝土强度等级	≥C60	C55~C30	≤C25
	针片状颗粒含量(按质量计)/%	≤8	≤15	≤25
GB/T 14685—2011 规定	石类别	Ⅰ	Ⅱ	Ⅲ
	针片状颗粒含量(按质量计)/%	≤5	≤10	≤15

(4) 石的强度 《普通混凝土用砂、石检验方法标准》(JGJ 52—2006) 规定,碎石的抗压强度可用岩石的抗压强度和压碎值指标标识。岩石的抗压强度应比所配制的混凝土强度至少高 20%。当混凝土强度等级大于或等于 C60 时,应进行岩石抗压强度检验。岩石强度首先应由生产单位提供,工程中可采用压碎值指标进行质量控制。卵石的强度可用压碎值指标表示。碎石或卵石的压碎值指标应符合表 2-33 的规定。

表 2-33　碎石的压碎值指标

岩石品种		混凝土强度等级	压碎值指标
碎石	沉积岩	C60～C40	≤10
		≤C35	≤16
	变质岩或深成的火成岩	C60～C40	≤12
		≤C35	≤20
	喷出的火成岩	C60～C40	≤12
		≤C35	≤20
卵石		C60～C40	≤12
		≤C35	≤16

注：沉积岩包括石灰岩、砂岩等；变质岩包括片麻岩、石英岩等；深成的火成岩包括花岗岩、正长岩、闪长岩和橄榄岩等；喷出的火成岩包括玄武岩和辉绿岩等。

《建设用卵石、碎石》（GB/T 14685—2011）规定，在水饱和状态下的岩石抗压强度，火成岩应不小于 80MPa，变质岩应不小于 60MPa，水成岩应不小于 30MPa。压碎指标应符合表 2-34 的规定。

表 2-34　压碎指标

类　别	Ⅰ	Ⅱ	Ⅲ
碎石压碎指标/%	≤10	≤20	≤30
卵石压碎指标/%	≤12	≤14	≤16

（5）坚固性　坚固性是指卵石、碎石在自然风化和其他外界物理化学因素作用下抵抗破裂的能力。碎石或卵石的坚固性指标应符合表 2-35 要求。

表 2-35　石的坚固性指标

JGJ 52—2006 规定		GB/T 14685—2011 规定	
混凝土所处的环境条件及其性能要求	采用硫酸钠溶液进行试验,5次循环后的质量损失/%	类别	采用硫酸钠溶液法进行试验,砂的质量损失/%
在严寒及寒冷地区室外使用,并经常处于潮湿或干湿交替状态下的混凝土;有腐蚀介质作用或经常处于水位变化区的地下结构或有抗疲劳、耐磨、抗冲击等要求的混凝土	≤8	Ⅰ类	≤5
		Ⅱ类	≤8
其他条件下使用的混凝土	≤12	Ⅲ类	≤10

（6）有害物质含量　碎石或卵石中的硫化物和硫酸盐含量以及卵石中有机物等有害物质含量，应符合表 2-36 规定。当卵石或碎石中含有颗粒状硫酸盐或硫化物杂质时，应进行专门检验，确认能满足混凝土耐久性要求后，方可采用。

表 2-36　砂中有害物质限量

项　目	JGJ 52—2006 规定	GB/T 14685—2011 规定		
	质量要求	Ⅰ	Ⅱ	Ⅲ
硫化物及硫酸盐含量（折算成 SO$_3$ 按质量计）/%	≤1.0	≤0.5	≤1.0	≤1.0

项 目	JGJ 52—2006规定	GB/T 14685—2011规定		
	质量要求	I	II	III
卵石中有机物含量（用比色法试验）	颜色不应深于标准色。当颜色深于标准色时，应配制出混凝土进行强度对比试验，抗压强度比不应低于0.95	合格	合格	合格

（7）表观密度、连续级配松散堆积空隙率　《建设用卵石、碎石》（GB/T 14685—2011）规定，卵石、碎石表观密度不小于2600kg/m³。连续级配松散堆积空隙率应符合表2-37规定。

表2-37　连续级配松散堆积空隙率

类 别	I	II	III
空隙率/%	≤43	≤45	≤47

（8）吸水率　《建设用卵石、碎石》（GB/T 14685—2011）对吸水率的规定如表2-38。

表2-38　吸水率

类 别	I	II	III
吸水率/%	≤1.0	≤2.0	≤2.0

（9）碱活性试验　《普通混凝土用砂、石检验方法标准》（JGJ 52—2006）规定，对于长期处于潮湿环境的重要结构混凝土，其所使用的碎石或卵石应进行碱活性检验。经检验判定集料存在潜在碱-碳酸盐反应危害时，不宜用作混凝土集料；否则应通过专门的混凝土试验做最后评定；当判定集料存在潜在碱-硅反应危害时，应控制混凝土中的碱含量不超过3kg/m³，或采用能抑制碱-集料反应的有效措施。

《建设用卵石、碎石》（GB/T 14685—2011）规定，石经碱集料反应试验后，试件应无裂缝、酥裂、胶体外溢等现象，在规定的试验龄期膨胀率应小于0.10%。

（10）含水率和堆积密度　《建设用卵石、碎石》（GB/T 14685—2011）规定，石的含水量和堆积密度技术要求为报告的实测值。

（二）石与混凝土质量的关系

1. 石在混凝土中的作用

石在混凝土中主要起骨架作用，可减小混凝土的收缩，良好的砂石级配还可节约混凝土中的水泥用量。

石子是混凝土中粒径最大的材料，石子的体积稳定性对于混凝土的体积稳定性贡献很大。

2. 石质量变化对混凝土质量的影响

石子质量对混凝土质量的影响主要有级配、粒径、含泥、空隙率等。

（1）级配　良好的级配可减小空隙率，节约用水量，提高密实度。可以在较低用水量下获得良好的工作性。在配制高强高性能混凝土、自密实混凝土、高层泵送混凝土时，应选择级配优良的石子。

石的级配有连续级配和单粒级两种。为了获得良好的级配，推荐使用单粒级按比例配制连续级配的石，这种多级配措施对级配的改善非常显著，对混凝土性能也起到了明显的改善。由于历史等诸多原因，大多数搅拌站多数使用连续级配的石子，石子的级配状况不理想，又没有合适的级配调整措施，混凝土质量波动较大，因此建议进行工艺改造，实现多级配。

（2）粒径　粗集料粒径效应已在"集料概述"中进行了详细讲述，应予以充分重视。

石子粒径越大，混凝土需水越少，可节约水泥、降低黏度，减少收缩，但粒径过大时，影响混凝土的连续性和泵送性能；石子粒径小，混凝土连续性好，泵送性能好，但粒径过小时，空隙率高，对混凝土的体积稳定性也会有不利的影响。最大粒径的选择应综合考虑各种因素的影响，根据泵管内径、钢筋密度、强度等级、混凝土结构部位性能要求等进行选择。标准规定石子的最大粒径为 80mm，一般情况下预拌混凝土石子的最大粒径为 25mm 或 31.5mm。强度等级为 C60 及以上的混凝土所用的石子，最大粒径不宜大于 25mm。自密实、高层泵送混凝土宜使用较小粒径的石子，如 16mm、10mm。水工大体积混凝土的粒径比较大，主要是基于体积稳定性的考虑。

混凝土强度随集料粒径的增大而降低；水胶比越小，集料粒径对混凝土强度的影响越明显。岩石在形成过程中，其内部会产生一定的纹理和缺陷，在受压条件下，会在纹理和缺陷部位形成应力集中效应而产生破坏。而较小的粗集料，其内部的缺陷在加工过程中会得到很大程度的消除。因此随着混凝土强度的提高，所用粗集料的粒径应随之减小。

石子在混凝土中的上下部界面过渡区存在差异，粒径大小不同的石子，下部会形成不同积聚量的水囊。粒径越大，下部水越富集，水囊中的水蒸发后，会在石子下界面产生界面缝，影响混凝土的强度和耐久性。

（3）含泥量　石子由于形成条件和生产工艺的原因，含泥量小于砂子，一般在 1.0% 以下。

石子含泥量对混凝土质量的影响没有砂含泥量的影响大，但其也会影响混凝土的工作性、外加剂掺量和坍落度损失，影响硬化混凝土强度和耐久性能。

（4）空隙率　空隙率是石子非常重要的指标之一，对混凝土的用水量、胶凝材料用量、黏度等有着非常重要的影响。

碎石生产过程中往往产生一定量的针、片状颗粒，使集料的空隙率增大，

目前石子的空隙率未得到充分重视，很多地区的石子空隙率在 45% 以上，大幅度提高了胶凝材料总量，对混凝土的性能非常不利。据了解，国外研究用极低的胶凝材料量配制自密实混凝土，最低可降至 200kg/m³，其秘诀之一就在于石子非常低的空隙率。

（5）颗粒形状及表面特征　粗集料的颗粒形状和表面特征都在一定程度上影响混凝土的性能。

粗集料比较理想的颗粒形状为三维长度相等或相近的立方体或球形颗粒。针片状含量对混凝土的工作性、强度和耐久性能都有一定程度的影响，但主要影响混凝土的工作性能和泵送性能。当针片状颗粒含量多和石子级配不好时，易造成拌合物粗集料堆积，输送管道弯头处的管壁往往易磨损或迸裂。针片状颗粒一旦横在输送管中，容易造成输送管堵管。当含量超过 10% 时，出现堵管的概率大大增加。

粗集料的表面特征指石的表面粗糙程度。卵石的表面光滑少棱角，总表面积小，混凝土工作性好，水泥用量少，但黏结力差，强度低；碎石多棱角，总表面积大，混凝土工作性差，水泥用量多，但黏结力强，强度高。

（6）压碎值指标　压碎值指标是反映集料抵抗压碎的能力。压碎值指标越小，集料的强度越高。压碎值指标也是反映集料强度的相对指标，在集料的抗压强度不便测定时，常用来评价集料的力学性能。

（三）石进场质量控制项目

《混凝土质量控制标准》（GB 50164—2011）规定粗集料的质量控制项目应包括颗粒级配、针片状颗粒含量、含泥量、泥块含量、压碎值指标和坚固性。用于高强混凝土的粗集料

主要控制项目还应包括岩石抗压强度。

《普通混凝土用砂、石检验方法标准》（JGJ 52—2006）规定每验收批砂石至少应进行颗粒级配、含泥量、泥块含量检验。对于碎石或卵石，还应检验针片状颗粒含量。对于重要工程或特殊工程，应根据工程要求增加检验项目。对其他指标的合格性有怀疑时，应予检验。使用单位应按砂或石的同产地同规格分批验收，应以 400m³ 或 600t 为一检验批。当砂或石的质量比较稳定、进料量又较大时，可以 1000t 为一检验批。

北京市标准《预拌混凝土质量管理规程》（DB 11/385—2011）规定粗集料的进场检验项目为颗粒级配、含泥量、泥块含量、针片状颗粒含量。同厂家、同规格的集料不超过 400m³ 或 600t 为一检验批。当同厂家、同规格的集料连续进场且质量稳定时，可一周至少检验一次。

（1）级配　应按标准进行级配试验。对级配不能满足要求时，尽可能分仓存储，采取多级配措施改善整体级配。如果不能采用多级配措施，可通过提高胶凝材料总量、砂率等措施来保证混凝土的和易性。

（2）含泥量、泥块含量　石子的含泥量、泥块含量一般较小，超标的情况较少。但石子的含泥量、泥块含量超标对混凝土性能影响较大，应按标准规定进行试验并加以控制，含泥量或泥块含量超标时应进行退货处理。

（3）针片状颗粒含量　针片状颗粒含量超标主要影响石子的级配和空隙率，应严格按标准要求进行控制，处理措施可参照石子级配。

（4）石进场快速检验项目　石进场快速检验项目为含泥量、级配。根据不同来源、不同供应商等情况，进行逐车检验、规定车次频率检验、每日检验等。

同砂的快速检验一样，为了达到快速试验的目的，石进场快速试验方法与标准试验方法不同。通过电磁炉、微波炉等进行烘干处理后，进行相关试验。这些计算结果与标准的试验结果基本一致，作为快速检验用于生产控制非常有效。

四、集料选择与应用关键技术

（一）现代混凝土对集料品质的要求

现代混凝土由于高性能减水剂和矿物掺合料的发展和广泛应用，混凝土的工作性能、力学性能和耐久性能均发生了根本性的变化。工作性要求越来越高，预拌混凝土要同时满足坍落度和扩展度的要求，大流态混凝土逐渐成为主流，对拌合物的流变性提出了更高的要求；混凝土强度等级普遍提高；混凝土耐久性逐步得到重视，目前大力推广的高性能混凝土，其核心要求就是高耐久性。

由此相对应的是，集料在混凝土中的作用重点发生了转移，以往低流动性混凝土需要集料作骨架，传递应力，因而更看重集料的强度。现代混凝土对和易性要求越来越高，以及混凝土耐久性越来越受到重视，对集料品质要求的重点已经从强度转向级配和粒形等。

目前高流动性混凝土主要是通过高用水量、高胶凝材料总量和高砂率等来实现的，这样势必影响混凝土的耐久性。因此，我们认为在保证混凝土具有高流动的前提下，实现高耐久性必须做到低用水、低胶材总量和低砂率。集料占混凝土体积的 2/3 左右，良好级配和粒形的集料将能有效获得混凝土的最小空隙率。在获得同样工作性时，集料在最佳堆积状态下胶材总量会减少，相对的拌合用水量也会减少，因而可减少混凝土中薄弱界面的形成几率，也可减少水泥浆和集料不相同的变形所产生的界面裂缝及浆体本身产生收缩裂缝的可能，从而提高混凝土的耐久性。

因此集料质量首先不是强度，而是级配和粒形。使用级配和粒形良好的集料，可以得到最小用水量、最小胶材总量、最低砂率的高流动性混凝土。

（二） 改善集料品质的主要技术措施

1. 细集料

（1）细集料目前存在的问题

① 级配 天然砂受地域、产量、环保等限制，级配状况多不理想，而人工砂与加工设备、生产工艺有关，正常情况下可以生产出级配合格的砂。但受到利益的驱动以及生产规模的限制，很多厂家生产人工砂的设备落后、质量控制不健全，造成人工砂的级配和粒形存在很多问题。

② 含泥量、含石率 对于砂源紧张的地区，砂质量受市场左右，经常出现"萝卜快了不洗泥"的局面，而用户的选择余地很小，只能被动接受，因此含泥量、含石率经常超标。

③ 人工砂石粉含量 对人工砂中石粉的作用没有正确的认识，部分厂家控制不严，石粉含量偏高，或者直接将石粉洗掉，造成石粉含量过低。

（2）改善技术措施 天然砂级配改善措施不多，应创造条件，争取采用多级配措施。多级配集料既能解决集料级配差的问题，同时也能充分发挥不同级配区间集料的互补性，比如：用较粗的机制砂和天然细砂混合使用，不仅可以实现细度模数根据强度等级进行调整，还可以解决单独使用机制砂石粉含量高、单独使用天然砂细度模数小和含泥量高的问题，并且这种砂完全不含石，解决了因含石量变化造成砂率波动对混凝土的不利影响；高石粉含量的机制砂可以与天然砂混合使用，可以改善因石粉含量高造成的流动性差、坍落度损失快的问题等。根据我公司第一搅拌站的试验结果，两种砂混合使用也可以有效降低空隙率，试验结果见表 2-39。

表 2-39   两种砂混合使用试验结果

试验项目 \ 砂种类	细砂	机制砂	$m_{细砂} : m_{机制砂}$		
			4:6	3:7	2:8
细度模数	1.33	3.47	2.54	2.76	2.99
堆积密度/(kg/m³)	1438	1597	1529	1639	1623
表观密度/(kg/m³)	2553	2713	2649	2665	2681

建议对砂采取预均化措施，详见本书"第九章 预拌混凝土质量控制自动化"相关内容。搅拌站加强质量控制，不能因货源紧张而迁就原材料质量，必须严格控制。

2. 粗集料

（1）粗集料目前存在的问题

① 粒形 针对粗集料针片状颗粒定义，国内外有所区别，如针状集料，要点为颗粒的长度与该颗粒平均粒径的比值，中国定义为大于 2.4，英国定义为大于 1.8；片状集料，要点为颗粒的厚度与该颗粒平均粒径的比值，中国定义为小于 0.4，英国定义为小于 0.6。两相比较，国内对粗集料针片状颗粒的定义过宽。在这样定义前提下，即使标准中的指标控制一样，集料粒形的实际情况却大不相同[12]。

② 空隙率 目前标准没有对空隙率提出控制指标。

（2）改善技术措施

① 增加空隙率指标限制。通过针片状含量和空隙率两个指标双重控制来达到提高石子品质的目的。

② 应转变观念，尽可能使用单粒级分别计量，多级配措施。

③ 改进破碎整形工艺,以获得更为规整的各粒级石子。

3. 高品质集料要求

北京建筑大学宋少民教授提出了高品质集料的品质要求,分别列举如表 2-40 和表 2-41。

表 2-40 高品质细集料品质要求

指标		要求					
片状颗粒(机制砂三维中最大一维尺寸值与最小一维尺寸值之比大于2.5倍)		建议控制指标≤15%					
坚固性		砂子质量损失:≤5%					
单级压碎值		≤15%					
级配	方孔筛粒径/mm	4.75	2.36	1.18	0.60	0.30	0.15
	天然砂	10～0	25～0	50～10	70～41	92～70	100～90
	机制砂	10～0	25～0	50～10	70～41	92～70	94～80
砂含石		不大于10%					
机制砂石粉含量	机制砂 MB 值≤1.4或快速法试验合格时	类别		特Ⅰ		Ⅰ	
		钙质机制砂石粉含量		≤10%		≤10%	
		硅质机制砂石粉含量		≤5%		≤7%	
	机制砂 MB 值>1.4或快速法试验不合格时	类别		特Ⅰ		Ⅰ	
		石粉含量(按质量计)/%		≤1.0%		≤1.0%	
岩石		1. 严格选择母岩,禁止用泥质砂岩或风化严重的其他山岩加工粗细集料; 2. 禁止用放射性指标超标的山岩加工集料; 3. 加工砂石时注意剥离山皮土						
碱活性		优选非碱活性或低碱活性集料,如果集料具有碱活性,则要求配制混凝土时粉煤灰占胶凝材料比例不低于30%或矿渣粉占胶凝材料比例不低于40%,并相应地采用较低的水胶比,含气量不低于4.0%						

表 2-41 高品质粗集料技术要求

指标		要求	
不规则颗粒(卵石、碎石颗粒的长度大于该颗粒所属相应粒级的平均粒径2.0倍者或厚度小于平均粒径0.5倍的颗粒)		不规则颗粒:≤15%;针片状:≤3%	
连续级配松散堆积空隙率		≤41%	
坚固性		石子质量损失:≤3%	
吸水率		≤1.5%	
立方体抗压强度		对于普通等级干硬性混凝土、塑性混凝土仍要求粗集料岩石抗压强度至少应比混凝土设计强度高20%。配制C60以下的泵送混凝土时,对普通石子可不要求强度。C60及以上高强混凝土应比混凝土设计强度高30%	
压碎指标		类别	特Ⅰ	Ⅰ
		碎石压碎指标	≤10	≤10
		卵石压碎指标	≤12	≤12
碱活性		优选非碱活性或低碱活性集料,如果集料具有碱活性,则要求配制混凝土时粉煤灰占胶凝材料比例不低于30%或矿渣粉占胶凝材料比例不低于40%,并相应采用较低的水胶比,含气量不低于4.0%	

第四节 外 加 剂

混凝土外加剂的研究与应用是继钢筋混凝土和预应力混凝土之后,混凝土发展史上第三次重大突破。混凝土技术的发展，实际是外加剂技术的发展，在外加剂技术的推动下，混凝土材料由塑性、干硬性进入到流态化的第三代。近二三十年混凝土技术的发展与外加剂的开发和使用是密不可分的，外加剂已经成为预拌混凝土必不可少的组分之一，成为水泥、集料、水、掺合料之后的第五组分。

外加剂的应用改善了新拌及硬化混凝土的性能，如改善工作性、提高强度、耐久性，调节凝结时间和硬化速度，获得特殊性能的混凝土。同时也促进了工业副产品在胶凝材料系统中更多的应用，有助于节约资源和环境保护。

一、外加剂概述

《混凝土外加剂定义、分类、命名和术语》（GB/T 8075—2005）将混凝土外加剂定义为：一种在混凝土搅拌之前或拌制过程中加入的、用以改善新拌混凝土和（或）硬化混凝土性能的材料。

国外从 20 世纪 30 年代开始对外加剂进行研究，美国使用亚硫酸盐纸浆废液用于改善混凝土的和易性，1937 年，E.W 斯克里彻获得此项专利。1954 年制定了第一批混凝土外加剂检验标准。20 世纪 40～60 年代，美国、英国、日本等已经在公路、隧道、地下工程中使用木质素磺酸盐类减水剂。20 世纪 60 年代初，日本和前西德发明了三种高效减水剂，即萘系、多环芳烃和三聚氰胺减水剂。

我国正式使用混凝土外加剂是在 20 世纪 50 年代，当时由前苏联专家将松香皂化物引气剂引入国内。以后又使用过以亚硫酸盐法造纸的纸浆废液、制糖工业废蜜为原料的混凝土塑化剂，同时氯化钙、氯化钠、三乙酸胺等早强剂使用也很多。随后由于有些工程使用不当曾出现过工程质量问题，再加上众所周知的原因，直到 20 世纪 70 年代外加剂行业才开始兴起，20 世纪 80 年代典型的三类高效减水剂都相继研制成功并投入使用。1982 年成立了中国混凝土外加剂学会，1986 年成立了中国混凝土外加剂协会。从 2000 年前后开始对聚羧酸系高性能减水剂进行研究。经过多年的努力，我国的外加剂行业已经得到了长足的发展。

混凝土减水剂的三个代表性阶段。第一代：木质素系普通减水剂，代表性的产品为木钙；第二代：萘磺酸盐系、磺化三聚氰胺系、脂肪族系、氨基磺酸盐系等高效减水剂。萘系生产工艺成熟、原料供应稳定且产量大、性能优良稳定，应用范围较广，作为第二代减水剂的代表产品；第三代：聚羧酸系高性能减水剂。聚羧酸系高效减水剂是直接用有机化工原料通过接枝共聚反应合成的高分子表面活性剂，它不仅能吸附在水泥颗粒表面上，使水泥颗粒表面带电而互相排斥，而且还因具有支链的位阻作用，从而对水泥分散的作用更强、更持久。因此，聚羧酸系减水剂被认为是目前最高效的新一代减水剂。

1. 分类

（1）按外加剂主要使用功能分为四类

① 改善混凝土拌合物流变性能的外加剂，包括各种减水剂和泵送剂等。减水剂是混凝土外加剂中最重要的品种，按其减水率大小，可分为普通减水剂（以木质素磺酸盐类为代表）、高效减水剂（包括萘系、蜜胺系、氨基磺酸盐系、脂肪族系等）和高性能减水剂（以聚羧酸系高性能减水剂为代表）。

② 调节混凝土凝结时间、硬化性能的外加剂，包括缓凝剂、早强剂和速凝剂等。

③ 改善混凝土耐久性的外加剂，包括引气剂、防水剂、阻锈剂和矿物外加剂等。

④ 改善混凝土其他性能的外加剂，包括膨胀剂、防冻剂、着色剂等。

（2）按外加剂组成分为两类

① 有机质类外加剂——表面活性物质。

② 无机质类外加剂——电解质盐类化合物。

2. 品种

外加剂的品种主要有减水剂（普通减水剂、高效减水剂、聚羧酸系高性能减水剂、引气减水剂、缓凝高效减水剂、早强减水剂、缓凝减水剂等）、泵送剂、防冻剂、早强剂、缓凝剂、引气剂、防水剂、阻锈剂、膨胀剂、速凝剂、促凝剂、着色剂、加气剂、保水剂、絮凝剂、增稠剂、减缩剂、保坍剂等。

本节将重点讲述《混凝土外加剂应用技术规范》（GB 50119—2013）中规定的 13 个外加剂品种。

3. 相容性

相容性是指含减水组分的混凝土外加剂与胶凝材料、集料、其他外加剂相匹配时，拌合物的流动性及其经时变化程度。

相容性是用来评价混凝土外加剂与其他原材料共同使用时是否能够达到预期效果的定性指标。若能达到预期改善新拌及硬化混凝土性能的效果，其相容性较好；反之，其相容性较差。相容性好的表现一般为外加剂饱和掺量小、坍落度经时损失小、拌合物和易性好、无离析泌水等；相容性差的表现一般为外加剂饱和掺量大、混凝土坍落度经时损失大、离析泌水等。

混凝土外加剂普遍存在相容性的问题，因此在使用外加剂之前，应进行相容性试验。影响相容性的因素很多，应在使用前进行充分的相容性试验，以确定相容性最好的原材料组合。如水泥的矿物组成、石膏品种和掺量、混合材种类质量和掺量、水泥细度、碱含量等。通常 C_3A 含量高、碱含量大、放热量大的水泥相容性较差。水泥的新鲜程度和温度也影响外加剂效应的发挥。粉煤灰的需水量比、含碳量等对外加剂作用影响较大；砂含泥、砂级配对外加剂掺量和效果影响较大；矿渣粉的比表面积、流动度比以及石子的级配和含泥量等也对外加剂作用有不同程度的影响。

另外，外加剂之间也存在相容性，如聚羧酸系高性能减水剂与木钙、脂肪族、氨基磺酸盐、密胺类等减水剂可以相容，但与萘系减水剂无法相容，且容器不能混用。

按照《混凝土外加剂应用技术规范》（GB 50119—2013）"附录 A 混凝土外加剂相容性快速试验方法"，该方法适用于含减水组分的各类混凝土外加剂与胶凝材料、细集料和其他外加剂的相容性试验，根据外加剂掺量和砂浆扩展度经时损失及泌水、离析等工作性情况，判断外加剂的相容性，必要时可按实际混凝土配合比进行验证。

相容性是最新提出的说法。以前称之为"适应性"，是指减水剂与水泥之间是否有不利于减水剂效率发挥的相互作用。适应性只考虑了外加剂与水泥的适应性，没有考虑混凝土中矿物掺合料和集料对工作性的影响。相比之下，相容性更为合理。通过检测外加剂与混凝土胶凝材料、集料以及其他外加剂匹配试验来评价。同时采用砂浆扩展度法取代了水泥净浆流动度法，试验结果与混凝土的坍落度试验结果相关性更好，更具实用性和可操作性。同时相容性也启发我们对外加剂的认识和使用上应有新的思路，应摒弃调整外加剂来适应现有原材料的旧思路，采取原材料多向选择，既可以根据现有原材料选择或调整外加剂，也可以根据外加剂选择更换适合的原材料，从而得到最优的混凝土配合比。

另外还有氯离子含量、总碱量、固含量、含水率、密度、细度、pH 值、硫酸钠含量等匀质性指标，具体参见《混凝土外加剂》（GB 8076—2008）。

4. 外加剂的作用

普通混凝土单纯依靠调节水、水泥和集料用量，难以解决预拌混凝土的大流动性、可泵性、凝结时间、强度增长、耐久性等问题。外加剂则是解决上述问题，改善混凝土性能，满足工程各种要求的重要技术途径。外加剂的作用总体可以概括为：

① 改善混凝土拌合物的工作性能；

② 加快或延缓凝结时间；

③ 减少放热速率，控制温升。

④ 控制强度增长速率；

⑤ 提高混凝土的长期性能和耐久性能；

⑥ 节约水泥用量，降低成本；

⑦ 获得混凝土的某些特殊性能。

二、减水剂

（一）普通减水剂

普通减水剂是指减水率不小于 8％ 的减水剂，由于其减水率较低，一般用于配制低强度等级的混凝土，如不大于 C30 的混凝土。由于其本身的缺陷（引气、缓凝等），限制了其在混凝土中的掺量。目前市场减水剂中单独使用木质素类等减水剂的情况已经不多，几乎都是与高效减水剂复合使用，比如与萘系、脂肪族等复合。

1. 普通减水剂品种

（1）普通减水剂　木质素磺酸钙、木质素磺酸钠、木质素磺酸镁等普通减水剂。

木质素磺酸盐系减水剂是最早开发的普通减水剂，是造纸工业副产品。包括木质素磺酸钙（木钙）、木质素磺酸钠（木钠）、木质素磺酸镁（木镁）等。其中，木钙减水剂在早期使用较多，它是以生产纸浆或纤维浆剩余下来的亚硫酸浆废液为原料，采用石灰乳中和，经生物发酵除糖、蒸发浓缩、喷雾干燥而制得的棕黄色粉末，可实现废物利用，是治理环境污染的有效途径之一。

木钙减水剂对混凝土兼有引气和缓凝作用。一般缓凝 1～3h，掺量过多或在低温下，会造成混凝土长时间不凝，而且后期强度会大幅下降，使用时应注意。木钙引入混凝土中的气泡多为不规则的大气泡，会影响混凝土的强度。

（2）早强型普通减水剂　由早强剂与普通减水剂复合而成的早强型普通减水剂，兼具早强和减水的双重作用。

（3）缓凝型普通减水剂　有木质素磺酸盐类、多元醇类减水剂（包括糖钙和低聚糖类缓凝减水剂），以及木质素磺酸盐类、多元醇类减水剂与缓凝剂复合而成的缓凝型普通减水剂。

糖钙是废蜜（制糖工业副产品）与石灰乳反应制成的产品，其主要成分是蔗糖化钙络合物和单糖化钙络合物，具有很强的固-液界面活性作用，能吸附在水泥粒子上，形成溶剂化吸附层，破坏水泥的絮凝结构使水泥分散，自由水增多，达到减水作用。由于不降低水的表面张力，所以不具有引气作用。羟基（—OH）延缓水泥水化，具有较强的缓凝作用。

2. 普通减水剂对混凝土性能的影响及质量控制

木钙在增加混凝土流动性的同时，也会引入大气泡和造成缓凝，必须控制掺量，不能通过提高掺量来提高减水率。如果掺量超过适宜掺量时，含气量增加会造成混凝土强度损失，而减水率却增加不大，反而会使混凝土凝结时间延长影响施工，甚至会造成个别部位长期不凝的质量事故。

普通减水剂不宜用于蒸养混凝土，主要是因为混凝土浇筑后需要较长时间才能形成一定的结构强度，必须延长静停时间或减少掺量，否则蒸养后混凝土容易产生微裂缝、表面酥松、起鼓及肿胀等质量问题。

由于目前普通减水剂正逐步被高效减水剂和聚羧酸系高性能减水剂取代，其质量控制项目不再进行详细描述，可参照后面讲述的高效减水剂进行质量控制。

（二）　高效减水剂

减水剂按其减水幅度及减水率大小分为普通减水剂和高效减水剂，高效减水剂的减水率不小于14％。高效减水剂可以保持和易性不变时，减少单位用水量；或保证单位用水量不变时，能改善和易性；又或二者都具备又不改变含气量。

1. 定义

在混凝土坍落度基本相同的条件下，能大幅度减少拌合用水量的外加剂。

2. 高效减水剂品种

（1）多环芳香族磺酸盐类　萘和萘的同系磺化物与甲醛缩合的盐类、氨基磺酸盐等都属于多环芳香族磺酸盐类高效减水剂。

萘系减水剂是最常用的一种，是工业萘或煤焦油中萘（$C_{10}H_8$，无色晶体，有特殊气味，卫生球）、蒽（$C_{14}H_{10}$无色晶体，发青色荧光）、甲基萘等馏分，经磺化、水碱、综合、中和、过滤、干燥而成。萘系外加剂的减水率可达10％～25％。萘系高效减水剂可以有效减少混凝土的用水量，且没有明显的缓凝和引气作用，改善了混凝土的工作性能和力学性能，得到了广泛的应用。目前我国有大部分的搅拌站仍在使用萘系外加剂，代表性产品是广东湛江外加剂厂生产的FDN系列外加剂。

氨基磺酸盐系减水剂是一种非引气可溶性树脂减水剂，生产工艺较萘系减水剂简单。氨基磺酸盐系高效减水剂，减水率高，混凝土坍落度损失小，抗渗性、耐久性好。氨基磺酸盐系减水剂，对水泥较敏感，过量时容易引发泌水。它与萘系减水剂复合使用有较好的效果，特别是在防止混凝土坍落度损失过快方面有较好的作用。

（2）水溶性树脂磺酸盐类　磺化三聚氰胺树脂等。

这类减水剂是以一些水溶性树脂为主要原料制成的减水剂，如三聚氰胺树脂、古玛隆树脂等。该类减水剂实际上是一种阴离子型高分子表面活性剂，具有无毒、高效的特点，一般价格昂贵，适合高强、超高强混凝土及以蒸养工艺成型的预制混凝土构件。

（3）脂肪族类　脂肪族羟烷基磺酸盐高缩聚物等。

脂肪族类高效减水剂属链状脂肪烃结构，生产原料主要是丙酮、丁酮、亚硝酸钠等，生产工艺简单、能耗低、成本低廉、性能较好。其在南方应用多于北方，在广东、浙江主要用于生产高强度混凝土管桩，在四川、重庆、广西等地则直接用于混凝土结构，华北地区多用于早强防冻剂。

脂肪族类高效减水剂主要技术特性有：①混凝土减水率10％～30％，掺量低时差别更明显；②坍落度损失较快，但高掺量时损失较小；③强度增长率较萘系高10％～20％；④少量引气；⑤棕红色液体。

脂肪族类减水剂与萘系减水剂的减水率相当，且混凝土和易性好，稳定性好，易于质量控制。与萘系减水剂、聚羧酸系高性能减水剂一起作为目前最常用的三种外加剂。

（4）复合型　复合型减水剂类型很多，是考虑各种减水剂的不同特点，为了充分发挥各自的优势，扬长避短复合而成。搅拌站使用的外加剂基本上都是复合型外加剂。

3. 高效减水剂的作用机理

减水剂作用原理可由吸附-分散作用、润滑作用和湿润作用三部分组成。

水泥加水拌合后，水泥颗粒有相互靠近粘接成团的自发趋向，一部分水被水泥颗粒包围，对混凝土的流动性贡献减少。由于水泥颗粒分子引力的作用，使水泥浆形成絮凝结构，

图 2-13　水泥浆的絮凝结构

见图 2-13，使得一部分水泥失去与水接触的机会，从而不能参与早期水化。10%～30%的拌合水被包裹在水泥颗粒之中，不能参与自由流动和润滑作用，从而影响了混凝土拌合物的流动性。

当加入减水剂后，由于减水剂的表面活性作用，致使憎水基团定向吸附于水泥颗粒表面，亲水基团指向水溶液，使水泥颗粒表面带有相同的电荷，在静电斥力作用下，使水泥颗粒互相分开，絮凝结构解体，包裹的游离水被释放出来，从而有效地增加了混凝土拌合物的流动性。

当水泥颗粒表面吸附足够的减水剂后，使水泥颗粒表面形成一层稳定的溶剂化膜层，它阻止了水泥颗粒间的直接接触，增加了水泥颗粒间的滑动作用，起到了润滑作用，也改善了混凝土拌合物的和易性，减水剂作用机理如图 2-14 所示。

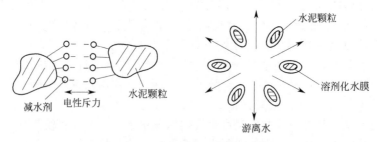

图 2-14　减水剂作用机理示意图

此外，表面活性剂的存在，降低了减水剂分子定向吸附于水泥颗粒间的界面张力，水泥颗粒被有效分散，颗粒表面被水分充分润湿，增大了水泥颗粒的水化面积，水化更充分。

4. 高效减水剂性能特点

（1）优点

① 减水率较高，有效减少混凝土用水，可以配制高强混凝土；

② 可以配制大流动性混凝土；

③ 降低混凝土水化热；

④ 与水泥相容性较好；

⑤ 外加剂掺量对混凝土敏感性较聚羧酸外加剂要低。

（2）缺点

① 高效减水剂混凝土的收缩率一般在 125%～130% 之间，远高于聚羧酸系高性能减水剂混凝土，容易造成混凝土产生收缩裂缝；

② 高效减水剂在生产时会对环境造成污染，不利于环保；

③ 夏季高温时混凝土坍落度损失大，需要复配缓凝剂；

④ 冬季低温时混凝土强度发展缓慢，拆模时间延长，不利于工期；

⑤ 对于特殊性能混凝土，如自密实、高强度等级（低水胶比）混凝土，高效减水剂调整或复配的手段不多。

5. 高效减水剂对混凝土性能的影响

（1）工作性能　高效减水剂可以显著提高新拌混凝土的流动度，可以减少拌合用水，复合缓凝剂可以保证混凝土的坍落度经时损失。

混凝土中用于水泥水化的水量理论上只需要水泥量的 20% 左右，但仍需要加入更多的水以得到浇筑施工所需要的坍落度。这些多余的水在混凝土中形成孔隙，降低了混凝土的物理力学性能。掺入减水剂可以有效地减少用水量，这样可以改善孔结构，并能提供更多的有效水来参与混凝土工作性的改善。

（2）力学性能　减水剂可以降低混凝土单方用水量，从而提高混凝土强度。减水剂提高了水泥的分散程度，水化更完全，强度发展更快。

（3）耐久性能　减水剂可使混凝土在保持水胶比不变的前提下降低用水量，从而降低总胶凝材料用量，减少水化热总量，降低开裂危险，节省成本等。同时由于用水量减少，混凝土中的孔结构得到改善，混凝土的密实度提高，透水性降低，从而可提高抗渗、抗冻、抗化学腐蚀及防锈蚀等能力。复合引气剂可以配制抗冻混凝土。

6. 高效减水剂质量控制项目

《混凝土质量控制标准》（GB 50164—2011）规定，外加剂质量主要控制项目应包括掺外加剂混凝土性能和外加剂匀质性两方面，混凝土性能方面的主要控制项目应包括减水率、凝结时间差和抗压强度比，外加剂匀质性方面的主要控制项目应包括 pH 值、氯离子含量和碱含量。

《混凝土外加剂应用技术规范》（GB 50119—2013）规定了高效减水剂的进场检验项目。高效减水剂应按每 50t 为一检验批，每一检验批取样量不应少于 0.2t 胶凝材料所需用的外加剂量。高效减水剂进场检验项目应包括 pH 值、密度（或细度）、含固量（或含水率）、减水率，缓凝型高效减水剂还应检验凝结时间差。高效减水剂进场时，初始或经时坍落度（或扩展度）应按进场检验批次采用工程实际使用的原材料和配合比与上批留样进行平行对比试验，其允许偏差应符合现行国家标准《混凝土质量控制标准》（GB 50164）的规定。

（1）pH 值　《混凝土外加剂》（GB 8076—2008）规定，高效减水剂的 pH 值应在生产厂控制范围内。搅拌站对 pH 值的试验及质量控制应注意以下几点：

① 搅拌站必须验证外加剂厂的出场检验报告中是或否有 pH 值控制范围及其合理性。

② 搅拌站 pH 进场检验实测值必须在生产厂控制范围内。

③ 搅拌站应关注外加剂厂的产品说明书、型式检验报告、出场检验报告 pH 值的一致性。由于这三个报告的 pH 值控制范围不同，容易造成有关监管部门抽检外加剂 pH 值出现不合格的情况，带来不必要的麻烦。

（2）密度（或细度）《混凝土外加剂》（GB 8076—2008）规定，高效减水剂密度 $D>1.1g/cm^3$ 时，应控制在 $D\pm0.03g/cm^3$；当 $D\leqslant1.1g/cm^3$ 时，应控制在 $D\pm0.02g/cm^3$。

搅拌站对密度的试验及质量控制应注意以下几点：

① 搅拌站必须验证外加剂厂的出场检验报告中是否有密度生产厂控制值（D 值）及其合理性。

② 搅拌站密度进场检验实测值必须在标准规定的范围内。

③ 与 pH 值一样，要关注不同检验报告中 D 值的一致性。

（3）含固量（或含水率）　《混凝土外加剂》（GB 8076—2008）规定，高效减水剂含固量 $S>25\%$ 时，应控制在 $0.95S\sim1.05S$；$S\leqslant25\%$ 时，应控制在 $0.90S\sim1.10S$。

搅拌站对含固量的试验及质量控制应注意以下几点：

① 搅拌站必须验证外加剂厂的出场检验报告中是否有含固量生产厂控制值（S 值）及其合理性。

② 搅拌站含固量进场检验实测值必须在标准规定的范围内。

③ 与 pH 值一样，要关注不同检验报告中 S 值的一致性。

（4）减水率　《混凝土外加剂》（GB 8076—2008）规定，高效减水剂的减水率应不小于 14%。

搅拌站对减水率的试验及质量控制应注意所用原材料和配合比的技术参数。

① 水泥 减水率试验用水泥必须符合《混凝土外加剂》（GB 8076—2008）附录 A 规定的基准水泥。该水泥为检验外加剂性能的专用水泥，由符合规定品质指标的硅酸盐水泥熟料与二水石膏共同粉磨而成的 42.5 强度等级的 P·Ⅰ 型硅酸盐水泥。基准水泥必须经由中国建材联合会混凝土外加剂分会与有关单位共同确认具备生产条件的工厂供给，需要专门购买。

② 砂 符合 GB/T 14684 中Ⅱ区要求的中砂，但细度模数为 2.6～2.9，含泥量小于1%。搅拌站需要批量制备符合要求的砂，以供减水率试验使用。

③ 石 符合 GB/T 14685 要求的公称粒径为 5～20mm 的碎石或卵石，采用二级配，其中 5～10mm 占 40%，10～20mm 占 60%，满足连续级配要求。针片状物质含量小于 10%，空隙率小于 47%，含泥量小于 0.5%。如有争议，以碎石结果为准。与砂相同，搅拌站需要批量制备符合要求的石子，以供减水率试验使用。

④ 配合比 掺高效减水剂的基准混凝土和受检混凝土的单位水泥用量为 330kg/m³；砂率为 36%～40%，掺引气型减水剂或引气剂的受检混凝土的砂率应比基准混凝土的砂率低1%～3%；坍落度控制在 80mm±10mm。用水量包括液体外加剂、砂、石材料中所含的水量。

（5）凝结时间差 缓凝型高效减水剂还应进行凝结时间差的检验，按《混凝土外加剂》（GB 8076—2008）规定的方法进行。

（6）平行对比试验 平行对比试验应采用工程实际使用的原材料和配合比。平行对比试验的目的是为了确保进行高效减水剂的质量稳定，其允许偏差应符合现行国家标准《混凝土质量控制标准》（GB 50164—2011）的规定，即坍落度设计值不小于 100mm 时，允许偏差为±30mm，扩展度设计值不小于 350mm，允许偏差为±30mm。

由于平行对比试验使用的原材料和配比与实际生产一致，其对生产控制的指导意义更大。因此即使验收合格的外加剂，如果平行对比试验不合格，仍然需要进行调整。

（7）高效减水剂进场快速检验项目 高效减水剂的快速检验项目为密度和半坍落度筒试验检验。外加剂的质量波动对混凝土质量影响很大，建议进行逐车检验。检验方法及注意事项遵照密度试验方法和"本章第六节 原材料进场质量控制用半坍落度试验方法"相关内容。

（三）聚羧酸系高性能减水剂

聚羧酸系高性能减水剂是近年来的减水剂新品种，是减水剂发展史上的第三次重大突破。2007 年发布实施了《聚羧酸系高性能减水剂》（JG/T 223—2007）行业标准。2008 年发布实施了《混凝土外加剂》（GB 8076—2008）国家标准，把以聚羧酸系减水剂为代表的高性能减水剂正式列入我国混凝土外加剂国家标准。

1. 定义

聚羧酸系高性能减水剂由含有羧基的不饱和单体和其他单体共聚而成，是使混凝土在减水、保坍、增强、收缩及环保方面具有优良性能的系列减水剂。

2. 品种

聚羧酸系高性能减水剂包括标准型、早强型及缓凝型。最新的"减缩型聚羧酸系高性能减水剂"是指 28d 收缩率比不大于 90% 的聚羧酸系高性能减水剂。

按聚羧酸母液不同，聚羧酸系高性能减水剂的品种繁多，性能差异也很大。一般认为聚羧酸有多种结构式的分子，代表性的聚羧酸母液有：

① 甲基丙烯酸-甲氧基聚乙二醇甲基丙烯酸酯共聚物类，这类外加剂是国内常用的聚酯类减水剂；

② 烯丙基聚醚-丙烯酸类，这类外加剂是国内常用的聚醚类减水剂；

③ 聚酰胺-聚亚酰胺类，所谓的一些既有保坍也有减水的减水剂。

国外聚羧酸母液比较有代表性的产品类型为：甲基丙烯酸-甲基丙烯酸甲酯型（日本触媒 Nippon Shokubai /NMB 1986）、烯丙醚型聚羧酸盐（竹本油脂 Nippon Oil & Fats）、酰胺-酰亚胺型聚羧酸盐（美国 W·R·Grace）。

3. 聚羧酸系高性能减水剂性能特点

（1）分子结构　区别于萘系的直线结构，聚羧酸系减水剂分子结构（图 2-15）为梳状结构，其分子结构灵活多变，自由度大，外加剂制造技术上可控制的参数多，高性能化的潜力大。可以通过调整分子结构，如主链、侧链的长度、密度以及各支链基团比例设计等参数，获得特殊优良的功能，目前聚羧酸母液有减水、保坍、引气、缓释、缓凝、早强、减缩等功能或类型。

（2）优点

① 可以通过调整聚羧酸分子结构而得到特殊优良性能的母液，高性能化潜力巨大。

② 减水率高，一般大于 25%，掺量低，有利于配制高强混凝土。在配制高层泵送混凝土、自密实混凝土等特殊性能的混凝土时，更能充分发挥其优势，获得良好性能的混凝土。

③ 混凝土拌合物工作性及工作性保持性较好。保坍母液可以与减水母液复配出保坍效果良好的混凝土，可以很好地控制混凝土坍落度经时损失，而不影响混凝土凝结时间。

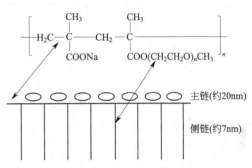

图 2-15　典型聚羧酸减水剂分子结构

④ 尤其适用于对混凝土外观要求较高的混凝土，如清水混凝土等。

⑤ 使水泥水化产物的结构更加均匀分散，混凝土强度发展快，后期强度高。可以使用更多的矿渣粉或粉煤灰取代水泥，从而降低混凝土成本。早强型或超早强型的聚羧酸系高性能减水剂已广泛用于混凝土预制构件的生产中。

⑥ 有害物质（如氯离子、硫酸根离子和碱等）含量低，对混凝土耐久性有利。可以配制出无氯的聚羧酸系高性能减水剂。

⑦ 收缩率低，28d 收缩率比一般不大于 110%。减缩型聚羧酸系高性能减水剂具有更低的收缩率比，一般不大于 90%，可以用于控制混凝土早期收缩开裂，改善混凝土的体积稳定性和耐久性。

⑧ 由于不使用甲醛、萘等有害物质，不会对环境造成污染，是一种安全的绿色环保性高性能减水剂。

（3）缺点及使用注意事项

① 对原材料质量要求高，需要根据聚羧酸的性能来优选原材料，这样才能达到最佳效果。如果不优选原材料，会出现相容性问题，对混凝土质量控制不利。

② 分散作用发挥需要一定的时间，因此聚羧酸混凝土的搅拌时间普遍长于萘系混凝土。

③ 混凝土的坍落度损失受气温影响较大。气温低时坍损小有时甚至出现后返大；气温高时坍损大，有时会出现三、四个小时后混凝土流动性全无的情况。因此需要根据气温及时调整聚羧酸系高性能减水剂的配方。

④ 配制低强度等级如 C20 以下混凝土时，由于胶凝材料量少，进一步降低了混凝土的黏聚性，使工作性变差。

⑤ 对掺量比较敏感，在掺量较高的情况下，很容易因砂石含水波动造成混凝土离析泌水等。因此应经试验确定最佳掺量，并规定调整范围。

⑥ 与萘系或氨基磺酸盐系减水剂复合或混合后，会使减水剂的作用效果大受影响，出现坍落度损失过快、工作性丧失、凝结时间异常等现象，因此应避免复合或混合使用。掺用过其他类型减水剂的混凝土搅拌机或罐车、泵车等设备，建议清洗干净后再搅拌和运输聚羧酸混凝土。

⑦ 产品多呈弱酸性，对铁质容器和管道存在腐蚀性，因此需要使用耐酸腐蚀材料制成的储罐。

⑧ 与糖类调凝组分复配时，在夏季高温季节很容易发霉变质，冬季低温时也容易冻结。

⑨ 产品种类繁多，有的厂家为了降低成本，生产工艺不成熟，造成聚羧酸外加剂产品性能稳定性差。因此在使用过低价格的聚羧酸外加剂时要警惕其质量变化。

4. 聚羧酸系高性能减水剂在混凝土中的作用机理

一般认为，聚羧酸系高性能减水剂作用于混凝土时，同时存在"空间位阻效应"和"静电斥力效应"双重作用，其中，"空间位阻效应"是发挥分散作用的主导因素。静电斥力理论适用于解释分子中含有 SO_3 基团的高效减水剂，如萘系减水剂、三聚氰胺系减水剂等，而空间位阻效应则适用于聚羧酸系高性能减水剂。

(1) 空间位阻效应（即立体排斥） 聚羧酸系高性能减水剂结构呈梳形，分子骨架由主链和较多的支链组成，主链上带有多个活性基团，并且极性较强，依靠这些活性基团，主链可以吸附在水泥颗粒上起"锚固"作用；主链上又有较多较长的支链，支链有较强的亲水性的基团，可以伸展在液相中，当它们吸附在水泥颗粒表层后，可以在水泥表面上形成较厚的立体包层，形成庞大的立体吸附结构，产生物理的空间阻碍作用，防止水泥颗粒的凝聚，从而达到较好的分散效果。这也是羧酸类减水剂具有比其他体系更强的分散能力的一个重要原因。

(2) 静电斥力效应 DLVO 理论认为带电胶体颗粒之间凝聚是双电层重叠时的静电斥力和粒子间的范德华力之间相互作用的结果。聚羧酸类物质吸附在水泥颗粒表面，羧酸根离子使水泥颗粒带上负电荷，从而使水泥颗粒之间产生静电排斥作用并使水泥颗粒分散，抑制水泥浆体的凝聚倾向，增大水泥颗粒与水的接触面积，使水泥充分水化。在扩散水泥颗粒的过程中，放出凝聚体所包围的游离水，改善了和易性，减少了拌合用水量。

另外，聚羧酸系高性能减水剂的缓凝作用，可以解释为羧基充当了缓凝成分，R-COO∼与 Ca^{2+} 离子作用形成络合物，降低溶液中的 Ca^{2+} 离子浓度，延缓 $Ca(OH)_2$ 形成结晶，减少 C-H-S 凝胶的形成，延缓了水泥水化。

5. 聚羧酸混凝土的性能特点及注意事项

聚羧酸混凝土与萘系混凝土在性能上有非常大的不同，因此，搅拌站在使用聚羧酸外加剂时，应重点关注聚羧酸混凝土的性能特点，对技术人员进行培训，掌握其独特的特点和混凝土质量变化规律，以防止质量问题或事故的发生。

(1) 外加剂掺量 聚羧酸系外加剂超掺后，混凝土的黏聚性反而变差，表现为石子挂不住浆，这与萘系混凝土超掺的情况正好相反。尤其在搅拌站从萘系换为聚羧酸系外加剂时，质检员在质量控制过程中很容易犯这种错误。以往萘系混凝土调整坍落度或坍损的主要措施就是提高外加剂掺量，使用聚羧酸时要特别注意这一点，有时候，降低聚羧酸掺量才能获得更好的混凝土状态。

（2）混凝土含气量　聚羧酸系高性能减水剂自身具有引气功能，但其自身引入的气泡大小不均，质量不好，也不稳定，需要对其进行消泡和引气处理，以获得细小、均匀、稳定的气泡。如果不进行先消后引处理，当聚羧酸外加剂掺量超过一定程度后，混凝土的含气量会增高，甚至达到10%以上，这样会导致混凝土强度急剧下降，影响结构安全。同时聚羧酸对引气剂、消泡剂的选择性较强，需要经过多次试验选择。这一现象主要是由于在聚羧酸系减水剂的合成中，对聚合活性单体的选择性很大，不同的生产厂家可能聚合时使用的单体类型及合成工艺不尽相同，从而使得最终合成的聚羧酸减水剂在分子量、分子量分布以及链结构等方面都会存在着较大的差异，所以其本身的引气性就会有很大的不同。

国内某大型工程箱梁混凝土，新拌混凝土含气量高达9%，但硬化混凝土含气量仅剩1%～2%，导致抗冻性不合格，其原因即是聚羧酸减水剂未采用"先消后引"的措施所致。因此对抗冻要求严格的混凝土，聚羧酸减水剂应严格采用先消后引的措施，施工过程中不仅应该检测拌合物入模前的含气量，更应该检测振捣后入模混凝土的含气量，如有条件，还应开展实体混凝土抗冻性后评估工作，通过钻芯取样测试硬化混凝土的含气量和气泡间隔系数等参数指标。

（3）混凝土坍落度损失　聚羧酸混凝土可以有效控制坍落度经时损失，例如1.5～3h之内损失可控制在30mm之内。但聚羧酸混凝土在一段时间（例如4h）之后，混凝土坍落度会有较快的损失，混凝土会很快失去流动性，因此要掌握聚羧酸混凝土的坍落度变化规律，在其坍落度急剧损失之前将混凝土浇筑完毕。超过这个时间的混凝土调整起来也比较困难，不建议调整后再使用。

聚羧酸混凝土坍落度损失受气温影响很大，需要随时调整保坍或缓凝组分。

（4）结构实体回弹强度　聚羧酸混凝土实体表面密实度高，水泥浆富集，这就需要进行充分的养护，否则混凝土会因表面失水造成表面强度降低，从而导致回弹强度降低。这种情况在掺合料用量高的时候更为明显。因此使用聚羧酸外加剂时，混凝土需要充分养护才能获得更佳的性能。

6. 聚羧酸系高性能减水剂质量控制项目

《混凝土质量控制标准》（GB 50164—2011）规定聚羧酸系高性能减水剂的质量控制项目与高效减水剂相同。外加剂质量主要控制项目应包括掺外加剂混凝土性能和外加剂匀质性两方面，混凝土性能方面的主要控制项目应包括减水率、凝结时间差和抗压强度比，外加剂匀质性方面的主要控制项目应包括pH值、氯离子含量和碱含量。

《混凝土外加剂应用技术规范》（GB 50119—2013）规定了聚羧酸系高性能减水剂进场检验项目，聚羧酸系高性能减水剂应按每50t为一检验批。每一检验批取样量不应少于0.2t胶凝材料所需用的外加剂量。聚羧酸系高性能减水剂进场检验项目应包括pH值、密度（或细度）、含固量（或含水率）、减水率，早强型聚羧酸系高性能减水剂应测1d抗压强度比，缓凝型聚羧酸系高性能减水剂还应检测凝结时间差。同高效减水剂一样，聚羧酸系高性能减水剂进场时，初始或经时坍落度（或扩展度）应按进场检验批次采用工程实际使用的原材料和配合比与上批留样进行平行对比试验。

（1）匀质性指标（pH值、密度、含固量等）　聚羧酸系高性能减水剂的匀质性指标的检测方法及注意事项同高效减水剂。

（2）减水率　减水率试验所用原材料同高效减水剂，基准混凝土和受检混凝土不同，掺聚羧酸系高性能减水剂的基准混凝土和受检混凝土的单位水泥用量为360kg/m³；砂率为43%～47%，掺引气型减水剂或引气剂的受检混凝土的砂率应比基准混凝土的砂率低1%～3%；坍落度控制在210mm±10mm。用水量包括液体外加剂、砂、石材料中所含的水量。

（3）凝结时间差、平行对比试验　聚羧酸系高性能减水剂的凝结时间差和平行对比试验试验方法及注意事项同高效减水剂。

（4）聚羧酸系高性能减水剂进场快速检验项目　高效减水剂的快速检验项目为颜色、pH 值、密度、半坍落度筒试验检验。外加剂的质量波动对混凝土质量影响很大，建议进行逐车检验。颜色检验是聚羧酸系高性能减水剂特有的检验方法，颜色和 pH 值的变化意味着其母液或辅料发生了变化，对外加剂的质量会带来一定的波动，因此应逐车检验并留样；密度、半坍落度筒试验方法及注意事项同高效减水剂。

三、引气剂

1. 定义

引气剂是一种在混凝土搅拌过程中，能引入大量分布均匀、稳定而封闭的微小气泡的外加剂。

2. 种类

《混凝土外加剂应用技术规范》（GB 50119—2013）规定的引气剂品种有：

① 松香热聚物、松香皂及改性松香皂等松香树脂类。松香热聚物是松香与苯酚、硫酸、氢氧化钠以一定配比经加热缩聚而成。松香皂是由松香经氢氧化钠皂化而成。

② 十二烷基磺酸盐、烷基苯磺酸盐、石油磺酸盐等烷基和烷基芳烃磺酸盐类。

③ 脂肪醇聚乙烯磺酸钠、脂肪醇硫酸钠等脂肪醇磺酸盐类。

④ 脂肪醇聚氧乙烯醚、烷基苯酚聚氧乙烯醚等非离子聚醚类。

⑤ 三萜皂甙等皂甙类。皂素类是由黄士元在 20 世纪 80 年代研制开发的，代表性产品为 SJ-2，其主要成分是三萜皂甙，为褐黄色粉末，易溶于水，对酸、碱和硬水有较强的化学稳定性。三萜皂甙是一个既含亲水基团又含憎水基团的两性分子，这种引气剂起泡能力强，引入的气泡平均粒径小且均匀，对混凝土强度降低很小。杨全兵针对 SJ-2 与国际知名产品 Vinsol 引气剂以及国内质量较好的松香热聚物类引气剂（SR）进行了全面的试验对比，国际权威学者、瑞典 LUND 大学 Fagerlund 教授的实验室也进行了平行检测，结论是 SJ-2 性能要优于国内常用的松香热聚物引气剂，其对抗压强度的影响程度以及对混凝土抗冻性、抗盐冻性的改善效果与国外老牌 Vinsol 引气剂大致相同[13]。

⑥ 不同品种引气剂的复合物。混凝土工程中可采用由引气剂与减水剂复合而制成的引气减水剂。

3. 引气剂作用机理

引气剂本身并不能与水泥反应产生气体，它能在混凝土搅拌过程中引进空气，并把新拌混凝土中存在的空气泡稳定住。即使不加引气剂，混凝土在搅拌过程中也会带入一些空气，在搅拌振实过程中，一部分空气会溢出，最后在混凝土中会残存 1%～2% 体积的气泡总量。这些气泡孔径较大（＞1mm），形状不规则，对硬化混凝土强度和抗冻性都是不利因素。而引气剂带入的空气泡绝大部分孔径在 0.1～0.4mm 之间，平均孔径约为 0.2mm，气泡壁之间的平均间距为 0.2mm 左右，气泡的分布范围大约 10～20 万个/cm^3，这些微小气泡能够阻断混凝土内部的毛细孔，大幅度提高混凝土的抗冻融能力。同时新拌混凝土的含气量的提升有利于改善混凝土的工作性，降低泌水等。

气泡有自动由小气泡合并成大气泡，进而破灭消失的趋向，引气剂可以大幅降低气泡体系的表面自由能（界面能），有利于气泡的稳定；同时在气液界面形成一个具有弹性的坚固的水膜，这个水膜能承受气泡内部和外部的压力，并能抵抗空气穿透水膜与临近气泡聚结成大气泡的趋势。

引气剂属于憎水性表面活性剂，表面活性作用类似于减水剂，区别在于减水剂的界面活性作用主要发生在液-固界面，而引气剂的界面活性作用主要在气-液界面上。引气剂（图2-16）的分子一端是亲水化学基团，另一端为憎水基团，这些分子倾向于整齐地排列在气-液界面，亲水基团在水中，而憎水基团面向空气，因而降低了水的表面张力，气泡稳定而不易破裂。憎水作用的表面活性物质能使混凝土搅拌过程中产生大量微小、稳定、均匀、封闭的气泡，从而改善硬化混凝土的内部结构。

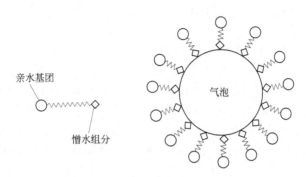

图 2-16　引气剂稳泡作用的机理

4. 引气剂对混凝土性能的影响

引气剂主要用于改善混凝土抗冻性和抗除冰盐对路面混凝土的剥蚀，还可以减少混凝土拌合物的离析泌水，改善和易性，提高流动性和可泵性。

（1）改善混凝土拌合物的和易性　引气剂引入的大量微小封闭气泡如同滚珠一样，减小固体颗粒间的摩擦阻力，使混凝土拌合物流动性增加，这部分增大的流动性随时间损失很小。同时，每引入1%体积的气泡，新拌混凝土体积即增大1%，但水泥浆体的体积却增大3%～4%，从这个角度来分析，水泥净浆体积的增大也提高了拌合物的流动性能。经验表明，每引入1%的气泡，用水量可减少1%～2%，节约的用水也进一步提高了混凝土的流动性，或者可以减少混凝土原始用水量，提高混凝土强度。

同时引入的气泡表面可以吸附一定量的水，这些水均匀分布在大量气泡的表面，使能自由移动的水量减少，提高了混凝土拌合物的保水性和黏聚性。

（2）提高混凝土的可泵性　引气剂引入的无数微小气泡起到的滚珠作用，减小拌合物内部颗粒之间的摩擦和与管壁的摩擦阻力。另外引气剂也减小拌合物的泌水，也有利于可泵性。高层、超高层混凝土等对泵送要求高的工程用混凝土，在配制时均掺入引气剂。

（3）降低混凝土抗压强度　混凝土含气量增大使水泥浆体的空隙率增加，大量气泡的存在会减少混凝土的有效受力面积，使混凝土强度有所降低。试验表明，含气量在3%以下时，对混凝土强度影响不大。当含气量大于3%时，混凝土的含气量每增加1%，其抗压强度一般要降低3%～5%。但含气量过大，例如超过7%时，有一部分气泡聚集在水泥浆体与集料的界面，对混凝土的强度降低非常明显，混凝土的抗冻性甚至会有下降的趋势。

不同引气剂因其引入气泡的孔径不同，对混凝土强度的降低幅度也不同。外加剂厂在复配外加剂或者在混凝土中单掺引气剂时，应试验不同种类的引气剂，根据引气效果和强度情况，选择最适合的引气剂品种。

黄士元认为，混凝土在硬化过程和环境作用下内部会形成微细裂纹，这些微细裂纹对抗压强度影响不大，但却较敏感地降低抗折强度。引气剂可以减少这些内部微细裂纹，不降低抗折强度，提高了混凝土折压强度比。

（4）显著提高混凝土的抗渗性、抗冻性、抗盐冻剥蚀性能　大量均匀分布的封闭气泡有较大的弹性变形能力，对由水结冰所产生的膨胀应力有一定的缓冲作用。气泡起到了阻断水的渗透作用，减少了混凝土的渗水通道，提高了抗渗性能；大量细小气泡占据于混凝土的孔隙，阻断混凝土内部的毛细孔通道，因而混凝土的抗冻性能得到提高，可有效降低除冰盐对混凝土的剥蚀破坏。

另外，在高温养护条件下，引气剂引入的气体会产生巨大膨胀，如果引入的气体含量不恰当，甚至可能导致混凝土强度大幅度下降以及耐久性变差，因此蒸养混凝土一般不宜掺入引气剂。混凝土含气量增大，会造成混凝土徐变增加、预应力损失较大，因此预应力混凝土不宜使用引气剂。

总之，众多研究结果表明，引气除了可以大幅度提高混凝土的抗冻性和抗盐冻性、改善混凝土的工作性外，在同等强度下，引气还可显著改善混凝土的抗渗性、抗 Cl^- 渗透和抗碳化性能；通过引气还可显著改善混凝土的盐结晶、碱-集料反应引起的破坏；混凝土引气后韧性提高，早期抗裂性能也得到改善。因而混凝土中适当引气可以改善混凝土的综合耐久性能，通过引气技术提高混凝土耐久性是一种经济、合理且有效的方法。新拌混凝土含气量或硬化混凝土气泡间隔系数应该和渗透系数一样成为高性能混凝土综合耐久指标的重要表征参数。

5. 影响引气效果的因素

（1）胶凝材料　胶凝材料多、细度大时，引气效果差；粉煤灰含碳量大，引气效果差，主要是因为粉煤灰颗粒能吸附引气剂。另外粉煤灰在混凝土中的用量也影响引气效果。

胶凝材料含碱量高，引气效果差。因为碱会减小水泥浆体中钙离子的溶解度，使气泡周围的保护水膜变薄，气泡稳定性较差。

（2）集料　砂细度模数增大（砂越粗），引气效果差；碎石比卵石引气效果差；集料含泥量大，引气效果差。

（3）坍落度　低坍落度（<70mm）较难引气；高坍落度（>150mm）较难引气；坍落度从 70mm 增大到 150mm，引气量增大。

（4）温度　气温越低，引气量越大。

（5）搅拌　混凝土搅拌越强烈，引气量越大；搅拌时间延长，引气量增大，但如果搅拌时间过长，含气量下降。

（6）振捣时间　正常的振捣只会消除大的夹杂气泡（即非引气剂引入的大的不规则气泡），而不会减少引气剂引入的小气泡，因此可适当增加振捣时间，对气泡结构有利。

6. 引气剂质量控制项目

《混凝土外加剂应用技术规范》（GB 50119—2013）规定，引气剂应按每 10t 为一检验批，引气减水剂应按每 50t 为一检验批。引气剂及引气减水剂进场检验项目应包括 pH 值、密度（或细度）、含固量（或含水率）、含气量、含气量经时损失，引气减水剂还应检测减水率。引气剂及引气减水剂进场时，含气量应按进场检验批次采用工程实际使用的原材料和配合比与上批留样进行平行对比试验，初始含气量允许偏差应为±1.0%。

应根据《混凝土外加剂应用技术规范》（GB 50119—2013）规定的混凝土含气量限值，通过试配进行引气剂掺量的确定。用于改善新拌混凝土工作性时，新拌混凝土含气量宜控制在 3%～5%（表 2-42）。

表 2-42　掺引气剂或引气减水剂混凝土含气量限值

粗集料最大公称粒径/mm	混凝土含气量限值/%
10	7.0
15	6.0

续表

粗集料最大公称粒径/mm	混凝土含气量限值/%
20	5.5
25	5.0
40	4.5

搅拌站应重点控制混凝土的含气量经时损失，通过检测混凝土的出机含气量、到场含气量、浇筑前含气量等指标，掌握混凝土的含气量损失情况，以确定混凝土的出站含气量控制指标。对于抗冻融混凝土，其关键指标为结构实体的含气量，目前标准中没有明确规定，只能通过早期的控制进行推断，另外可以通过试块的检测来判断。选择优质引气剂是保证结构混凝土抗冻性能的关键因素。

四、防冻剂

1. 定义

防冻剂是指能使混凝土在负温下硬化，并在规定养护条件下达到预期足够防冻强度的外加剂。

2. 分类

《混凝土防冻剂》（JC 475—2004）将防冻剂按其成分分为强电解质无机盐类（氯盐类、氯盐阻锈类和无氯盐类）、水溶性有机化合物类、有机化合物与无机盐复合类、复合型防冻剂。氯盐类：以氯盐（如氯化钠、氯化钙等）为防冻组分的外加剂；氯盐阻锈：含有阻锈组分，并以氯盐为防冻组分的外加剂；无氯盐类：以亚硝酸盐、硝酸盐等无机盐为防冻组分的外加剂；有机化合物类：以某些醇类、尿素等有机化合物为防冻组分的外加剂；复合型防冻剂：以防冻组分复合早强、引气、减水等组分的外加剂。

《混凝土外加剂应用技术规范》（GB 50119—2013）将常用的防冻剂分为有机化合物类、无机盐类和复合型三类。

（1）有机化合物类防冻剂　以某些醇类、尿素等有机化合物为防冻组分。醇类包括乙二醇、三乙醇胺、二乙醇胺、三异丙醇胺等。

（2）无机盐类防冻剂　以亚硝酸盐、硝酸盐、碳酸盐、硫酸盐、硫氰酸盐等无机盐为防冻组分的无氯盐类。无氯盐防冻剂的氯离子含量须≤0.1%，可用于钢筋混凝土工程和预应力钢筋混凝土工程。

含有阻锈组分，并以氯盐为防冻组分的氯盐阻锈类。必须注意的是，只有在阻锈组分与氯盐的物质的量比大于一定比例时，才能保证钢筋不被锈蚀。

以氯盐（氯化钙、氯化钠等）为防冻组分的氯盐类。适用于素混凝土。

（3）复合型防冻剂　防冻组分与早强、引气和减水组分复合而成的防冻剂。

3. 防冻剂在预拌混凝土中的作用机理

防冻剂能降低混凝土中液相冰点，使混凝土在负温下仍保持相当数量的液相，从而使水泥在负温下仍能继续水化，混凝土在负温下强度继续发展。转入正温后，混凝土强度能进一步增长，并达到或超过设计强度等级。混凝土中液相冰点的降低幅度与防冻剂的种类和掺量或溶液的浓度有关。防冻剂的使用效果在很大程度上取决于溶液的浓度以及混凝土硬化过程中经受的负温值。

防冻剂往往复合防冻、减水、引气、早强等组分。减水组分可以减少混凝土的用水量，即减少可冻水量，提高早期和后期强度；引气组分使混凝土中最可几孔径变小，进一步降低液相结冰温度，改变冰晶形状，引入一定量的微小封闭气泡，改善混凝土孔隙结构，缓冲冻胀压力；早强组分促进水泥水化，提高混凝土的早期强度，使混凝土尽快达到抵御冻害的能力。

4. 掺防冻剂混凝土的性能

目前搅拌站所使用的防冻剂大多都是复合型的，因此对混凝土的性能影响类似于其他减水剂。

（1）工作性能　通过防冻剂的减水组分、保坍组分可以得到很好的工作性能。

（2）力学性能　防冻剂掺有早强组分，可以提高混凝土的早期强度，对后期强度影响不大。

（3）耐久性能　防冻剂影响混凝土耐久性的因素主要是氯离子含量和碱含量。建议使用无氯盐防冻剂，可以有效减少防冻剂对钢筋锈蚀的影响。同时严格控制碱含量，以预防碱集料反应和混凝土返碱的问题。

5. 防冻剂的选择和使用

目前市场上的防冻剂大部分为复合型防冻剂。严寒地区防冻剂的防冻组分相对较多，其他地区则多数是具有防冻作用的早强剂，而不是真正意义上的防冻剂。使用具有防冻作用的早强剂进行冬期施工时，应采用综合蓄热法。如果施工方不了解这一情况，未采取相应的养护措施，可能会造成混凝土受冻，因此搅拌站要与施工方充分沟通，充分了解防冻剂的特点，采取相应的技术措施，以保证冬期施工混凝土质量。

预拌混凝土使用防冻剂已经非常普遍，但仍出现了一些质量问题。究其原因是对防冻剂的认识不足，使用方法不当造成的。混凝土冬季施工主要两种办法，一是掺防冻剂，二是"早强＋保温"。对于掺防冻剂混凝土冬季施工，关键是降低冰点和达到受冻临界强度。对于受冻临界强度，一般要求不低于5MPa，同济大学黄士元教授认为，针对目前混凝土的质量状况，受冻临界强度应提高到10MPa。本书将在"冬期施工质量控制"一节中进行详细讲述，这里仅就防冻剂本身的使用注意事项进行简单介绍。

（1）防冻剂品种、掺量确定　应以混凝土浇筑后5d内的预计日最低气温选用。分为-5℃、-10℃、-15℃三种类型，分别在最低气温-10℃、-15℃、-20℃的情况下使用。

（2）防冻混凝土所用原材料　宜选用硅酸盐水泥或普通硅酸盐水泥，以缩短混凝土达到受冻临界强度的时间。集料不得含有冰、雪、冻块及其他易冻裂物质。

（3）配合比　配合比设计时应降低掺合料用量，适当提高水泥用量，降低用水量，降低水胶比，适当引气，以提高混凝土早期强度发展速率，缩短混凝土达到受冻临界强度的时间。

（4）防冻剂的储存　防冻剂是用来降低混凝土中液相的冰点，提高混凝土的防冻性能，但防冻剂本身也具有冰点，在低于一定温度下会结冰。另外一些防冻组分会在低温下结晶。防冻剂受冻结冰或低温结晶会堵塞水泵和管道，因此应采取保温措施。由于萘系防冻剂容易结晶，应在罐内布置暖气管，确保温度在0℃以上。聚羧酸防冻剂冰点较低，一般不存在结晶现象，因此罐内温度宜保持在-5℃以上。

6. 防冻剂质量控制项目

《混凝土质量控制标准》（GB 50164—2011）规定，外加剂质量主要控制项目应包括掺外加剂混凝土性能和外加剂匀质性两方面，混凝土性能方面的主要控制项目应包括减水率、凝结时间差和抗压强度比，外加剂匀质性方面的主要控制项目应包括pH值、氯离子含量和碱含量；防冻剂主要控制项目还应包括含气量和50次冻融强度损失率比。

《混凝土外加剂应用技术规范》（GB 50119—2013）规定了防冻剂的进场检验项目。防冻剂应按每100t为一检验批。进场检验项目应包括氯离子含量、密度（或细度）、含固量

（或含水率）、碱含量和含气量。复合类防冻剂还应检测减水率。防冻剂的匀质性指标检验、混凝土性能试验及进场快速检验项目同高效减水剂，不再赘述。

混凝土的抗压强度比是防冻剂的重要性能指标之一，但在《混凝土外加剂应用技术规范》（GB 50119—2013）却没有要求进行进场检验。我们认为抗压强度比作为防冻剂的重要指标，仅在型式检验报告中进行检验是不够的，应该在进场检验项目进行检验。

五、其他外加剂（消泡剂、增稠剂、减缩剂、速凝剂、阻锈剂等）

（一）消泡剂

消泡剂是用于消除混凝土搅拌过程中产生的大气泡的物质，常跟引气剂搭配，共同作用于聚羧酸系高性能减水剂，以获得稳定、封闭、微小、优良的气泡结构。

聚羧酸系高性能减水剂在混凝土搅拌过程中会产生大量的不规则的气泡，大气泡有破裂为小气泡的趋势，气泡不稳定。如果不进行消泡处理，聚羧酸外加剂的掺量对混凝土的含气量影响较大，会从微观上影响混凝土的强度和耐久性能。因此，优质的聚羧酸系高性能减水剂必须先进行消泡处理，然后用引气剂进行引气。这样可以消除大气泡，引入优质小气泡。

一般而言，纯水和纯表面活性剂不起泡，这是因为它们的表面和内部是均匀的，很难形成弹性薄膜，即使形成亦不稳定，会瞬间消失。但在溶液中有表面活性剂的存在，气泡形成后，由于分子间力的作用，其分子中的亲水基和疏水基被气泡壁吸附，形成规则排列，其亲水基朝向水相，疏水基朝向气泡内，从而在气泡界面上形成弹性膜，其稳定性很强，常态下不易破裂。

消泡剂"抑泡"的过程是：当体系加入消泡剂后，其分子杂乱无章地广布于液体表面，抑制形成弹性膜，即终止泡沫的产生。"破泡"过程是：当体系大量产生泡沫后，加入消泡剂，其分子立即散布于泡沫表面，快速铺展，形成很薄的双膜层，进一步扩散、渗透，层状入侵，从而取代原泡膜薄壁。由于其表面张力低，便流向产生泡沫的高表面张力的液体，这样低表面张力的消泡剂分子在气液界面间不断扩散、渗透，使其膜壁迅速变薄，泡沫同时又受到周围表面张力大的膜层强力牵引，这样，致使泡沫周围应力失衡，从而导致"破泡"。不溶于体系的消泡剂分子，再重新进入另一个泡沫膜的表面，如此重复，所有泡沫，全部覆灭。

常用消泡剂有乳化硅油、聚二甲基硅氧烷、聚氧丙烯甘油醚等。

（二）缓凝剂

缓凝剂是一种能延长混凝土凝结时间的外加剂。

1. 分类

《混凝土外加剂应用技术规范》（GB 50119—2013）规定的混凝土工程用缓凝剂品种有：

① 糖类化合物，如葡糖糖、蔗糖、糖蜜、糖钙等；

② 羟基羧酸及其盐类，如柠檬酸、葡萄糖酸（钠）、酒石酸（钾钠）、葡萄糖酸（钠）、水杨酸及其盐类等；

③ 多元醇及其衍生物，如山梨醇、甘露醇等；

④ 有机磷酸及其盐类，如 2-膦酸丁烷-1，2，4-三羧酸（PBTC）、氨基三甲叉膦酸（ATMP）及其盐类等；

⑤ 无机盐类，如磷酸盐、锌盐、硼砂及其盐类、氟硅酸盐等。

2. 作用机理

各种缓凝剂的作用机理各不相同。一般来说，缓凝剂在水泥颗粒或其水化物表面的吸附，延缓了水泥的水化进程，降低水化产物生成速率，减少对减水剂的过度吸附，进而提高混凝土的坍落度保持能力，使混凝土在一定时间内具有流动性和可泵送，从而满足工作性要求。

有机类缓凝剂大多是表面活性剂，对水泥颗粒以及水化产物新相表面具有较强的活性作用，吸附于固体颗粒表面，延缓了水泥的水化和浆体结构的形成。无机类缓凝剂，往往是在水泥颗粒表面形成一层难溶的薄膜，对水泥颗粒的水化起屏障作用，阻碍了水泥的正常水化。这些作用都会导致水泥混凝土的缓凝。

3. 缓凝剂对新拌混凝土性能的影响

缓凝剂对新拌混凝土的影响主要是坍落度经时损失和凝结时间。缓凝剂可以使新拌混凝土保持较长时间的工作性，减少预拌混凝土运输和浇筑过程中的坍落度损失或凝结。尤其在夏季高温环境下，缓凝剂的作用更加明显，可以防止混凝土因接茬时间过长而出现冷缝。在大体积混凝土施工中，掺加缓凝剂还可以延缓水泥水化放热速率，延缓混凝土绝对温升峰值的出现时间，从而可以采取散热措施来降低实体的水化热峰值，避免因水化热过大而产生温度应力或温差裂缝。对于一些含泥量较高的集料、质量较差的掺合料等，缓凝剂是外加剂配制过程中，调节混凝土凝结时间和坍落度损失的重要手段。

缓凝剂的作用效果主要取决于水泥品种、水胶比、环境温度、掺加顺序、掺合料以及所用缓凝剂的类型及掺量等因素。

（1）水泥品种　缓凝剂的效果与水泥品种关系非常大。主要是因为 C_3A 吸附缓凝剂的量比 C_3S 高，C_3A 含量高的水泥需要的缓凝剂量要高。各种品牌水泥的化学组成和矿物组成不同，水泥混合材的种类和熟料也不一样，因此需要结合实际情况进行预先试验。

（2）水胶比　混凝土强度越高，水胶比越小，水泥用量就越高，需要的缓凝剂的量越多。富混凝土的缓凝效果比贫混凝土显著。

（3）环境温度　温度越高，水化速率越快，坍落度损失变大，凝结时间缩短，因此在较高温度下需要增加缓凝剂的用量。

（4）掺加顺序　在混凝土搅拌一段时间（如 2min）后再加入缓凝剂，凝结时间比直接加入拌合水中要延长 2~3h，甚至更长。这是因为水泥水化初期 C_3A 与石膏反应生成钙矾石，当缓凝剂与拌合水一起加入时，它优先被 C_3A 吸附，剩下的少量留在溶液中。当延后加入时，C_3A 已与石膏生成一定量的钙矾石，吸附的缓凝剂量会减少，在溶液中留下较多的缓凝剂，缓凝效果要好。

（5）掺合料　劣质的粉煤灰、比表面积过大的矿渣粉都会对缓凝剂造成较强的吸附，从而减少起作用的缓凝剂的量。

（6）缓凝剂的类型及掺量　不同缓凝剂品种对水泥混凝土的缓凝效果差别较大。对普通硅酸盐水泥缓凝效果依次为，糖类＞羟基羧酸类＞木钙类；高温条件缓凝效果依次为：糖类＞膦羧酸＞柠檬酸＞酒石酸＞聚羧酸＞无机磷酸盐＞多元醇。

4. 缓凝剂对硬化混凝土性能的影响

正常情况下，缓凝剂对硬化混凝土早期强度有所降低，后期强度发展影响不大。缓凝剂使用过量时，混凝土会超长缓凝，对混凝土早期、后期强度均有较大的影响，须控制缓凝剂的最大掺量，适当提高设计强度等级。

5. 缓凝剂质量控制和使用

《混凝土外加剂应用技术规范》（GB 50119—2013）规定，缓凝剂进场检验项目应包括密度（或细度）、含固量（或含水率）和混凝土凝结时间差。按 20t 为一检验批。

缓凝剂一般是与减水剂等组分复配后再用于预拌混凝土中。缓凝剂的用量应根据上面所讲的影响因素，及时与外加剂厂沟通调整。特殊场合，例如大体积混凝土连续浇筑时，夜间无法施工，需要第二天接着进行施工时，可以考虑单独掺入一定量的缓凝剂，以延长混凝土的凝结时间，保证新旧混凝土的接茬。但应提前进行强度损失试验，确定合适的配合比。

（三）泵送剂

泵送剂是一种能改善混凝土拌合物泵送性能的外加剂。泵送剂的产品标准为《混凝土外加剂》（GB 8076—2008），原产品标准《混凝土泵送剂》（JC 473—2001）已作废。

1. 泵送剂技术要求和选择

泵送剂的技术要求遵照《混凝土外加剂》（GB 8076—2008）。

减水率应按《混凝土外加剂应用技术规范》（GB 50119—2013）进行选择。混凝土强度等级为 C30 及以下时，应为 12%～20%；C35～C55 应为 16%～28%；C60 及以上应不小于25%；用于自密实混凝土泵送剂的减水率不宜小于 20%。

混凝土坍落度 1h 经时变化量按《混凝土外加剂应用技术规范》（GB 50119—2013）的要求，根据不同运输和等候时间来选择。运输和等候时间小于 60min 时坍落度 1h 经时变化量应不超过 80mm；60～120min 时应不超过 40mm；超过 120min 时应不超过 20mm。

2. 泵送剂在混凝土中的作用机理

泵送剂是由几种外加剂按一定比例复合而成，一般采用减水组分与缓凝组分、引气组分、保水组分和黏度调节组分复合而成，也可以由其他外加剂复合而成。

泵送剂在混凝土中的作用机理由各种组分决定，减水组分作用同减水剂，主要降低用水量，获得坍落度；引气组分作用同引气剂，主要提高可泵送、工作性，减小泌水；缓凝组分作用同缓凝剂，主要用来减小坍落度经时损失；保水组分主要提高保水性能；调黏组分主要用于提高低强度等级的黏度，降低高强度等级的黏度。

3. 泵送剂质量控制项目

泵送剂质量控制项目、进场检验项目和快速检验项目可参考聚羧酸系高性能减水剂。

泵送剂按 50t 为一检验批，每一检验批取样量不应少于 0.2t 胶凝材料所需用的外加剂量。进场检验项目包括 pH 值、密度（或细度）、含固量（或含水率）、减水率和坍落度 1h 经时变化值。泵送剂进场时，减水率及坍落度 1h 经时变化值应按进场检验批次采用工程实际使用的原材料和配合比与上批留样进行平行对比试验，减水率允许偏差应为 ±2%，坍落度 1h 经时变化值允许偏差应为 ±20mm。

（四）早强剂

早强剂能加速水泥的水化和硬化，是用来加速混凝土早期强度发展，并对后期强度无显著影响的外加剂。早期强度增长速率的提高缩短了混凝土的养护时间，从而达到尽早拆模、加快模板周转速度，提高施工进度的目的。早强剂可以在常温、低温和负温（不低于 −5℃）条件下加速混凝土的硬化过程，多用于冬期施工和抢修工程。

1. 品种

《混凝土外加剂应用技术规范》（GB 50119—2013）规定的混凝土工程用早强剂品种如下。

（1）无机盐类　硫酸盐、硫酸复盐、硝酸盐、碳酸盐、亚硝酸盐、氯盐、硫氰酸盐等。

（2）有机化合物类　三乙醇胺、甲酸盐、乙酸盐、丙酸盐等。

（3）复合早强剂　由两种或两种以上无机盐类早强剂或有机化合物类早强剂复合而成的早强剂。

2. 适用范围

早强剂宜用于蒸养、常温、低温和最低温度不低于－5℃环境中施工的有早强要求的混凝土工程。炎热条件以及环境温度低于－5℃时不宜使用早强剂。在低于－5℃环境条件下，早强剂不能完全防止混凝土的早期冻胀破坏，应掺加防冻剂。

大体积混凝土不宜使用早强剂，是因为早强剂使水泥水化热集中释放，导致混凝土内部温升增大，容易导致温度裂缝。蒸养混凝土也不宜使用三乙醇胺等有机胺类早强剂，是因为其在蒸养条件下会使混凝土产生爆皮、强度降低等问题。无机盐类早强剂中的有害离子易在混凝土中迁移，导致钢筋锈蚀，也易导致混凝土的结晶盐物理破坏；掺无机盐早强剂的混凝土表面也会出现盐析现象，影响混凝土的表面装饰效果，并对表面的金属装饰产生腐蚀，因此要避免用于此类工程。

3. 早强剂作用机理

不同的早强剂作用机理不尽相同，下面就部分早强剂品种进行简单介绍。

（1）氯化钙　氯化钙（$CaCl_2$）是最古老的早强剂，能显著提高混凝土的 $1\sim7d$ 的早期抗压强度。氯化钙能降低混凝土中水的冰点，防止混凝土早期受冻，但掺量不宜过多，否则会引起水泥速凝，不利于施工。同时，由于氯化钙会加速钢筋锈蚀，所以建议只使用在素混凝土中。

氯化钙的促凝早强作用归因于其对水泥中的硅酸盐相水化的影响，同时对铝、铁酸盐相也有明显的作用。氯化钙能加速 C_3S 的水化；与氢氧化钙能生成某种络合物（不溶性氧氯化钙 $CaCl_2 \cdot 2Ca(OH)_2 \cdot 12H_2O$），降低了液相中的碱度，使矿物成分水化反应加快，早期水化物增多，有利于提高水泥石早期强度；在石膏量相对不足的情况下，氯化钙能与 C_3A 反应，生产不溶于水的复盐 $C_3A \cdot CaCl_2 \cdot 10H_2O$，这些复盐及其他水化产物的形成，增加了水泥浆中固相的比例，形成强度骨架，有助于水泥石结构的形成；能促进火山灰反应，因此对掺有火山灰质混合材料的水泥以及掺有粉煤灰、矿渣粉的混凝土都起到促凝早强作用。

（2）硫酸钠　硫酸钠（Na_2SO_4）有两种：无水硫酸钠（又称元明粉）和带有 10 个结晶水的硫酸钠（又称芒硝）。

① 硫酸钠早强机理　对于掺有粉煤灰、矿渣粉等掺合料的混凝土而言，在合适的掺量下，硫酸钠与水泥水化产物 $Ca(OH)_2$ 反应，生产高分散性的硫酸钙均匀分布在混凝土中，$Ca(OH)_2$ 浓度降低加速了 C_3S 的水化，增加 C-S-H 凝胶量；极易与 C_3A 反应，迅速生成水化硫铝酸钙；并且能加速火山灰反应，对后期强度也没有不利影响。但如果掺量过大，会导致混凝土的后期强度降低，影响耐久性。

② 硫酸钠掺量超过水泥质量的 0.8% 时即会产生表面盐析现象　这是由于硫酸钠的加入增大了混凝土中 Na^+ 离子含量，从而促进碱集料反应，因此严禁用于碱活性集料的混凝土中。由于 Na^+ 离子不能与水化生成物结合，而留在液相中，混凝土中的钠盐晶体在表面析出，在表面留下一层层白色的钠盐晶体，即形成所谓"盐析""白霜"，影响美观，也不利于装饰。在低温尤其冬期施工时，硫酸钠用量较高的情况下，更容易出现盐析。

在《混凝土外加剂应用技术规范》（GB 50119—2013）"8 早强剂"一节中，对硫酸钠使用环境和掺量限制进行了规定。

（3）三乙醇胺　三乙醇胺为无色或淡黄色油状液体，呈碱性，能溶于水，无毒、不燃。三乙醇胺不改变水泥水化生成物，但能加快水化速度，起到催化作用，从而提高混凝土早期强度。

三乙醇胺掺量很少，为水泥质量的 0.02%～0.05%，掺量过多时有可能会造成混凝土缓凝和后期强度下降。单独使用时早期效果不明显，一般同其他外加剂（如氯化钠、氯化钙、硫酸钠等）复合使用。

4. 早强剂质量控制项目

搅拌站单独使用早强剂的时候较少，使用时应按照厂家说明书混凝土试验的情况确定掺量。一般情况下，外加剂厂在配制外加剂时，会根据气温或工程要求复合加入外加剂中，因此搅拌站技术人员应要求外加剂厂告知早强剂的掺量情况，及时沟通和调整用量。

《混凝土外加剂应用技术规范》（GB 50119—2013）规定，早强剂按每 50t 为一检验批。进场检验项目应包括密度（或细度）、含固量（或含水率）、碱含量、氯离子含量和 1d 抗压强度比。

（五）防水剂

防水剂是一种能降低砂浆、混凝土在静水压力下的透水性的外加剂。

1. 防水剂品种

防水剂产品标准《砂浆、混凝土防水剂》（JC 474—2008）未对防水剂进行分类。《混凝土外加剂应用技术规范》（GB 50119—2013）将防水剂分为无机、有机、复合三类。

（1）无机化合物类　氯化铁、硅灰粉末、锆化合物、无机铝盐防水剂、硅酸钠等。

（2）有机化合物类　脂肪酸及其盐类、有机硅类（甲基硅醇钠、乙基硅醇钠、聚乙基羟基硅氧烷等）、聚合物乳液（石蜡、地沥青、橡胶及水溶性树脂乳液等）。

（3）复合型防水剂　无机化合物类复合、有机化合物类复合、无机有机化合物类复合、各类防水剂与其他外加剂（引气剂、减水剂、调凝剂等）复合。

2. 防水剂作用机理

水在混凝土中的迁移有两种情况，一种是在静水压力下水通过毛细孔在混凝土中流动，另一种是在没有水压的情况下，水分仅靠毛细作用吸入混凝土。正常情况下，润湿混凝土所需的压力是很小的，混凝土靠表面张力把水拉进毛细孔内而吸湿。降低透水性其实就是提高混凝土抗渗性，减小水在压力下的迁移。对于仅能减少因毛细作用而引起的水的迁移的外加剂应称为防潮剂。

无机防水剂通过细分散固体填充毛细孔道从而提高抗渗性。有机防水剂通过形成憎水效果减少吸水性和吸湿性。复合防水剂则兼有有机和无机两种材料的功能，既能切断毛细孔，又使管壁憎水，结果就是既能提高抗渗性，又减小了吸水率。有的防水剂还复合了减水剂、引气剂等，提高了混凝土的流动性和抗冻性。

3. 防水剂混凝土的性能

防水剂主要用于各种有抗渗要求的混凝土工程，如地下室、水池、隧道等。

防水剂除提高混凝土的防水性能外，对新拌混凝土和硬化混凝土的其他性能带来一定的正面和负面影响。防水剂组分复杂，有的憎水性防水剂，如皂类防水剂、脂肪族防水剂超量掺加时，引气量大，在掺量大时会影响混凝土强度和防水效果，有的无机类防水剂会因为细粉材料的增加而增大了混凝土需水量，降低混凝土强度，所以使用前要进行充分的试配，根据试配结果确定合理的掺量。

4. 防水剂质量控制项目

《混凝土外加剂应用技术规范》（GB 50119—2013）规定，防水剂应按每 50t 为一检验批。进场检验项目包括密度（或细度）、含固量（或含水率）。

（六） 增稠剂

增稠剂是主要通过增加浆体黏度以改善混凝土工作性能的外加剂，又称稳定剂、增黏剂、保塑剂、保水剂等。

1. 品种与性能

增稠剂属水溶性聚合物，可以分为以下水溶性树脂类和聚合物电解质类。

（1）水溶性树脂类　常用的树脂类增稠剂有纤维素醚、聚乙烯醇、水溶性淀粉等。聚乙烯醇大多只溶于热水，只有少数溶于冷水，使用不方便，很少使用。水溶性淀粉如糊精等，实际也很少用作混凝土增稠剂。

（2）聚合物电解质类　聚合物电解质类增稠剂分为碱性、酸性和两性型三种。

纤维素类增稠剂，属于聚合物电解质类酸性型。常用的品种有羟基丙酰甲基纤维素（甲基纤维素）、羧甲基纤维素、羧甲基羟乙基纤维素及羟丙基纤维素等。掺量一般为 0.001%～0.05%。纤维素类增稠剂溶于水时与水分子缔合成氢键，使水失去流动性，游离水失去自由，致使溶液变稠。黏度的增大值取决于溶液的 pH 值，pH 值处于等电点时黏度低；处于等电点两侧即酸性或碱性环境时，黏度随 pH 值的降低而迅速增加，随 pH 值升高而迅速降低。

丙烯类增稠剂也属于聚合物电解质类酸性型。常用的有聚丙烯酰胺、聚丙烯酸钠、丙烯基磺酸钠等。掺量一般为 0.001%～0.1%。与纤维素类不同的是丙烯类掺量较大，而且只增稠，不具缓凝性，能在水泥浆液中离解成多电荷大分子量的阴离子，在同电荷强烈相斥作用下，使线团大分子变成曲线状，增大溶液黏度。

不论是纤维素类还是丙烯类增稠剂，当超量掺入时，均会造成混凝土强度受损，使用中必须引起注意。

2. 增稠剂作用机理

由于水泥浆中自由水被约束，使得水泥粒子间的间隙得以保存，粒子间摩擦阻力减小，拌合物容易变形。掺加增稠剂，可以增加浆体黏度，约束自由水，增大粒子间的摩擦阻力，从而改善混凝土流变性质，提高其稳定性、黏聚性、保水性，进而减小混凝土的泌水和离析。

3. 增稠剂的使用

增稠剂经常与减水剂复配使用，用以解决高强、高性能混凝土的流动性和抗离析性的矛盾，提高可泵性。增稠剂的掺量不宜过大，否则混凝土黏性太大，会限制水泥浆的变形，使抗剪强度提高，流变性降低，反而不利于拌合物的流动。

（七） 减缩剂

减缩剂是一种能减少混凝土收缩的外加剂。减缩剂在市场上有多个品种，分为低级醇的环氧化合物、聚醚和聚醇类有机物及其衍生物。减缩剂最先由日本研究成功。

混凝土的收缩可以分为化学收缩、塑性收缩、温度收缩、自收缩、干燥收缩和碳化收缩六大类型，其中以干燥收缩最为普遍。毛细管张力学说认为混凝土水化物干燥时，毛细管内部水分首先蒸发。随着毛细管内部水分的蒸发，水面下降弯月面的曲率变大，在水的表面张力作用下产生毛细管收缩力，造成混凝土的力学变形干缩。干燥收缩导致了硬化混凝土的开裂和其他缺陷的形成和发展，使混凝土的使用寿命大大下降。

减缩剂减少混凝土收缩的机理，主要是能降低混凝土中的毛细管张力，能使毛细管压力减少，一般能从 70mN/m 左右降至 35mN/m 左右，当混凝土由于干燥而在毛细孔中形成毛细管张力使混凝土收缩时，减缩剂的存在使毛细管张力下降，从而使得混凝土的宏观收缩值降低，所以混凝土减缩剂对减少混凝土的干缩和自缩有较大作用。典型减缩剂能使混凝土28d收缩值减少50％～80％，最终收缩值减少25％～50％。

混凝土减缩剂已经发展成为一个新系列的混凝土外加剂。减缩剂在某些特殊场合可以发挥其独特的作用，例如在超长墙体裂缝控制等方面可以进行有益的尝试。随着对混凝土减缩剂研究的深入以及其性能的提高，在日益关注混凝土耐久性的情况下，混凝土减缩剂作为一种能提高混凝土耐久性的外加剂即将会有大的发展。

（八）速凝剂

速凝剂是能使混凝土快速凝结硬化产生强度的外加剂。速凝剂能使混凝土在几分钟至几十分钟内迅速凝结，得到很快的早期强度增长，1h就可产生强度，后续强度发展迅速，例如2h强度可以达到20MPa左右。但后期有可能出现强度倒缩的情况，并且早期强度发展越快，后期强度倒缩会越大。

速凝剂主要用于隧道、矿山井巷、水利水电、边坡支护等岩石支护工程用喷射混凝土，还广泛用于加固、堵漏等修复工程，在建筑薄壳屋顶、深基坑处理等场合也有一定的应用。

1. 速凝剂品种

《混凝土外加剂应用技术规范》（GB 50119—2013）将混凝土用速凝剂分为两大类，分别可制成粉体或液体产品。

① 以铝酸盐、碳酸盐等为主要成分，与其他无机盐、有机物复合而成的速凝剂，呈强碱性。

② 以硫酸铝、氢氧化铝等为主要成分与其他无机盐、有机物复合而成的低碱速凝剂，碱含量一般小于1％。

2. 速凝剂作用机理

速凝剂的作用机理是破坏水泥中石膏的缓凝作用，从而使水泥熟料中的C_3A快速水化生成水化铝酸盐而凝结。

由于掺速凝剂水泥快速水化凝结，混凝土中水泥颗粒表面生成较坚硬的水化产物，影响水扩散进熟料颗粒内部继续水化，所以水泥在后期水化速度减慢，且水化不完全，同时混凝土的孔结构粗孔增多。因此不论掺何种速凝剂，混凝土的28d强度及后期强度一般都有不同程度的降低，最大的强度降低可达20％～30％。混凝土的抗渗性能和其他长期性能也有不同程度的劣化。相比较而言，碱含量较低的速凝剂对混凝土的后期影响较小，对混凝土的各项耐久性指标影响较小，因此在要求比较高的场所应优选低碱速凝剂。

3. 速凝剂的使用

速凝剂可以与减水剂、缓凝剂复合使用。根据工程要求调节速凝剂的掺量，辅助缓凝减水剂的复合使用，可以灵活地控制混凝土的凝结时间和强度发展。

一般规律是凝结越快，早期强度越高，而28d后的强度降低也越大，两者难以兼得。所以在实际工程上使用时，要选择适宜的速凝剂品种和掺量，或加缓凝型减水剂，使混凝土既能满足凝结时间要求，后期性能又不至太差。

4. 速凝剂质量控制项目

《混凝土外加剂应用技术规范》（GB 50119—2013）规定，速凝剂进场检验项目应包括密度（或细度）、水泥净浆初凝和终凝时间。按每50t为一检验批，每检验批检验不得少于两次。速凝剂进场时，水泥净浆初、终凝时间应按进场检验批次采用工程实际使用的原材料和配合比与上批留样进行平行对比试验，其允许偏差应为±1min。

5. 速凝剂在预拌混凝土实际使用工程中的介绍

速凝剂用于预拌混凝土的情况不多，多在抢修工程现场二次添加使用。作者曾在长安街复兴门桥面大修加固工程中，供应过使用速凝剂的预拌快硬混凝土。复兴门桥是长安街重要的交通枢纽部位，因为年久失修，需要大修加固，对混凝土桥面进行翻修改造。因其交通流量大，无法长时间断路施工，因此只能采取抢修的方式，需要大面积混凝土施工且快速开放交通。

我们采取的技术路线是采用硫铝酸盐水泥配制超快硬混凝土，并且在控制技术手段上，采取分段控制的技术手段，具体做法是在搅拌站添加专门的缓凝减水剂，混凝土到现场后添加专门的速凝剂（促硬增强剂）来解决，这种做法将混凝土水化硬化过程分成缓凝和促硬两个阶段，合理控制水化凝结进程和强度发展，既保证了预拌混凝土生产运输的需要，又保证了施工现场施工操作时间以及最终快速通车的需要。

硫铝酸盐水泥快硬混凝土达到的具体性能指标如下。

① 在添加速凝剂（促硬增强剂）前，混凝土 3h 内具备良好的流动性。

② 混凝土到现场，添加速凝剂（促硬增强剂）后，混凝土保持至少 30min 的施工操作性，控制施工操作时间在 30～50min。

③ 混凝土到现场，添加速凝剂（促硬增强剂）后，混凝土初、终凝时间在 50～70min。

④ 混凝土到现场，添加速凝剂（促硬增强剂）后，混凝土 2h 抗压强度不低于 20MPa，2h 抗折强度不低于 3MPa；3h 抗压强度不低于 25MPa，3h 抗折强度不低于 4MPa，满足快速通车、开放交通的要求。

⑤ 混凝土 28d 抗压强度达到 C40 混凝土验收标准。

⑥ 混凝土具备良好的耐久性能。

值得注意的是，掺加速凝剂（促硬增强剂）混凝土的强度发展速度受到气温的影响非常大，在低温下更加敏感，因此，必须根据实际使用的温度事先进行充分的试验，以确定速凝剂（促硬增强剂）的最佳用量，制定合理的浇筑和养护方案。

（九）阻锈剂

阻锈剂是一种少量加入混凝土中的化学物质，它是能有效地控制、减小或防止混凝土中钢筋或其他预埋金属锈蚀的外加剂。交通部发布了产品标准《钢筋混凝土阻锈剂》（JT/T 537—2004），其应用参照《混凝土外加剂应用技术规范》（GB 50119—2013）。

1. 阻锈剂分类

（1）按形态分　为水剂型和粉剂型。

（2）按材料性质分　为无机阻锈剂、有机阻锈剂、复合阻锈剂。

① 无机盐类。亚硝酸盐、硝酸盐、铬酸盐、重铬酸盐、磷酸盐、多磷酸盐、硅酸盐、钼酸盐、硼酸盐等。

② 有机盐类。胺类、醛类、炔醇类、有机磷化物、有机硫化合物、羟酸及其盐类、磺酸及其盐类、杂环化合物等。

③ 复合类。由两种或两种以上无机盐类或有机化合物类阻锈剂复合而成的阻锈剂。

（3）按阻锈作用机理分　为控制阳极阻锈剂、控制阴极阻锈剂、吸附型及渗透迁移阻锈剂。

2. 阻锈剂适用范围

阻锈剂宜用于容易引起钢筋锈蚀的侵蚀环境中的钢筋混凝土、预应力混凝土和钢纤维混凝土；也用于新建混凝土工程和修复工程，以及预应力孔道灌浆。

3. 阻锈剂品质要求

各种阻锈剂应满足下列要求：

① 其分子应有强的接受电子或给出电子的性质，或两者兼有。

② 易溶于水而又不易从材料中滤出。

③ 在相对低的电流值下引起相应电极的极化。

④ 在使用环境的 pH 值和温度下有效。

⑤ 对混凝土不产生有害的副作用。

4. 阻锈剂作用机理

（1）阳极阻锈剂　阳极阻锈剂是由其接收电子的能力而引起阻锈作用的物质，它遏制阳极的反应而起作用。使用最广泛的阳极阻锈剂是亚硝酸钠、钙苯酸钠和铬酸钠等，另外还有硅酸钠、磷酸钠、氯化亚锡和联氨水化物等。

阳极阻锈剂的作用机理是使溶解的氧化亚铁氧化，在钢表面生产三氧化二铁水化物保护膜，逐渐使钢没有新表面暴露，使锈蚀过程就停止。只有当有足够的阻锈剂浓度才能保证有效的阻锈作用。如阻锈剂与氯盐之比小时，NO_2^- 的修补保护膜反应与氯盐破坏保护膜反应同时发生，相互竞争，如由后者控制时，变成局部锈蚀，会产生危险的点锈，可能造成严重的锈蚀。

亚硝酸钠的钠离子不参与水泥水化反应，会在混凝土表面造成盐析。随着钠离子的析出，其阻锈性能随时间降低。同时钠盐增加了混凝土中的碱含量，因而增加了潜在的碱集料反应的可能。亚硝酸钙不会析出，其阻锈性能更优，而且亚硝酸钙对碱集料反应没有不利影响，因此应推广使用。

（2）阴极阻锈剂　阴极阻锈剂是强的质子接受者，与阳极阻锈剂不同，它们的作用一般是间接的，由阴极反应或阴极选择沉积起作用。

常用的阴极阻锈剂是盐基性的，如 NaOH 或 NH_4OH，使混凝土中液相 pH 值提高，铁离子溶解度降低；他们延缓阴极反应的同时，也增大了电路的电阻，限制了可还原物向阴极的扩散。少量 NaOH 的加入对混凝土拌合物和硬化混凝土的性能影响不大，可能加快凝结，也提高早期强度，掺量高时对工作性不利，与亚硝酸钠一样，增大碱集料反应的危险。

（3）混合性阻锈剂　混合性阻锈剂同时影响阳极反应和阴极反应，适用于氯化物引起的锈蚀，也适用于金属表面微电池引起的锈蚀。

5. 阻锈剂质量控制项目

《混凝土外加剂应用技术规范》（GB 50119—2013）规定，阻锈剂应按每 50t 为一检验批。进场检验项目包括 pH 值、密度（或细度）、含固量（或含水率）。

有些阻锈剂用于混凝土中会增加混凝土的坍落度损失，混凝土的后期强度也可能会受到影响。因此应事先进行试配，选择合适的阻锈剂。

六、膨胀剂

从严格意义上讲，膨胀剂不属于外加剂，应属于胶凝材料组分，国内把膨胀剂归属于外加剂有其历史的原因。

膨胀剂是由膨胀水泥发展而来，最早的膨胀剂是由日本研制出来的。日本于 1962 年购买了美国 K 型膨胀水泥专利技术，并在此基础上用石灰石、矾土和石膏煅烧成熟料粉磨而研制出了硫铝酸钙膨胀剂，取名为 CSA（calcium sulfo-aluminate），用于配制补偿收缩混凝土和自应力混凝土。膨胀剂使用灵活方便，用量小，可以散装运输筒仓储存，从而可以降低成本，因而得到了广泛的应用。

我国自 20 世纪 50 年代就开始研制各种类型的膨胀水泥，70 年代开始研制开发膨胀剂产品，中国建筑材料科学研究院游宝坤等，在吸取我国明矾石膨胀水泥和美国 K 型膨胀水泥特性的基础上研制成功 U 型混凝土膨胀剂，简称 UEA，它是由硫铝酸钙熟料或硫酸铝熟料、天然明矾石和石膏共同作用粉磨而成的硫铝酸盐类膨胀剂。

（一）膨胀剂分类及膨胀原理

膨胀剂产品标准为《混凝土膨胀剂》（GB 23439—2009）。目前已经开发生产出的膨胀剂品种如下。

（1）硫铝酸钙类膨胀剂　硫铝酸钙类膨胀剂加入混凝土后，膨胀剂中的无水硫铝酸钙自身水化或参与水泥水化过程，形成钙矾石（$C_3A \cdot 3CaSO_4 \cdot 32H_2O$），使固相体积增大，从而引起膨胀。

（2）氧化钙类膨胀剂　氧化钙类膨胀剂的膨胀作用主要由氧化钙晶体水化形成氢氧化钙晶体，体积增大而导致膨胀。

（3）硫铝酸钙-氧化钙类膨胀剂等　生成水化产物钙矾石和氢氧化钙共同作用引起膨胀。

（二）膨胀剂在混凝土中的作用机理

混凝土自身体积变形是导致其裂缝的根本原因。引起混凝土体积收缩变形的因素非常多，如表面失水、颗粒沉降引起的塑性收缩；水泥水化引起的化学收缩或自收缩；混凝土硬化后水分散失引起的干缩；混凝土因碳化引起的碳化收缩；混凝土因温度下降而引起的温度收缩或冷缩等。

膨胀剂可在混凝土中产生适量膨胀来抵抗干缩和冷缩，改善混凝土的孔结构，以避免或减少裂缝的危害。需要特别注意的是，自由膨胀不能产生自应力，膨胀剂需要在限制条件下使用，离开限制谈膨胀是没有意义的。这是因为混凝土产生的膨胀只有在限制作用下，才能在混凝土内部产生预压应力，改变结构的应力状态，达到补偿收缩和防裂的效果。

通过调整膨胀剂的掺加量，在限制条件下，可获得自应力值为 0.2～0.7MPa 的补偿收缩混凝土，用以补偿因混凝土收缩产生的拉应力、提高混凝土的抗裂性能和改善变形性质。增大掺量可获得自应力值为 0.5～1.0MPa 的自应力混凝土，用于后浇带、连续浇筑时预设的膨胀加强带以及接缝工程填充用混凝土。

（三）补偿收缩混凝土的分类

掺加膨胀剂的混凝土，按膨胀能大小分为补偿收缩混凝土和自应力混凝土两类。

（1）补偿收缩混凝土　按照限制膨胀率的不同，分别用于补偿混凝土收缩和用于后浇带、膨胀加强带和工程接缝填充。

补偿收缩混凝土的自应力值较小，主要作用是补偿混凝土的收缩和填充灌注，宜用于混凝土结构自防水、构件补强、渗漏修补、工程接缝、填充灌浆，超长墙体、大体积混凝土、预应力混凝土等。

（2）自应力混凝土　自应力混凝土宜用于自应力混凝土输水管、灌注桩等。

（四）补偿收缩混凝土的性能

（1）具有更好的抗渗性　膨胀剂能填充和封闭混凝土的孔隙，改善孔结构，提高混凝土的密实性，从而使膨胀混凝土具有好的抗渗性。

（2）优良的抗裂性能　如前所述，膨胀剂在限制条件下会在混凝土中产生压应力，抵抗混凝土的拉应力，从而避免和减少裂缝的产生，在大体积混凝土、连续墙、环墙等结构部位中发挥了较好的作用。

（3）提高混凝土强度　膨胀剂改善了混凝土的孔结构，在限制条件下膨胀作用使得混凝土更加密实，从而提高了混凝土的强度。

另外，膨胀剂能与钢筋锈蚀成分氧化铁反应生产铁铝酸盐，从而去除钢筋表面的锈蚀层，提高膨胀混凝土的防锈性能。

（五）膨胀剂应用中存在的问题及注意事项

掺加膨胀剂的混凝土可以得到很多优良的性能，但如果使用不当可能达不到预期的要求，甚至出现质量问题。

1. 膨胀剂适宜的应用部位

膨胀剂适合于潮湿环境、有约束条件下的结构部位；适合于用水量较高、水胶比较大的配合比，不适合于用水量很低、水胶比很小的配合比。钢管混凝土由于其结构特殊，混凝土处于完全封闭状态，为了防止因混凝土收缩造成的混凝土与钢管脱离的现象，宜采用膨胀剂。

如果混凝土没有足够的强度，膨胀剂就不能产生较大的膨胀应力。强度的发展要和膨胀的发展相适应。补偿收缩混凝土设计强度不宜低于 C25，用于填充的补偿收缩混凝土设计强度不宜低于 C30。

2. 试验确定合理的掺量范围，以得到适合的限制膨胀率

不同品种的膨胀剂分别有合理的掺量范围，同一膨胀剂，不同配合比也有其合理的掺量范围。掺量过小，产生的应力低，限制膨胀率达不到设计要求；掺量过大，膨胀应力过大也会破坏混凝土内部结构，造成开裂。因此应根据试验确定合理的掺量值。

3. 养护条件要求

养护对补偿收缩混凝土的效能发挥着至关重要的作用。在水化硫铝酸钙形成过程中，要从外部吸收大量水分，因此，在混凝土硬化初期必须供给足够的水分，以使膨胀剂充分发挥作用。

目前施工过程中的养护环节普遍得不到应有的重视，对补偿收缩混凝土非常不利。应严格遵照《补偿收缩混凝土应用技术规程》（JGJ/T 178—2009）的相关规定，对暴露在大气中的混凝土表面应及时进行保水养护，养护期不得少于 14d；冬期施工时，构件拆模时间应延至 7d 以上，表层不得直接洒水，可用塑料薄膜保水，薄膜上部应覆盖岩棉被等保温材料。

4. 与外加剂的相容性

不同膨胀剂与外加剂也存在相容性问题。有的膨胀剂会降低新拌混凝土的出机坍落度，增大坍落度经时损失，缩短混凝土的凝结时间。因此，应根据外加剂和膨胀混凝土的性能优选膨胀剂。

5. 环境温度要求

对膨胀源是钙矾石的膨胀剂，如硫铝酸钙类、硫铝酸钙-氧化钙类，如长期处于 80℃ 以上的环境下，钙矾石可能分解，引起结构破坏。因此不得用于长期环境温度为 80℃ 以上的工程。膨胀源是氢氧化钙的补偿收缩混凝土不受此限制。

6. 补偿收缩混凝土配合比设计

补偿收缩混凝土试配时，其限制膨胀率值应比设计值高 0.005%。

补偿收缩混凝土的水胶比不宜大于 0.50。

混凝土的膨胀发展和强度发展是一对矛盾，胶凝材料太少时，不能够为膨胀发展提供足够的强度基础，因此要确保最少的胶凝材料用量。一般膨胀量越大的混凝土，胶凝材料量也越多。掺补偿收缩混凝土的胶凝材料最少用量应符合表 2-43 的要求。

表 2-43　胶凝材料最少用量、膨胀剂用量

用途	胶凝材料最少用量/(kg/m³)	混凝土膨胀剂用量/(kg/m³)
用于补偿混凝土收缩	300	30～50
用于后浇带、膨胀加强带和工程接缝填充	350	40～60
用于自应力混凝土	500	

7. 补偿收缩混凝土试验注意事项

（1）抗压强度检验　补偿收缩混凝土的强度试件制作和检验，应符合现行国家标准《普通力学混凝土性能试验方法标准》（GB/T 50081）的有关规定；用于填充的补偿收缩混凝土的抗压强度试件制作和检测，应按现行行业标准《补偿收缩混凝土应用技术规程》（JGJ/T 178—2009）的附录 A 中的规定进行。搅拌站使用的补偿收缩混凝土多为填充用混凝土，因此可统一按照《补偿收缩混凝土应用技术规程》（JGJ/T 178—2009）中附录 A 的规定进行。

附录 A 限制状态下补偿收缩混凝土抗压强度检验方法如下。

① 试件尺寸及制作应符合《普通力学混凝土性能试验方法标准》（GB/T 50081—2002）的有关规定，应采用钢制模具。装入混凝土前，应确认模具的挡块不松动。钢制模型的弹性模量与混凝土中的钢筋相同，约束力强。塑料试模因没有足够的限制力，会因混凝土的膨胀而产生变形，造成强度和抗渗能力降低。

② 为了保证混凝土膨胀需要的水分，并充分受到约束，达到理想的膨胀效果，应保证试件在标准养护条件下带模湿润养护应不少于 7d，7d 后可拆模并进行标准养护。脱模时，模具破损或接缝处张开的试件，不得用于检验。如果带模养护时间不够，拆模过早，会造成试件早期自由膨胀，导致试件内部产生微裂纹等缺陷，影响混凝土强度和抗渗能力。

（2）补偿收缩混凝土限制膨胀率试验　对于补偿收缩混凝土的限制膨胀率的检验，应在浇筑地点制作限制膨胀率试验的试件，在标准条件下水中养护 14d 后进行试验，并应符合下列规定。搅拌站在出场时进行制作。

① 对于配合比试配，应至少进行 1 组限制膨胀率试验，试验结果应满足配合比设计要求（注：按最低强度等级进行 1 组限制膨胀率试验）。

② 施工过程中（预拌混凝土实际生产），对于连续生产的同一配合比，应至少分成两个批次取样进行限制膨胀率试验，每个批次应至少进行 1 组试件，各批次的试验结果均应满足工程设计要求（注：搅拌站应按同一配合比，做 2 次试验，这 2 次试验可以是一个工地的 2 个部位，也可以是不同工地部位分别做 2 次）。

③ 对于多组试件的试验，应取平均值作为试验结果。（注：搅拌站一般 1 次只做 1 组，因此多组取平均值的情况不多。）

④ 限制膨胀率试验应按《混凝土外加剂应用技术规范》（GB 50119—2013）附录 B 中的方法进行。

⑤ 限制膨胀率试验用纵向限制器（骨架）在一般检验中可重复使用 3 次，仲裁检验只允许使用 1 次。

（六）膨胀剂质量控制项目

《混凝土质量控制标准》（GB 50164—2011）规定膨胀剂主要控制项目包括凝结时间、限制膨胀率和抗压强度。

《混凝土外加剂应用技术规范》（GB 50119—2013）规定了膨胀剂进场检验项目，膨胀剂按每 200t 为一检验批。每一检验批取样量不应少于 10kg，分成两等份，一份密封留样保存半年。一份检测水中 7d 限制膨胀率和细度，每检验批检验不得少于两次。

（1）水中 7d 限制膨胀率　按照《混凝土膨胀剂》（GB 23439—2009）的方法进行试验。

（2）细度　细度是膨胀剂重要的匀质性指标，大的膨胀剂颗粒会导致混凝土局部膨胀、鼓包，影响工程质量。

细度试验包括比表面积和 1.18mm 筛筛余两个试验项目。比表面积测定按《水泥比表面积测定方法 勃氏法》（GB/T 8074）的规定进行。1.18mm 筛筛余测定采用（GB/T 6003.1）规定的金属筛，参照《水泥细度检验方法筛析法》（GB/T 1345）中的手工干筛法进行。

另外，膨胀剂与补偿收缩混凝土在试验方法与判定上有所不同。膨胀剂的产品标准《混凝土膨胀剂》（GB 23439—2009）没有规定预拌混凝土搅拌站的进场检验项目，只在《混凝土外加剂应用技术规范》（GB 50119—2013）进行了规定。进场检验需要按照这些规定的检验项目进行，但试验和判定仍需按照《混凝土膨胀剂》（GB 23439—2009）进行。掺补偿收缩混凝土的设计、施工与验收应按照《补偿收缩混凝土应用技术规程》（JGJ/T 178—2009）的规定进行，其中限制膨胀率试验应参照《混凝土外加剂应用技术规范》（GB 50119—2013）附录 B 中的方法进行。

七、外加剂选择与应用关键技术

（一）外加剂选择与应用

我国南北方使用的外加剂种类很多，萘系、脂肪族、聚羧酸系为主要的品种。应根据所处地区的原材料情况、气候以及施工要求、结构特点、不同的配合比、混凝土种类等进行选择。搅拌站需要的外加剂应质量稳定，与胶凝材料相容性好，对砂石含泥敏感性低，对气温敏感性低，外加剂掺量敏感性低，掺外加剂混凝土坍落度保持好，开裂敏感性低，后期强度高等。

1. 外加剂选择

外加剂在混凝土中的作用是调节改善新拌混凝土工作性和硬化混凝土。外加剂主要是通过对胶凝材料的物理分散作用来实现减水和提高胶凝材料的分散均匀性，从而使混凝土拌合物具备良好的工作性。

外加剂的选择需要针对具体的混凝土性能要求和具体的混凝土组成材料进行选择。选用外加剂应从外加剂技术性能和敏感性、质量稳定性、与胶凝材料相容性、外加剂厂商信誉度、技术支持能力及成本等几个方面来考虑。

（1）确定外加剂技术性能要求　应根据工程混凝土结构类型、混凝土强度等级、混凝土施工方法和施工条件、耐久性及其他特殊要求来确定混凝土性能要求，如强度、工作性和工作性保持时间、凝结时间等。根据混凝土性能要求进一步确定外加剂技术性能要求，如减水率、工作性保持、缓凝或早强等。搅拌站由于同时生产供应不同等级的混凝土，因此确定对外加剂技术性能要求时，还应考虑到满足日常生产的不同混凝土的性能要求。

（2）筛选外加剂样品，确保胶凝材料与外加剂的相容性，并确定满足混凝土性能要求的外加剂的最佳掺量　确定了外加剂的技术性能要求后，需采用从筛选出的外加剂供应商提供的外加剂样品和搅拌站正在使用的材料进行混凝土性能试验，确定满足混凝土性能要求的外加剂最佳掺量。由于组成材料来源、性能不尽相同，最后确定的最佳掺量与供应商推荐的掺量不一定相同，必要时需要调整混凝土配合比和外加剂配方。胶凝材料与外加剂的相容性问题应该在这一阶段解决。

确定过程要注意以下五个方面。

① 外加剂最佳掺量的确定　最佳掺量不应接近或超过饱和点掺量。绝大部分减水剂在饱和点掺量附近是非常敏感的，混凝土生产中细小的波动都有可能造成混凝土性能很大的变化。如果最后确定的外加剂掺量非常靠近饱和点掺量，说明这种产品不是合适的产品。因此，除了混凝土性能试验外，还需要进行外加剂和配合比的敏感性试验，以确定外加剂的最佳掺量范围和混凝土配合比允许波动的范围。

不同品种或同一品种不同厂家的外加剂可能有不同的最佳掺量范围。在此范围内混凝土的性能（如减水率、凝结时间、含气量等）与掺量的关系应接近于线性关系，也就是混凝土性能的变化随外加剂掺量的变化是可预测的。超出这个范围，混凝土的性能变化对外加剂的掺量非常敏感，各种问题可能随时发生，如离析、泌水，或凝结时间超长，或含气量超高等等。最佳掺量范围越小，混凝土生产的操作管理难度越大。通常而言，外加剂在最佳掺量范围内性价比也是最好的。

② 确定的混凝土配合比具有低的敏感性　混凝土配合比具有敏感性或刚性（robustness），尤其是大坍落度或高流动性混凝土。在实际生产中，组成材料和配料总会有一定的正常波动，特别是砂石水分的波动造成混凝土实际用水量 $\pm 5 \sim 10 kg/m^3$ 的波动是很常见的。通过性能试验确定外加剂的掺量和混凝土的配比之后，有必要进行用水量敏感性试验，也就是说在确定的混凝土配合比和外加剂掺量的基础上加减 $5 \sim 10 kg/m^3$ 水，查看混凝土工作性除坍落度或流动度适当的变化之外是否发生其他如离析、泌水等现象。

③ 外加剂与胶凝材料的相容性问题　外加剂与胶凝材料相容性问题需要在外加剂选用阶段解决，而且要考虑到胶凝材料的变化。一种外加剂应尽可能适用于搅拌站所用的不同胶材组合，大部分情况下适当调整外加剂掺量即可解决。如确实有不相容的情况，则需要确定另外的外加剂配方或品种来解决。

（3）外加剂选用要考虑应急预案　外加剂的选用还应该确定有可能发生但不可控制的事件出现时的应急预案，如交通堵塞、工地等待时间过长造成混凝土工作性的降低等等，可考虑现场添加外加剂来恢复泵送浇筑性能。预先准备好试验数据确定现场添加量与坍落度增加量的关系，而且现场额外添加的外加剂不应对混凝土凝结时间和早期强度发展有很明显的影响。因此，现场添加的外加剂应是非缓凝型的高效减水剂。

（4）选择高信誉度的外加剂厂商　寻找高信誉度的外加剂厂商建立长期合作伙伴关系是减少外加剂应用中的问题、提高混凝土质量的一个重要措施。可靠的外加剂供应商可以提供满足性能要求、质量稳定的外加剂，甚至可以提供各种增值的解决方案，提高混凝土搅拌站的技术水平，降低搅拌站的运作成本。

2. 外加剂的应用

（1）加强进场质量控制，确保外加剂质量稳定　选定了外加剂之后，不要轻易改变外加剂配方，否则外加剂质量稳定性便无法控制。为了在应用中确保外加剂质量的稳定性，需要注意以下几点。

① 需要确定外加剂的基准质量指标和质量检测方法。应把之前性能试验时由厂家提供并在最后通过性能试验满足各项要求的样品作为外加剂基准样品。基准质量指标根据基准样品的技术性能和匀质性指标来确定，同时确定指标允许波动的范围。基准质量指标和允许波动范围就是外加剂质量控制的基准，以保证实际供货时的外加剂质量与试验时样品质量一致。

② 确定外加剂质量稳定性的基准质量指标其实不需要很多。日常生产中，外加剂固含

量和相对密度的检测足以控制外加剂的稳定性，而且固含量、相对密度的测定非常方便。

③ 必要时，可要求厂家提供外加剂基准样品红外光谱图。只在怀疑外加剂成分有变化时才进行，或一年中随机抽测一两次。

④ 可采用半坍落度试验方法检测外加剂质量的稳定性，具体参见本章第六节。

（2）外加剂应用必须与混凝土整体质量控制相结合　外加剂的应用加速和主导了混凝土技术进步。搅拌站不能完全依赖外加剂厂解决所有的质量问题，应在选择质量体系健全、技术水平先进的外加剂厂的基础上，提高自身对外加剂的认识，正确的使用外加剂，采取预防为主、防检结合的管理手段，严格控制混凝土原材料的质量稳定性和生产过程稳定性，减少和降低因外加剂性能变化而造成的质量问题。

（二）外加剂复配调整技术

搅拌站使用的原材料品质较差，质量波动大，单一类型的外加剂在搅拌站直接应用存在很多问题，目前搅拌站使用的外加剂基本上都是复配型的外加剂。同时复配可以发挥不同组分之间相互叠加、相互弥补的作用，以达到提高产品性能的目的，取得事半功倍、扬长避短的应用效果。

混凝土的核心技术是外加剂技术，掌握外加剂的技术对质量控制非常有利。搅拌站大多不直接生产、复配外加剂，但应该全面掌握外加剂与混凝土质量之间的关系。当混凝土出现质量问题时，技术人员应能提出外加剂复配方面的解决思路。

（1）外加剂复配技术路线　笔者从混凝土的角度对外加剂的技术要求，列出了一些复配的技术路线（表2-44）。

表 2-44　外加剂复配技术路线

混凝土要求	外加剂复配技术路线
常温施工	采用最常用的复配技术路线，多数为减水、保塑和引气
冬期施工	减水率不宜过高；掺加早强、防冻组分，避免早期受冻，并适量引气
高强混凝土	宜采用聚羧酸外加剂。由于脂类增强效果显著，宜采用脂类聚羧酸外加剂。也可以脂类和醚类复配，以脂类为主
自密实混凝土	减水率不宜过高，宜采用高保塑，中低胶材混凝土宜添加增稠组分，并适量引气
大体积混凝土	适当提高减水率，以降低胶材总量；复配缓凝组分，以延缓水化热峰值出现时间，并适量引气
超早强混凝土/预制构件	宜采用聚羧酸外加剂，采用高减水和超早强母液进行复配

（2）外加剂调整技术　当混凝土出现质量问题，或者有特殊技术要求时，需要对现有的外加剂组分进行调整（表2-45）。

表 2-45　外加剂调整思路

混凝土现象	外加剂调整思路 （在原有外加剂基础上调整）	其他措施 （配合比调整、原材料优选等）
离析、泌水 （抓底/板结）	一般是减水率过高，含气量不够。可适当降低减水率，并提高引气组分	适当降低用水量、外加剂用量
坍落度损失大	应调整减水和保塑、缓凝的比例，可适当降低减水率，提高单方混凝土中保塑、缓凝组分的总量	降低造成坍损的原材料使用比例，或者更换原材料
坍落度后返大	主要针对聚羧酸类外加剂，需要调整保塑组分类型和用量	—
敏感性强	在聚羧酸外加剂中较为常见，可通过降低减水率，提高保塑比例来解决	提高配合比单方用水量的同时降低外加剂用量

续表

混凝土现象	外加剂调整思路 (在原有外加剂基础上调整)	其他措施 (配合比调整、原材料优选等)
黏聚性差	混凝土黏聚性差与原材料质量密切相关。可通过掺加增稠剂、生物胶等来缓解	提高胶材用量、提高砂率。选择质量好的砂、石
混凝土过黏	提高减水率、增加引气	调整配合比(增加用水量)、更换原材料(优质粉煤灰、高强度等级加硅灰)
大气泡	采取消泡、引气(先消后引)的措施	降低黏度(提用水、降砂率)

总之，对混凝土来说，外加剂不是包治百病的良药，不是所有的问题都可以通过调整外加剂来解决。因此，搅拌站在遇到混凝土质量问题时，应与外加剂厂充分沟通，采取协同调整措施，根据各自的特点，采取配合比调整、原材料优选、外加剂配方调整等综合手段，少走弯路，提高效率，快速解决各种问题。

第五节　水

水是混凝土不可缺少、不可替代的主要组分之一，直接影响混凝土的性能，如工作性能、力学性能、长期性能和耐久性能。混凝土用水是混凝土拌合物用水和混凝土养护用水的总称，包括：饮用水、地表水、地下水、再生水、混凝土企业设备洗刷水和海水等，应符合《混凝土用水标准》(JGJ 63—2006)要求。

一、混凝土用水介绍

(1) 饮用水　饮用水为供人生活的饮水和生活用水。用水符合《生活饮用水卫生标准》(GB 5749—2006)，完全可以满足混凝土用水标准，可以不经检验，直接用于混凝土生产。

(2) 地表水　存在于江、河、湖、塘、沼泽和冰川等中的水。混凝土用水标准中，未将海水纳入地表水。大气降水为地表水体的主要补给源。

(3) 地下水　存在于岩石缝隙或土壤孔隙中可以流动的水。

(4) 再生水　指污水经适当再生工艺处理后具有使用功能的水，也称为中水。

二、混凝土用水质量要求

混凝土用水不得影响混凝土的工作性能及凝结时间，不得损害混凝土强度发展，不得降低混凝土的耐久性，不得污染混凝土表面。

混凝土拌合用水水质应符合表 2-46 的规定，其他要求应符合《混凝土用水标准》规定。

表 2-46　混凝土拌合用水水质要求

项目	预应力混凝土	钢筋混凝土	素混凝土
pH 值	≥5.0	≥4.5	≥4.5
不溶物/(mg/L)	≤2000	≤2000	≤5000
可溶物/(mg/L)	≤2000	≤5000	≤10000
Cl^-/(mg/L)	≤500	≤1000	≤3500
SO_4^{2-}/(mg/L)	≤600	≤2000	≤2700
碱含量/(mg/L)	≤1500	≤1500	≤1500

(1) pH 值　混凝土偏碱性，当水的 pH 值小于 4.0 时，水呈较明显的酸性，尤其是腐殖酸或有机酸等对混凝土耐久性可能造成影响，因此应适当提高 pH 值，以改善混凝土的耐久性。

（2）不溶物 不溶物主要指水中的泥土、悬浮物等物质，这类物质含量较高时，会影响混凝土质量。

（3）可溶物 可溶物主要指水中各类盐的总量，总量超标也会影响混凝土性能。

（4）氯离子 氯离子会引起钢筋锈蚀，应加以控制。

（5）硫酸根离子 硫酸根离子会与水泥水化产物反应，影响混凝土的体积稳定性，对钢筋也有腐蚀作用。

三、水在混凝土中的作用及存在形式

混凝土中的拌合水有两个作用：一是供水泥水化，获得混凝土的力学、长期和耐久性能，二是赋予混凝土的工作性能。

水是影响混凝土性能的重要因素，在外加剂发明之前，混凝土靠水来得到工作性。水泥完全水化所需要的水量一般是水泥质量的 25％ 左右，即纯水泥混凝土的理论水胶比为 0.25。但为了得到足够流动度（坍落度），满足施工要求，必须加入较多的水。多余的或未反应的水将留在浆体或者蒸发出去，在干燥后的硬化浆体中留下相应的孔隙，部分水被留在孔隙内，是造成混凝土性能缺陷的重要原因。外加剂的加入可以有效地降低混凝土用水量，减少混凝土孔隙率，从而提高混凝土性能。现在使用高性能减水剂可以配制出水胶比为 0.25 的混凝土，从理论上说，这部分水仅能满足水泥水化需要，混凝土内基本没有水或因水造成的孔隙，几乎没有缺陷，从而获得高密实度、高强度的混凝土。

混凝土中水的存在形式有自由水、化学结合水、吸附水、毛细管水、层间水等，其中自由水为未反应的水，可蒸发。自由水在混凝土的孔（空）隙中，使混凝土硬化后产生孔隙，对防止塑性收缩裂缝与和易性有利，对渗透性、强度和耐久性却不利；化学结合水主要存在于水化产物中，属于稳定的水；吸附水存在于固体粒子狭窄空间；毛细管水一般存在于 5～50nm 的细小毛细管中；层间水存在于 C-S-H 结构中。

当环境湿度小于 100％ 时，混凝土即开始失水，首先是自由水，当其失去吸附水和毛细管水以后，混凝土会发生较明显的收缩，这是因为毛细管中存在静水张力，失水后将引起毛细管孔壁上产生压应力，从而引起收缩。层间水在干燥条件下也会失去，通过毛细孔网络的驱动力而排出。混凝土收缩的同时，还会产生徐变作用。

混凝土中的自由水在低于 0℃ 就开始结冰，毛细孔水的冰点低于 0℃，孔径越细，冰点越低，吸附水冰点更低。水化结合水一般负温下是不结冰的。

四、搅拌站对混凝土用水的质量控制

《混凝土质量控制标准》（GB 50164—2011）规定，混凝土用水主要控制项目包括 pH值、不溶物含量、可溶物含量、硫酸根离子含量、氯离子含量、水泥凝结时间差和水泥胶砂强度比。当混凝土集料为碱活性时，主要控制项目还应包括碱含量。

但搅拌站对混凝土用水的质量控制比较简单，饮用水可直接使用。其他水应在建站初期进行水质检测，符合《混凝土用水标准》要求后方可使用。如水质不符合标准要求，可设置专门蓄水池，使用水车运输合格的水。

第六节 原材料进场质量控制用半坍落度试验方法

对于混凝土所用各种原材料的进场质量控制，常规的方法仅能控制原材料本身的指标是否符合标准要求，无法判断其掺入到混凝土后对混凝土质量的影响。混凝土性能不仅与原材

料自身的指标有关，还与配合比中其他材料的相互作用有一定联系，不同材料在不同配合比的表现也不一致。因此判断某一种材料对混凝土工作性能的影响最有效的办法，是在确定配合比的前提下，保持其他材料不变，通过试拌来检验。比如水泥检验经常会出现这种情况，即不同批次的水泥，尽管技术指标完全满足标准要求，但混凝土的工作性差别很大。因此水泥标准的试验方法不能准确判断对搅拌站混凝土工作性的影响，而通过半坍落度试验方法得出的扩展度及扩展度损失的试验数据，可以准确地判断不同水泥自身的质量波动，以及对混凝土工作性的影响。

笔者借鉴《混凝土外加剂应用技术规范》（GB 50119—2013）"附录 A 混凝土外加剂相容性快速试验方法"，考虑混凝土中除石子之外的原材料对工作性的影响因素，编制了《原材料进场质量控制用半坍落度试验方法》，用于对原材料的进场质量控制，检验其质量波动，取得了较好的效果。

本方法采用普通 C30 混凝土的同配比砂浆，适当调整单方用水量和外加剂掺量，确定试验用砂浆配合比，控制砂浆的扩展度为 350mm±20mm，根据砂浆扩展度及扩展度经时损失判断原材料质量的波动情况和影响程度。当出现较大的变动时，可通过微调外加剂掺量等手段来解决，如果调整后能满足规定的要求，说明这种材料可以让步接收，生产过程中通过调整外加剂等参数后使用。否则应进行退货处理。

本试验方法主要用于胶凝材料和外加剂的进场检验。本试验方法也适用于砂的进场检验，但通常根据砂本身的物理指标就可以判断其对混凝土工作性的影响，因此一般情况下不采用这种方法进行砂的进场检验。

一、半坍落度试验方法特点

① 在外加剂相容性试验方法的基础上进行了扩展，不仅适用于外加剂，也可以适用于除石子之外的所有混凝土原材料的进场快速检验。

② 使用实际生产用的材料和配合比，完全与生产实际相符，很好地指导了生产过程中的质量控制，是一种有效的预控措施。

③ 检验不同批次（车次）某一原材料对应的扩展度和扩展度经时损失，绘制波动曲线作为质量控制依据。

④ 通过该试验可以使搅拌站随时掌握原材料质量波动的准确数据，作为与原材料厂家沟通的依据，并检验沟通后采取措施的效果。

⑤ 试验简便，可以短时间出结果，更适用于原材料的进场快速检验。

二、半坍落度试验方法

1. 适用范围

本方法适用于除石子以外的混凝土用原材料的进场快速检验。

2. 试验所用仪器设备应符合的规定

（1）水泥胶砂搅拌机　符合《行星式水泥胶砂搅拌机》（JC/T 681—2005）的要求。

（2）砂浆扩展度筒　内壁光滑无接缝的筒状金属制品（图 2-17），尺寸应符合下列要求。

① 筒壁厚度不应小于 2mm；

② 顶部内径 d：50mm±0.5mm；

③ 底部内径 D：100mm±0.5mm；

④ 高度 h：150mm±0.5mm。

（3）捣棒 直径 8mm±0.2mm 和长 300mm±3mm 的钢棒，端部应磨圆。

（4）玻璃板 尺寸为 500mm×500mm×5mm。

（5）钢直尺 量程：500mm；分度值：1mm。

（6）秒表 分度值：0.1s。

（7）时钟 分度值：1s；

（8）天平 称量 100g，分度值：0.01g；称量 500g，分度值：0.1g；称量 5kg，分度值：1g。

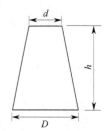

图 2-17 砂浆扩展度筒示意图

3. 确定基准配合比

检验用配合比：选取搅拌站有代表性的混凝土 C30 配合比，去除粗集料后得到的砂浆配合比，降低单方用水量 10～20kg，降低外加剂掺量 0.1%～0.3%，折合成单方用量，作为检验用配合比。以常用的 C30 配合比为例（表 2-47）。

表 2-47 试验用砂浆配合比调整过程

调整过程	配合比	水泥	矿粉	粉煤灰	砂	石	水	外加剂
	原材料密度/(kg/m³)	3180	2900	2290	2650	2680	1000	1150
C30	配比用量/(kg/m³)	227	76	76	829	1007	164	7.56
	各材料所占体积/m³	0.071	0.026	0.033	0.313	0.376	0.164	0.007
	调整参数	外加剂掺量由 2.0% 调整为 1.8%；用水量由 164kg/m³ 调整为 154kg/m³						
	调整后配比	227	76	76	829	—	154	6.80
	调整后体积/0.604m³	0.071	0.026	0.033	0.313	—	0.154	0.006
试验用砂浆配比/(各材料量/0.604)		376	126	126	1374	—	255	11.27

注：该试验用砂浆配比的扩展度应为 350mm±20mm。如果扩展度不满足要求，可微调配合比的外加剂掺量或用水量以达到 350mm±20mm。

4. 试验所用材料、环境条件

采用搅拌站实际使用的原材料。所有原材料应分别固定一批，数量应足够多，例如准备不少于 50 次的试验量。试验用砂浆总量不应小于 1.0L。

（1）水泥、矿物掺合料、外加剂 搅拌站实际使用的原材料；砂为搅拌站实际使用的砂，应筛除粒径大于 5mm 以上的部分，含水率应小于 0.5%。

（2）环境条件 试验室温度应保持在 20℃±2℃，相对湿度不应低于 50%。

5. 试验步骤（以水泥为例）

其他材料不变，对不同批次（车次）的水泥进行取样检验。

① 将玻璃板放置在水平位置，用湿布将玻璃板、砂浆扩展度筒、搅拌叶片及搅拌锅内壁均匀擦拭，使其表面润湿而不带水滴。

② 将砂浆扩展度筒置于玻璃板中央，并用湿布覆盖待用。

③ 按砂浆配合比的比例分别称取水泥、矿物掺合料、砂、水及外加剂待用。

④ 外加剂为液体时，先将胶凝材料和砂加入搅拌锅内预搅拌 10s，再将外加剂与水混合均匀加入；外加剂为粉体时，先将胶凝材料、砂及外加剂加入搅拌锅内预搅拌 10s，再加入水。

⑤ 加水时启动胶砂搅拌机，并按胶砂搅拌机程序进行搅拌，从加水时刻开始计时。

⑥ 搅拌完毕，将砂浆分两次倒入砂浆扩展度筒，每次倒入约筒高的 1/2，并用捣棒自边缘向中心按顺时针方向均匀插捣 15 下，各次插捣应在截面上均匀分布。插捣筒边砂浆时，

捣棒应插透本层至下一层的表面。插捣完毕后，砂浆表面应用刮刀刮平，将筒缓慢匀速垂直提起，10s后用钢直尺量取相互垂直的两个方向的最大直径，并取其平均值为砂浆扩展度（L_0）。

⑦ 砂浆扩展度未达到要求时，应调整外加剂的掺量或用水量，并重复本条第1~6款的试验步骤，直至砂浆扩展度达到要求。

备注：砂浆试验减水剂掺量不宜有较大幅度调整，否则可能影响砂浆扩展度经时损失，遇此情况，可进一步减水，如单方用水量降低15kg，重复本条第1~6款的试验步骤，直至达到砂浆扩展度要求为止。

⑧ 将试验砂浆重新倒入搅拌锅内，并用湿布覆盖搅拌锅，从计时开始后 10min、30min、60min，开启搅拌机，快速搅拌 1min，按本条第6款步骤测定砂浆扩展度（L_t）。

6. 试验结果评价

应根据外加剂掺量和砂浆扩展度经时损失判断原材料的质量波动。

（1）原材料质量波动性评价　绘制不同试验批次的初始扩展度（L_0）曲线，直观判断其波动性。也可通过数据处理，计算标准差等参数，结合企业自身管理需要来判断。

（2）影响程度评价　绘制不同试验批次的扩展度经时损失（L_t）曲线，直观判断该材料对扩展度经时损失的影响程度。

（3）原材料处理原则

① 外加剂掺量与砂浆扩展度损失波动不大，判断为该批次原材料质量波动较小，可以正常使用。

② 外加剂掺量有一定变化，但砂浆扩展度损失波动不大，判断为该批次原材料质量有一定的波动，但通过外加剂用量调整后可以使用。

③ 外加剂掺量变化大、砂浆扩展度损失大时，判断为该批次原材料质量有较大波动，须按实际混凝土配合比进行试验验证，如结果仍异常，应退货处理。当必须使用时，应重新试配。

三、应用实例

某搅拌站根据该方法进行了水泥的进场快速检验，试验配比、过程及试验结果列举如下。

（1）试验用配合比　见表2-48。

表 2-48　水泥进场检验用砂浆配合比

	水泥	矿粉	粉煤灰	砂	水	外加剂
	各批次 P·O42.5	S95	Ⅱ级	天然砂		聚羧酸
砂浆配合比/(kg/m³)	376	126	126	1374	255	11.27

（2）试验结果　见表2-49。

表 2-49　水泥进场检验记录

试验次数	水泥厂家	进场试验日期	试验温度/℃	试验湿度/%	外加剂掺量/%	加水时间	砂浆扩展度/mm				结果评判	试验人
							初始	10min	30min	60min		
1	北水	4.18	18	53	1.8	14;55	360	375	375	360		
2	北水	4.19	19	54	1.8	13;28	370	375	370	370		
3	北水	4.22	19	52	1.8	13;10	375	375	370	370		
4	北水	4.23	20	53	1.8	13;40	380	375	375	370		

续表

试验次数	水泥厂家	进场试验日期	试验温度/℃	试验湿度/%	外加剂掺量/%	加水时间	砂浆扩展度/mm				结果评判	试验人
							初始	10min	30min	60min		
5	北水	4.24	18	53	1.8	14:05	360	365	365	360		
6	北水	4.25	22	55	1.8	14:20	370	370	365	365		
7	北水	4.26	21	53	1.8	13:50	360	375	380	375		
8	北水	4.29	22	51	1.8	13:35	360	350	345	340		
9	北水	4.30	23	56	1.8	13:30	370	380	380	375		
10	北水	5.4	22	53	1.8	14:00	370	375	380	375		
11	北水	5.5	20	52	1.8	14:05	370	365	375	370		

（3）结果分析

① 试验结果曲线图见图 2-18。

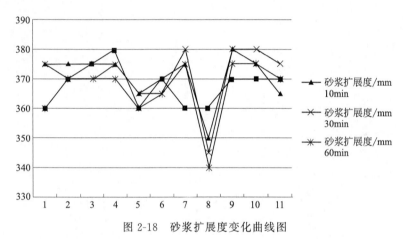

图 2-18　砂浆扩展度变化曲线图

② 试验结果统计分析表见表 2-50。

表 2-50　试验结果统计分析表

统计分析	砂浆扩展度 L/mm			
	初始	10min	30min	60min
平均值	368	371	371	366
最大值	380	380	380	375
最小值	360	350	345	340
标准差	6.8	8.3	10.2	10.3

（4）结论

通过以上的试验结果分析说明，初始扩展度波动性小，扩展度经时损失的影响程度小，该水泥的质量稳定性好，可以正常使用。

参 考 文 献

[1] 姚大庆，等.预拌混凝土质量控制实用指南.北京：中国建材工业出版社，2014.
[2] 廉慧珍，韩素芳.现代混凝土需要什么样的水泥——从混凝土角度谈水泥生产.北京：化学工业出版社，2007.
[3] 黄荣辉.预拌混凝土实用技术.北京：机械工业出版社，2008.
[4] 朱蓓蓉，张树青，吴学礼，等.三峡工程用I级粉煤灰效应优势及其对水泥砂浆强度贡献.粉煤灰综合利用，2001（3）.
[5] 沈旦申.粉煤灰混凝土 [M].北京：中国铁道出版社，1989.

［6］ 黄士元．粉煤灰水泥浆体结构的扫描电镜观察．武汉建材学院学报，1982（3）．

［7］ 赵筠．硅灰特性与其在水泥基材料中的功效——优点和缺点．混凝土矿物掺合料应用技术研究会．乌鲁木齐，2013．

［8］ 伦云霞，周明凯，陈美祝．钢渣集料的体积稳定性与工程应用前景．矿业快报，2006（4）：37-38．

［9］ 盛志华．沸石的应用研究．中南冶金地质．1996，（1），99-107．

［10］ 武铁明，林怀立．利用沸石粉配制高性能混凝土的应用研究［J］．混凝土，2001（10）．

［11］ Mindess Sidney, Young J Francis. 混凝土．方求清，等，译．北京：中国建筑工业出版社，1989．

［12］ 宋少民．骨料与石粉在现代混凝土中的应用技术．首届绿色混凝土发展高峰论坛．北京，2014．

［13］ 杨全兵，朱蓓蓉，黄士元．SJ-2 型引气剂的研制与应用．黑龙江交通科技．2000（增刊）．

第三章

配合比设计及原材料经济性对比方法

本章介绍了混凝土配合比设计、确定与调整的过程，着重介绍基于 Excel 的配合比设计流程，并创造性地提出了原材料经济性对比方法。

第一节 配合比设计、确定与调整

混凝土配合比是指单位体积的混凝土中各组成材料的质量比例。混凝土配合比设计是指确定混凝土中各组成材料质量比例关系的工作，科学的设计方法、合理的确定手段、快速有效的调整技术，对于混凝土质量控制有着重要的意义。

本节将对混凝土配合比的设计、确定和调整等环节进行讲解，重点介绍通过 Excel 软件进行快速设计、确定和调整配合比的方法。

一、配合比设计方法标准

1. 国外配合比设计方法介绍

（1）水灰比定则 1918 年美国 Illinois 大学 Lewis 研究所 Duff Abrams 所提出的水灰比定则，反映了混凝土水灰比与强度的关系，被广泛应用于混凝土配合比设计。1935 年保罗米提出强度直线式，其理论建立在水泥石在水化过程中的空隙率取决于水灰比，在混合料能充分捣实的基础上，其强度和水灰比之间呈双曲线形状。

$$R = A\frac{C}{W} - B$$

强度与灰水比呈直线关系是目前我国混凝土配合比设计的依据，也是美国 ACI（211.1）、英国（BRE 1988）、法国（Dreux1970）、日本等配合比设计的基础。

关于 Abrams 水灰比定则的适用范围，最初认为在 0.40～0.80 的水灰比范围时，混凝土能得到充分捣实，其强度与灰水比存在线性关系。但随着混凝土外加剂的发展，混凝土在水灰比很低时也能得到很好的工作性，得以充分捣实，因此也能服从 Abrams 水灰比定则。也有文献指出，当水灰比低于 0.30 时，混凝土过渡区的 $Ca(OH)_2$ 晶体的尺寸变小，界面性能得到了明显的提高，不适用于 Abrams 水灰比定则。

因此，现代的预拌混凝土在水灰比 0.80～0.30 范围内的混凝土配合比设计，可以遵循水灰比定则进行。

$$f_{cu,k} = b + a\frac{C}{W}$$

（2）Mehta P K 和 Aitcin P C 基于最佳浆集比的配合比设计方法　该方法是在现有高性能混凝土实践经验的基础上，对主要的配合比设计参数做出一些假设，从而得到试拌用的第一盘配料的配合比。其主要假设有：水泥浆与集料的体积比为 35：65。用水量根据混凝土强度等级取不同的设定值。假定含气量，再根据用水量和水泥浆体积，算出水泥用量。近似假设水泥与矿物掺合料（粉煤灰、硅灰及矿渣等）的体积比为 75：25，复合双掺时，硅灰与粉煤灰或矿渣的体积各为 10%、15%；粗细集料体积比设为 60：40；高效减水剂的掺量设为 1%。由于这种方法中有许多假设，所以第一盘配料经计算出的配合比仅能起引导作用，为了获得正确的配合比，尚需进行大量的试验。

（3）英国的 Domone P L J 等基于最大密实度理论的配合比设计方法[1]　根据最大密实度理论，应使混凝土的集料所占据的相对体积尽可能地多，集料颗粒之间的空隙由具有一定水胶比的浆体填充。浆体的水胶比根据混凝土的设计强度确定。但是如果浆体仅仅填充集料间的空隙，则混凝土拌合物将不能流动，必须使浆体有一定的富裕，以对集料起润滑作用。此外还要考虑细集料颗粒的表面积效应，使实际使用的最优砂率小于集料颗粒堆积最密实时的砂率。"最大密实度理论"可使混凝土在具有良好工作性的前提下胶结浆体的含量达到最小，以降低混凝土工作度的经时损失、水化热、收缩、徐变以及碱-集料应的可能性。

Domone 方法的步骤是：配制不同砂率的几组集料，测定各组集料颗粒堆积物的空隙率，确定集料空隙率最小的砂率；然后对多余浆体与混凝土拌合物坍落度间的关系和集料对所需多余浆体的影响进行试验，以研究集料堆积物空隙率与其表面积的综合效应；在以上试验的基础上，再考虑细掺料和砂细度模量的影响，确定最优砂率。其他各步骤与通常的试配方法大体相同。

Carbonari 方法的步骤是：测定不同砂率的集料堆积物的空隙率，选择集料空隙率最小时的砂率，即最优砂率；再通过用所选砂率的混凝土进行强度和坍落度试验验证确定；然后通过一系列不同浆体含量的混凝土的试配，确定最优浆体用量。

（4）法国路桥实验中心基于 Feret 公式和 Farris 模型建议的混凝土配合比设计方法[2]　混凝土的强度可用 Feret 公式通过有限的配合比参数进行预测；按照 Farris 模型，认为混凝土是砂、石、水泥三类固相颗粒形成的复合悬浮液体，混凝土的工作性与拌合物的黏性密切相关。根据上述理论，对混凝土的配合比做以下三项假设：①有一定组成的混凝土强度主要受浆体性质的控制；不含砂、石的浆体可有最高的强度；②当混凝土集料的组成一定时，拌合物的工作性取决于浆体的体积和浆体的流动性；③满足一定的强度及工作性要求时，需要浆体体积最小的砂率为最优砂率；对于等体积、等黏度、不同组成的浆体，最优砂率相同。基于以上假设，大部分试验就可用模型材料进行，即用砂浆进行力学试验，用浆体进行流变试验。这样可大大减少试验的工作量。

2. 国内配合比设计方法介绍

（1）全计算法[3]　陈建奎基于 Mehta 和 Aitcin 教授的观点和混凝土材料组成的几项假定，对高性能混凝土配合比设计提出一种全计算方法，修正了传统的绝对体积法，使高性能混凝土配合比设计从半定量走向定量、从经验走向科学，是混凝土配合比设计上的一次较大的改进。

混凝土材料组成的几项假定：

① 混凝土各组成材料（包括固、气、液相）具有体积加和性。

② 石子的空隙由干砂浆来填充。

③ 干砂浆的空隙由水来填充。

④ 干砂浆由水泥、细掺料、砂和空隙所组成。

⑤ 水胶比决定强度。

（2）《普通混凝土配合比设计规程》（JGJ 55）　预拌混凝土的配合比设计主要依据《普通混凝土配合比设计规程》（JGJ 55—2011），该标准为指导我国普通混凝土配合比设计的基本标准，其设计依据即为 Abrams 水灰比定则。该标准历经四个版本，分别为《普通混凝土配合比设计技术规定》（JGJ 55—81），《普通混凝土配合比设计规程》（JGJ/T 55—96、JGJ 55—2000、JGJ 55—2011），最新版本于 2011 年 12 月 1 日起执行。

（3）其他设计方法　某些特种性能或特殊场所的混凝土，例如轻集料混凝土、自密实混凝土、水工混凝土等，按照其自身的特点，也有配套的配合比设计规程。例如现行的《轻集料混凝土技术规程》（JGJ 51—2002）、《自密实混凝土应用技术规程》（JGJ/T 283—2012）、《水工混凝土配合比设计规程》（DL/T 5330—2005）、《纤维混凝土应用技术规程》（JGJ/T 221—2010）、《重晶石防辐射混凝土应用技术规范》（GB/T 50557—2010）等，在设计这些混凝土时，应与《普通混凝土配合比设计规程》（JGJ 55—2011）一起使用，共同进行配合比设计。

在此特别指出的是，每种配合比设计方法都有相应的优势和侧重点，适用于不同的条件。但任何混凝土的配合比都是经过试验验证后最终确定的，配合比设计的方法再先进，如不经过系列试配验证，就无法保证设计出的混凝土完全符合要求。事实上，只要通过试验验证，使设计的配合比满足混凝土的设计要求（强度、耐久性、工作性等），任何一种配合比设计方法都是行之有效的。

二、配合比设计原则及基本规定

根据我国目前的建筑行业的现状，只有形成了标准规范，才能得到普遍认可和使用。《普通混凝土配合比设计规程》（JGJ 55—2011）是目前搅拌站使用的现行标准，几乎所有预拌混凝土的配合比设计都是按照或参照该标准进行的，因此掌握和灵活使用 JGJ 55，对指导具体生产具有更现实的意义。尽管该标准仍有一些争议和不足，但经过这么多年的使用，该标准仍指导了混凝土行业的发展。

混凝土配合比设计原则是以强度为基准，并根据设计要求的强度等级、强度保证率和混凝土的工作性、强度、耐久性以及施工要求，选择原材料，按现行行业标准《普通混凝土配合比设计规程》（JGJ 55）的规定进行。当混凝土有多项性能要求时，应采取措施确保主要技术要求，并兼顾其他性能要求。冬期配合比的设计还应符合《建筑工程冬期施工规程》（JGJ/T 104—2011）的要求。自密实混凝土、轻集料混凝土等配合比的设计还应符合相应的技术规定。

1. 水胶比、强度等级、氯离子含量和碱含量要求

《混凝土结构设计规范》（GB 50010—2010）规定，对于设计使用年限为 50 年的混凝土结构的各参数规定如表 3-1。

表 3-1　设计年限为 50 年的混凝土结构设计参数规定

环境等级	最大水胶比/%	最低强度等级/%	最大氯离子含量/%	最大碱含量/%
一	0.60	C20	0.30	不限制
二 a	0.55	C25	0.20	3.0
二 b	0.50(0.55)	C30(C25)	0.15	3.0

续表

环境等级	最大水胶比/%	最低强度等级/%	最大氯离子含量/%	最大碱含量/%
三a	0.45(0.50)	C35(C30)	0.15	3.0
三b	0.40	C40	0.10	3.0

注：处于严寒和寒冷地区二b、三a类环境中的混凝土应使用引气剂，并可采用括号中的有关参数。

2. 最小胶凝材料用量、最小水泥用量要求

（1）最小胶凝材料用量总体要求　除配制C15及以下强度等级的混凝土外，混凝土的最小胶凝材料用量应符合《普通混凝土配合比设计规程》（JGJ 55—2011）的规定（表3-2）。

表 3-2　混凝土的最小胶凝材料用量规定

最大水胶比	最小胶凝材料用量/(kg/m³)		
	素混凝土	钢筋混凝土	预应力混凝土
0.60	250	280	300
0.55	280	300	300
0.50	320		
0.45	330		

（2）水泥用量、胶凝材料用量特殊规定　目前有些专门的规程对其所设计的工程部位，进行了水泥用量和胶凝材料用量规定。

①《冬施混凝土技术规程》（JGJ/T 104—2011）　混凝土最小水泥用量不宜低于280kg/m³，水胶比不应大于0.55；大体积混凝土的最小水泥用量，可根据实际情况决定。

②《地下工程防水技术规范》（GB 50108—2008）　胶凝材料用量应根据混凝土的抗渗等级和强度等级选用，其总用量不宜小于320kg/m³；当强度要求较高或地下水有腐蚀性时，胶凝材料用量可通过试验调整。

在满足混凝土抗渗等级、强度等级和耐久性条件下，水泥用量不宜小于260kg/m³。

③《轨道交通工程结构混凝土裂缝控制与耐久性技术规程》（QGD-003—2013）　北京市轨道交通工程混凝土配合比设计时，混凝土最小胶凝材料用量不应低于300kg/m³，其中最低水泥用量不应低于220kg/m³，配制防水混凝土时最低水泥用量不宜低于260kg/m³。混凝土最大水胶比不应大于0.45。

采用矿渣粉作为掺合料时，应采用矿渣粉和粉煤灰复合技术。混凝土中掺合料总量不应超过胶凝材料总量的50%，矿渣粉掺量不得大于总掺合料量的50%。

我们认为，北京市轨道交通工程对混凝土配合比水泥用量和胶凝材料用量规定得比较合理。对水泥用量有明确要求的标准规范都在进行修订中，新标准将与其他标准相统一，以水胶比和胶材总量进行限制。

3. 混凝土中矿物掺合料最大掺量

《矿物掺合料应用技术规范》（GB/T 51003—2014）对矿物掺合料用量进行了具体的规定。对基础大体积混凝土，粉煤灰、矿渣粉等掺合料或复合使用的最大掺量可在表3-3的基础上增加5%。

表 3-3　钢筋混凝土中矿物掺合料最大掺量

矿物掺合料种类	水胶比	最大掺量/%	
		采用硅酸盐水泥时	采用普通硅酸盐水泥时
粉煤灰（F类Ⅰ、Ⅱ级）	≤0.40	45	35
	>0.40	40	30
粒化高炉矿渣粉	≤0.40	65	55
	>0.40	55	45

续表

矿物掺合料种类	水胶比	最大掺量/%	
		采用硅酸盐水泥时	采用普通硅酸盐水泥时
钢渣粉	—	30	20
磷渣粉	—	30	20
硅灰	—	10	10
复合掺合料 (掺合料复合使用)	≤0.40	65	55
	>0.40	55	45

《矿物掺合料应用技术规范》（GB/T 51003—2014）对粉煤灰（F 类Ⅰ、Ⅱ级）最大掺量的限制执行过宽，按表中允许掺量，加上普通硅酸盐水泥已掺入 15%～20% 的混合材，实际上现在的混凝土均是大掺量粉煤灰混凝土。大掺量粉煤灰混凝土由于粉煤灰氧化钙含量较低，由此可能带来碳化过快混凝土中性化问题，因此从保证结构抗碳化性能考虑，黄士元认为粉煤灰在混凝土中的最大掺量应≤30%。

4. 水溶性氯离子最大含量

按环境条件影响氯离子引起锈蚀的程度，规定了各类环境条件下的混凝土拌合物中水溶性氯离子最大含量（表 3-4）。按照现行行业标准《水运工程混凝土试验规程》（JTJ 270）中混凝土拌合物中氯离子的快速测定方法或其他准确度更好的方法进行测定。

表 3-4　混凝土拌合物中水溶性氯离子最大含量

环境条件	水溶性氯离子最大含量(水泥用量的质量百分比)/%		
	钢筋混凝土	预应力混凝土	素混凝土
干燥环境	0.30		
潮湿但不含氯离子的环境	0.20	0.06	1
潮湿且含有氯离子的环境、盐渍土环境	0.10		
除冰盐等侵蚀性物质的腐蚀环境	0.06		

5. 混凝土的最小含气量

普通混凝土、掺用引气剂或引气型外加剂混凝土拌合物的含气量宜符合表 3-5 规定。

表 3-5　混凝土拌合物含气量要求

粗集料最大公称 粒径/mm	普通混凝土/%	引气混凝土/%	
	一般环境条件	潮湿或水位变动的 寒冷和严寒环境	盐冻环境
20	≤5.5	≥5.5	≥6.0
25	≤5.0	≥5.0	≥5.5
40	≤4.5	≥4.5	≥5.0

注：引气混凝土的最大含气量宜控制在 7.0% 以内。

6. 混凝土坍落度

（1）混凝土坍落度设计值　混凝土坍落度应根据结构浇筑部位、施工方式和混凝土性能特点确定（表 3-6）。《混凝土矿物掺合料应用技术规程》（DB11/T 1029—2013）"表 6.2.2"规定了混凝土坍落度设计值，可供参考。

表 3-6　不同结构部位混凝土坍落度（或扩展度）要求

结构浇筑部位	坍落度(或扩展度)/mm
底板、大体积混凝土或最小尺寸大于 500mm 的结构	160～180(≥350)
梁、顶板	180～200(≥400)

结构浇筑部位	坍落度(或扩展度)/mm
柱、墙	200~220(≥450)
	220(≥500)
其他	根据施工要求

（2）坍落度设计值、坍落度控制范围、坍落度允许偏差　坍落度设计值、坍落度控制范围、坍落度允许检测误差是三个不同的概念，容易造成认识上的混淆，因此特别加以说明。

① 坍落度设计值是一个单独的数值，可以在上表中的范围内确定一个数，例如设计值应为200mm，但不能确定为一个范围。

② 坍落度允许偏差为混凝土实测坍落度与要求坍落度之间的允许偏差，因试验手法、装料、插捣等工序存在差别，允许不同坍落度的混凝土存在一定的检查偏差。例如坍落度大于100mm时的允许检测误差为±30mm。

③ 坍落度控制范围是工地根据设计要求，为了保证混凝土坍落度的稳定性而确定的一个范围，例如控制范围为200mm±20mm；控制范围应与允许偏差相匹配，如果控制范围远低于允许偏差，搅拌站将很难控制。

例如某柱子的配合比，其设计坍落度为200mm，坍落度允许偏差为±30mm，控制范围可以为200mm±20mm。

7. 耐久性设计原则

近年来，耐久性设计越来越引起重视，混凝土结构应根据设计使用年限和环境类别进行耐久性设计。相关的标准规范有《混凝土结构耐久性设计规范》（GB/T 50476—2008），《混凝土结构耐久性设计与施工指南（2005 修订版）》（CCES 01—2004）。

（1）耐久性综合设计内容

① 确定结构所处的环境类别，环境破坏的主要因素和次要因素。

② 提出对混凝土材料的耐久性基本要求。

③ 确定构件中钢筋的混凝土保护层厚度。

④ 不同环境条件下的耐久性技术措施。采取有效的提高耐久性的通用措施，综合兼顾耐久性、强度、防裂等要求，确定各项材料参数。

⑤ 提出结构使用阶段的检测与维护要求。

（2）耐久性破坏因素及配合比措施　见表 3-7。

表 3-7　混凝土耐久性破坏因素及配合比措施

破坏因素	配合比等主要措施
钢筋锈蚀、碳化	减少粉煤灰掺量，适当增大水泥用量。提高混凝土强度(C40~C50 以上)，保证保护层厚度
氯离子	降低氯离子渗透系数(如掺加粉煤灰、矿渣粉，提高强度等)，适当引气。加大保护层厚度
冻融交替	掺加优质引气剂，保证混凝土的含气量
盐冻	掺加优质引气剂。配筋构件还须补充防氯离子钢筋锈蚀的措施
碱集料反应	选用非活性或低活性集料，掺加粉煤灰、矿粉，限制混凝土碱含量
硫酸盐侵蚀	选用低 C_3A 水泥，掺加粉煤灰、矿渣粉。适当引气，提高强度
渗水	提高强度，引气，掺加粉煤灰、矿渣粉
盐结晶	掺加引气剂，保证含气量
弱酸性腐蚀	提高强度

（3）设计和配制耐久性防裂混凝土的一般通用途径　耐久混凝土应该是抗裂性好的混凝土，耐久混凝土应考虑防止裂纹措施，而耐久和防裂措施多是一致的。

① 选用水泥。低早强（防裂要求 $R_{24h} < 10~12MPa$）、低水化热、低 C_3A 含量、低含

碱量。

② 集料。选用坚固耐久的集料，用锤式破碎机破碎的碎石（级配和粒形较好），冲洗干净。

③ 配合比参数。尽可能减少胶凝材料总量，为此尽可能降低单方拌合水量，选择合适的坍落度。

④ 掺加粉煤灰、矿粉或两者复掺。

⑤ 掺加优质引气剂。

三、配合比设计思路

根据作者多年的配合比设计和使用经验，整理归纳了一下几个配合比设计思路。

（1）结合混凝土性能进行配合比设计　不同强度等级混凝土的性能，决定了设计采取的思路和策略。例如 C10～C15，C20～C45，C50～C60 这三个系列的混凝土特性不同，需要分开进行设计。

（2）结合搅拌站可用材料性能进行设计　搅拌站正在使用的原材料品种直接影响混凝土配合比的设计思路。例如粉煤灰和外加剂的质量影响原始用水量选择，砂的质量影响砂率的选择等。

（3）结合搅拌站生产工艺进行设计　搅拌机的生产能力、仓储情况、罐车的性能也同样影响混凝土配合比设计思路。例如搅拌站砂石储仓多、存量大时，可以采用多级配设计思路。

（4）结合工程部位特征进行设计　墙柱、顶板、大体积、地面等工程部位，对混凝土的要求不一，需要根据不同部位进行配合比设计。例如大体积混凝土采用高掺合料用量以减少水化热、地面保证较高的水泥用量和较小的坍落度以防止起砂、墙柱采取较高的强度保证率以确保验收时的回弹强度等。

（5）结合不同工程进行设计　对市政、轨道交通、铁路、民建以及重点工程和耐久性有特殊要求的工程，应根据工程特点和不同的技术要求进行设计。

四、《普通混凝土配合比设计规程》（JGJ 55—2011）几个关键点的理解

（一）质量法和体积法

质量法和体积法是该规程中规定的两个配合比设计方法，其最大的区别在于计算砂石用量的方法不同。质量法根据设定的每立方米混凝土的假定质量和砂率等参数，通过方程计算砂石的用量；体积法根据事先经试验测定的各种原材料的密度或表观密度和选定或计算的砂率等参数，同时考虑混凝土含气量，通过方程计算砂石的用量。

JGJ 55—2011 条文说明中对体积法和质量法进行了如下描述："在实际工程中，混凝土配合比设计通常采用质量法。混凝土配合比设计也允许采用体积法，可视具体技术要求选用。与质量法比较，体积法需要测定水泥和矿物掺合料的密度以及集料的表观密度等，对技术条件要求略高"。实际上搅拌站多数采用质量法进行配合比设计，使用体积法的不多，主要原因在于体积法计算过程复杂，并且需要测定原材料的密度或表观密度。标准中没有明确说明体积法和质量法的区别和优劣，对于标准的使用者来说，无法判断两种方法的优劣，多数偏向于使用简单易行的质量法。由于混凝土配合比由原来的四组分发展到现在的六种甚至更多组分，使用体积法会更为准确。因此我们建议使用体积法，因为体积法是根据 $1m^3$ 的

体积来设计的，能保证混凝土的体积在配合比调整时不会发生大的变化。下面将对两种方法的异同分别进行论述。

1. 相同点

（1）质量法和体积法对于确定某个或某系列的配合比都是可行的，都可以设计出配合比进行后续的试拌和试配工作，从而确定符合设计要求的混凝土配合比。

（2）质量法和体积法在胶凝材料计算、用水量、砂率等参数的计算方法是一样的。

（3）两种方法设计的配合比必须经过校正才能使用，校正方法为将配合比中每项材料用量乘以校正系数。校正系数为混凝土拌合物表观密度与计算值之差的绝对值占计算值的比例。JGJ 55—2011 规定，当校正系数不超过 2% 时，配合比可维持不变；当超过 2% 时，应将配合比中每项材料均乘以校正系数，得到最终的配合比。

作者认为，2% 的允许误差偏大，主要是基于以下几点：

① 容易造成混凝土方量结算纠纷。如果混凝土的售价为 300 元/m³，2% 的体积误差也就是 6 元/m³ 的成本差，这种成本差，搅拌站和施工方都是不能接受的。

② 与试验水平及搅拌机的计量水平不匹配。目前试验精度越来越高，搅拌机的计量误差越来越小，完全可以实现单方混凝土的误差在 1% 以内。

因此，建议在下次修订标准时，将校正系数控制在 1% 范围内。

2. 差异

① 质量法需要事先假定相对密度，然后根据假定的相对密度和选定的砂率等参数计算砂石用量，相对简单。

② 体积法不需要假定相对密度，按照体积加和的理论，计算出 1m³ 的各种原材料的体积。体积法需要事先检测出各原材料的密度或表观密度，根据砂率等参数计算砂石用量，试验和计算过程相对复杂。

3. 优劣

① 质量法计算公式简单，可以快速地设计出一系列配合比。体积法需要进行前期的原材料密度或表观密度试验，配比计算过程也比较繁琐，容易出错，这也是采用体积法进行配合比设计的搅拌站较少的主要原因。

② 质量法确定的配合比，在生产过程中进行配合比调整时，混凝土的体积也会随之产生变化。主要原因是由于各种材料的密度不同，减少某种材料，增加另一种材料，势必造成因密度不同而导致的体积变化。这时如果通过校正系数进行校正，也可以保证混凝土的方量接近 1m³。但是当配合比调整得非常频繁，而且每次调整的指标又较多时，每次调整都要进行校正是不现实的。因此，质量法虽然可以设计出满足要求的混凝土，但其无法满足频繁的配合比调整要求。

③ 体积法是根据各原材料的密度进行计算确定单方原材料用量，当一种或几种材料用量发生变化时，其他材料根据密度和 1m³ 的总方量要求重新计算，仍然能准确计算出 1m³ 混凝土的用量，混凝土的体积波动很小，可以保证混凝土配合比方量趋于合理。尤其是现代混凝土使用的原材料种类越来越多，达到 7~12 种甚至更多，而且混凝土原材料的质量变化也非常大，这时准确的调整就显得尤为重要。因此，建议有条件的搅拌站应尽量采用体积法进行混凝土配合比设计。同时鉴于体积法的准确性、复杂性，建议采用 Excel 软件进行配合比的设计、确定和调整，可以通过 Excel 函数公式保证各材料用量计算的准确性。

4. 体积法、质量法调整过程举例

（1）同时调整多个参数　同时调整用水量、砂率、掺合料取代率等参数时，混凝土的配合比会有较大的调整。下面列出质量法和体积法调整后的差异（表 3-8)。

表 3-8　混凝土配合比调整举例（多参数调整）

项目	砂率/%	矿渣粉掺量/%	粉煤灰掺量/%	原始用水量/(kg/m³)	表观密度(容重)/(kg/m³)	配合比/(kg/m³)						
						水泥	矿粉	粉煤灰	砂	石	水	外加剂
原配比	43	20	20	175	2392	210	70	70	803	1063	169	7.00
体积法调整	45	15	25	190	2364	228	57	95	806	986	184	7.60
质量法调整	45	15	25	190	2392	228	57	95	820	1002	184	7.60

由上面的配比可见，质量法调整后的配合比表观密度不变，体积法调整后的配比表观密度增加了 2392－2364＝28（kg/m³），占比 1.17％。使用质量法调整的混凝土配合比的实际方量为 1.0117m³，超出了 1m³。

而体积法随着各材料占体积的变化，仍按 1m³ 的量进行设计，调整后混凝土的表观密度下降，混凝土体积变动不大。因此体积法更适用于现代预拌混凝土的配合比设计。

（2）含气量在设计配比时的影响　体积法可以通过设置含气量参数 α，来设计不同含气量的混凝土配合比。而质量法对此无能为力，只能通过实测含气量进行校正。下面列举含气量为 1％、2％、3％的混凝土的配合比实例（表 3-9）。

表 3-9　混凝土配合比设计举例（不同的设计含气量）

项目	水胶比	表观密度/(kg/m³)	配合比/(kg/m³)						
			水泥	矿粉	粉煤灰	砂	石	水	外加剂
含气量(1%)	0.50	2392	210	70	70	803	1063	169	7.00
含气量(2%)	0.50	2365	210	70	70	791	1048	169	7.00
含气量(3%)	0.50	2338	210	70	70	780	1033	169	7.00

由上面配比可见，混凝土的表观密度分别为 2392kg/m³、2365kg/m³、2338kg/m³。但使用体积法设计高含气量混凝土时要特别注意，应考虑含气量损失、振捣等因素导致的亏方问题，在设计时可根据表观密度和实测的含气量结果进行修正。修正好的配合比不会影响实际使用过程中的配合比调整。

（二）试配用砂的含水状态

砂的含水状态，从干到湿可分为四种状态，即全干状态、气干状态（干燥状态）、饱和面干状态、湿润状态。JGJ 55—2011 规定使用集料：细集料含水率小于 0.5％，粗集料含水率小于 0.2％，接近于气干的状态。

从配合比理论上说，应该用饱和面干状态的集料。拌合混凝土的砂处于这种状态时，与周围水的交换最少，对配合比中水的用量影响最小。但大多数搅拌站较难准确把握砂的饱和面干状态，因此从实用的角度出发，也存在一定的问题。

关于配合比设计时使用的集料状态，作者认为如果从实用的角度可使用接近气干状态的集料，从科研的角度宜使用饱和面干状态的集料。另外，建议提前检测砂石的吸水率，可以判断砂石质量的优劣，同时在配合比设计中加以考虑，提高原始用水量。

（三）配合比的确定方式

JGJ 55—2011 标准规定，根据三个不同水胶比进行的强度试验结果，绘制强度和胶水比的线性关系图或插值法确定略大于配制强度对应的胶水比，计算出最终的理论配合比。

作者认为可根据 3～6 个或更多的水胶比进行强度试验，然后回归出"胶水比-强度"的线性方程，通过相关系数判断相关性，确定略大于试配强度的胶水比，计算出最终的理论配合比。由于搅拌站供应的混凝土需要满足各种不同的要求，混凝土配合比的试验量很大，标准中的三个水胶比确定一个配合比的方法不太适用，而回归方程确定系列配合比的方法，可以一次确定单系列多个配合比，非常适合搅拌站的实际情况，目前多数搅拌站也都在采用这种方法。因此建议在配合比设计规程修订时，将这种方法直接纳入规程。

五、配合比设计实例（体积法、质量法）

配合比设计时，业内的通常做法是将除外加剂等材料之外的计算值取整数，外加剂（例如减水剂、泵送剂、防冻剂、引气剂等）由于用量少，计量精度高，需要精确到 0.01%。本实例适用于无参考资料和历史数据时的混凝土配合比设计。

下面以 C30 为例，采用体积法和质量法进行配合比设计，配合比设计需要的各项参数如表 3-10。

表 3-10   C30 混凝土配合比设计需要的各个参数

原材料名称	卵石	天然砂	粉煤灰	矿粉	水泥	外加剂
规格/掺量	5~25mm	中砂	Ⅰ级 20%	S95 级 20%	P·O42.5	减水剂
密度/表观密度/(kg/m³)	2700	2650	2300	2900	3100	1020
混凝土性能	坍落度	外加剂掺量	外加剂减水率	外加剂固含量	假定密度/(kg/m³)	环境类别
参数	220mm	2.0%	20%	20%	2400	二 a

1. 确定试配强度

$f_{cu,0} \geqslant f_{cu,k} + 1.645\sigma = 30 + 1.645 \times 5.0 = 38.225$，取值为 38.2（MPa）

（1）参数"1.645"   参数"1.645"是为保证混凝土强度具有不低于 95% 的保证率，即 95% 合格的概率。混凝土强度出现的规律符合标准正态分布，查标准正态分布表可得到不同随机变量对应的正态累积分布值，即在混凝土配合比设计中所要求的保证率。查表得参数 1.645 对应 95% 的保证率；参数为 2.0 对应 97.72% 的保证率。

① 正态分布图和标准正态分布图见图 3-1 和图 3-2。

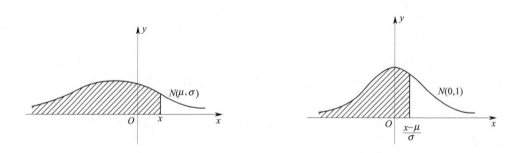

图 3-1   正态分布图   图 3-2   标准正态分布图

② Excel 应用：可以用 Excel 的函数 NORMSDIST（z）（返回标准正态累积分布函数），很方便地得到我们在配合比设计时所需要的保证率。

③ 函数名称：NORMSDIST（z）（z 为需要计算其分布的数值）。

④ 使用举例：NORMSDIST（1.645）= 0.950015 ≈ 95%；NORMSDIST（2.0）= 0.97725 ≈ 97.7%。

⑤ Excel2010 新增公式 NORM.S.DIST（z, cumulative），跟 NORMSDIST（z）返回的结果一致。例：NORM.S.DIST（1.645, TRUE）= 0.950015 ≈ 95%。

（2）C30 混凝土的标准差   根据表 3-11 选取为 5.0。

表 3-11 标准差 σ 值汇总表 MPa

强度等级	根据统计结果选择			无统计资料时选择
	最低标准差	计算值	最终取值	
C10～C20	3.0	计算值	选取最低标准差和计算值中的最大值	4.0
C25～C30	3.0	计算值		5.0
C35～C45	4.0	计算值		5.0
C50～C55	4.0	计算值		6.0

① Excel 应用：标准差也可通过 Excel 的 STDEV 函数计算，该函数用于估算基于样本的标准偏差（忽略逻辑值和文本）。Excel2010 新增函数 STDEV.S 用法与之类似。

② 函数名称：STDEV（number1，[number2]，…），STDEV.S（number1，[number2]，…）。

③ 使用举例：将强度数据输入到 Excel 的工作表里，例如输入后的数据区域为 A9：Q29，在单元格中输入公式"=STDEV（A9：Q29）"，回车即求得标准差。

注意函数 STDEV、STDEVP 的区别。STDEV 函数的参数是总体中的样本，准偏差的计算使用"n-1"方法；而 Excel 的另一个函数 STDEVP，其参数是全部样本总体，标准偏差的计算使用"n"方法。在混凝土强度标准差计算中应采用 STDEV 函数。

2. 确定水胶比

$$W/B = \frac{\alpha_a f_b}{f_{cu,0} + \alpha_a \alpha_b f_b} = \frac{0.49 \times 0.95 \times 1.0 \times 1.16 \times 42.5}{30 + 0.49 \times 0.13 \times 0.95 \times 1.0 \times 1.16 \times 42.5} = 0.557$$

按"二 a"的环境类别，最大水胶比应为 0.55，所以确定配合比设计用的水胶比为 0.55。

（1）卵石的 α_a、α_b 根据表 3-12 分别选取为 0.49、0.13。

表 3-12 回归系数（α_a、α_b）的取值表

系数 \ 粗集料品种	碎石	卵石
α_a	0.53	0.49
α_b	0.20	0.13

（2）胶凝材料 28d 胶砂抗压强度值（f_b）

$$f_b = \gamma_f \gamma_s f_{ce} = \gamma_f \gamma_s \gamma_c f_{ce,g} = 0.95 \times 1.0 \times 1.16 \times 42.5$$

式中，粉煤灰影响系数（γ_f）和粒化高炉矿渣粉影响系数（γ_s）选取上限值，分别为 0.95、1.0。水泥强度等级值的富余系数（γ_c）取为 1.16。

3. 确定用水量

（1）首先选择坍落度为 90mm 时的用水量 卵石最大公称粒径为 25mm，在 20.0～31.5mm 之间，按内插法进行计算得用水量为 190.65kg/m³。

实际操作过程中，因 25mm 为 20mm、31.5mm 中间的一个粒径级，所以可近似在 195～185 之间按中间值进行选取，为 190kg/m³。（JGJ 55—2011 标准注解 2 说明，当掺用矿物掺合料和外加剂时，用水量应进行相应的调整。）

Excel 用于计算内插法的方法有斜率法和函数法（包括 TREND 函数、FORECAST 函数）。

① 斜率法：斜率法的原理是三点之间组成的直线斜率相同。已有的两个点假设为 A、B，两点组成一条直线，内插入的点 C 在 AB 直线上，C 点与 A 或 B 点组成的直线的斜率，与 AB 直线的斜率相同。两个斜率组成方程即可解得 C 点的值。在本例中，A、B 两点分别

为 A（20.0，195）、B（31.5，185），C 为（25，W），根据下面斜率相等的方程，可求出用水量 W 的值。

$$\frac{20.0-31.5}{195-185}=\frac{20.0-25}{195-W}$$

解得：$W=195-\dfrac{(20.0-25)\times(195-185)}{20.0-31.5}=190.65$（kg/m³）

② 函数法：可通过 TREND 和 FORECAST 两个函数求得。函数 TREND 函数返回一条线性回归拟合线的值。FORECAST 函数根据已有的数值计算或预测未来值。两个函数返回相同的值，只不过公式参数输入的顺序不同。

如图 3-3 所示，将 A、B 两点的数据分别输入到 A1：B2 单元格区域中，在 A3、A4、A5 单元格输入 C 点的 X 值"25"，在 B4 输入公式"=TREND(B2：B3，A2：A3，A4)"，在 B5 输入公式=FORECAST(A5，B2：B3，A2：A3)，在 B6 输入公式"=B2-(A2-A6)×(B2-B3)/(A2-A3)"，均可求得内插法得到的值为 190.65（kg/m³）。

	A	B	C	D
1	粒径	用水量	公式	备注
2	20	195		90mm坍落度
3	31.5	185		卵石
4	25	190.65	=TREND(B2:B3,A2:A3,A4)	TREND函数
5	25	190.65	=FORECAST(A5,B2:B3,A2:A3)	FORECAST函数
6	25	190.65	=B2-(A2-A6)*(B2-B3)/(A2-A3)	斜率法

图 3-3　内插法应用图

（2）计算 220mm 坍落度时的用水量　以 90mm 坍落度的用水量 190kg/m³ 为基础，按每增大 20mm 坍落度相应增加 5kg/m³ 用水量来计算 220mm 坍落度时的用水量。计算公式为

$$m'_{w0}=190.65+\frac{220-90}{20}\times5=223.15(\text{kg/m}^3)$$

4. 掺加外加剂混凝土用水量选取

外加剂的减水率 β 为 20%。用水量按下式计算：

$$m''_{w0}=m'_{w0}(1-\beta)=223.15\times(1-20\%)=178.52(\text{kg/m}^3)$$

5. 计算胶凝材料用量（m_{b0}）

$$m_{b0}=\frac{m_{w0}}{W/B}=\frac{179}{0.55}=325(\text{kg/m}^3)$$

计算得出的 325kg/m³ 的胶凝材料量，符合最低胶凝材料用量的规定，可以使用。

6. 计算矿物掺合料用量（m_{f0}）

$$m_{f0}=m_{b0}\beta_f=325\times(20\%+20\%)=130(\text{kg/m}^3)$$

本配比中，掺入了 20% 粉煤灰、20% 矿粉，所以粉煤灰和矿粉的用量分别为：

矿粉用量：$m_{SL0}=m_{b0}\beta_{SL0}=325\times20\%=65.0(\text{kg/m}^3)$，取整 65（kg/m³）；

粉煤灰用量：$m_{Fa0}=m_{b0}\beta_{Fa0}=325\times20\%=65.0(\text{kg/m}^3)$，取整 65（kg/m³）。

7. 计算外加剂用量（m_{c0}）

$m_{a0}=m_{b0}\beta_a=325\times2.0\%=6.50(\text{kg/m}^3)$，取两位小数 6.50（kg/m³）。

8. 计算水泥用量（m_{c0}）

$m_{c0}=m_{b0}-m_{f0}=325-130=195.0(\text{kg/m}^3)$，取整 195（kg/m³）。

9. 计算最终用水量（m_{w0}）。

$m_{w0}=m''_{w0}-m_{a0}(1-\beta)=178.52-6.5\times(1-17\%)=173.12(\mathrm{kg/m^3})$，取整 $173(\mathrm{kg/m^3})$。

外加剂从定义上来说是可以不扣其带入的水的，JGJ 55—2011 上也没有扣除外加剂中的水的说明，所以许多搅拌站在混凝土设计时没有扣除外加剂中的水。但液体外加剂的含固量一般在 $10\%\sim40\%$ 之间，也就是说其中含有 $60\%\sim90\%$ 的水，会影响混凝土的水胶比。因此严格地说应该在配合比设计计算中将其扣除。

通过试验外加剂的固含量 $m_A\%$，按下式计算扣除。

$$m_{w0}=m''_{w0}-(1-m_A\%)$$

举例：对于外加剂掺量较低且掺量变化不大的混凝土来说，不扣除外加剂中的水问题不大，即外加剂中的水对混凝土强度、工作性等都没有较大的影响。因为配比的确定是通过系列试配根据实际强度确定的，此时的水胶比实际上比真实的水胶比要高（包含外加剂的水）。但对于高强度等级混凝土，其用水量较少，水胶比很低，胶凝材料较多，外加剂用量就相对多一些，这样外加剂带入的水就很多了。

例如表 3-13 所示的高强度等级混凝土的各参数。水胶比 0.30，原始用水 $160\mathrm{kg/m^3}$，外加剂掺量 2.5%，这时外加剂用量为 $13.33\mathrm{kg/m^3}$，如果按固含量为 17% 计算，外加剂带入混凝土中的水为 $13.33\times(1-17\%)=11.1\mathrm{kg/m^3}$。这样实际的水胶比为 0.32，比设计的水胶比高 0.02。对于高强度等级混凝土，差 0.02 的水胶比，其 28d 强度大致能相差一个强度等级。所以建议在配合比设计时，将外加剂中的水扣除。

表 3-13　外加剂带入的水对混凝土水胶比的影响

设计水胶比	原始用水量 /(kg/m³)	外加剂掺量 /%	外加剂固含量 /%	胶凝材料量 /(kg/m³)	外加剂用量 /(kg/m³)	外加剂带入的水 /(kg/m³)	实际水胶比	水胶比差异（实际-计算）
0.30	160	2.5	17	533	13.32	11.1	0.32	0.02

10. 确定砂率

水胶比为 0.55 时，砂率可在 $0.50\sim0.60$ 水胶比范围和 $20.0\sim40.0\mathrm{mm}$ 粒径范围内选择。因每个级别的砂率选择范围很大，可按（0.50、20.0mm）选择高限为 34%。

设计坍落度为 220mm，则最终的砂率为：

$$\beta_s=34\%+\frac{220-60}{20}\times1\%=42\%$$

实际试配中，还要通过试拌来进行工作性的调整，确定最佳砂率。必要时应进行最佳砂率试验。确定最佳砂率的试验方法为：

① 按照配合比设计流程设计出混凝土理论配合比，假定其砂率为 β_s。

② 对理论配合比进行试拌，调整各参数使其工作性达到最佳。

③ 在配合比的其他材料均保持不变的前提下，分别以增减 1% 的砂率确定三个或以上配合比，并分别以这些配合比进行试拌，记录各配合比的坍落度。

④ 以砂率为横坐标，坍落度为纵坐标，画出"砂率-坍落度"曲线，曲线的最高点所对应的砂率即为最佳砂率，即混凝土坍落度最大时的砂率为最佳砂率。

11. 计算粗细集料用量

（1）体积法计算粗细集料

解方程：

$$\frac{m_{c0}}{\rho_c}+\frac{m_{f0}}{\rho_f}+\frac{m_{s0}}{\rho_s}+\frac{m_{g0}}{\rho_g}+\frac{m_{w0}}{\rho_w}+\frac{m_{a0}}{\rho_a}+0.01\alpha=1$$

$$\beta_s = \frac{m_{s0}}{m_{s0} + m_{g0}} \times 100\%$$

步骤1：由砂率公式得出 $m_{g0} = \frac{1 - \beta_s}{\beta_s} m_{s0} = \frac{1 - 42\%}{42\%} m_{s0}$；

步骤2：将 m_{g0} 带入第一个方程，解此方程即可求出 m_{s0} 的用量。

$$\frac{195}{3100} + \frac{65}{2900} + \frac{65}{2300} + \frac{m_{s0}}{2650} + \frac{\frac{1 - 42\%}{42\%} m_{s0}}{2750} + \frac{173}{1000} + \frac{6.50}{1020} + 0.01 \times 1 = 1$$

解得 $m_{s0} = 784.24 (kg/m^3)$，取整为 $784 (kg/m^3)$。

步骤3：求出 $m_{g0} = 1083.00 (kg/m^3)$，取整为 $1083 (kg/m^3)$。

各种原材料的密度试验方法明细见表3-14。

表 3-14　各种原材料的密度试验方法明细表

原材料名称	密度试验标准名称	现行标准编号
水泥	水泥密度测定方法	GB/T 208—2014
掺合料	水泥密度测定方法	GB/T 208—2014
细集料	普通混凝土用砂、石质量及检验方法标准	JGJ 52—2006
粗集料	普通混凝土用砂、石质量及检验方法标准	JGJ 52—2006
水	可取 1000kg/m³	—
外加剂	混凝土外加剂匀质性试验方法	GB/T 8077—2012

(2) 质量法计算粗细集料　求解方程的过程与体积法类似。密度设为 2400kg/m³。

$$m_{c0} + m_{f0} + m_{s0} + m_{g0} + m_{w0} + m_{a0} = m_{cp}$$

$$\beta_s = \frac{m_{s0}}{m_{s0} + m_{g0}} \times 100\%$$

步骤1：由砂率公式得出 $m_{g0} = \frac{1 - \beta_s}{\beta_s} m_{s0} = \frac{1 - 42\%}{42\%} m_{s0}$；

步骤2：将 m_{g0} 带入方程，解此方程可求出 m_{s0} 的用量。

$$95 + 65 + 65 + m_{s0} + \frac{1 - 42\%}{42\%} m_{s0} + 173 + 6.50 = 2380$$

解得 $m_{s0} = 796.11 (kg/m^3)$，取整为 $796 (kg/m^3)$。

步骤3：求出 $m_{g0} = 1099.39 (kg/m^3)$，取整为 $1099 (kg/m^3)$。

12. 汇总成为初步设计的配合比。

(1) 体积法设计的配合比　见表3-15。

表 3-15　C30 配合比（体积法）

强度等级	水胶比	砂率/%	配合比各组分用量/(kg/m³)							表观密度 /(kg/m³)
			水泥	矿粉	粉煤灰	砂	石	水	外加剂	
C30	0.55	42	195	65	65	784	1083	173	6.50	2372

(2) 质量法设计的配合比　见表3-16。

表 3-16　C30 配合比（质量法）

强度等级	水胶比	砂率/%	配合比各组分用量/(kg/m³)							表观密度 /(kg/m³)
			水泥	矿粉	粉煤灰	砂	石	水	外加剂	
C30	0.55	42	195	65	65	796	1099	173	6.50	2400

13. 体积法和质量法计算出的配合比对比分析

从上面体积法和质量法计算出的配合比，我们可以看出"水胶比、砂率、水泥、矿粉、粉煤灰、水、外加剂"等参数的值是相同的,不同的参数为砂石用量、混凝土表观密度。需要经过后续的试拌、试配等工作,进行校正系数的调整,二者的砂石用量、表观密度的差别应该会减小。

但生产过程中由于各个参数的调整,表观密度的差别又会体现出来,这时体积法就体现出明显的优势,能确保配合比经过频繁调整或者经过多个参数调整后,仍能保持 $1m^3$ 的体积。质量法则需要进行及时的表观密度试验加以校正。

六、试拌

混凝土配合比在进行系列试配前,应在上面计算配合比的基础上进行试拌,保持计算水胶比不变,通过调整配合比其他参数使混凝土拌合物的性能符合设计和施工要求,然后修正计算配合比,确定试拌配合比,也就是系列配合比试验的基准配合比。

混凝土试拌是试配前的一项重要工作,必须充分试拌以保证下一步的试配是在最合理的配合比上进行的。如果试拌不充分、试验项目不全或者试验效果不佳,就不会得到最佳的试配用配合比。

1. 试拌时的试验项目

JGJ 55—2011虽然提出了试拌要求,但没有明确规定试拌时拌合物性能的具体试验项目、试验方法和评价手段。作者结合自己的试配经验,提出了以下具体的试验项目,这些项目的具体试验方法和注意事项详见本书"第四章 生产过程质量控制"相关内容。

(1)混凝土和易性(工作性) 和易性也称混凝土的工作性,一项综合的技术性质,包括流动性、保水性和黏聚性等三个方面的含义。试拌混凝土必须首先满足工作性设计要求。

① 出机坍落度 混凝土的流动性能以坍落度来表示。坍落度是衡量混凝土配合比性能的首要指标,只有坍落度满足要求才能进行下一步的强度等试验。混凝土坍落度两次试验结果均出现崩坍或一边剪坏现象,则表示该混凝土的和易性不好,应调整相关参数。

② 坍落度经时损失 试拌时应根据要求进行坍落度经时损失的试验,试验标准依据《混凝土质量控制标准》(GB 50164—2011)附录A"坍落度经时损失试验方法"。该标准规定的坍落度经时损失试验的时间为1h,同时在条文说明中也注明了"如果工程需要,也可参照此方法测定经过不同时间的坍落度损失"。根据作者的实际试配及生产经验,我们建议根据需要选择性地进行1h、1.5h、2h、3h等时间的坍落度经时损失试验,以确定最合适的坍落度性能。根据出机坍落度和坍落度经时损失结果,调整外加剂用量、外加剂配方等,以保证混凝土坍落度损失在正常的范围内。

预拌混凝土坍落度经时损失不宜过大,也不宜过小。损失过大时,混凝土浇筑时间不好控制,因工地压车或者其他问题导致混凝土在现场等待时间过长时,混凝土坍落度就会变小,从而影响浇筑;坍落度损失过小时,大多是通过调整外加剂保坍或缓凝组分解决的,这样混凝土的敏感性就会增加,出机状态不好控制,很容易造成离析或坍落度后返大。

根据作者的实际经验,给出了以下坍落度经时损失控制值的建议范围,以供参考(表3-17)。

表 3-17 预拌混凝土坍落度经时损失(静态)建议控制值

混凝土坍落度经时损失值 (出机220mm坍落度)	1h	1.5h	2h	3h
不大于(≤)	10mm	20mm	40mm	60mm

③ 黏聚性、保水性 良好的黏聚性和保水性是混凝土工作性能的保证。黏聚性和保水性主要通过试拌过程直观判断是否满足要求,确保混凝土不发生离析、泌水、抓底、发硬等

现象。

高强度等级混凝土（C60 及以上）的黏聚性非常重要。由于高强度等级混凝土水胶比小，胶凝材料用量高，混凝土黏度一般偏大，试拌时应尽可能采取降黏措施，确保混凝土的黏度满足要求。如果确定的配合比黏度过大，或者因原材料原因没有解决好黏聚性问题，仅仅从强度指标勉强确定黏度过大的配合比，实际生产时搅拌时间长、放料困难，严重影响生产速率，容易造成搅拌机操作工为了保证生产速度直接加水搅拌，导致实际施工配合比与理论配合比有很大的偏差，水胶比被人为地放大，混凝土强度降低。如果黏度过大的混凝土运送到现场，将不能满足施工要求，严重影响正常施工速率，也是导致现场加水调整的原因之一，降低混凝土结构实体强度，造成混凝土外观质量、耐久性等一系列问题。总之，试验室确定的配合比和易性不能满足生产和施工要求，是目前高强度等级混凝土强度保证率达不到要求的主要原因。

④ 坍落扩展度　坍落度法适用于粗集料最大粒径不大于 40mm、坍落度不小于 10mm 的混凝土拌合物稠度的测定。国内外资料一致认为坍落度在 10～220mm 对混凝土拌合物的稠度具有良好的反应能力，但当坍落度大于 220mm 时，由于粗集料的堆积的偶然性，坍落度就不能很好地代表拌合物的稠度。因此，增加了坍落扩展度来辅助测量坍落度大于 220mm 的混凝土拌合物的稠度。测量时要保证最大直径和最小直径的差值小于 50mm。

（2）合适的外加剂掺量和外加剂配方　外加剂对混凝土配合比用水量、和易性、强度、凝结时间等性能有很大的影响，是混凝土试拌的关键。需要通过试拌确定合适的外加剂配方和用量，并基于混凝土良好的出机坍落度和坍落度保持、合适的含气量、良好的泵送性能等为目标进行外加剂的选择。

（3）力学性能、耐久性能试验　JGJ 55—2011 是以强度为主确定配合比的，混凝土的水溶性氯离子含量、耐久性等指标是在确定配合比后再进行试验验证。这种方法在以耐久性为主要指标的混凝土配合比确定的过程中存在一些问题。对于耐久性指标为主来确定配合比的情况，作者认为需要事先通过试拌，对混凝土的耐久性能等指标进行测试，得到合格的数据后再进行后面的系列试配工作。

2. 试拌时的参数调整

试拌的原则是通过调整配合比的各项参数，使混凝土拌合物的坍落度、坍落度经时损失、黏聚性、保水性、凝结时间、含气量等性能满足设计和施工要求。

试拌时，应保持水胶比不变，调整配合比的各项参数（如砂率、外加剂掺量、原始用水量等），必要时要求外加剂厂家对外加剂配方进行调整，以达到所需要的性能。

（1）砂率调整　砂率调整应使混凝土拌合物各项性能在满足设计要求的前提下，使混凝土的坍落度、黏聚性、保水性均达到良好效果为原则。必要时应进行最佳砂率试验。

（2）外加剂掺量调整　外加剂掺量调整时，应对混凝土和易性、坍落度经时损失、凝结时间、含气量等进行试验，确定最佳的外加剂掺量。

如果通过调整外加剂掺量无法得到良好的效果时，应要求外加剂厂家对外加剂配方（减水、引气、保坍、缓凝等组分）进行调整。

（3）原始用水量调整　原始用水量是指在配合比设计时的总用水量。当采用调整砂率、外加剂用量等方法都不能解决混凝土工作性等问题时，可采取调整原始用水量的措施。

原始用水量提高，混凝土胶凝材料量会增加，对外加剂等原材料的要求会降低，混凝土和易性会得到改善；原始用水量降低，可以降低混凝土的离析泌水的趋势。

（4）混凝土凝结时间的合理范围　混凝土的凝结时间应控制在合理的范围内，以满足混凝土结构实体的拆模时间。各地应根据当地的气候情况，来设计对应的凝结时间的混凝土配合比。作者根据北京地区常年的混凝土生产经验，推荐如表 3-18 所示的凝结时间控制范围，供参考。

表 3-18 混凝土凝结时间推荐表   单位：h

凝结时间	普通混凝土	大体积混凝土	早强混凝土
初凝时间	6～8	10～12	4～6
终凝时间	8～10	12～14	6～8

注：上述凝结时间的测定是在室温（20℃±5℃）的环境下测定的。

3. 确定试拌配合比

一般情况下，系列试配是由 3 个及以上的配合比构成，可选取有代表性的配合比进行试拌，通过上述试验调整各参数，修正配合比，从而确定试配用的配合比，然后计算出这一系列的配合比进行下一步的试配。

七、试配

试配是在试拌的基础上进行混凝土强度等性能检验，通过对强度结果的分析，确定各强度等级对应的水胶比。

1. 配合比选择和计算

JGJ 55—2011 规定采用 3 个不同的配合比（水胶比按 0.05 进行调整），用水量相同，砂率、外加剂掺量适当增减，进行混凝土的试配。

我们在长期进行混凝土试配工作时发现，混凝土试配不必拘泥于 3 个水胶比确定 1 个配合比，应将试配分成一个系列，用 3～6 个或更多的配合比进行试配，只要"试配强度-胶水比"的回归方程相关性良好，就可以在此水胶比范围内确定多个强度等级的配合比。

例如：按 0.55、0.50、0.45、0.40、0.35 五个水胶比进行试配，水胶比范围为 0.55～0.35。根据试配结果可以确定该水胶比范围的多个强度等级（如 C25、C30、C35、C40、C45、C50 等）。

2. 试配时进行的试验项目

试配时进行的试验项目应符合标准相关规定，可按照本书"第三章 生产过程质量控制"中规定的混凝土出场检验项目来进行。具体要注意以下几点。

（1）对每一配合比进行的试验项目 和易性判断；表观密度试验，并验证校正系数是否符合要求；出机坍落度（扩展度）；含气量（引气混凝土必做）；强度等。

（2）选取有代表性的配合比进行试验项目 坍落度经时损失；含气量及含气量经时损失；水溶性氯离子含量；常压泌水；凝结时间（初凝、终凝）；耐久性试验项目等。

3. 确定水胶比

标准 JGJ 55—2011 规定，配合比的确定首先要以强度为基准，根据 28d 或设计规定龄期的强度试验结果，绘制"强度-胶水比线性关系图"或插值法确定略大于配制强度对应的胶水比。

（1）绘图法

① 选择数据区域 C2：D7，点击进入【插入】选项卡，单击【散点图】下拉按钮，选择第一个图形格式【仅带数据标记的散点图】，即在 Excel 空白区域出现了如下图所示的线性关系图。横坐标为胶水比，纵坐标为强度。

② 单击强度-胶水比线性关系图，出现【图标工具】选项卡，单击【布局】→【趋势线】→【线性趋势线】命令，图中即出现一条线性关系直线。可以通过该直线选择各配制强度对应的水胶比。通过调整图形大小或者坐标数据范围，来调整图形的大小，方便取值。

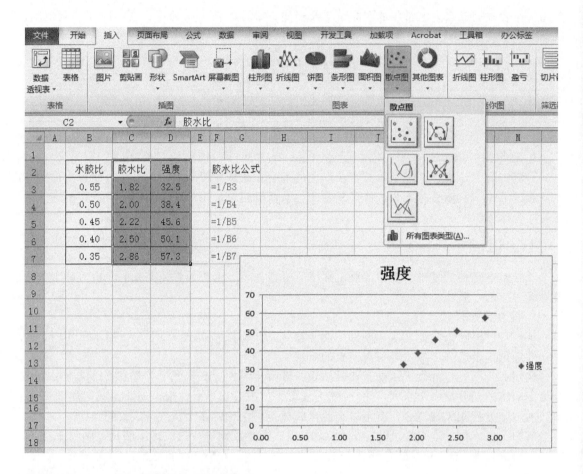

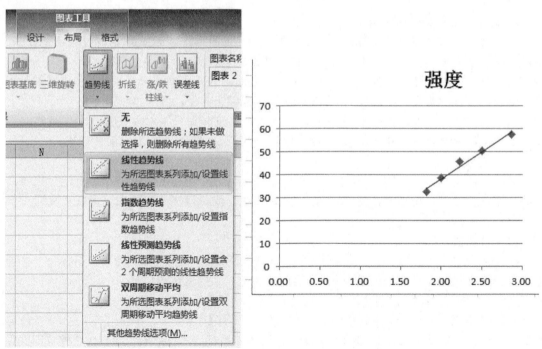

（2）插值法　插值法可按照前面介绍的 Excel 函数来实现。插值法的精度会稍差一点。

（3）线性回归方程法（推荐）　在一定的水胶比范围内，强度和胶水比呈线性关系。可利用 Excel 函数或趋势线功能对强度-胶水比系列数据进行回归，确定"强度-胶水比"线性回归方程。通过相关系数 r 来确定二者的线性相关性（建议 r 大于 0.85 时方可使用）。

① Excel 函数

a. 斜率函数 SLOPE（）：求得线性方程的斜率，即参数 a。

b. 截距函数 INTERCEPT（）：求得线性方程的截距，即参数 b。

c. 相关系数函数 CORREL（）：求得方程的相关系数 r。

② 具体过程　将水胶比和强度的数据放置在"B3：C7"单元格区域中，"D3：D7"单元格区域计算出胶水比的值。以强度为纵坐标 y 轴，胶水比为横坐标 x 轴，按图 3-4 所示进行回归方程的计算。

▲	A	B	C	D	E	F	G	H
1								
2		水胶比	胶水比	强度				
3		0.55	1.82	32.5	=1/B3			
4		0.50	2.00	38.4	=1/B4			
5		0.45	2.22	45.6	=1/B5			
6		0.40	2.50	50.1	=1/B6			
7		0.35	2.86	57.3	=1/B7			
8								
9		斜率a	23.365	=SLOPE(D3:D7,C3:C7)				
10		截距b	-8.480	=INTERCEPT(D3:D7,C3:C7)				
11		相关系数γ	0.989	=CORREL(C3:C7,D3:D7)				
12		回归方程	$f_{cu,0}=$	23.37	C/W		-8.48	
13	回归方程(自动)	**$f_{cu,0}=23.365\ C/W\ -8.48$**						
14		=IF(C11<0.85,"相关系数超标，改组数据作废。","fcu,0="&ROUND(C9,3)&" C/W "&IF(C10<0,ROUND(C10,3),"+"&ROUND(C10,3)))						
15								
16								

图 3-4　Excel 回归方程举例

最后在 C13 单元格中利用 IF 函数进行了判断，一次性取得回归方程。

注解：相关系数 γ

相关系数是衡量两个变量线性相关密切程度的量，是变量之间相关程度的指标。样本相关系数用 γ 表示，总体相关系数用 ρ 表示，相关系数的取值范围为 $[-1,1]$。$|\gamma|$ 值越大，误差 Q 越小，变量之间的线性相关程度越高；$|\gamma|$ 值越接近 0，Q 越大，变量之间的线性相关程度越低。$\gamma>0$ 为正相关，$\gamma<0$ 为负相关。$\gamma=0$ 表示不相关；通常 $|\gamma|$ 大于 0.8 时，认为两个变量有很强的线性相关性。【为了保证方程的相关性，本书将相关系数定为大于 0.85。】

（4）绘制散点图生成线性方程　见图 3-5。

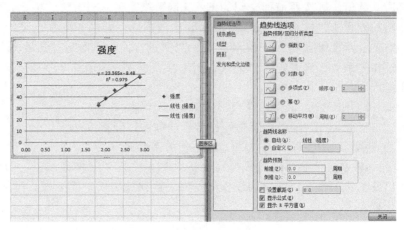

图 3-5　Excel 散点图显示方程

八、配合比确定

根据绘图法或强度-胶水比线性关系方程确定各强度等级对应的胶水比，计算出配合比。对耐久性有设计要求的混凝土，应根据耐久性试验结果进行水胶比的调整，并计算出最终的配合比。

第二节　基于 Excel 进行配合比设计（体积法）

作者在长期的试配工作中，逐步摸索出利用 Excel 软件进行配合比设计的方法，具备了以下几个特点：

① 适用于现代复杂成分的混凝土配合比设计，由 5 组分扩大到 13 组分或更多；

② 配合比计算过程方便、快捷、准确；

③ 配合比调整准确、快速，使调整过程的体积保持不变；

④ 适用于各种混凝土的配合比设计；

⑤ 采用的 Excel 软件本身使用范围广。

作者采用的 Excel 软件版本为 Excel2010，也适用于 Excel2013、Excel2007 版本，但与 2003 版及之前的版本变动较大。

一、确定原材料及混凝土相关数据

需要事先对原材料和混凝土的各个参数进行试验和确定。主要有下列内容。

（1）原材料

① 原材料厂家、表观密度、单价等。

② 外加剂固含量，设计时是否扣掉外加剂中的水。

③ 砂石含水、砂含石等。

（2）混凝土

① 试配强度等级范围、水胶比范围。

② 坍落度要求、扩展度要求、凝结时间要求、设计含气量等。

（3）工程性质　结构部位、其他要求等。

（4）各参数在 Excel 表格中进行体现

混凝土配合比设计（依据JGJ5-2011）

1. 原材料及混凝土的各个参数

1）混凝土性能要求

	试配编号：	2013-1		试配部位：	地上墙柱

强度等级	坍落度/mm	扩展度/mm	初/终凝时间/h		含气量/%
C25 ~C50	200 ±20	500 ±50	8	12	2~4%

2）原材料选择

名称	水泥	矿粉	粉煤灰	膨胀剂	（混合）砂			石			水	外加剂	引气剂	硅灰	石粉
	琉璃河	三河兴达	大唐盘山Ⅰ级	YS	砂总量	天然细砂	河砂（中砂）	石总量	卵碎石	碎石（废石）	水	聚羧酸减水剂(公司)	引气剂SJ-2	硅灰	石粉500
原材价格/（元/t）	363	228	197	750		50	62		44	55	2	2500	18000	3000	600
表观密度/（kg/m³）	3100	2900	2290	2860		2650	2690		2700	2790	1000	1130	3100	2290	2700

3）原材料、混凝土设计参数

■ 混凝土含气量 α/%	1.0				
■ 外加剂固含量	12%	是否扣水	扣	参入计算的固含量	12%
■ 砂含石实测值	20.0%	设计时减掉	5%	最终砂含石	15.0%

二、配合比计算

1. 配合比设计用 Excel 表格

2. 配合比计算

试配编号	强度等级	水胶比	原始砂率（设定值）/%	实际砂率（计算）/%	矿渣粉掺量/%	粉煤灰掺量/%	硅灰掺量/%	石粉掺量/%	膨胀剂掺量/%	外加剂掺量/%	引气剂SJ-2掺量/%	原始用水量/kg	河砂（中砂）取代率（设定）/%	碎石（废石）取代率（设定）/%	胶凝材料量/（kg/m³）	成本/（元/m³）	实际容重/（kg/m³）
1-1	C25	0.54	42	49.2	20	20	0	0	0	2.00	0.0000	170	100	0	315	212.5	2399
1-2	C30	0.50	41	48.1	20	20	0	0	0	2.00	0.0000	170	100	0	340	219.8	2400
1-3	C35	0.46	40	46.9	20	20	0	0	0	2.00	0.0000	170	100	0	370	228.3	2402
1-4	C40	0.42	39	45.8	20	20	0	0	0	2.00	0.0000	170	100	0	405	238.6	2404
1-5	C45	0.38	38	44.6	20	20	0	0	0	2.00	0.0000	170	100	0	447	251.2	2407
1-6	C50	0.34	36	42.3	20	20	0	0	0	2.00	0.0000	170	100	0	500	266.5	2410

					配合比/（kg/m³）											未考虑砂含石	
水泥	矿粉	粉煤灰	膨胀剂	（混合）砂			石			水	外加剂	引气剂	硅灰	石粉		原始砂	原始石
琉璃河	三河兴达	大唐盘山Ⅰ级	YS	砂总量	天然细砂	河砂（中砂）	石总量	卵碎石	碎石（废石）	水	聚羧酸减水剂(公司)	引气剂SJ-2	硅灰	石粉500		S	G
189	63	63	0	942	0	942	1004	971	0	164	6.30	0.000	0	0		819	1131
204	68	68	0	908	0	908	1014	981	0	164	6.80	0.000	0	0		790	1137
222	74	74	0	873	0	873	1021	988	0	163	7.39	0.000	0	0		759	1139
243	81	81	0	837	0	837	1025	992	0	163	8.10	0.000	0	0		728	1138
268	89	89	0	798	0	798	1024	991	0	162	8.95	0.000	0	0		694	1132
300	100	100	0	735	0	735	1037	1004	0	161	10.00	0.000	0	0		639	1137

2. 设计原理

以 0.50 水胶比（试配编号：1-2）为例进行介绍。

① 输入表头，单元格范围为"A19：AM21"。

② A19：R21 中输入配合比设计相应的内容。

③ R20：AG21 的数据链接自 B7：P8，以保证原材料名称的关联。

④ A23：输入试配编号【1-2】。

⑤ B23：输入强度等级【C30】。

⑥ C23：输入水胶比【0.50】。

⑦ D23：输入原始砂率（设计值）【41%】。

注：原始砂率用于配比计算原始的砂、石用量。

⑧ E23：计算调整砂含石后的砂率【$=(X23+Y23)/(X23+Y23+AA23+AB23)$】。

注：实际砂率为考虑砂含石，对砂子的用量进行调整后的砂率。

⑨ F23：输入矿渣粉掺量（取代率/%）【20%】。

⑩ G23：输入粉煤灰掺量（取代率/%）【20%】。

⑪ H23：输入硅灰掺量（取代率/%）【0%】。

⑫ I23：输入石粉掺量（取代率/%）【0%】。

⑬ J23：输入膨胀剂掺量（取代率/%）【0%】。

⑭ K23：输入外加剂掺量（取代率/%）【0%】。

⑮ L23：输入引气剂掺量（取代率/%）【0.000%】。

⑯ M23：输入原始用水量【170】。

⑰ N23：输入河砂（中砂）取代率【100%】。

注：考虑采用两种砂时，按该取代率进行计算。

⑱ O23：输入碎石取代率【100%】。

注：考虑采用两种石时，按该取代率进行计算。

⑲ P23：计算胶凝材料总量，用于计算外加剂用量【$=M23/C23$】。

⑳ Q23：计算配比成本【＝(SUMPRODUCT（$\$B\$9$：$\$E\$9$，S23：V23)＋SUMPRODUCT（$\$G\$9$：$\$H\$9$，X23：Y23)＋SUMPRODUCT（$\$J\$9$：$\$P\$9$，AA23：AG23))/1000】。

㉑ R23：计算配比实际密度【＝SUM(S23：V23，X23：Y23，AA23：AB23，AC23：AG23)】。

㉒ S23：计算水泥用量【$=P23*(1-F23-G23-H23-I23)*(1-J23)$】。

㉓ T23：计算矿渣粉用量【$=\$P23*F23*(1-\$J23)$】。

㉔ U23：计算粉煤灰用量【$=\$P23*G23*(1-\$J23)$】。

㉕ V23：计算膨胀剂用量【$=P23*J23$】。

㉖ W23：计算（混合）砂总量【$=AL23*(1+\$K\$15)$】。

㉗ X23：计算天然细砂用量【$=(W23-Y23)/\$H\$10*\$G\$10$】。

㉘ Y23：计算河砂（中砂）用量【$=W23*N23$】。

㉙ Z23：计算石总用量【$=\$K\$10*(AL23/\$H\$10+AM23/\$K\$10-W23/\$H\$10)$】。

㉚ AA23：计算卵碎石用量【$=(Z23-AB23)/\$K\$10*\$J\$10$】。

㉛ AB23：计算碎石用量【$=Z23*O23$】。

㉜ AC23：计算水用量【$=M23-AD23*(1-\$K\$14)$】。

注：用水量调整（扣除外加剂中的水之后的用水量），配比最终用水量。

㉝ AD23：计算外加剂用量【＝＄P23＊K23】。

㉞ AE23：计算引气剂用量【＝＄P23＊L23】。

㉟ AF23：计算硅灰用量【＝＄P23＊H23＊（1－＄J23）】。

㊱ AG23：计算石粉用量【＝＄P23＊I23＊（1－＄J23）】。

㊲ AL23：计算未考虑砂含石的砂用量【＝（1－S23/＄B＄10－T23/＄C＄10－U23/＄D＄10－V23/＄E＄10－AF23/＄O＄10－AG23/＄P＄10－AC23/＄L＄10－AD23/＄M＄10－AE23/＄N＄10－0.01＊＄D＄13）/（（1－D23）/（D23＊＄K＄10）＋1/＄H＄10）】。

注：该砂的用量是最原始的砂用量，实际应用过程汇总，河砂有一定的砂含石，需要在配比设计时加以考虑。

㊳ AM23：计算未考虑砂含石的石用量【＝（AL23＊（1－D23））/D23】。

㊴ 至此，水胶比为 0.50 的 C30 混凝土配合比设计基本完成。

㊵ 整行复制 23 行，到其他行，然后调整各个参数，可以设计计算出其他水胶比的混凝土配合比。

3. 使用方法

调整各个参数，计算出一个系列的配合比，进行试拌和试配。试拌过程中，根据试拌结果调整各个参数，获得试配用的系列配合比。具体的调整方法及效果举例如下。

	A	B	C	D	E	F	G	H	I	J	K	L	M	N	O	P	Q	R
19/20/21	试配编号	强度等级	水胶比	原始砂率（设定值）/%	实际砂率（计算）/%	矿渣粉掺量/%	粉煤灰掺量/%	硅灰掺量/%	石粉掺量/%	膨胀剂掺量/%	外加剂掺量/%	引气剂SJ-2掺量/%	原始用水量选取/（kg）	河砂（中砂）取代率（设定）/%	碎石（废石）取代率（设定）/%	胶凝材料量/（kg/m³）	成本/（元/m³）	实际容重/（kg/m³）
22	1-2	原始	0.50	41	48.1	20	20	0%	0%	0%	2.00%	0.0000%	170	100%	0%	340	219.8	2400
23	1-2	调整用水量	0.50	41	48.1	20	20	0%	0%	0%	2.00%	0.0000%	175	100%	0%	350	222.1	2392
24	1-2	调整水胶比	0.51	41	48.1	20	20	0%	0%	0%	2.00%	0.0000%	170	100%	0%	333	217.7	2400
25	1-2	调整砂率	0.50	42	49.2	20	20	0%	0%	0%	2.00%	0.0000%	170	100%	0%	340	220.2	2400
26	1-2	调整掺合料用量	0.50	41	48.1	25	15	0%	0%	0%	2.00%	0.0000%	170	100%	0%	340	220.5	2404
27	1-2	调整外加剂用量	0.50	41	48.1	20	20	0%	0%	0%	1.90%	0.0000%	170	100%	0%	340	218.9	2400
28	1-2	组合调整	0.51	42	49.2	25	15	0%	0%	0%	1.90%	0.0000%	175	100%	0%	343	220.3	2396

S	T	U	V	W	X	Y	Z	AA	AB	AC	AD	AE	AF	AG	AH	AL	AM
				配合比/（kg/m³）												未考虑砂含石	
水泥	矿粉	粉煤灰	膨胀剂	（混合）砂			石			水	外加剂	引气剂	硅灰	石粉		原始砂 S	原始石 G
琉璃河	三河兴达	大唐盘山Ⅰ级	YS	砂总量	天然细砂	河砂（中砂）	石总量	卵碎石	碎石（废石）	水	聚羧酸减水剂（公司）	引气剂SJ-2	硅灰	石粉500			
204	68	68	0	908	0	908	1014	981	0	164	6.80	0.000	0	0		790	1137
210	70	70	0	897	0	897	1001	969	0	169	7.00	0.000	0	0		780	1123
200	67	67	0	911	0	911	1017	984	0	164	6.67	0.000	0	0		792	1140
204	68	68	0	930	0	930	991	959	0	164	6.80	0.000	0	0		809	1117
204	85	51	0	910	0	910	1016	983	0	164	6.80	0.000	0	0		792	1139
204	68	68	0	908	0	908	1014	981	0	164	6.46	0.000	0	0		790	1137
206	86	51	0	924	0	924	985	953	0	169	6.52	0.000	0	0		804	1110

三、试配

本节主要介绍使用 Excel 进行试配时的自动化设计，通过拟合的"胶水比-强度"线性方程，确定各强度等级对应的水胶比。

1. 试配用 Excel 表格

	A	B	C	D	E	F	G	H	I	J	K	L	M	N	O	P	Q	R
29	3	试配（试拌）		日期：			2013/1/1											
30		1）计算试拌用每盘用量（须手动输入：试拌升数、砂石含水等；试配编号需要链接到"2.配合比计算"。）																
31		含水率：	天然砂		0.0%		河砂（中砂）	0.0%			卵碎石	0.0%		碎石（废石）	0.0%			
32																		
33		试配编号	试拌升数/ₐ³	琉璃河	三河兴达	大唐盘山T级	YS	砂总量	天然细砂	河砂（中砂）	石总量	卵碎石	碎石（废石）	水	萘系酸减水剂	引气剂SJ-2	硅灰	石粉500
34		1-1	0.015	2.83	0.94	0.94	0.00	14.13	0.00	14.13	15.05	14.57	0.00	2.467	0.0944	0.00	0.00	0.00
35		1-2	0.015	3.06	1.02	1.02	0.00	13.62	0.00	13.62	15.21	14.72	0.00	2.460	0.1020	0.00	0.00	0.00
36		1-3	0.015	3.33	1.11	1.11	0.00	13.10	0.00	13.10	15.32	14.82	0.00	2.452	0.1109	0.00	0.00	0.00
37		1-4	0.015	3.64	1.21	1.21	0.00	12.55	0.00	12.55	15.37	14.88	0.00	2.443	0.1214	0.00	0.00	0.00
38		1-5	0.015	4.03	1.34	1.34	0.00	11.96	0.00	11.96	15.36	14.86	0.00	2.432	0.1342	0.00	0.00	0.00
39		1-6	0.015	4.50	1.50	1.50	0.00	11.03	0.00	11.03	15.56	15.05	0.00	2.418	0.1500	0.00	0.00	0.00

2. 输入试配信息

① G29：输入试配日期，用于计算压块日期【2013/1/1】。

② E31、H31、L31、O31：输入砂石相应的含水率【0.0%、0.0%、0.0%、0.0%】。

③ "D33：R33"：试配原材料名称，与配合比设计时使用的材料一致，设为链接的公式【＝S21、…、＝AG21】。

④ "B33：B39"：链接到"2配比计算表"中的试配编号【＝T(A22)、…】。

注：使用 T（）函数，对没有的试配编号进行容错处理。

⑤ "C33：C39"：输入试配的体积（m³）【0.015】。

3. 计算各配比试配用量

以试配编号 1-1 为例计算。

① D34：计算水泥试配用量【＝VLOOKUP($B34,$A$22：$AM$28,MATCH(D$33,$A$21：$AG$21,0),FALSE)*$C34】。

② E34：计算矿渣粉试配用量【＝VLOOKUP($B34,$A$22：$AM$28,MATCH(E$33,$A$21：$AG$21,0),FALSE)*$C34】。

③ F34：计算粉煤灰试配用量【＝VLOOKUP($B34,$A$22：$AM$28,MATCH(F$33,$A$21：$AG$21,0),FALSE)*$C34】。

④ G34：计算膨胀剂试配用量【＝VLOOKUP($B34,$A$22：$AM$28,MATCH(G$33,$A$21：$AG$21,0),FALSE)*$C34】。

⑤ H34：计算砂总量试配用量【＝VLOOKUP($B34,$A$22：$AM$28,MATCH(H$33,$A$21：$AG$21,0),FALSE)*$C34*(1+$H$31)】。

注：默认砂总量含水按河砂计算。

⑥ I34：计算天然细砂（砂1）的试配用量【＝VLOOKUP($B34,$A$22：$AM$28,MATCH(I$33,$A$21：$AG$21,0),FALSE)*$C34*(1+$E$31)】。

⑦ J34：计算河砂（砂2）的试配用量【＝VLOOKUP($B34,$A$22：$AM$28,MATCH(J$33,$A$21：$AG$21,0),FALSE)*$C34*(1+$H$31)】。

⑧ K34：计算石总量试配用量【＝VLOOKUP($B34,$A$22：$AM$28,MATCH(K$33,$A$21：$AG$21,0),FALSE)*$C34*(1+$O$31)】。

注：默认石总量含水按碎石计算。

⑨ L34：计算卵碎石（石1）的试配用量【＝VLOOKUP（＄B34，＄A＄22：＄AM＄28，MATCH(L＄33，＄A＄21：＄AG＄21,0),FALSE)＊＄C34＊(1＋＄L＄31)】。

⑩ M³4：计算碎石（石2）的试配用量【＝VLOOKUP（＄B34，＄A＄22：＄AM＄28，MATCH(M＄33，＄A＄21：＄AG＄21,0),FALSE)＊＄C34＊(1＋＄O＄31)】。

⑪ N34：计算水的试配用量【＝VLOOKUP（＄B34，＄A＄22：＄AM＄28，MATCH(N＄33，＄A＄21：＄AG＄21,0),FALSE)＊＄C34－VLOOKUP（＄B34，＄A＄22：＄AM＄28，MATCH(I＄33，＄A＄21：＄AG＄21,0),FALSE)＊＄C34＊＄E＄31－VLOOKUP（＄B34，＄A＄22：＄AM＄28，MATCH(J＄33，＄A＄21：＄AG＄21,0),FALSE)＊＄C34＊＄H＄31－VLOOKUP（＄B34，＄A＄22：＄AM＄28，MATCH(L＄33，＄A＄21：＄AG＄21,0),FALSE)＊＄C34＊＄L＄31－VLOOKUP（＄B34，＄A＄22：＄AM＄28，MATCH(M＄33，＄A＄21：＄AG＄21,0),FALSE)＊＄C34＊＄O＄31】。

注：扣掉砂、石带入的水。

⑫ O34：计算外加剂的试配用量【＝VLOOKUP（＄B34，＄A＄22：＄AM＄28，MATCH(O＄33，＄A＄21：＄AG＄21,0),FALSE)＊＄C34】。

⑬ P34：计算引气剂的试配用量【＝VLOOKUP（＄B34，＄A＄22：＄AM＄28，MATCH(P＄33，＄A＄21：＄AG＄21,0),FALSE)＊＄C34】。

⑭ Q34：计算硅灰的试配用量【＝VLOOKUP（＄B34，＄A＄22：＄AM＄28，MATCH(Q＄33，＄A＄21：＄AG＄21,0),FALSE)＊＄C34】。

⑮ R34：计算石粉的试配用量【＝VLOOKUP（＄B34，＄A＄22：＄AM＄28，MATCH(R＄33，＄A＄21：＄AG＄21,0),FALSE)＊＄C34】。

⑯ 复制"D34：R34"，粘贴到"D35：R39"，即计算出其他试配配比的材料用量。

4. 拌合物性能试验

	B	C	D	E	F	G	H	I	J	K	L	M	N	O	P
41	2)试验参数及结果（拌合物性能试验）														
42	试配编号	加水时间	搅拌用时	表观密度试验（与设计值的差异）						坍落度及经时损失试验			扩展度及经时损失试验		
43				混凝土体积/L	净重	计算值	设计值	差值/%	结论(±2%)	出机	1h	__h	出机	1h	__h
44	1-1														
45	1-2														
46	1-3														
47	1-4														
48	1-5														
49	1-6														

	B	C	D	E	F	G	H	I	J	K	L	M	N	O	P
51	试配编号	含气量及经时损失试验			凝结时间试验		其他试验	工作性描述				配合比调整措施			
52		出机	1h	__h	初凝	终凝		流动性	黏聚性	保水性	砂率	外加剂掺量	原始用水量		
53	1-1														
54	1-2														
55	1-3														
56	1-4														
57	1-5														
58	1-6														

注：上面表格的数据需要根据实际试配情况输入。

5. 力学性能试验

	A	B	C	D	E	F	G	H	I	J	K	L	M	N	O	P	Q
60		3) 混凝土强度试验结果					成型日期:			2013/1/1							
62		试配编号	水胶比(W/B)	胶水比(B/W)筛选数值	龄期/d	3	试压日期	1/4	龄期/d	7	试压日期	1/8	龄期/d	28	试压日期	1/29	试件尺寸
63					荷载(kN)			折合标准试件强度	荷载(kN)			折合标准试件强度	荷载(kN)			折合标准试件强度	
64					1	2	3		1	2	3		1	2	3		
65		1-1	0.54	1.85	103	99	106	9.8	200	195	203	18.9	392	355	354	34.9	100
66		1-2	0.50	2.00	115	113	119	11.0	221	215	219	20.7	397	375	385	36.6	100
67		1-3	0.46	2.17	97	154	148	14.1	272	271	261	25.5	464	452	466	43.8	100
68		1-4	0.42	2.38	206	199	202	19.2	348	350	346	33.1	532	549	553	51.7	100
69		1-5	0.38	2.63	245	253	243	23.5	411	381	372	36.9	595	602	571	56.0	100
70		1-6	0.34	2.94	292	296	314	28.6	454	466	445	43.2	641	623	649	60.6	100

① F62、J62、N62 分别输入龄期【3、7、28】。

② Q65：Q70 分别输入试模尺寸。【100、…、100】。

注：C60 及以上高强度等级混凝土试配时，需要采用 150mm×150mm 试模。

③ B65：取得试配编号【＝T(B34)】。

④ C65：取得试配编号对应的水胶比【＝INDEX（＄C＄22：＄C＄28，MATCH(B65，＄A＄22：＄A＄28,0))】。

⑤ D65：计算胶水比，用作回归方程的横坐标，【＝IFERROR(1/C65，"")】。

注：用函数 IFERROR（）进行了容错处理；

⑥ "E65：G65"、"I65：K65"、"M65：O65"，：分别输入 3d、7d、28d 强度压力值；【…】。

⑦ F65：计算 3d 强度【＝IF(U65＝3,IF(MAX(E65:G65)/MEDIAN(E65:G65)＜＝1.15,IF(MIN(E65:G65)/MEDIAN(E65:G65)＞＝0.85,ROUND(AVERAGE(E65:G65)*＄T65,1),MEDIAN(E65:G65)*＄T65),IF(MIN(E65:G65)/MEDIAN(E65:G65)＞＝0.85,MEDIAN(E65:G65)*＄T65,"数据作废")),IF(U65＝0,"",＄T65*SUM(E65:G65)/U65))】。

⑧ L65：计算 7d 强度【＝IF(V65＝3,IF(MAX(I65:K65)/MEDIAN(I65:K65)＜＝1.15,IF(MIN(I65:K65)/MEDIAN(I65:K65)＞＝0.85,ROUND(AVERAGE(I65:K65)*＄T65,1),MEDIAN(I65:K65)*＄T65),IF(MIN(I65:K65)/MEDIAN(I65:K65)＞＝0.85,MEDIAN(I65:K65)*＄T65,"数据作废")),IF(V65＝0,"",＄T65*SUM(I65:K65)/V65))】。

⑨ P65：计算 28d 强度【＝IF(W65＝3,IF(MAX(M65:O65)/MEDIAN(M65:O65)＜＝1.15,IF(MIN(M65:O65)/MEDIAN(M65:O65)＞＝0.85,ROUND(AVERAGE(M65:O65)*＄T65,1),MEDIAN(M65:O65)*＄T65),IF(MIN(M65:O65)/MEDIAN(M65:O65)＞＝0.85,MEDIAN(M65:O65)*＄T65,"数据作废")),IF(W65＝0,"",＄T65*SUM(M65:O65)/W65))】。

⑩ T65：判断试件强度折算系数【＝IF(Q65＝100,0.95*1000/(100*100),IF(Q65＝150,1*1000/(150*150),1.05*1000/(200*200)))】。

⑪ U65：判断试件 3d 强度压力值输入个数【＝IF(COUNTIF(E65:G65,"＞0")＝0,0,COUNTIF(E65:G65,"＞0"))】。

⑫ V65：判断试件 7d 强度压力值输入个数【＝IF(COUNTIF(I65:K65,"＞0")＝0,0,COUNTIF(I65:K65,"＞0"))】。

⑬ W65：判断试件 28d 压力值输入个数【＝IF(COUNTIF(M65:O65,"＞0")＝0,0,COUNTIF(M65:O65,"＞0"))】。

⑭ 复制 "B65：W65"，到 "B66：W70"，即可得到其余试配编号的强度计算公式等。

6. 试配强度回归

	A	B	C	D	E	F	G	H	I	J	K	L	M	N	O	P
71			4)试配强度回归			(通常|γ|大于0.8时，认为两个变量有很强的线性相关性。为了保证试配的准确，我们确定为0.85。)										
72																
73			龄期	配制强度		回归方程				相关系数γ	相关性判断		斜率a	截距b		
74			28d	$f_{cu,0}=$	25.312	B/W	—	11.708		0.981	良好		25.312	-11.708		
75			7d	$f_{cu,0}=$	23.384	B/W	—	24.767		0.992	良好		23.384	-24.767		
76			3d	$f_{cu,0}=$	18.148	B/W	—	24.589		0.996	良好		18.148	-24.589		

① "C73：C75"输入强度龄期。

② "D73：D75"、"F73：F75"输入回归方程的 Y（强度）、X（胶水比）名称，【$f_{cu,0}=$、B/W】。

③ E74：回归方程的斜率【＝M74】。

注：单元格 M74 为计算的值。

④ G74：判断公式的"＋、－"号【＝IF(N74＜0,"－","＋")】。

⑤ H74：回归方程的截距【＝ABS(N74)】。

⑥ J74：回归方程的相关系数【＝ROUND(CORREL(P65：P70,D65：D70),3)】。

⑦ K74：判断相关性是否大于 0.85【＝IF(J74＜=0.85,"差","良好")】。

⑧ M74：计算回归方程的参数 A（即斜率）【＝ROUND(SLOPE(P65：P70,D65：D70),3)】。

⑨ N74：计算回归方程的参数 B（即截距）【＝ROUND(INTERCEPT(P65：P70,D65：D70),3)】。

⑩ 复制"E74：N74"，到"E75：N76"。

7. 根据回归方程计算各强度等级水胶比

	A	B	C	D	E	F	G	H	I	J	K	L
78			5）确定水胶比		使用龄期(d)：		28					
79												
80			强度等级	标准差	保证系数	保证率	配制强度	根据回归方程计算胶水比	水胶比（最终确定）		依次提取强度等级	依次提取水胶比
81			C10	4	2.17	98.50%	18.7	0.83			C25	0.53
82			C15	4	2.17	98.50%	23.7	0.72			C30	0.48
83			C20	4	2.17	98.50%	28.7	0.63			C35	0.44
84			C25	5	2.17	98.50%	35.9	0.53	0.53		C40	0.40
85			C30	5	2.17	98.50%	40.9	0.48	0.48		C45	0.37
86			C35	5	2.17	98.50%	45.9	0.44	0.44		C50	0.34
87			C40	5	2.17	98.50%	50.9	0.40	0.40			
88			C45	5	2.17	98.50%	55.9	0.37	0.37			
89			C50	6	2.17	98.50%	63.0	0.34	0.34			
90			C55	6	2.17	98.50%	68.0	0.32				
91			C60	6	2.17	98.50%	73.0	0.30				

① G78：选择使用 3d、7d、28d 的某个龄期强度方程进行水胶比的确定。

② "C81：C91"输入强度等级【C10～C60】。

③ "D81：D91"输入强度等级对应的标准差【4～6】。

④ "E81：E91" 输入各强度等级配比的保证系数【2.17、…】。

⑤ F81：计算 E 列的保证系数对应的保证率【＝NORMSDIST(E81)】。

⑥ G81：计算各强度等级对应的配制强度【＝IF($G$78＝3,MID(C81,2,3)＊0.6,IF($G$78＝7,MID(C81,2,3)＊1,MID(C81,2,3)＋D81＊E81))】。

⑦ H81：根据回归方程确定的该强度等级对应的胶水比。【＝ROUND($H$78/(G81－$I$78),2)】。

⑧ I81：根据试配的水胶比范围，选择 H 列中有效的水胶比。【＝IF(OR(H81＞MAX($C$22：$C$28),H81＜MIN($C$22：$C$28)),"",H81)】。

注：我们认为所有确定的水胶比，必须在本次试配的水胶比范围内。

⑨ J81：水胶比修正。根据经验和其他技术要求，有时候在设计配比时要相对保守，可以在该单元格内输入最终的水胶比。

⑩ "M81：M91"：依次提取强度等级。【＝IFERROR(INDEX($C$81：$C$91,SMALL(IF($K$81：$K$91＜＞"",ROW($1：$11)),ROW()－ROW($M$80)),1),"")】数组公式，在编辑栏中输入该公式后，按"Ctrl＋Shift＋Enter"，形成数组公式。

⑪ "N81：N91"：依次提取强度等级对应的胶水比【＝IFERROR(VLOOKUP(M81,$C$81：$K$91,9,FALSE),"")】。

四、配合比确定

将"（二）1配合比计算表"整体复制到 95：103 行，"B98：B103"（强度等级）链接自"M81：M86"；"C98：C103"（水胶比）链接自"N81：N86"。然后，根据试配情况确定是否微调砂率、外加剂掺量等参数，计算出最终的配合比。

	A	B	C	D	E	F	G	H	I	J	K	L	M	N	O	P	Q	R
93		6)试配确定的配合比																
95/96/97	试配编号	强度等级	水胶比	原始砂率（设定值）/%	实际砂率（计算）/%	矿渣粉掺量/%	粉煤灰掺量/%	硅灰掺量/%	其它掺合料掺量/%	膨胀剂掺量/%	外加剂掺量/%	掺量/%	原始用水量选ถ/kg	河砂（中砂）取代率（设定）/%	碎石（废石）取代率（设定）/%	胶凝材料量/(kg/m³)	成本/（元/m³）	实际容重/(kg/m³)
98	G1-1	C25	0.53	42	49.2	20%	20%	0	0	0	2.00	0.0000%	165	100	0	311	212.2	2407
99	G1-2	C30	0.48	41	48.1	20%	20%	0	0	0	2.00	0.0000%	165	100	0	344	221.6	2409
100	G1-3	C35	0.44	40	46.9	20%	20%	0	0	0	2.00	0.0000%	165	100	0	375	230.7	2411
101	G1-4	C40	0.40	39	45.8	20%	20%	0	0	0	2.00	0.0000%	165	100	0	413	241.7	2413
102	G1-5	C45	0.37	38	44.6	20%	20%	0	0	0	2.00	0.0000%	165	100	0	446	251.5	2415
103	G1-6	C50	0.34	37	43.4	20%	20%	0	0	0	2.00	0.0000%	165	100	0	485	263.0	2418

S	T	U	V	W	X	Y	Z	AA	AB	AC	AD	AE	AF	AG	AH	AL	AM
				配合比/（kg/m³）												未考虑砂含石	
水泥	矿粉	粉煤灰	膨胀剂	（混合）砂			石			水	外加剂	引气剂	硅灰	其他		原始砂	原始石
琉璃河	三河兴达	大唐盘山Ⅰ级	YS	砂总量	天然细砂	河砂（中砂）	石总量	卵碎石	碎石（废石）	水	浆硬酸减水剂（公司）	引气剂SJ-2	硅灰	石粉500		S	G
187	62	62	0	950	0	950	1012	980	0	160	6.23	0.000	0	0		826	1141
206	69	69	0	913	0	913	1019	986	0	159	6.88	0.000	0	0		794	1143
225	75	75	0	877	0	877	1026	993	0	158	7.50	0.000	0	0		763	1144
248	83	83	0	840	0	840	1028	995	0	158	8.25	0.000	0	0		730	1142
268	89	89	0	804	0	804	1032	999	0	157	8.92	0.000	0	0		699	1141
291	97	97	0	767	0	767	1032	999	0	156	9.71	0.000	0	0		667	1136

第三节 原材料经济性对比方法

随着预拌混凝土的不断发展，竞争日趋激烈，配合比成本也成了行业的关注焦点。混凝土的成本构成非常复杂，不仅取决于原材料本身的价格，同时与原材料的性能有着密切的联系。作者根据多年的成本控制经验，总结出了一套"原材料经济性对比方法"，用于选择性价比最高的原材料品种，使混凝土成本更为合理。

一、目前原材料经济性对比的误区

① 仅关注原材料自身单价的对比，用原材料单价代替混凝土单方成本，且未与混凝土的性能挂钩。

很多企业仅考虑原材料自身的价格，喜欢用一些低价的劣质材料，以为这样可以降低成本，实际上在这种情况下，不仅混凝土质量会受到很大影响，通常也造成配合比成本增加，得不偿失。

② 多数为定性分析。

由于没有科学的对比方法，很多企业主要依靠定性分析来判断原材料的性价比，常常带来误导，造成一些表面价格高，但性价比高的原材料被排除在外。

③ 由于没有科学的对比方法，使一些优质原材料得不到应用，对混凝土质量的提高不利，对行业的发展不利。

④ 由于没有科学的对比方法，使一些原材料供应商不顾原材料自身的性能，牺牲质量，压低价格，来取得竞争的优势，压制了原材料行业的生产工艺革新和品质提高。

二、原材料经济性对比方法的特点

① 本方法是基于相同工作性、相同强度下的原材料经济性对比。

② 本方法仅用于同类原材料的对比。比如，两个或两个以上不同厂家的同种材料之间的对比，如水泥、粉煤灰、矿渣粉、砂、外加剂等。

③ 本方法可定量评价多种不同厂家材料的经济性优劣。

④ 科学的原材料经济对比，可鼓励优质优价原材料的推广应用。

三、原材料经济性对比方法的前提

（1）拌合物工作性相同 应调整配合比的各个参数，确保对比材料混凝土的工作性相同。坍落度差别应控制在 20mm 范围内。

工作性相同是经济性对比的非常重要的环节，试验过程中应认真对待，准确判断。如果判断出现误差，会造成最终对比结果的误差。

（2）混凝土强度相同 将对比原材料试配结果建立线性回归方程，确定相同强度对应的水胶比，从而计算出相应配合比，进一步计算出配合比成本。

（3）试验制度统一

① 试验周期。尽量在同一时间段内完成。

② 搅拌时间、成型条件、养护条件和抗压试验条件均应保持一致。

（4）其他原材料一致

① 试验时，除需要对比的原材料，其他原材料必须保持一致。

② 试验前备足原材料，避免试验过程中更换原材料。

四、原材料经济性对比试验步骤

（1）检验对比原材料的技术指标　按原材料的产品标准进行主要技术指标检验对比。

（2）进行科学合理的配合比设计　建议采用体积法进行配合比设计，可参考本章配合比设计相关内容。

（3）准备原材料　除需要对比的原材料以外，其他原材料应一次性备齐，应不少于试配总量的 2 倍。对比材料应按照试配盘数确定相应的量。

例如：对比两种砂，每种砂进行 3 盘试配，两种砂需要 6 盘的量。考虑试拌不成功废弃的原材料量，砂可按 3 盘用量的 2 倍准备，其他材料可按 6 盘用量的 2 倍准备。

（4）试拌　通过试拌，找出对比原材料相同工作性的配合比，作为试配用的基准配合比。

混凝土试拌过程非常重要，如果不能通过试拌找出各对比材料合适的配合比，经济性对比就失去了意义。为了保证出盘和易性满足要求，可能要用很多盘去找用水量、外加剂掺量和砂率等参数，最后确定的对比配合比有可能有较大差距。这一过程中可能需要一些经验和技巧，并且对混凝土混合料状态的认识与判断也至关重要。试拌过程可参考"本章第一节配合比的试拌"相关内容。

（5）试配　每种对比原材料，进行至少 3 组的系列试配，水胶比应在试拌配合比的基础上，上下变动 0.05 以内。分别留置 3d、7d、28d 或 60d 强度试件。

（6）回归强度-胶水比线性方程　回归每种材料 28d 或 60d 的强度-胶水比线性方程（3d、7d 主要用于观察早、中期强度有无异常）。

（7）分别计算同强度的水胶比，确定配合比　以配制强度为准（或用其他强度），计算同强度下的水胶比，计算出相应的配合比。

（8）计算配合比成本　根据原材料价格，计算出每种对比原材料的配合比成本，计算成本差，得到经济性对比结果。

五、举例

2014 年某搅拌站在进行南水北调东干渠二衬自密实混凝土试配时，发现机制砂与当时用的天然中砂混凝土在性能上差别很大。从单方用水量、外加剂用量、混凝土坍落度（扩展度等）经时损失上有明显的差异。天然中砂的用水量比机制砂高 $10kg/m^3$ 以上，否则很难设计出符合要求的自密实混凝土。同时单方用水量的增加导致整体胶凝材料量的增加，混凝土成本大大增加。当时感觉机制砂的性价比非常高，于是采用了"原材料经济性对比方法"对两种砂进行了经济性对比试验。

具体试验过程及结果如下。两种砂分别为 S1（机制砂）、S2（天然中砂），分别确定试配配合比，按 0.52、0.47、0.42、0.38 四个水胶比进行系列试配，按普通 C45 试配强度55.0MPa 确定水胶比，从而进一步计算出配合比和单方成本，对比两种砂的经济性。

（1）检验对比原材料的技术指标　按照《普通混凝土用砂、石质量及检验方法标准》（JGJ 52—2006）对两种砂进行主要技术指标检验对比，检验结果如表 3-19。

表 3-19　两种砂主要技术指标

对比砂	对比原材料试验结果					
	筛分析	含泥量/%	石粉含量/%	含石率/%	泥块含量/%	其他
S1	2.7	—	7.1	3.6	0.8	亚甲蓝试验：快测法合格
S2	2.7	6.5	—	18.8	0.5	—

（2）配合比设计　根据原材料情况进行配合比设计（表 3-20），假定两种砂首先依下列配合比进行试拌。

表 3-20　配合比设计

水胶比	砂率/%	外加剂掺量/%	配合比/(kg/m³)						
			水泥	粉煤灰	矿渣粉	砂	石	水	外加剂
0.52	55	2.4	219	50	67	1034	846	168	8.08

（3）准备原材料　砂分别准备大于 6 盘的用量，其他原材料准备大于 12 盘的用量。（每盘按 20L 计。）

（4）试拌　选取 0.52 水胶比的两种砂配比进行试拌，调整配合比各参数，使两种砂配制的混凝土混合料的工作性能相同，获得试配用配合比（表 3-21）。

表 3-21　试配用配合比

对比砂	水胶比	砂率/%	外加剂掺量/%	配合比/(kg/m³)						
				水泥	粉煤灰	矿渣粉	砂	石	水	外加剂
S1	0.52	55	2.2	213	49	65	1031	843	164	7.19
S2	0.52	55	2.7	231	53	71	1009	826	176	9.61

（5）试配　根据试拌配合比，设计出其他三个水胶比（0.47、0.42、0.38）对应的配合比，最后确定的系列试配用配合比见表 3-22。

进行系列试配，分别留置 7d、28d 强度试件。

表 3-22　系列试配用配合比

对比砂	水胶比	砂率/%	外加剂掺量/%	配合比/(kg/m³)						
				水泥	粉煤灰	矿渣粉	砂	石	水	外加剂
S1	0.52	55	2.2	213	49	65	1031	843	164	7.19
S1	0.47	53	2.2	235	54	72	977	867	163	7.96
S1	0.42	50	2.2	263	61	81	903	903	162	8.90
S1	0.38	48	2.2	291	67	89	849	920	161	9.84
S2	0.52	55	2.7	231	53	71	1009	826	176	9.61
S2	0.47	53	2.7	256	59	79	954	846	175	10.63
S2	0.42	50	2.7	286	66	88	879	879	174	11.89
S2	0.38	48	2.7	316	73	97	823	892	173	13.14

（6）回归强度-胶水比线性方程　回归两种砂系列试配的 28d 强度-胶水比线性方程（表 3-23）。

表 3-23　强度-胶水比线性方程

对比砂	各水胶比对应的强度/MPa				强度-胶水比线性方程	
	0.52	0.47	0.42	0.38	方程	相关系数 r
S1	53.9	61.1	60.2	67.6	$f_{cu,0}=16.719B/W+22.817$	0.917
S2	38.7	43.5	43.8	57.1	$f_{cu,0}=23.463B/W-7.388$	0.913

（7）分别计算同强度的水胶比，确定配合比　以配制强度（55.0MPa）确定相应的水胶比，计算出配合比（表 3-24）。

表 3-24　计算配合比

对比砂	水胶比	砂率/%	外加剂掺量/%	配合比/(kg/m³)						
				水泥	粉煤灰	矿渣粉	砂	石	水	外加剂
S1	0.52	55	2.2	213	49	65	1031	843	164	7.19
S2	0.38	48	2.7	316	73	97	823	892	173	13.14

（8）计算配合比成本　根据原材料价格，计算出每种对比原材料的配合比成本（表3-25），计算成本差。

表 3-25　计算配合比成本

对比砂	水胶比	对应强度等级	原材料单价/(元/t)、成本/(元/m³)								单方配合比成本/元
			水泥	粉煤灰	矿渣粉	砂 S1	砂 S2	石	水	外加剂	
			360	188	220	72	65	60	0	2240	
S1	0.52	C45	76.68	9.21	14.30	74.23	—	50.58	0.00	16.11	241.1
S2	0.38	C45	113.76	13.72	21.34	—	53.50	53.52	0.00	29.43	285.3

S1、S2 两种砂配制的混凝土的单方成本差价：241.1−285.3＝44.2(元/m³)。

（9）结论　根据以上经济性对比试验结果，得出如下结论。

① S1 砂混凝土的最终成本明显要低于 S2 砂混凝土，低 44.2 元/m³。S2 砂混凝土的单方价格高的主要原因有三方面。其一，在同工作性情况下，S2 砂混凝土用水量由 170kg/m³ 提高到 185kg/m³；其二，外加剂掺量由 2.2% 提高到 2.7%；其三，水胶比由 0.52 降低到 0.38，导致胶凝材料量由 327kg/m³ 提高到 486kg/m³，外加剂用量由 7.19kg/m³ 提高到 13.14kg/m³。

② 如果以 S2 砂价格 65 元/t 为基准，S1 砂的价格达到 115 元/t 时，两种砂配制的混凝土单方成本相同。即为 S1 砂在 72～115 元/t 之间，其经济性均优于 S2 砂。

③ S1 砂混凝土配合比的外加剂掺量明显低于 S2 砂。

因此应优先选择 S1（机制砂）。

参 考 文 献

[1] Dom one P L J, Soutsos M N. An approch to the proportioning ofhigh-strength concrete mixes [J]. Concrete International, 1994 (10)：26-31.
[2] 吴中伟, 廉慧珍. 高性能混凝土. 北京：中国铁道出版社, 1999.
[3] 陈建奎, 王栋民. 高性能混凝土（HPC）配合比设计新法——全计算法. 硅酸盐学报, 2000, 28 (2)：194-198.

第四章

生产过程质量控制

混凝土生产过程质量控制包括开盘、搅拌、出场检验、运输等过程。参与这一过程的人员众多，包括资料员、质检员、操作员、调度、司机、试块工等，其中质检员在这一过程中起着关键作用，质检工作是混凝土生产过程质量控制的关键一环，贯穿整个质量控制过程。

本章内容包括开盘检定、生产环节质量控制、出场检验、运输过程质量控制、混凝土拌合物常见问题及处理等。

第一节　搅拌站生产过程控制要素

搅拌站生产过程控制要素见图 4-1。

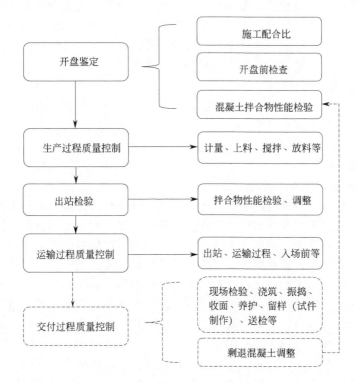

图 4-1　搅拌站生产过程控制要素

注：交付过程质量控制将在"第五章　施工过程质量控制"中详细论述。

第二节　开盘鉴定

混凝土开盘鉴定是混凝土生产的第一阶段，主要验证材料的一致性、确定施工配合比、出机混凝土工作性检验等工作。

《混凝土结构工程施工规范》（GB 50666—2011）规定，对首次使用的配合比应进行开盘鉴定，开盘鉴定应包括下列内容：

① 混凝土的原材料与配合比设计所采用材料的一致性；

② 出机混凝土工作性与配合比设计要求的一致性；

③ 混凝土强度；

④ 混凝土凝结时间；

⑤ 工程有要求时，尚应包括混凝土耐久性能等。

目前混凝土搅拌站的每个任务单都要进行常规的开盘鉴定工作，填写开盘鉴定结果并准予出站，实际上是把开盘鉴定工作扩大化并常态化。

一、配合比传递

配合比的传递流程一般是"生产任务单下达""配合比通知单出具签发""混凝土施工配合比调整、录入及核对"三个过程。

1. 下达生产任务单

生产任务单一般由生产部调度或经营部在收到施工单位浇筑任务后下达。

这一环节的关键点是核对任务单与合同、图纸是否相符，避免出现下达的任务单的混凝土强度等级、特殊技术要求与实际不符。由于生产过程中有大量的信息需要进行核对，且信息核对是避免出现致命性错误的重要手段，因此搅拌站应建立操作性强、可追溯、可考核的《核对制度》，同时应全面涵盖整个生产质量控制流程的有关环节。

2. 出具、签发配合比通知单

配合比通知单一般由搅拌站资料员根据试配配合比选用表选择相应的配合比、原材料等后出具，由试验室主任签发。

为了保证配合比及原材料选择的正确性，应该建立专门的《配合比选用表》，对特殊工地、特殊配合比要专门注明。

3. 调整、录入及核对施工配合比

施工配合比是将设计的理论配合比进行施工相容性调整后确定的生产用配合比。混凝土施工配合比是相对于理论配合比而言的，在使用过程中根据使用的原材料情况进行调整计算得来，通过扣除砂、石含水，确定砂的含石率、外加剂调整量等参数，从而计算单盘用原材料的使用量，搅拌机操作人员按照该施工配合比进行混凝土的生产。

（1）出具　混凝土施工配合比由试验室或质检科出具。举例如下。

（2）录入、核对　质检科或试验室将《施工配合比（调整）通知单》通过纸质或电子版的形式发放到搅拌台，由质检员指导操作工进行施工配合比的录入，质检员要对施工配合比各参数进行核对，确认无误后方可使用。

（3）使用　预拌混凝土的生产计量已实现自动化，将理论配合比和砂、石含水等输入工控机后会自动计算出最终的施工配合比。许多工控机程序无法自动计算砂含石和外加剂调整量，因此，在输入时要将调整完砂含石和外加剂用量的施工配合比输入工控机的配比库中，只用程序自动计算砂石含水。

混凝土施工配合比调整通知单					委托编号		
					配合比编号		2014-03516
工程名称及部位					施工单位		
设计强度等级	C30		要求坍落度/mm	170～190	其他技术要求		—
混凝土配合比调整内容	砂含石	9%	砂含水	4.60%	外加剂掺杂量调整		0.00%
	石含水	0.10%	其他	注：砂、石含水生产时程序将自动扣除			
配合比/(kg/m³)	水泥	砂	碎石	水	外加剂	粉煤灰	矿粉	膨胀剂
调整前	246	806	1026	170	11.9	62	76	0
调整后	246	879	953	170	11.90	62	76	0
批准			审核			质检员		
调整部门		北京市×××混凝土有限责任公司 技术质量部						
报告日期		2014 年 8 月 1 日						

（4）授权 搅拌站技术负责人应对施工配合比调整范围、权限进行授权。施工配合比调整授权应有依据。试验室应模拟实际混凝土配合比调整情况进行试拌，根据试拌结果确定调整方案。具体的调整手段有砂含石调整、外加剂掺量调整等。

举例如下。

施工配合比调整授权书

北京市××混凝土有限责任公司_____站技术质量部，依据试配 2014-52 和 2014-53 的结果，兹授权质检员调整混凝土配合比权限，具体权限如下：

对配合比中外加剂掺量的调整不得超过±0.3%，对配合比中砂率的调整不得超过±3%；对于 C50（含 C50）以上高强度等级混凝土配合比中的外加剂掺量的调整不得超过±0.2%，砂率的调整不得超过±2%。

特此授权。　　　　　　　　　　　　　授权人：

　　　　　　　　　　　　　　　　　　被授权人：

　　　　　　　　　　　　　　　　　　授权日期：2014 年 3 月 16 日至 2014 年 11 月 14 日

（5）调整 当生产过程中原材料质量发生变化，或者发现混凝土质量变化时，应对施工配合比进行调整，并重新出具《施工配合比（调整）通知单》。

二、开盘前的检查

开盘前的检查包括原材料检查、施工配合比执行情况检查、计量检查等。

1. 原材料的日常检查

对于原材料质量变化的掌握，可以帮助质检员对质量控制过程中发生的问题进行预判，从而提前采取有效的调整措施。因此，原材料进场检验和巡检非常重要，质检员应不定期对砂石料场进行巡查，对砂含水、含石、含泥等有一个大概的了解。试验室应将原材料进场检验实际结果告知质检员。

2. 施工配合比执行情况检查

质检员应确保施工配合比得到正确地执行，应进行二次核对，主要核对配合比用量、原材料品种、仓号、砂石含水率等。有条件的工控机可以存储输入完毕的画面，通过网络发给质检员或者留存在服务器中以备追溯。

应充分重视二次核对工作。如果不进行二次核对确认，有可能会因操作失误，造成配合比输入错误的情况。比如下列几种经常出现的错误，后果都非常严重。

（1）C30 配合比的水泥用量少输一个 0　原本 240kg/m³ 的用量，实际才使用了 24kg/m³，导致生产的混凝土强度不够 C10。

（2）水泥仓设定错误　错用其他水泥品种；或者设错为粉煤灰仓或矿粉仓，生产的混凝土无强度。

（3）外加剂仓对应错误　错用高强度等级专用外加剂，导致混凝土离析堵泵。

3. 计量检查

设备科要做好生产设备的日常检查、维修保养工作，保证计量系统的正常运行。

在输入施工配合比进行搅拌操作前，应启动搅拌机进行空转操作，确保搅拌机正常工作。

应做好配料系统的检查，使用前计量秤应归零。

应不定时检查每车混凝土的整体计量误差情况。可通过过磅、实测相对密度等方法。

4. 罐车存水

应要求司机对罐车存水进行检查，反转罐体排掉罐内的存水或剩混凝土。

三、开盘

混凝土开盘即为各部位混凝土配合比首车的生产，通过性能检验鉴定，确定满足设计要求，并留置至少一组 28d 试件，作为验证配合比的依据。

质检员负责对第一盘混凝土拌合物的和易性等性能进行检验，判定拌合物是否满足出场要求，确认原材料与申请单是否相符，并出具鉴定结论。

开盘鉴定结果不符合要求时，要查找原因并重新开盘。

第三节　生产环节质量控制

一、上料

上料方式不一，不过大多数使用铲车上料。上料过程看似简单，但如果实际操作不当也会对混凝土质量稳定性造成影响。

铲车司机要跟操作工密切联系，根据要求上料。对于特殊材料的上料，应有质检员或其他技术人员现场监督铲车司机的上料。

铲车上料时要离地铲取，不要铲底。因为底部往往存有泥水和较多含量的石粉或泥粉，对于混凝土出机质量影响很大。

新来的砂子含水率与库存砂差距较大，因此尽量不要上新砂，在原材料紧张需要使用时，一定要提前通知操作工。应有足够大或多的砂仓，保证砂事先存储一段时间，待含水稳定后再使用。或者通过预均化等措施，均化砂的质量。

二、计量

原材料计量应采用电子计量设备，计量设备应能连续计量不同混凝土配合比的各种原材料，并应具有逐盘记录和储存计量结果（数据）的功能。

计量设备应具有法定计量部门签发的有效计量证书，并应定期校验。应每月至少进行一次原材料计量设备的自校。计量设备的精度应符合《混凝土搅拌站（楼）》（GB/T 10171—2005）的有关规定。

交接班时，应检查生产设备和控制系统是否正常，并对计量设备进行零点校准。在生产过程中应随时关注原材料实际称量误差是否满足标准要求（如表4-1），发现问题应及时采取措施。

表 4-1　每盘混凝土原材料计量的允许偏差（按质量计）　　　　%

原材料种类	胶凝材料	粗、细集料	拌合用水	外加剂
每盘计量允许偏差	±2	±3	±1	±1
累计计量允许偏差	±1	±2	±1	±1

三、搅拌

搅拌机目前大多数为强制式，正常情况下可以保证混凝土拌合物质量均匀，但应及时清理影响搅拌均匀性的混凝土残留块，随时保证搅拌机内部的清洁。同时应经常检查搅拌机衬板、搅拌臂等部件，防止因磨损造成的间距过大等原因影响混凝土均匀性。

1. 常见的投料方式

投料方式是指混凝土搅拌时原材料投料的顺序以及间隔时间。投料方式根据搅拌机的技术条件和混凝土拌合物质量要求，通过试验确定投料顺序、数量及分段搅拌的时间等工艺参数。

《混凝土结构工程施工规范》（GB 50666—2011）标准条文说明中列举了四种常用的投料方法：先拌水泥净浆法、先拌砂浆法、水泥裹砂法和水泥裹砂石法等。

① 先拌水泥净浆法是指现将水泥和水充分搅拌成均匀的浆体后，再加入砂和石拌制成混凝土。

② 先拌砂浆法是指先将水泥、砂和水投入搅拌机内进行搅拌，成为均匀的砂浆后，再加入石子搅拌成均匀的混凝土。

③ 水泥裹砂法是指先将全部砂子投入搅拌机中，并加入总拌合水量70%左右的水（包括砂子的含水量），搅拌10~15s，再投入胶凝材料搅拌30~50s，最后投入全部石子、剩余水及外加剂，在搅拌一定时间后出机。

④ 水泥裹砂石法是指先将全部的石子、砂和70%拌合水投入搅拌机，拌合15s，使集料润湿，再投入全部胶凝材料搅拌30s左右，然后加入30%拌合水再搅拌60s左右即可。

搅拌站比较常用的投料方式类似于水泥裹砂法，区别在于外加剂和水事先搅拌均匀后一次性加入。即先将外加剂放入水罐中混合均匀，然后将水、外加剂和砂一起投入搅拌机中搅拌均匀，再投入胶凝材料搅拌15s左右，最后加入石子搅拌一定时间后出机。

冬期施工时，必须先让热水和集料先行搅拌，然后再投入胶凝材料等共同搅拌，以免热水与胶凝材料直接接触发生质量问题。因此须使用水泥裹砂法或水泥裹砂石法。

2. 搅拌时间

搅拌时间应满足搅拌设备说明书的要求，保证混凝土搅拌均匀，不能过短或过长，并不应少于30s（从完全投料完算起）。根据表4-2的规定，一般搅拌站使用的2m³以上的搅拌机，其搅拌时间均要大于60s。

表 4-2　混凝土搅拌的最短时间　　　　　　　　　　　　　　　s

混凝土坍落度/mm	搅拌机机型	搅拌机出料量/L		
		<250	250~500	>500
≤40	强制式	60	90	120
>40 且<100	强制式	60	60	90
≥100	强制式	60		

3. 搅拌过程

搅拌过程中，操作工应根据搅拌机电流、过程放料检验等手段，观察混凝土的工作性能。

（1）搅拌电流　搅拌机的电流显示值是判断混凝土坍落度的重要手段之一。有经验的操作工往往通过电流值就可以判断出混凝土坍落度的大小，并确定放料时间。因此，建议对各种配合比的搅拌过程电流值进行统计汇总，供操作工参考。

搅拌电流对于特殊混凝土搅拌过程的质量控制尤其重要，如自密实混凝土、高强度等级混凝土等。

为了使电流值与坍落度之间的相关性更好，更容易直观判断，搅拌机电流表的分度值要小，对分度值大的电流表应进行更换。

（2）过程中放料检验　在搅拌机下料口附近应搭建平台，方便操作工或质检员放料取样进行检测。并根据混凝土状态对本盘混凝土进行调整，同时对下一盘的施工配合比也进行调整，保证整车混凝土的匀质性。同时对于检验完毕的混凝土，可以方便地投入罐车中，不造成浪费。

四、放料

混凝土搅拌均匀达到要求的出机坍落度时，即可放料。建议对放料过程进行监控存储，以便于操作工和质检员进行实时观察和追溯。

搅拌运输车在装料前应将搅拌罐内积水或剩混凝土排尽。尤其在生产小方量混凝土时（如低于 4m³ 时），必须在放料前进行检查，以避免罐内的存水造成混凝土坍落度过大或离析。

五、混凝土搅拌匀质性判断

混凝土搅拌质量控制指标即同一盘混凝土的搅拌匀质性应符合下列规定：

① 混凝土中砂浆密度两次测定值的相对误差不应大于 0.8%；

② 混凝土稠度两次测值的差值不应大于混凝土拌合物稠度允许偏差的绝对值。

目前多数搅拌站对这两个指标关注不够，多用经验来判断搅拌的匀质性，其客观性较差。因此建议对新搅拌机或感觉搅拌质量出现波动时，进行搅拌机的搅拌质量控制指标检验。

另外，为了防止生产过程中可能发生的意外情况，应制定应急措施，其内容应涉及用水、用电、设备、材料供应等环节。

第四节　混凝土出场检验

预拌混凝土质量检验分为出场检验和验收检验。搅拌站的检验为出场检验（出场检验）。混凝土出场检验项目包括强度、坍落度、坍落扩展度、含气量（引气混凝土检测）、温度

（高温、冬期时检测）等常规项目；设计要求的耐久性能如抗渗、抗冻等检测项目；按相关标准和合同规定检验等其他项目。

混凝土出场检验的对象是混凝土拌合物，因此需要对混凝土拌合物的性能及其影响因素先行介绍，以便于全面认识并指导拌合物的性能检验。

一、混凝土拌合物性能及其影响因素

混凝土拌合物是指混凝土各组成材料按一定比例配合，拌制而成的尚未凝结硬化的塑性状态拌合物，也称为新拌混凝土。

（一）工作性

混凝土拌合物的工作性是指拌合物满足施工操作要求及保证混凝土均匀密实应具备的特性，指拌合物易于运输、浇筑、成型和抹面而不发生离析分层的性能。工作性是一种综合性能，预拌混凝土的工作性主要包括流动性、黏聚性、保水性、可泵性等。特殊混凝土如自密实混凝土的工作性能包括填充性、间隙通过性、抗离析性等。

1. 流动性

混凝土是一种非匀质的材料，既非理想的液体，又非弹性体和塑性体，它的流动性能很难用物理参数来表示。从工程实用的角度来看，混凝土的流动性是表征拌合物流动、浇筑、振实的难易程度的一个参数，流动性大或流动性好的拌合物较易浇筑振实。

影响混凝土拌合物流动性的主要因素有用水量、水泥用量、掺合料品质及用量、集料品质及砂率、外加剂等。

（1）外加剂　现代混凝土配制时，外加剂起到了非常重要的作用，外加剂的减水、保坍、引气等组分，都对混凝土流动性有决定性的影响，掺加外加剂已成为提高流动性的最主要措施，因此必须重视外加剂的配方和用量。外加剂在混凝土中的使用已在本书"第二章原材料质量控制"外加剂一节中进行了详细介绍。

（2）用水量　配合比原始用水量是影响混凝土流动性的重要因素，在外加剂发明之前，混凝土主要靠水来获得流动性。混凝土流动性随用水量的增大而增大，同时用水量的增大，可以减轻混凝土其他组成材料对外加剂的依赖，减轻外加剂复配的难度，降低混凝土体系对外加剂的敏感性。

（3）水泥　水泥的矿物组成、水泥混合材的品种和掺量对混凝土流动性有较大影响，高碱高 C_3A 水泥比低碱低 C_3A 水泥混凝土的坍落度损失大。水泥与外加剂的相容性也是影响流动性的因素之一。石膏的种类也会影响混凝土的流动性，如掺加硬石膏，其溶解速度慢，在水泥水化最早期，C_3A 在 SO_4^{2-} 不足的液相中水化，会造成混凝土快凝。

（4）掺合料　掺合料减少了水泥用量，冲淡了碱和 C_3A 的浓度。优质的粉煤灰需水量小，玻璃体含量大，早期不参与水化反应，能有效增大混凝土流动性。矿渣粉对混凝土流动性影响不明显，但过高的比表面积、过低的流动度比、掺量较大时也会影响混凝土的流动性。

（5）集料　集料的含泥量、级配、粒径和表面状态对混凝土拌合物流动性有一定的影响。

① 含泥量影响外加剂效应的发挥，对混凝土坍落度保持和强度都不利，必须严加控制。

② 级配好的集料空隙率小，需要的水泥浆量少，在同等水泥浆量的条件下可获得较大的流动性。

③ 石子粒径大时其比表面积小，为包裹石子表面所需的水泥浆就少，得到相同流动性

所需的用水量就少。

④ 细集料（砂）的细度模数影响更为显著，不建议用细砂或特细砂单独配制混凝土。

⑤ 砂率的大小也会影响流动性。

⑥ 卵石和天然砂对混凝土流动性改善优于山碎石和人工砂。

（6）温度和时间　高温天气水泥水化加快，水分挥发也加快，混凝土流动性即坍落度损失会随着时间延长而不断增大，必须采取措施确保混凝土坍落度经时损失。

2. 黏聚性

黏聚性表示拌合物在运输、浇筑、振捣过程中不容易泌水和离析分层的性能，即拌合物保持各组分黏聚在一起抵抗分离的能力。

黏聚性与混凝土流动性是互相矛盾的两个参数，黏聚性大的拌合物在一定条件下可能流动性较小。流动性大的拌合物颗粒间的内摩擦较小，也即黏聚性小，易于泌水和离析。因此应根据实际施工条件和结构部位特征，选择最佳的流动性和黏聚性相匹配的混凝土。掺加优质粉煤灰和引气剂可以同时改善混凝土的黏聚性和流动性能，是调整混凝土工作性能的重要措施。

3. 保水性

保水性是指混凝土拌合物保持水分不易析出的能力。保水性好的混凝土，混凝土泌水量很少，不会对混凝土质量造成较大影响；保水性能差的混凝土，会出现较严重的离析、泌水或泌浆等问题，严重影响混凝土的质量。

（二）表观密度

混凝土表观密度为混凝土拌合物捣实后的单位体积的质量。表观密度与配合比用各种原材料的密度、混凝土密实度有关。在配合比设计的表观密度准确的前提下，通过检测表观密度，可以间接判断配合比的执行情况。如果表观密度实测值与设计值相差较大，可通过检查混凝土含气量、砂石含水率、原材料材料变化、设备计量精度等方面，来寻找原因加以解决。

《普通混凝土配合比设计规程》（JGJ 55—2011）中规定，表观密度实测值与计算值之差的绝对值未超过计算值的 2％时，不需要调整配合比。但由于生产、运输、泵送过程混凝土的自然损耗比较大，根据作者统计，这几方面的损耗合计超过 1％。因此，如果在生产过程检测混凝土的表观密度小于理论配合比的值，势必使混凝土出现较为严重的亏方，带来不必要的麻烦。建议将误差控制在 0～1％的范围内。

（三）含气量

混凝土在搅拌过程中会带入一些空气，在搅拌振实过程中，一部分空气会溢出，最后在混凝土中会残存 1％～2％ 体积的气泡总量。这些气泡孔径较大（＞1mm），形状不规则，对硬化混凝土强度和抗冻性都有不利影响。

单独掺加引气剂或者外加剂复配一定的引气组分时，可在混凝土搅拌过程中，引入大量分布均匀、稳定而封闭的微小气泡，绝大部分孔径在 0.1～0.4mm 之间，这些微小气泡能够阻断混凝土内部的毛细孔，大幅度提高混凝土的抗冻融能力。同时新拌混凝土的含气量的提升有利于混凝土的工作性，降低泌水等。

含气量是混凝土拌合物的重要参数，混凝土含气量增大使水泥浆体的空隙率增加，大量气泡的存在会减少混凝土的有效受力面积，使混凝土强度有所降低。试验表明，含气量在 3％以下时，对混凝土强度影响不大。当含气量大于 3％时，混凝土的含气量每增加 1％，其抗压强度一般要降低 3%~5%，当含气量超过 7% 时，有一部分气泡聚集在水泥浆体与集料的界面，对混凝土的强度降低非常明显，混凝土的抗冻性甚至会有下降的趋势。

搅拌站很多技术人员认为只有引气混凝土才有必要进行含气量试验，实际这种认识存在一定问题，通过以下几个方面说明：

① 目前搅拌站所用的外加剂基本上都是复合型的，几乎都复配引气组分，有必要进行含气量检测。

② 混凝土含气量超过 3% 时，增加含气量会导致混凝土强度降低，因此含气量的变化必须引起高度重视。

③ 理论配合比一般都是通过 60L 用小搅拌机的混凝土试验结果确定的，其搅拌量和搅拌性能都与生产用的搅拌机有很大差别。

④ 混凝土的含气量与混凝土搅拌时间有如图 4-2 所示的关系。

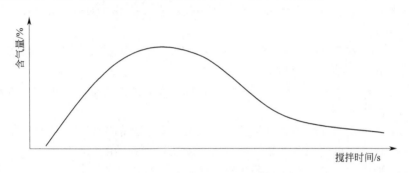

图 4-2　混凝土含气量与搅拌时间关系示意图

从上图可以看出，混凝土的含气量在搅拌初期随搅拌时间的延长而增大，达到一定的搅拌时间后混凝土的含气量达到最大值，然后随搅拌时间延长开始降低；另外，混凝土的含气量还与搅拌能力存在较大关系，搅拌能力越强，混凝土含气量越高，反之，混凝土含气量越低；混凝土的含气量随搅拌量（制成量）的增加而增加，当制成量达到一定量后混凝土的含气量基本稳定。

因此，混凝土生产过程的含气量与试验时的含气量可能存在较大差异，不但配合比初次使用需要检测混凝土含气量，在生产过程中也应定期检验混凝土的含气量，关注含气量的变化。

（四）氯离子含量

一般来讲，混凝土中的氯离子包括自由氯离子和结合氯离子。自由氯离子在混凝土中的孔隙溶液中保持游离状态，可溶于水，即水溶性氯离子；结合氯离子包括与水化产物反应以化学结合方式固化的氯离子和被水泥带正电的水化物所吸附的氯离子。

水溶性氯离子是指混凝土中可溶于水的氯离子。但混凝土中氯离子含量，尤其是水溶性氯离子含量超过一定浓度时，将破坏钢筋表面的钝化膜，使钢筋局部活化形成阳极区，钢筋一旦失钝，氯离子的存在使钢筋锈蚀速率加快，且 $FeCl_2$ 的水解性强，氯离子能长期反复地起作用，从而不断加重钢筋锈蚀，钢筋腐蚀使钢筋端面减小导致承载能力的降低，从而对混凝土的耐久性和使用安全性造成严重影响。

氯离子的这些状态也是可以相互转化的，如以化学结合方式固化的氯离子只有在强碱性环境下才能生成和保持稳定，当混凝土的碱度降低时，以化学结合方式固化的氯离子转化为游离形式存在的自由氯离子，参与对钢筋的锈蚀反应。因此《混凝土中氯离子含量检测技术规程》（JGJ/T 322—2013）增加了酸溶性氯离子检测的方法。酸溶性氯离子是指混凝土中用规定浓度的酸溶液溶出的氯离子，有时也称为氯离子总含量，包括水溶性氯离子和以物理化学吸附、化学结合等方式存在的固化氯离子。

（五）凝结时间

混凝土凝结时间是指混凝土因水泥水化而逐渐由塑性状态（流动状态）转变为硬化状态的时间。混凝土的凝结时间分为初凝时间和终凝时间。按照《普通混凝土拌合物性能试验方法标准》（GB/T 50080—2002）进行凝结时间试验，通过贯入阻力仪来测定，由线性回归确定方程或绘图拟合方法，求得贯入阻力为 3.5MPa 的时间为初凝时间，贯入阻力为 28MPa 时的时间为终凝时间。凝结时间关系着混凝土的拆模和施工进度，在混凝土试配时和实际生产过程中，应进行凝结时间试验。

混凝土的凝结时间影响因素较多，有水泥用量、水胶比、外加剂组分、掺合料种类、环境温度和养护条件等。

（1）水泥用量　水泥水化是混凝土凝结的动力，水泥用量对混凝土的凝结时间影响较大，水泥用量越高，凝结时间越短。

（2）水胶比　不同水胶比对应不同混凝土强度等级，水胶比越低，强度等级越高，混凝土凝结时间越短。

（3）外加剂组分　当配合比中其他参数一定时，混凝土的凝结时间受外加剂的缓凝组分和早强组分影响较大，可以通过调整这两种组分来获得需要的凝结时间。

（4）掺合料种类　不同的掺合料品种对混凝土的凝结时间不一样，常用的掺合料如粉煤灰可延长凝结时间，硅灰可能缩短凝结时间，矿渣粉对混凝土的凝结时间主要取决于其细度，细度越大，混凝土凝结时间越短。

（5）环境温度　环境温度越高，水泥水化速度越快，混凝土凝结速度随之缩短。通常情况下，结构混凝土因水泥水化温度升高，进一步加快了水泥的水化速度，温度和水泥水化相互促进，因此温度对混凝土凝结时间的影响通常是几何级增长的。因此对于需要延长混凝土凝结时间的浇筑施工，一定要提前考虑温度和水泥水化反应的相互促进关系，这种情况下标准凝结时间试验结果指导意义是有限的，最好进行模拟试验。

（6）养护条件　保湿、保温养护对混凝土的凝结时间也有一定影响，对于低温或冬期施工的混凝土，保温养护措施直接关系着凝结时间的大小。

（六）自密实混凝土工作性能

自密实混凝土工作性能包括：填充性（坍落扩展度、扩展时间 T_{500}）、间隙通过性（坍落扩展度与 J 环扩展度差值）、抗离析性（离析率、粗集料振动离析率）等。相关标准为《自密实混凝土应用技术规程》（JGJ/T 283—2012）、《自密实混凝土应用技术规程》（CCES203：2006），在本书第七章"自密实混凝土质量控制"一节将进行讲述。

（七）可泵性

混凝土泵送时拌合物在压力下沿管道进行垂直和水平的输送，拌合物与管壁会产生摩擦，在经过管道弯头处遇到阻力，拌合物必须克服摩擦阻力和弯头阻力方能顺利地流动，因此要求混凝土必须具有良好的可泵性，否则会发生泵压陡升和堵泵现象。

混凝土在输送过程中不可避免地要产生离析和泌水，在整个输送过程中混凝土是不均匀的。在混凝土组成材料中，只有水是可泵的，泵送过程中压力靠水传递到其他材料。这个压力必须克服管道的所有阻力，才能推动混凝土移动。在管壁有一层具有一定厚度的水泥浆润滑层，管壁的摩擦阻力决定于润滑层水泥浆的流变性以及润滑层厚度。如果这一润滑层水泥浆流动性差，润滑层薄，则水泥浆不易流动，或者说阻力太大。因此，为保证可泵性，混凝土必须有足够量的水泥浆，而且水泥浆必须有好的流动性，不能太黏，否则将产生过大的集料与管壁之间的摩擦，大大增加阻力。

可泵性可以理解为拌合物流变性和黏聚性的综合反映，可以用泵压、泵送速度等来间接表征。发生堵泵的情况多数分为两种，一种是混凝土流动性偏小，坍落度小，混凝土过黏，泵压不足以推动混凝土拌合物前进，造成堵泵。一种是混凝土严重离析泌水，在压力下泌水更多，遇到障碍物（如弯头）或在出口处，水脱离了拌合物，回流到后面的料中，压力不能很好地传递到固体颗粒，造成固体颗粒不能顺利移动，造成堵泵。

混凝土的可泵性可用坍落度、压力泌水值两个指标来评价。坍落度和压力泌水值应该在一个合适的范围内，不能太大也不能太小。可从配合比设计（用水量、砂率、掺合料）等方面调节混凝土坍落度和压力泌水值，以获得最佳的可泵性。所有提高混凝土密实性的方法对于提高可泵性均有利，例如选择空隙率小的集料，合适的砂率，优质粉煤灰提高黏聚性和流动性，优质的外加剂，适量的引气剂等。也可以用流变性能指标来确定可泵性良好的范围。

（八）混凝土流变性

流变学是研究物体流动和变形的科学。在外力作用下物质能流动和变形的性能称为该物质的流变性。流变学的研究对象是理想弹性固体、塑性固体和黏性液体以及他们的弹性变形、塑性变形和黏性流动。水泥浆、砂浆和混凝土是介于弹性体、塑性体和黏性液体之间的材料，它们的流变性随着硬化在不断地变化。

物体流动有两种典型的模型，理想的牛顿液体和 Bingham 体。理想液体的流动速率决定于液体的黏度（η），而 Bingham 体需要外力大于屈服切应力（即屈服值 τ_0）以克服物体的塑性黏度（η）才能流动。屈服值是使材料发生变形所需的最小应力，塑性黏度则反映作用应力与流动速度之间的关系。

新拌水泥浆的流变特性接近于 Bingham 体，可用旋转黏度计测量其屈服应力和结构黏度等流变参数，其流变性能的变化也多用于各种外加剂作用试验中。

混凝土拌合物是一种多组分材料，水泥、砂、石等固体粒子不均匀地分散在水中，研究它的流变特性就比较困难。必须先假定混凝土拌合物分散比较均匀，其流变特性接近于 Bingham 体，方可测试其流变参数 τ_0、η。屈服应力和塑性黏度两个流变参数比用单一坍落度能更好地表征混凝土拌合物的性能。

二、混凝土出场检验规定

1. 出场检验项目

混凝土出场检验项目没有统一的规定，作者根据现行标准规范进行了整理汇总，确定了如表 4-3 所示的检验项目。

表 4-3　混凝土出场检验项目

序号	出场检验项目	依据的标准
1	坍落度、坍落扩展度经时损失	预拌混凝土(GB/T 14902—2012)
2	水溶性氯离子含量	预拌混凝土(GB/T 14902—2012)
3	凝结时间	混凝土质量控制标准(GB 50164—2011)
4	强度等力学性能	预拌混凝土(GB/T 14902—2012)

序号	出场检验项目	依据的标准
5	抗渗等长期和耐久性能	预拌混凝土(GB/T 14902—2012)
6	含气量(掺引气型外加剂混凝土必测)	预拌混凝土(GB/T 14902—2012)
7	表观密度(试配必测)	普通混凝土配合比设计规程(JGJ 55—2011)
8	出机温度(冬期施工时必测)	建筑工程冬期施工规程(JGJ/T 104—2011)
9	其他合同规定的试验项目	合同

2. 出场检验批次、频率及质量要求

（1）坍落度及坍落扩展度

① 检验频率　坍落度需逐车检查。开盘第一车实测，后面的目测或实测；坍落度的实测频率与混凝土强度试件取样频率一致。

② 质量要求　泵送混凝土的坍落度一般大于100mm，其实测值与目标值的允许偏差要求为±30mm。对于特殊混凝土的坍落度应符合标准规定和施工要求。

泵送混凝土扩展度应不小于350mm，允许偏差为±30mm。

（2）坍落度经时损失

① 检验频率　坍落度经时损失没有明确规定检验频率，搅拌站可根据工程性质、天气状况、路途远近等情况进行坍落度经时损失试验。试验标准为《混凝土质量控制标准》（GB 50164—2011）"附录A：坍落度经时损失试验方法"。

② 质量要求　坍落度经时损失不宜大于30mm。特殊混凝土如自密实混凝土一般2h坍落度损失宜小于10mm，扩展度2h经时损失小于50mm。

（3）水溶性氯离子含量

① 检测频率　同一工程、同一配合比的混凝土拌合物中水溶性氯离子含量的检测不应少于1次；当混凝土原材料发生变化时，应重新对混凝土拌合物中水溶性氯离子含量进行检测。对于海砂混凝土来说，当海砂砂源批次改变时，也应重新检测新拌海砂混凝土中水溶性氯离子含量。

② 质量要求　混凝土拌合物中水溶性氯离子最大含量应符合表4-4的规定。表中的氯离子含量是相对混凝土中水泥用量的百分比，与控制氯离子相对混凝土中胶凝材料用量的百分比，偏于安全。

表4-4　混凝土拌合物中水溶性氯离子最大含量

环境条件	水溶性氯离子最大含量(%,水泥用量的质量百分比)		
	钢筋混凝土	预应力混凝土	素混凝土
干燥环境	0.30	0.06	1（海砂混凝土为0.3）
潮湿但不含氯离子的环境	0.20（海砂混凝土为0.1）		
潮湿且含有氯离子的环境、盐渍土环境	0.10（海砂混凝土为0.06）		
除冰盐等侵蚀性物质的腐蚀环境	0.06		

（4）含气量（掺引气剂的混凝土）

掺引气剂的混凝土（抗冻融混凝土）的含气量检验频率同坍落度试验频率。

《预拌混凝土》（GB/T 14902—2012）规定，混凝土含气量实测值不宜大于7%，并与合同规定值的允许偏差不宜超过±1.0%。

《混凝土质量控制标准》（GB 50164—2011）规定，针对一般环境条件下混凝土的含气量要求，见表4-5。对于处于潮湿或水位变动的寒冷和严寒环境以及盐冻环境的混凝土可高于表 4-5 的规定，但最大含气量宜控制在 7.0％以内。

表 4-5　掺引气剂或引气型外加剂混凝土的含气量要求（一般环境）

粗集料最大公称粒径/mm	掺引气剂或引气型外加剂混凝土/％
20	≤5.5
25	≤5.0
40	≤4.5

《普通混凝土配合比设计规程》（JGJ 55—2011）规定，长期处于潮湿或水位变动的寒冷和严寒环境以及盐冻环境的混凝土应掺用引气剂。引气剂掺量应根据混凝土含气量要求经试验确定，混凝土最小含气量应符合表 4-6 的规定，最大不宜超过 7.0％。

表 4-6　混凝土最小含气量

粗集料最大公称	混凝土最小含气量/％	
粒径/mm	潮湿或水位变动的寒冷和严寒环境	盐冻环境
20	5.5	6.0
25	5.0	5.5
40	4.5	5.0

（5）凝结时间　同一配合比混凝土拌合物的凝结时间应至少取样检验 1 次。

凝结时间应符合试配结果和合同规定。凝结时间的标准试验方法与结构实体的差异往往较大，因此建议以工地实际结构的凝结时间为准。

（6）表观密度　生产过程中要不定期进行表观密度试验，以对混凝土配合比进行校正。试配的每个配合比均要进行表观密度试验。

当表观密度实测值与设计值的差超过设计值的±2％时，应对混凝土配合比进行调整。

（7）温度　温度的出场检测仅在《建筑工程冬期施工规程》（JGJ/T 104—2011）有明确规定，冬期施工时，应按照《建筑工程冬期施工规程》（JGJ/T 104—2011）的要求进行温度检测。应检查混凝土从入模到拆除保温层或保温模板期间的温度。混凝土施工期间，混凝土的出机、浇筑、入模温度每工作班不少于 4 次。大体积混凝土的出场温度检测应按照技术方案和合同规定的要求进行。

其他混凝土出场温度检测频率根据需要进行检测，如合同要求（约定）、大体积混凝土温升控制、裂缝防治、快硬早强等。

（8）其他　按照合同规定进行混凝土其他项目的取样和检验工作。

3. 检验项目及验收批的依据

出场检验项目及验收批的依据见表 4-7。

表 4-7　出场检验项目及验收批的依据标准

国　标			北京市地标
预拌混凝土 （GB/T 14902—2012）	混凝土结构工程施工规范 （GB 50666—2011）	混凝土质量控制标准 （GB 50164—2011）	预拌混凝土质量管理规程 （DB 11/385—2011）
9.2　检验项目 强度、坍落度和设计要求的耐久性能、掺有引气型外加剂的混凝土还应检验含气量。 相关标准和合同规定的检验项目。 9.3.4　坍落度的检测频率与强度相同。	7.6.5　每 100 方不少于 1 次，且每工作班不应少于 2 次，必要时增加检查次数。	7.2.2 1　坍落度 2　凝结时间 3　水溶性氯离子含量	7.2.10　预拌混凝土出场前应逐车检验混凝土拌合物的工作性。当混凝土有抗冻要求时应检测拌合物的含气量。

4. 取样要求

混凝土本身是一种多组分，非匀质性复合材料，取样质量和取样体量的多少直接影响试验结果，因此要注意取样的规范性，并对试样进行正确的处理。

（1）取样应具代表性　混凝土拌合物取样应具有代表性，宜采用多次采样的方法，以尽可能覆盖同一车混凝土不同部位的变异情况，保障试样的代表性。

同一组混凝土拌合物的取样应从同一盘混凝土或同一车混凝土中取样。混凝土的拌制和浇筑是以一盘或一车混凝土为基本单位的，同一组拌合物的取样只有在同一盘或同一车进行，才代表了该基本单位的混凝土，才能用数理统计的原理，统计出各基本单位混凝土的差异。

为保证取样代表性，搅拌站宜在搅拌机下料口附近搭建取样平台，否则很难做到标准的取样，即在同一车混凝土约 1/4 处、1/2 处和 3/4 处之间分别取样。取样平台有以下优势：可随时进行检验；检验后混凝土放回罐车，不造成浪费（按年产 30 万方，每 50m³ 取样 1 次，1 次取样 50L 计算，1 年可节约 300 多方混凝土）；减少取样工作量；可保证取样的代表性。

多数搅拌站采取整车混凝土生产完成后，快速搅拌均匀再取样，或者在生产过程中间取样，例如 12m³ 混凝土，在第一盘 3m³ 生产出来后取样进行检测，以判断混凝土的过程质量。

（2）试样体量要求　取样量应多于试验所需量的 1.5 倍，且宜不小于 20L。

（3）时间要求　因混凝土性能与时间之间有紧密联系，为避免拌合物随时间发生较大质量变化，从第一次取样到最后一次取样不宜超过 15min，从取样完毕到开始做各项性能试验不宜超过 5min。

在条件不许可的情况下，应视混凝土拌合物的性能而定，在不影响拌合物性能的前提下，时间可适当延长。

（4）试样处理　取得的混凝土拌合物试样，在进行各项试验前，应人工搅拌均匀。某些搅拌站取样地点和试块制作地点距离较远，有的取样后用小推车推到较远的试验室，未拌匀就直接捞混凝土制作试块，这对混凝土强度影响很大。有的取样量刚刚够制作试块的量，也容易造成混凝土强度离散性大。

正确的做法是，取足够量的、有代表性的试样，在制作前经过重新翻拌程序，拌匀后再制作试块。

5. 质量评定

依据《预拌混凝土》（GB/T 14902—2012）第 9.4 条进行混凝土质量评定。

① 混凝土强度符合规定时为合格。

② 混凝土坍落度、扩展度和含气量的试验结果符合要求时为合格；若不符合要求则应立即用试样余下部分或重新取样进行试验，当复检结果符合规定时，应评定为合格。

③ 水溶性氯离子含量符合规定时为合格。

④ 耐久性及其他特殊要求项目的试验结果符合规定时为合格。

注：凝结时间等拌合物性能指标一般会在技术合同中进行规定，应根据合同规定的要求进行检验。

三、混凝土出场检验拌合物性能试验

混凝土拌合物性能试验方法应符合现行国家标准《普通混凝土拌合物性能试验方法标准》（GB/T 50080—2002）的有关规定。该标准是混凝土的基准试验方法，通过规范和统一试验方法，提高试验精度和试验水平，使试验结果具有代表性、准确性和复演性，确保混凝土施工质量。但该标准只规定了常用的八项试验的试验方法，拌合物的很多其他性能检测方法没有涉及，为适应混凝土新技术发展的需要，本书也对其他的试验方法进行了介绍。

（一）工作性

1. 流动性

很多混凝土学者致力于设计一种能更好反映拌合物流动性的仪器和测试方法，迄今已有十多种，比较典型且使用广泛的测试方法是稠度试验，包括坍落度、坍落扩展度和维勃稠度。坍落度试验适用于坍落度不小于 10mm 的混凝土拌合物；维勃稠度试验适用于维勃稠度 5～30s 的混凝土拌合物；扩展度适用于泵送混凝土和坍落度大于 220mm 的大流动性混凝土。

（1）坍落度　坍落度试验适用于集料最大粒径不大于 40mm、坍落度不小于 10mm 的混凝土拌合物稠度测定。坍落度测试方法简单，能在一定程度上表征拌合物浇筑振实的难易程度。

坍落度试验时，混凝土在自重作用下，克服内部颗粒间摩擦而流淌。尤其适合 30～220mm 范围的混凝土流动性测试。当拌合物坍落度小于 20mm 时，坍落度测试值很难反映出拌合物流动性的差异。当坍落度大于 220mm 时，又不能灵敏地反映这种大流动性混凝土的差异。尽管坍落度试验具有一定的局限性，其仍然是目前世界各国广泛使用的试验和现场测试方法。

坍落度试验时，坍落度筒提起后，如混凝土发生崩坍或一边剪坏现象，则应重新取样另行测定。如果第二次试验仍出现上述现象，则表示混凝土和易性不好，应查找原因。

坍落度测量精确到 1mm，结果表达修约至 5mm。表 4-8 为常见的修约情况。也可使用 Excel 函数：MROUND（坍落度实测值，5），求得修约后的坍落度结果。

表 4-8　混凝土坍落度结果修约例表

测量精确至 1mm	结果修约至 5mm	修　约　规　则	
162mm	160mm	2	0
163mm	165mm	3	5
167mm	165mm	7	5
168mm	170mm	8	0 进 1

影响坍落度试验结果的因素有试验仪器及试验条件、试验手法和样品代表性等。

① 试验仪器及试验条件　在部分搅拌站或施工现场，经常会看到坍落度筒变形、筒内壁沾有大量混凝土、插捣棒不标准、底板条件不达标、以卷尺取代钢尺等现象，在这样的试验仪器和试验条件下进行的试验其结果具有很大的随机性，很难体现混凝土真实性能。

② 试验手法　试验前不润湿坍落度筒和底板或润湿后坍落度筒和底板上有汪水、没有均分三层装料、随意插捣几下、瞬间提起坍落度筒、混凝土试体严重向一边倾斜、混凝土还在流动情况下就开始测量坍落度值等现象，这些都严重影响混凝土坍落度的真实结果，失去坍落度和扩展度检测的意义。

③ 样品不具代表性　没有按照标准中规定的取样方法取样，在搅拌站或现场条件下，试验人员经常在不进行强制搅拌的情况下从搅拌车中放出刚刚够做试验用的混凝土，混凝土的匀质性很差，不具代表性。或者从混凝土搅拌车放料到小推车后，长距离行走至试验地点，混凝土经长时间颠簸振捣，表面会出现大量浮浆，在小推车内未人工搅拌均匀，直接用锹或铲捞取混凝土进行试验，试验结果严重偏离真实值。

要特别注意在混凝土离析状态下进行坍落度试验，在坍落下来的混凝土中间有石子堆积，即通常所说的"硬芯"，这时的坍落度是不真实的，他无法准确反映混凝土状态，没有实际意义。

(2) 坍落扩展度　《普通混凝土拌合物性能试验方法标准》(GB/T 50080—2002) 规定，坍落度大于 220mm 时，应测定混凝土拌合物的坍落扩展度指标，扩展度最大、最小直径差不应大于 50mm。扩展度允许偏差为 ±30mm。

坍落度扩展度弥补了坍落度不能灵敏地反映大流动性混凝土的差异的缺点，是大流动性混凝土工作性验证的一个重要方法。通过扩展度可以观察混凝土流动性、表面泌水情况等。

(3) 坍落度经时损失　预拌混凝土随着时间的延长而出现坍落度降低的现象，称为坍落度经时损失。坍落度经时损失是混凝土工作性的一个重要指标。预拌混凝土需要经过一段时间的运输才能到达施工现场，加上现场等待时间、浇筑时间等，混凝土一般在 0.5～3h 之内才能浇筑完毕。如果坍落度损失过大，会给泵送、振捣等施工过程带来很大困难，造成振捣不密实，墙柱底部易出现蜂窝状缺陷。现场坍落度过小时，工人经常随意加水调整，导致混凝土实体强度降低，出现起砂、开裂等质量问题，也很容易造成质量事故。因此要求混凝土有较好的坍落度经时损失，以保证混凝土浇筑时各项性能满足施工要求。

正常情况下，混凝土坍落度在 0.5h 内损失很小，在 1～3h 内坍落度损失逐渐增大。目前，聚羧酸系高性能减水剂配制的普通混凝土可以做到在 1h 以内几乎无损失，1～3h 之内损失 20～50mm，可以满足正常的浇筑需求。如采取缓释型聚羧酸外加剂，可以做到 3h 之内损失 0～10mm，几乎无坍损。

坍落度经时损失试验标准依据《混凝土质量控制标准》(GB 50164—2011) 附录 A "坍落度经时损失试验方法"。将坍落度试验后的混凝土立即装入不吸水的容器内，密闭搁置 1h，然后再将混凝土拌合物倒入搅拌机内搅拌 20s，卸出搅拌机后再次测试混凝土拌合物的坍落度，前后两次坍落度之差即为坍落度经时损失，计算应精确到 5mm。坍落度损失试验用混凝土的取样和试样制备应遵照《普通混凝土拌合物性能试验方法标准》(GB/T 50080—2002) 的规定，取样量不少于 20L，但为了保证试验准确性，宜增加取样量，以减少试验过程中浆体损失带来的误差。

(4) 维勃稠度　维勃稠度试验适用于集料最大粒径不大于 40mm，维勃稠度在 5～30s 之间的混凝土拌合物稠度测定。维勃稠度多用于塑性混凝土，即坍落度 10～90mm 的混凝土。维勃稠度试验弥补了坍落度试验对低流动性拌合物灵敏度不够的不足，但其对流动性较大的拌合物不灵敏，目前预拌混凝土基本不用。

混凝土拌合物流动性按维勃稠度大小，可分为四级：

超干硬性：≥31s；特干硬性：30～21s；干硬性：20～11s；半干硬性：10～5s。对坍落度不大于 50mm 或干硬性混凝土和维勃稠度大于 30s 的特干硬性混凝土，用维勃稠度法难以准确判断试验的终点，使试验结果有较大的离差。可采用《普通混凝土拌合物性能试验方法》附录 A 增实因数法来测定，这种试验方法测量特干硬性混凝土的稠度具有较高的灵敏度和精度 (表 4-9)。

增实因数法是引用铁道部行业标准 TB/T 2181—90 混凝土拌合物稠度试验方法——跳桌增实法，并考虑混凝土掺合料的应用而修改制定的国家试验方法标准。本方法的工作原理是利用跳桌对一定量的混凝土拌合物做一定量的功使其密度增大，以混凝土拌合物增实后的密度与理想密实状态下的密度之比作为稠度指标。它以示值读数表示拌合物的稠度，试验过程无人为影响因素，试验结果复演性好。

表 4-9　维勃稠度与增实因数之间的关系

维勃稠度/s	增实因数(JC)
<10	1.18～1.05
10～30	1.3～1.18
30～50	1.4～1.3
50～70	>1.4

2. 黏聚性

黏聚性没有定量的试验方法，主要是通过坍落度试验后的混凝土状态进行观察判断来确定，即用捣棒在已坍落的混凝土锥体侧面轻轻敲打，此时如果锥体倒塌、部分崩裂或出现离析现象，则表示黏聚性不好。

对于流动性较大的混凝土，这种通过捣棒敲打混凝土锥体的试验方法不太适用，多数情况下通过目测混凝土状态来判断。流动性较大的混凝土的黏聚性可以通过黏度测定仪进行试验检测，但这种测试方法比较复杂，不适用于现场检验，多用于混凝土性能研究工作中。

3. 保水性

保水性以混凝土拌合物稀浆析出的程度来评定，坍落度试验过程中，如坍落度筒提起后有较多的稀浆从底部析出，锥体部分的混凝土也因失浆而集料外露，则表明此混凝土拌合物的保水性能不好。如果坍落度筒提起后无稀浆或仅有少量稀浆自底部析出，则表示此混凝土拌合物保水性良好。

（二）表观密度

按照《普通混凝土拌合物性能试验方法标准》（GB/T 50080—2002）的要求进行混凝土表观密度试验。应对容重筒进行标定，以标定的实际结果作为容重筒的实际容积。因成型时试模边角粗集料的差异较大，所以不得采用试模来测定拌合物的表观密度。

标准规定坍落度大于 70mm 时，采用插捣方式测试表观密度，但实际浇筑时为振捣棒振捣，因此表观密度的试验值与实体的表观密度会有一定的误差，这也是方量纠纷的原因之一。

（三）含气量

按照《普通混凝土拌合物性能试验方法标准》（GB/T 50080—2002）的要求进行混凝土含气量试验。目前多采用直读式含气量测定仪，其原理为，混凝土里的气体是可以压缩的，在具有固定压力的气室内的空气与混凝土连通后，混凝土内的气体被压缩，平衡后的气压降低，气室压力减少的量即是混凝土中的空气含量所占的百分比，从而推断混凝土含气量。

含气量的标准做法应该是首先检测该配合比下集料的含气量，然后再检测混凝土的含气量，即混凝土与集料的总含气量减去集料含气量。但通常情况下，很少有人去考虑集料的含气量，而把混凝土与集料的总含气量作为混凝土的含气量，所以测得的含气量有一定的偏差，相对偏大。砂石的表面会有孔隙，不能达到完全饱和状态，因此自身会含有一定的气体。其含气量大小与集料的吸水率对应。通常情况下集料的含气量较小。

（四）水溶性氯离子含量

水溶性氯离子含量试验标准为《水运工程混凝土试验规程》（JTJ 270—98）"第 7.18 节海砂、混凝土拌合物中氯离子含量的快速测定"，或采用其他精确度更高的方法进行测定。采用测定混凝土拌合物中氯离子的方法，与测试硬化后混凝土中氯离子的方法相比，时间大大缩短，有利于配合比设计和控制。

最新的《混凝土中氯离子含量检测技术规程》（JGJ/T 322—2013）的附录 A 规定了"混凝土拌合物中水溶性氯离子含量快速测试方法"，可参考执行。混凝土拌合物中水溶性氯离子含量占水泥质量的百分比为单方混凝土氯离子含量除以配合比单方水泥用量后得到的。同时该标准规定，当作为验收依据存在争议时，应采用该标准附录 B"混凝土拌合物中水溶性氯离子含量测试方法"进行检测。

（五）温度

混凝土的温度应使用检定合格的玻璃管温度计检测。

其他温度计如插入式热电偶、激光测温计等，应事先与玻璃管温度计进行对比检验，确定实际的差别，并将测试结果进行修正。

（六）凝结时间

1. 标准试验方法

凝结时间标准试验方法为按照《普通混凝土拌合物性能试验方法标准》（GB/T 50080—2002）的要求，从混凝土拌合物中筛出砂浆，用贯入阻力法来确定坍落度值不为零的混凝土拌合物凝结时间的测定。标准试验方法也可测定各种变量对混凝土凝结时间的影响，也适用于砂浆或灌注料凝结时间的测定。

混凝土凝结时间分为初凝时间和终凝时间。当贯入阻力为 3.5MPa 时，混凝土拌合物在振动力的作用下不呈现塑性状态，不会流动，但还不具有强度，此时的时间为混凝土初凝时间。混凝土初凝以后，再振动混凝土，要损伤混凝土初始结构；当贯入阻力为 28MPa 时，混凝土立方体抗压强度大约为 0.7MPa，具有一定初始结构强度，此时为混凝土终凝时间。

用贯入阻力法测定凝结时间，通过线性回归确定方程，求得贯入阻力 3.5MPa、28MPa 时的时间为初凝和终凝时间。也可以用绘图拟合方法确定。结果以 h∶mm 表示，并修约至 5min。

凝结时间的测定对环境温度的要求较高，有一个稳定的测试环境，是保证凝结时间测试精度的必要条件。在现场同条件测试时，应避免阳光直射，以免试样桶内的温度超过现场环境温度。不得配制同配比的砂浆来代替，用同配比的砂浆的凝结时间会比混凝土的凝结时间长得多。

（1）Excel 软件用于凝结时间的结果处理 用 Excel 计算凝结时间时要用到的几个函数公式：

① 求自然对数：＝ln(x)；＝ln(Y)

② 求回归系数 A：

＝FORECAST（0,Y1∶Yn,X1∶Xn）

或＝INTERCEPT(Y1∶Yn,X1∶Xn)

③ 求回归系数 B：

＝SLOPE（Y1∶Yn,X1∶Xn）

④ 求相关系数 r：（要求 r≥0.95）

＝CORREL(Y1∶Yn,X1∶Xn)

⑤ 凝结时间线性回归方程：

LN(时间)＝A＋B＊LN(贯入阻力)

或求出初凝时间、终凝时间的线性回归函数的值

LN(初凝时间)＝FORECAST(LN(3.5)，Y1：Yn，X1：Xn)

LN(终凝时间)＝FORECAST(LN(28)，Y1：Yn，X1：Xn)

⑥ 求凝结时间（自然对数的反函数）

初凝时间＝EXP(A＋B＊LN(3.5))

终凝时间＝EXP(A＋B＊LN(28))

⑦ 求小时：＝INT(总分钟/60)

⑧ 求分钟：＝MOD(总分钟，60)

⑨ 将分钟数进行5修约：＝MROUND（分钟，5）

（2）凝结时间记录实例

混凝土凝结时间试验记录

任务单编号

/试配编号：　2015-5032　　　生产日期：　2015/11/15　　　成型时间：　10：00

工程名称：　　　　　　　　施工部位：

强度等级：　　　　　　　　试配编号：　　　　　　　其他：

序号	测定时间	时间/min	温度/℃	测针面积/mm			贯入压力/N			贯入阻力/MPa			ln(f_{PR})			ln(t)
				试样1	试样2	试样3	试样1	试样2	试样3	试样1	试样2	试样3	试样1	试样2	试样3	
1	15：00	300	24.0	100	100	100	0	0	0	0	0	0				5.7
2	15：30	330	24.0	100	100	100	0	10	10	0	0.1	0.1		−2.3	−2.3	5.8
3	16：00	360	23.0	100	100	100	20	40	20	0.2	0.4	0.2	−1.6	−0.9	−1.6	5.9
4	16：30	390	23.0	100	100	100	50	60	50	0.5	0.6	0.5	−0.7	−0.5	−0.7	6.0
5	17：00	420	23.0	100	100	100	80	90	100	0.8	0.9	1	−0.2	−0.1	0.0	6.0
6	17：30	450	23.0	100	100	100	210	180	190	2.1	1.8	1.9	0.7	0.6	0.6	6.1
7	18：00	480	23.0	100	100	50	330	350	200	3.3	3.5	4	1.2	1.3	1.4	6.2
8	18：30	510	22.0	50	50	50	370	410	420	7.4	8.2	8.4	2.0	2.1	2.1	6.2
9	19：00	540	22.0	20	20	20	450	480	500	22.5	24	25	3.1	3.2	3.2	6.3
10	19：30	570	21.0	20	20	20	520	570	550	26	28.5	27.5	3.3	3.3	3.3	6.3
11	20：00	600	21.0	20	20	20	680	730	700	34	36.5	35	3.5	3.6	3.6	6.4

"贯入阻力-时间"对应关系曲线图

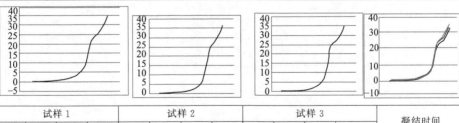

线性回归系数及相关系数计算	试样1				试样2				试样3				凝结时间结果计算（平均值）
	A	B	γ	相关性	A	B	γ	相关性	A	B	γ	相关性	
	6.043	0.093	0.993	良好	6.024	0.098	0.990	良好	6.033	0.095	0.995	良好	
回归方程	ln(t)=6.043+0.093 ln(f_{PR})				ln(t)=6.024+0.098 ln(f_{PR})				ln(t)=6.033+0.095 ln(f_{PR})				
初凝时间/min	473				467				469				470
终凝时间/min	575				573				572				573
凝结时间试验结果（精确至5min）	初凝时间	7h：50min											
	终凝时间	9h：35min											

2. 观察判断法

凝结时间标准方法试验过程比较繁琐，且受条件限制，结果确定过程复杂。主要适用于两种不同的配合比在相同条件下的平行对比。而且室温条件下测定的凝结时间与浇筑现场混凝土的凝结时间有着较大差别，因此对指导实际生产意义有限，多用于配合比的设计与确定工作。

多数搅拌站凝结试验采用观察判断法。用观察试块的硬化过程来粗略判断凝结时间，虽然做法相对粗糙，但其简便易行且与实际情况较为接近，用于生产过程中的配比调整还是有一定的借鉴意义。

观察判断法的具体步骤：

① 将成型混凝土尽可能放置在室外或与施工现场同条件的环境中；

② 指定专人随时观察混凝土的凝结情况并加以记录；

③ 当混凝土表面用手指按下有较浅的印记，用手指甲划时有较浅的纹路时，混凝土接近初凝；

④ 当混凝土用指甲按下无印记，用指甲划出很浅的纹路时，混凝土接近终凝。

这种方法虽然不标准、不够准确，但其方便快捷，可随时了解不同配合比混凝土在不同情况的大致凝结情况，对生产控制有很强的指导意义，不失为一种有效的办法，值得肯定。建议技术人员根据搅拌站实际情况，进一步规范观察判断法，使其在一定范围内更加准确可靠，使凝结时间试验更具有可操作性。

3. 直接测定凝结时间的研究成果

江苏博特新材料有限公司开发出直接测定混凝土凝结时间的仪器[1]。这种方法是将探头埋入混凝土结构中，通过电脑远程监测混凝土因水泥水化而产生的负压变化情况，根据负压值和凝结时间的关系，测定特定负压下混凝土的凝结时间。该方法可以测定实际施工过程中，不同环境条件下混凝土的凝结时间、水化热发展情况等，方法相容性较强，操作简便，具有较好的应用前景。同时可以指导施工方进行抹面和养护，以减少早期裂缝的产生。

（1）理论依据——初凝时间（抹面时间）如图 4-3 所示。

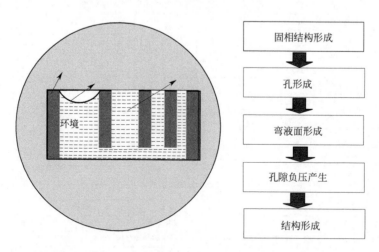

图 4-3　结构形成——初凝时间判定的基本原理和物理意义

（2）SBT-I 型孔隙负压无线监测系统　见图 4-4 和图 4-5。

随着研究的不断深入，制定直接检测混凝土凝结时间的标准，将对混凝土质量控制带来较大的意义。

（七）　泌水与压力泌水试验

泌水量是指一定量混凝土拌合物的单位面积的泌水质量。泌水率是指混凝土拌合物总泌水量和用水量之比，也就是混凝土单位用水量的泌水。混凝土泌水试验用于检验混凝土的保水性能，泌水的试验结果是衡量混凝土保水性的重要指标。压力泌水试验是用于检验混凝土在压力

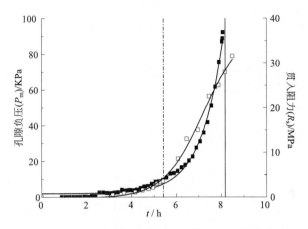

图 4-4　密封条件下贯入阻力和孔隙负压的发展规律

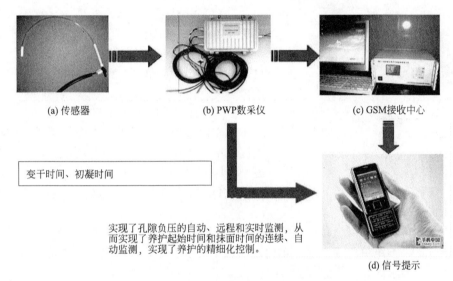

(a) 传感器　　　　　　　(b) PWP数采仪　　　　　　(c) GSM接收中心

变干时间、初凝时间

实现了孔隙负压的自动、远程和实时监测，从而实现了养护起始时间和抹面时间的连续、自动监测，实现了养护的精细化控制。

(d) 信号提示

图 4-5　SBT-I 型孔隙负压无线监测系统

作用下的保水性能，与混凝土的可泵送密切相关，通常作为检验混凝土可泵性的性能指标。

泌水试验时必须严格按照标准规定的试验条件进行。泌水试验整个过程除了吸水操作外，都要盖好盖子，防止水分蒸发，同时保持室温在 20℃±2℃ 范围内。当然如果要考虑混凝土在施工现场的实际泌水量，可以进行同条件试验，同条件混凝土泌水与蒸发过程同时进行，只有当泌水速度大于蒸发速度时，我们才能看到混凝土表面的泌水，否则尽管混凝土有泌水，可是我们看不到。因此现场混凝土泌水与环境温度、风速及空气相对湿度有着密切的联系，撇开这些条件谈现场混凝土泌水与否是不准确的，且经常会造成误判。

混凝土的压力泌水与混凝土的可泵性有较大相关性，因此，对于泵送混凝土，应该进行混凝土压力泌水试验，但目前各搅拌站在质量控制方面不太重视泌水和压力泌水试验，通常都是靠经验进行控制，希望搅拌站质量控制人员应该懂得泌水与压力泌水的试验目的，并能在需要的时候快速准确地进行试验。不能等到混凝土出现严重泌水或经常堵泵时才想到进行泌水和压力泌水试验，而是应该在混凝土配合比选材、设计与试配时就要充分考虑混凝土的泌水和压力泌水性能，并择优选择泌水和压力泌水指标中优良的配合比。

泌水试验与压力泌水试验两种方法的结果完全不同，应根据施工所采用的浇筑与密实成型工艺，选用相应的泌水试验方法。压力泌水性能衡量混凝土拌合物在压力状态下的泌水性能，关系到泵送过程中是否会离析而堵泵。压力泌水仪相当于泵管的一段，通过加压模仿实际泵送的状态。但压力泌水是在静态下测定，又区别于实际泵送的动态状态。同时由于标准中压力泌水试验所采用的压力值较低，对于高层泵送的指导意义有限。因此高层泵送混凝土压力泌水试验可根据实际情况采用专用设备，增加试验压力值，更好地检验不同配合比混凝土在高压下的保水性能。

（八）混凝土拌合物其他性能检验

1. 混凝土流变性

目前已有测试混凝土流变性能的仪器（可参见图 4-6），多用于泵送混凝土、超高层混凝土、自密实混凝土以及外加剂评价等方面，可以通过流变性能研究确定各种混凝土需要控制的流变参数。

图 4-6　丹麦 ICAR 混凝土流变仪

2. 自密实混凝土工作性能试验

自密实混凝土试验依据标准为《自密实混凝土应用技术规程》（JGJ/T 283—2012）、《自密实混凝土应用技术规程》（CCES 203：2006），具体的测试方法见本书第七章"自密实混凝土质量控制"相关内容。

3. 水胶比/单位用水量测定

水胶比直接决定混凝土强度，同时对硬化混凝土孔隙率大小和数量起到决定性作用，直接影响混凝土结构的泌水性。水胶比越大，混凝土中多余水分蒸发后，形成孔径为 $50\sim150\mu m$ 的毛细孔等开放的孔隙也越多，这些孔隙是造成混凝土抗渗性能降低的主要原因。

混凝土水胶比测定仪（图 4-7）主要通过测定新拌混凝土表观密度、含气量，根据原材料密度和配合比，推定单位用水量、单位水泥用量及水胶比，控制混凝土质量。

图 4-7　混凝土水胶比测定仪

水胶比测定准确度较高，试验简便，可以作为交货检验的一种试验方法。

4. 混凝土拌合物综合性能测试

混凝土综合性能测定仪（图 4-8）是专门为检测建筑施工现场的混凝土拌合物技术指标而设计的即时检测仪器。它是根据混凝土流变学原理，通过检测混凝土的黏稠度来分析混凝土基本指标。可检测混凝土坍落度、水胶比、施工温度及预测 28d 强度。

5. 混凝土碱含量快速测定

碱含量的快速测定可以帮助我们有效预防混凝土碱集料反应发生的危险。碱含量是以每立方米混凝土中的等量 Na_2O 质量（kg）来表示的。混凝土原材料的碱含量是指原材料等量 Na_2O 的含量占样品质量的百分比（%）。等量 Na_2O 即等于 Na_2O 与 0.658 倍的 K_2O 含量的总和。

可采用离子选择电极法（ion selective electrode）ISE 法，快速测定水溶液中碱含量。混凝土碱含量快速测定仪如图 4-9 所示，该仪器符合《混凝土碱含量限值标准》（CECS53：93）、《混凝土结构耐久性评定标准》（CECS 220:2007）、预防混凝土碱集料反应技术规范 GB/T 50733—2011。

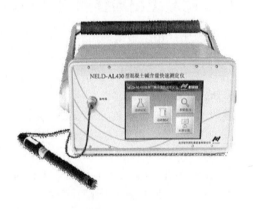

图 4-8 混凝土综合性能测定仪　　　　图 4-9 混凝土碱含量快速测定仪

6. 混凝土拌合物气孔结构分析

混凝土拌合物的气孔结构分析可以帮助我们检验引气剂的引气效果，评判混凝土的抗冻能力。代表设备为丹麦 Germann 公司 AVA 新拌混凝土气孔结构分析仪（图 4-10）。

图 4-10 新拌混凝土气孔结构分析仪

测试原理：新拌混凝土中的气泡在搅拌作用下释放出来，穿过一层特定黏度的液体和一层水后，被一个浮力天平收集起来，黏性液体保留了原始的气泡尺寸；根据斯托克（Stroke）定律，在黏性液体中，大气泡比小气泡上升得更快；浮力随时间的变化被记录下来，据此算出不同大小的气泡的数量，并进而计算出含气量、气泡间距系数和比表面积。

7. 配合比分析试验

配合比分析试验适用于用水洗分析法测定普通混凝土拌合物中四大组分（水泥、水、砂、石）的含量，但不适用于集料含泥量波动较大以及用特细砂、山砂和机制砂配制的混凝土。如果有掺合料，应测定水泥和掺合料的表观密度，而不是单纯的水泥表观密度。集料是在饱和面干状态下定义的，采用细集料修正系数，对细集料用量加以修正（<0.16mm）。

配合比分析试验原理简单、过程繁琐，很少有搅拌站去做，也有很多人认为这个试验没有意义，没必要做，只有当混凝土在现场发生质量问题，搅拌站与施工单位发生争执时，才可能用到。但配合比分析试验也有一定的意义，可对比理论数据和实际生产之间的误差，可在异常情况下分析配合比的执行情况。

四、混凝土出场检验力学性能、长期和耐久性能试验

混凝土拌合物出场检验后，还应留置一定数量的试件，以检验混凝土的力学性能、长期和耐久性能等。本节主要讲述其试块留置的规定及注意事项，具体试验过程、原理以及质量控制项目将在本书"第六章 硬化混凝土质量控制"中进行详细介绍。

1. 抗压试件制作

混凝土抗压强度试件取样频率和数量应按照《混凝土强度检验评定标准》（GB/T 50107—2010）第4.1节规定进行。

（1）试件取样及检测频率

① 每100盘，但不超过100m³的同配比混凝土，取样不少于一次；

② 每一工作班拌制的同配比混凝土，不足100盘和100m³时其取样次数不少于一次；

③ 当一次连续浇筑的同配比混凝土超过1000m³时，每200m³取样不应少于一次。

④ 对房屋建筑，每一楼层、同一配合比的混凝土，取样应不少于一次。

⑤ 还应留置为检验结构施工阶段混凝土强度所必需的试件，如同条件试件、拆模试件等。该条款主要对施工单位进行要求，搅拌站可参考制作类似同条件的试件，作为实体强度监测的参考。

（2）制作步骤及注意事项

① 成型方法 采用振动台振实制作试件时，应将混凝土拌合物一次装入试模，装料时应用抹刀沿各试模壁插捣，保证其充分填充，并使混凝土拌合物高出试模口，不能亏料。根据坍落度和强度等级情况，确定合适的振动时间。如果坍落度较大，可以适当缩短振动时间；坍落度较小时可适当延长振动时间。过振或欠振都会影响试块强度。

采用人工插捣制作试件时，混凝土分两层装入模内，每层的装料厚度大致相等。插捣应按螺旋方向从边缘向中心均匀进行。在插捣底层混凝土时，捣棒应达到试模底部；插捣上层时，捣棒应贯穿上层后插入下层20~30mm；插捣时捣棒应保持垂直，不得倾斜。然后应用抹刀沿试模壁内部插拔数次。每层插捣次数在10000mm²截面积内不得少于12次。插捣后应用橡皮锤轻轻敲击试模四周，直至插捣棒留下的空洞消失为止。

振动或插捣完毕后，刮除试模上口多余的混凝土，待混凝土临近初凝时，用抹刀抹平。

② 试模尺寸 成型前应检查试模尺寸。试模应符合《混凝土试模》（JG 237—

2008）中技术要求的规定。禁止使用破损和变形的试模。有些铁试模使用一定次数后容易发生变形，要及时进行更换。塑料试模使用一定次数后会发生破坏，也要及时更换新试模。

C60 及以上强度等级混凝土要使用 150mm×150mm 的标准尺寸试件；使用非标准尺寸试件时，尺寸折算系数应由试验确定，其试件数量不应小于 30 对组。一个对组为两组试件，一组为标准尺寸试件，一组为非标准尺寸试件。对组试件是以组数为评定子集，成对出现用于标准系数修正的试件，以便找出换算系数 K 值，当确定盘内误差在控制范围内时，可以用 K 值进行换算。受尺寸效应影响，混凝土试件尺寸越小，压出的强度越高，但 C60 及以上混凝土的尺寸效应很不稳定，受配比、材料影响很大，因此要有足够量的试件数量，以提高换算系数的准确性。

③ 试件拆模及养护　混凝土试件制作完毕后，要立即用不透水的薄膜覆盖表面。

采用标准养护的试件，应在温度为 20℃±5℃ 的环境中静置一昼夜至二昼夜，然后编号拆模。拆模后应立即放入温度为 20℃±2℃，相对湿度为 95％ 以上的标准养护室中养护，或在温度为 20℃±2℃ 的不流动的 $Ca(OH)_2$ 饱和溶液中养护。标准养护室内的试件应放在支架上，彼此间隔 10～20mm，试件表面应保持潮湿，并不得被水直接冲淋。应配备自动温湿度控制仪进行自动化控制。

（3）试件编号　试件均应进行唯一性标识，内容包括试件编号、强度等级、制作日期等信息。

2. 抗折试件制作

对有抗折要求的混凝土，同一工程、同一配合比的混凝土，应至少留置一组抗折试件。

3. 长期、耐久性能试件制作

对有长期、耐久性要求的混凝土，同一工程、同一配合比的混凝土，应至少留置一组抗渗或抗冻等耐久性试件。

抗渗试件拆模时应将试件上下表面用钢丝刷刷掉表面浮浆，否则不能真实反映结构实体的抗渗性能。

第五节　拌合物常见质量问题及处理措施

混凝土拌合物常见的质量问题有，坍落度偏小、坍落度偏大、坍落度经时损失大、坍落度后返大、离析、泌水、泌浆等，本节将对这些质量问题的特点、原因和调整措施进行讲述，以帮助技术人员科学、正确、快速地处理。

一、坍落度偏大

坍落度偏大是指混凝土的出机坍落度明显大于开盘要求的坍落度。

坍落度偏大会导致混凝土到工地超过要求的范围，容易发生离析、泌水等质量问题。在浇筑斜屋面等特殊部位时，坍落度偏大时无法顺利浇筑；浇筑地面混凝土时，坍落度偏大会造成上部浮浆过多，表面强度低而易起灰。

1. 发生原因及调整措施

（1）砂石含水率变大　砂石含水率突然变大，生产用含水率低于实际含水率，导致实际用水量超标。应及时测定砂石含水率，按实际的砂石含水率进行生产；应急情况下，可以根据经验或者根据生产时留下的水量，先提高砂石含水率生产，等实际结果出来后采用实际含水率生产；对生产过程中发现坍落度偏大时，要及时通知质检员进行处理，可采取下一盘手动留水，减小坍落度。

（2）原材料品质变好　原材料品质突然变好，导致外加剂用量偏高。原材料变好的情况主要有粉煤灰需水量比降低、砂含泥降低、砂石级配改善等。应降低外加剂用量，并追踪该车混凝土的坍落度损失情况。

（3）外加剂减水率增大　新进的外加剂减水率增大，未及时降低配比外加剂用量。应降低外加剂掺量，取样对外加剂减水率等指标进行检测，进行混凝土实际生产用配合比试拌验证，确定最终的外加剂产量。

如果出场检测时发现坍落度偏大，对该车混凝土可加入一定量的同配比干料（去掉水和外加剂），快速搅拌均匀，检测坍落度合格后方可出站。后续生产应按照上述措施调整，检测合格后正常生产。

2. 预防措施

（1）砂石含水变化的预防措施　混凝土集料含水变化是影响混凝土质量的重要因素，很难在混凝土生产过程中对集料含水情况变化进行准确调控。应采取有效措施防止砂石含水突然变大造成的坍落度偏大情况。

① 应采取措施保证砂石含水的稳定性。建造大棚等遮雨措施是最有效的手段。

② 配备足够大的料仓，将砂子存放一段时间，使其含水率稳定后再使用。

③ 最好有两个或两个以上的砂仓，一仓用完再用另一仓。

④ 新上的砂子含水率往往偏大且不稳定，尽可能停留一段时间，让其含水率基本稳定后再使用。

⑤ 质检员应不定期巡视料场，目测要用的砂含水情况，提前做到心中有数。

（2）其他原材料变化预防措施

① 加强原材料进场质量检验，对于出现的品质变化要及时通知质检。

② 进场外加剂要进行密度检验、平行对比试验等，确保进场外加剂的质量稳定性。

③ 定期试拌，掌握原材料质量变化对混凝土坍落度的影响情况。

二、坍落度偏小

坍落度偏小是指混凝土的出机坍落度明显小于开盘要求的坍落度。

坍落度偏小会导致混凝土到工地低于要求的范围，降低混凝土的浇筑速度，容易发生堵泵、振捣收面困难等质量问题。在浇筑墙体等部位时，如果振捣不充分，混凝土填充密实性不好，容易造成空洞等质量问题。

1. 发生原因及调整措施

（1）砂石含水率变小　砂石含水率突然变小，生产用含水高于实际含水。应及时测定砂石含水率，按实际的含水率进行生产；应急情况下，可以根据经验或者根据生产时增加的水量，先降低砂含水率生产，等实际结果出来后采用实际含水率生产；对生产过程中发现坍落度偏小时，要及时通知质检员进行处理，可采取下一盘手动增加外加剂用量，以增大坍落度。

（2）原材料品质变差　原材料品质突然变差，导致生产用的原外加剂用量偏低。原材料变差的情况主要有粉煤灰需水量比增大、砂含泥增高、砂石级配变差、矿粉比表面积增大、水泥成分变化等。应采取提高外加剂用量，并追踪该车坍落度损失情况。

（3）外加剂减水率减小　新进的外加剂减水率变小，未及时提高配比外加剂用量。应对外加剂的减水率等指标进行检测，并进行混凝土实际生产用配合比试拌验证，确定最终的外加剂掺量。

如果出场检测时发现坍落度过小，对该车混凝土可加入一定量的同配比净浆（去掉砂、石），快速搅拌均匀，检测坍落度合格后出站。后续生产应按照上述措施调整检测合格后正常生产。

2. 预防措施

预防混凝土坍落度偏小的措施与预防混凝土坍落度偏大的措施一致。

三、坍落度经时损失大

坍落度经时损失大是指坍落度出机满足要求，经过一段时间到达现场后，坍落度明显低于出机值，无法满足浇筑要求的现象。

正常情况下，混凝土坍落度是随着时间延长而损失的，一定时间的坍落度与出机坍落度的差值即为坍落度损失值。

1. 造成混凝土坍落度损失的原因

（1）水泥水化　水泥水化反应消耗一部分水，尤其是 C_3A 与石膏早期反应生产水化硫铝酸钙消耗较多的水，而水化生成物又吸附水使拌合物稠化。

（2）水的蒸发　水泥最早期的水化使拌合物温度升高，加速了水的蒸发，特别在夏季气温高时更为明显。掺加高效减水剂时混凝土用水量会大幅度降低，水分的蒸发对降低流动性更敏感。

（3）原材料质量　水泥的碱含量和 C_3A 含量以及与外加剂的相容性；砂石含泥量或石粉含量突增，会吸附过多外加剂；劣质掺合料需水量大，也会吸附水分和外加剂。外加剂自身缓凝效果差或者未复配足够的缓凝组分。

（4）水泥温度　水泥温度过高，如超过 60℃时，新拌混凝土的坍落度损失非常快。

2. 坍落度损失大的解决办法

（1）外加剂

① 对于坍落度损失不严重的情况，可以适当提高外加剂掺量，以减小坍损。外加剂掺量过高时，要检测混凝土的含气量，以防混凝土含气量过高。

② 当增加外加剂掺量改善不明显时，应对外加剂组分进行调整。外加剂复配保坍、缓凝组分，是减小混凝土坍落度损失最有效的办法。对于坍损要求高的混凝土，可以掺加缓释组分，进一步降低混凝土的坍落度损失。

（2）提高配合比原始用水量　原始用水量提高，胶凝材料量也随着提高，混凝土的流动性改善，其对外加剂的依赖减弱，可以减小坍落度损失。

（3）降低水泥用量　在掺合料质量合格的前提下，提高掺合料用量，减小水泥用量。

水泥用量降低，早期水化反应减少，消耗的水也会减少，外加剂可以充分发挥作用，混凝土的坍落度损失改善明显。

（4）试配调整配合比，更换原材料　当外加剂掺量增加 0.5%或提高原始用水量、降低水泥用量等手段仍不能解决问题时，表明某一原材料质量严重变差，这时需要通过试配查找出现问题的原材料，及时进行更换。

（5）二次添加外加剂工艺　二次添加高效减水剂适用于坍落度损失非常大的情况，一次性添加无法解决，生产时可添加 50%～80%的外加剂的量，到达现场后再添加剩余的外加剂量搅拌均匀。这种方法可有效降低坍落度损失的情况，还可以节约外加剂用量，但对质量管理要求非常高。

水泥温度过高，如超过 90℃时，混凝土坍落度损失非常大，常规措施很难解决，这种情况下采用二次添加外加剂工艺是一个较好的选择。

3. 预防措施

混凝土坍落度经时损失是质检过程中质量控制的重点，应根据出机坍落度和到场坍落度的变化，确定损失值，采取有效的措施进行坍损控制。

① 加强原材料进场质量检验，原材料质量发生变化时，应随时进行试拌，调整配合比。

② 对新配比要进行质量追踪，获得真实的、第一手的坍损数据。

③ 不同季节混凝土坍落度损失规律不一样，应根据实际追踪情况，调整混凝土配合比。例如高温季节要适当增加外加剂用量，冬期混凝土要适当降低外加剂中的缓凝组分等。

④ 不同混凝土配合比的坍损不一样。例如早强混凝土的坍损会稍大，需适当提高出机坍落度。设计坍落度小的混凝土坍损要偏大，应进行充分的损失试验，确定合理的配合比。

四、坍落度后返大

坍落度后返大是指混凝土随时间推迟而增大的现象。混凝土坍落度后返大现象的原因主要有以下几点。

（1）混凝土离析　离析通常是在用水量一定的前提下外加剂超量或在一定外加剂用量下用水超量的情况下发生的。随着时间推移，部分外加剂失效和部分自由水变成结合水，混凝土黏聚性增加，离析状态消失，混凝土和易性变好，混凝土流动性增强，其结果是：实测坍落度比石子堆积情况下的"假"坍落度大。

（2）搅拌时间过短　搅拌时间过短，不能使外加剂的性能充分发挥，造成混凝土经过搅拌车一段时间的搅拌到达工地后，混凝土坍落度变大。这种情况通常发生在水胶比小、用水量很低、外加剂用量高、强度等级较高的混凝土身上。

（3）使用具有缓释作用的聚羧酸系外加剂　部分聚羧酸系外加剂具有较强的缓释作用或者加入缓释组分过多，使用过程中应多加小心。缓释型外加剂比较适合于配制出盘坍落度要求较小，而坍落度保持时间要求较长的混凝土，通过找到损失与缓释的平衡点来延长坍落度损失时间。

除混凝土离析和缓释型聚羧酸外加剂使用不当以外，混凝土坍落度后返大现象很少见，出现后返大现象后应当充分重视，要掌握第一手资料，不能被一些假象所蒙蔽，更不能因此而盲目调整配合比。

五、泌水

混凝土在浇筑完成后，随着固体颗粒下沉，水分上升，在表面析出水分，这就是通常所说的泌水现象。

泌水的原因是各组分自身的密度和颗粒大小不同，在重力和外力（如振动）作用下有相互分离而造成不均匀的自动倾向。混凝土各组成材料中水的相对密度最小，水有从拌合物中分离出去的趋势，在混凝土内部产生许多毛细孔道，从而析出到混凝土表面。

泌水影响混凝土泵送性能，降低混凝土的密实性。随着混凝土流动性的提高，坍落度越来越大，混凝土更容易出现泌水。

事故案例：2001 年前后，北京多家搅拌站使用某 P·O42.5 水泥，配制的混凝土出现大面积泌水现象，混凝土入模状态良好，但静置一段时间后混凝土冒出大量清水。后经深入分析原因，发现是由于水泥生产掺加过量石灰石粉所致。

1. 泌水程度及其危害

（1）微量泌水　微量的泌水不一定是有害的，只要在泌水过程中不受到搅乱，任其蒸发，可降低混合料的实际水胶比，防止混合料表面干燥，便于收面养护工作。

（2）少量泌水 少量的泌水会使混凝土表面水胶比加大，从而降低表面强度，其至出现混凝土表面粉尘化（起粉或起砂）。在地面、顶板、底板等平面结构更容易发生起粉或起砂现象；竖向结构出现泌水时，应进行剔凿处理。

（3）严重泌水 严重的泌水会在混凝土内部形成泌水通道，在钢筋下方形成水泡，硬化后成为空隙，出现弱黏结地带，降低钢筋的握裹强度，造成钢筋锈蚀。上升的水在其后留下水的通道，降低了混凝土的抗渗性和抗冻性，影响混凝土结构耐久性。

如果混凝土是分层浇注，若不设法除去面层上的这些泌水或浮浆，会损害每层混凝土之间的黏结强度。

（4）滞后泌水 混凝土浇筑后的 1～2h 内出现大量泌水的现象一般称为滞后泌水。

滞后泌水会造成平板结构混凝土表面出现大量的水，造成混凝土匀质性下降、表面强度低、起粉等一系列问题，同时混凝土底部也会产生粘模、露石、露砂等问题。墙柱等竖向结构模板的交界面上，泌水会带走一部分水泥浆，墙面会出现砂纹（或砂线）现象。

2. 预防措施

混凝土各组成材料密度不同，沉降速度必然不同，因此要完全避免离析和泌水是不可能的。而且适量的泌水有时也是施工过程所必需的，比如顶板混凝土适量泌水会补充混凝土表面水分的蒸发，减少混凝土的塑性收缩。但要避免对混凝土质量有害的、过大的离析和泌水。

（1）改善集料级配 改善集料级配可以降低空隙率，提高混凝土的密实性；人工砂的石粉会改善泌水；砂率增大会改善泌水。要注意人工砂石粉含量和砂率都有一个最佳的数值。

（2）选用优质掺合料 优质粉煤灰会改善混凝土的泌水，提高保水性。

矿渣粉掺量过大时，混凝土泌水趋势增大，造成和易性变差。

对于比较严重的泌水，掺加硅灰是最有效的措施。

（3）适当增加水泥用量 一般情况下，水泥量增加会改善混凝土的泌水。

碱含量和 C_3A 含量高的水泥保水性较好，因而混凝土拌合物泌水性好，但混凝土坍落度损失会加大。

（4）复配外加剂改善泌水 外加剂是改善混凝土泌水的有效手段。可以通过复配引气剂、增稠剂等组分，改善混凝土的黏聚性，以减少泌水的可能。混凝土中掺入适量的引气剂或者外加剂中复配适量引气剂，可在混凝土中引入大量微小气泡，阻断水泌出表面的毛细孔通道，从而有效降低泌水。这部分内容已在第一章"外加剂"一节中进行了介绍。

六、泌浆

泌浆为混凝土拌合物中集料下沉，浆体上浮，从拌合物中分离出去，在表面形成的一层厚厚的浮浆，没有石子。泌浆的厚度一般在几公分至十几公分，经常出现在聚羧酸系高性能减水剂混凝土中。这是因为聚羧酸混凝土的黏聚性要优于萘系混凝土，在聚羧酸外加剂掺量较大时，混凝土最开始表现的不是泌水，而是泌出大量浆体。

泌浆严重影响混凝土的匀质性，会造成混凝土上下收缩不一致，产生裂缝。同时泌浆在混凝土表面形成一层较厚的浆体，该浆体富含水泥，混凝土收缩增大，增加了混凝土开裂的危险。

七、离析

离析为粗集料颗粒从拌合物中分离出去，表现为石子外露，不挂浆，水从石子周围分离出来，呈现黄浆的现象。离析相对于泌水、泌浆来说，对混凝土的危害更大。离析会严重影响混凝土的密实度，造成堵泵的情况，严重降低混凝土强度，因此应竭力避免混凝土发生离析。

1. 离析的形式

离析一般有两种形式，一种是粗集料从拌合物中分离，因为它们比细集料更易于沿着斜面下滑或在模内下沉；另一种是稀水泥浆从混合料中淌出，这主要发生在流动性大的混合料中。

需要特别注意的是，使用最新的聚羧酸系高性能减水剂生产混凝土时，如果减水剂掺量过高，也会发生"类似离析"的现象，表现为石子外露，不挂浆。这是聚羧酸外加剂掺量过高时的典型表现，此时需要降低聚羧酸的用量，而不能依照萘系混凝土的提高外加剂掺量的调整方式。因此建议在混凝土试配时进行专门的聚羧酸外加剂掺量变化试验，以掌握聚羧酸混凝土拌合物的性能特征。

2. 离析的原因

混凝土是一种多组分非匀质性材料，各组成材料的密度、大小不同，比重大的颗粒受重力作用具有下沉的趋势，当混凝土的黏聚性不足时，混凝土就会发生明显的各组分分离现象。由此看来，混凝土自身就有离析、泌水或泌浆的趋势，混凝土离析是不可避免的，但我们可通过调整配合比尽量降低离析的程度，直到观察不到明显的离析。

3. 预防措施

改善混凝土泌水、泌浆的措施同样适用于预防混凝土离析。例如级配良好的集料、优质的掺合料、高水泥用量、复配外加剂等手段。

混凝土拌合物的离析与泌水现象都与混凝土的黏聚性有关。当混凝土的黏聚性较差时，混凝土中各组分就会因相对密度不同而发生分离，因此要解决混凝土的离析和泌水现象，就必须通过如何提高混凝土的黏聚性入手。比如：采取降低混凝土单方用水量、增加胶凝材料总量、增加砂率等措施。

在解决实际问题时这些措施不宜简单、孤立地运用，而是应该根据实际情况综合运用，才能达到最佳效果。比如：某一搅拌站在配制低强度等级混凝土时，由于当地没有细砂，配制的混凝土的黏聚性很差，生产和浇筑过程中常常出现混凝土的离析和泌水现象，这时就应当根据当地的实际情况，通过提高单方用水量、增加砂率、增加粉煤灰掺量、降低减水剂用量、选用粒径较小或使用多级配石子等综合手段，并通过对比试验加以解决。

第六节　剩退混凝土处理

剩退混凝土是指施工浇筑后剩下的混凝土和到达现场不合格退回的混凝土。剩退混凝土的处理是搅拌站经常要面对的问题，处理不当会造成混凝土质量问题甚至质量事故，因此应制定《剩退混凝土处理办法》，科学合理地利用剩退混凝土，减少废料，增加效益，确保质量。

一、常见剩退混凝土处理方式及存在的问题

（1）直接倒掉　对时间过长、无法调整或者无处转运的剩退混凝土，直接倒掉，造成环

保问题，浪费资源，增加成本。

（2）砂石分离机分离 对无法调整的混凝土进行砂石分离。但大部分砂石分离机分离速度慢，效率低，只适合很小方量或洗车时分离。对大方量因分离的时间过长，最后回到原来处理的老路上。因此还需要对砂石分离机设备性能进行进一步提升，充分发挥其作用。

（3）转运 转运时的调整比较随意，往往是根据质检员的经验，没有试配依据。

转运的部位选择不科学，应尽量转到非结构部位。

对时间过长或无法调整的混凝土，强行转运，会严重影响结构质量，甚至造成质量事故。

剩退的高强度等级混凝土直接调到低强度等级混凝土中，这两个强度等级相差很大。例如：①直接将C50混凝土转到C20部位。这部分混凝土强度过高，收缩大，易在C20、C50混凝土的交界面处出现裂缝、应力集中等问题；②直接将C50混凝土转到C30底板大体积混凝土，造成局部温升过高，造成温度与水泥水化相互促进，出现局部温差过大，易产生温度裂缝等问题。

（4）制作小型构件 剩退混凝土制作小型构件是很好的处理方法，已有不少搅拌站在做。但无法快速处理大方量的剩退混凝土。

另外，有些企业直接将剩退混凝土卖给社会上回收混凝土的，这种做法可能会造成一些不合格的混凝土制作成结构构件，带来一定的质量隐患。

二、剩退混凝土处理的一般规定

（1）试配依据 剩退混凝土进行调整使用时应有技术依据。试验室应根据剩退混凝土的不同情况，进行相应的试配。具体的试配内容包括坍落度调整试验以及调整后的强度试验等。

（2）调整范围 退回站内的混凝土，应根据情况分清原因，判断混凝土的性能，然后进行合理的处理。调整后的混凝土强度等级不得超过原设计强度等级，建议降低等级使用。调整后混凝土强度等级不能超过C40。

（3）试块留置 调整后的混凝土应至少留置一组混凝土28d标养试件，必要时应留置7d、60d或同条件等试件。

（4）时间规定 自出场到回站4h之内的混凝土可以调整到结构部位，混凝土应在1h之内调整完毕并出站；自出场到回站4~5h之间的混凝土可以调整到非结构部位，不能调整到结构部位，混凝土应在1h之内调整完毕并出站；自出场到回站超过5h的混凝土不能再使用，应予以报废处理。

三、剩退混凝土处理方法

剩回的混凝土为部位浇筑完毕后剩余的混凝土，可认为其是合格的混凝土。退回的混凝土为到达现场不合格而被退回搅拌站的混凝土。回到搅拌站后，应首先对剩混凝土和退混凝土的工作性进行重新判定，按下列方案进行处理。

1. 方法一

调整思路：根据剩退混凝土的强度等级、方量，计算出剩余方量的配合比，使整车混凝土的配合比为最终配合比。

例如：剩回$3m^3$C20，计划调整为$8m^3$C30混凝土，为保险起见，将调整后的整车混凝土强度等级确定为C35。计算出$5m^3$的调整用混凝土的配合比，生产后搅拌均匀，最终整车混凝土配合比为 C35，按 C30 使用（表 4-10）。

表 4-10　剩退混凝土处理方法（一）　　　　　单位：kg/m³

剩混凝土方量/m³	3.0	配合比情况	水泥 C	矿粉 SL	粉煤灰 Ⅰ级	膨胀剂 YS	中砂	细砂	粗砂	碎石 G	水 W	外加剂 A	引气剂	密度 /(kg/m³)
调整混凝土后的方量/m³	8													
剩混凝土强度等级	C20	对应配比→→	196	60	54	0	1090	367	709	801	169	9.32	0	2366
调整用混凝土强度等级	C35	对应配比→→	257	79	71	0	921	222	691	897	162	13.03	0.000	2391
调整后混凝土强度等级	C30	调整该车混凝土用配比	293	90	81	0	820	134	680	954	157	15.26	0.000	2406
外加剂掺量增加百分点	0.0%													
水泥增加质量/(kg/m³)	0		↑ ↑ ↑ ↑ ↑ 按此配比生产(5m³),进行调整,搅拌均匀。 ↑ ↑ ↑ ↑ ↑											

2. 方法二

（1）调整思路　根据剩退混凝土的强度等级、方量，用合适的强度等级先进行调整，然后再生产剩余的方量。

例如：剩回 3m³ C20，调整为 8m³ C30 混凝土，为保险起见，将调整后的整车混凝土强度等级确定为 C35（表 4-11）。

表 4-11　剩退混凝土处理办法（二）

1. 剩退混凝土情况		调整方案（Ⅰ）		调整方案（Ⅱ）	
剩混凝土强度等级	C20	可采用方案（Ⅰ）调整，新旧混凝土要混合均匀		该方案调整后的混凝土强度等级为 C35（0.41），比计划的 C30 高，请根据经济型考虑进行调整方案选择	
剩混凝土方量	3	用 C50 预先调整，生产方量（最少）/m³	2.7	直接用该 C50 配比生产剩余方量/m³	5
调整后混凝土强度等级	C30	用 C30 配比生产剩下的方量/m³	2.3		
调整后混凝土生产方量（整车）/m³	8	整车混凝土强度等级范围	C30~C35	整车混凝土强度等级范围	C35~C40
调整用混凝土强度等级	C50	计算整车混凝土的水胶比 W/B	0.42	计算整车混凝土的水胶比 W/B	0.38
需要再生产的混凝土方量/m³	5	建议调整的强度等级（请再次核对两个水胶比，确认是否可以调整。）	C30（0.45）	建议调整的强度等级（请再次核对两个水胶比，确认是否可以调整。）	C35（0.41）

2. 剩退混凝土预先调整项目					
加水/kg	0	合计每方加入/(kg/m³)	0.0	合计整车每方加入/(kg/m³)	0.0
加外加剂/kg	0	合计每方加入/(kg/m³)	0.00	合计整车每方加入/(kg/m³)	0.00

3. 剩退混凝土调整注意事项

① 根据本剩退混凝土处理公式确定方案Ⅰ或方案Ⅱ。如两个方案均不能调整，则必须将混凝土倒罐成小方量，按新的方量确定调整方案。

② 混凝土超过 4h 后，原则上不予调整。如特殊情况必须调整，只能调整到非结构部位。如 C10、C15 或 C20 地面。

（2）具体调整过程

① 使用 C40 事先进行调整，调整为 C35 混凝土。调整用混凝土方量为 3m³，整车搅拌均匀。

② 用正常的 C30 配合比生产剩余的 2m³ 混凝土。

③ 整车搅拌均匀，最终整车混凝土设计强度等级介于 C30~C35 之间，可作为 C30 混凝土使用。

3. 两种方法对比

方法一和方法二，均可以调整出合适的混凝土。但二者又有区别。

① 方法一使用的调整配合比是计算出的配合比，没有试配依据，但从原理上是说得通的；而方法二使用的配合比都是现有的配合比。

② 方法一计算出的配合比可能和易性不是很好，但整车搅匀后，混凝土和易性可符合要求；而方法二可以确保每盘混凝土的和易性，整车混凝土的和易性也有保证。

③ 方法一最终调整的配合比比较保守；而方法二调整的配合比相对经济合理，可以最大限度地减少损失。

因此，作者建议使用方法二进行剩退混凝土的调整，可以做到经济、合理、稳妥。

第七节　运输过程质量控制

运输过程指混凝土从出场到工地的过程。混凝土在运输过程中，应控制混凝土不出现离析、分层等现象。

一、运输工具

运输工具有搅拌罐车和机动翻斗车两种，预拌混凝土应采用搅拌罐车。

（1）搅拌罐车　搅拌罐车是控制混凝土拌合物性能稳定的重要交通工具，其旋转拌合功能可以减少运输途中对混凝土性能造成的影响，防止混凝土离析、分层，保证混凝土拌合物的均匀性和工作性。同时应确保罐体可以正常匀速转动，以利于减少拌合物的流动性损失，转速一般为 3～6r/min。

（2）机动翻斗车　机动翻斗车仅限于运输无砂混凝土、坍落度小于 80mm 的混凝土。

二、运输过程控制

目前，很多混凝土质量问题或事故均与运输过程存在的问题有关，例如压车、断车、罐体停转、加水、冲车时间过长等。因此必须严格重视运输过程控制，做到科学调度、合理发车。

（1）发车频率　应合理安排发车频率，不压车、不断车。充分利用 GPS 卫星定位等先进通讯工具。

（2）确定不同运输路线　应事先勘查确定运输路线，并选择 2 条以上的应急路线。制定应急措施，以应付罐车坏、堵车等特殊状况。

（3）运输时间控制　掺加外加剂的预拌混凝土运输、输送入模及其间歇总的时间限值应控制在 3～4h 以内。

（4）运输过程中混凝土的保护　运输过程中应保证罐车不进入雨雪，在雨天或雪天要将罐口覆盖封住。

对于寒冷、严寒或炎热的天气情况，搅拌运输车的搅拌罐应有保温或隔热措施。

应确保罐体可以按设定好的转速匀速转动，不得停转。

运输过程中严禁加水、外加剂等。

（5）应急方案　应有堵车、事故、故障等的应急处理方案。

三、入场前控制

在特殊情况下，需要在进场前对混凝土进行目测，合格后方可进入施工现场。

卸料前应对罐车进行快速旋转，以提高混凝土的均匀性。

四、运输过程中常见问题的分析与处理

目前，很多混凝土质量问题或事故均与运输过程存在的问题有关，例如压车、断车、罐

体停转、加水、冲车时间过长等。

压车会造成后面的混凝土坍落度损失大，容易造成堵管，泵送到模板中的混凝土需要更好地振捣才可以充分地保证匀质性。坍落度损失较大时，需要现场进行调整，容易因调整不当造成混凝土表面缺陷，结构强度降低。

断车时间过长，容易造成新旧混凝土接茬处出现冷缝。

罐体停转时，由于路途颠簸，混凝土在罐车中将出现分层，石子下沉，浆体上浮，混凝土出现离析泌水，混凝土匀质性变差，容易造成堵管。

加水会导致混凝土水胶比变大，强度降低，是严重影响混凝土质量的因素。

冲车时间过长也会造成混凝土坍落度偏离实际出场控制值，尤其在运送小方量、高强度等级混凝土或特殊混凝土时，必须要控制司机的冲车时间。

参 考 文 献

[1]　缪昌文，刘建忠，田倩．混凝土的裂缝与控制．中国工程科学．2013，（4）．

第五章

施工过程质量控制

预拌混凝土施工过程质量控制包括混凝土交付、施工全过程的质量控制。混凝土的交货和施工过程应执行《预拌混凝土》（GB/T 14902—2012）、《混凝土质量控制标准》（GB 50164—2011）以及《混凝土结构工程施工规范》（GB 50666—2011）等标准。

第一节　交付过程质量控制

一、交货检验

为了保证所浇筑的混凝土符合设计和施工要求，浇筑前应进行交货检验。混凝土的交货检验应在交货地点进行。

交货检验是预拌混凝土生产方和使用方初步明确各方质量责任的重要环节。正常情况下，经过交货检验合格的混凝土，可以确定搅拌站送到工地的混凝土拌合物合格，而确定混凝土最终是否合格的强度、耐久性指标的试件已在监理的旁站见证下制作完毕。交货检验结果直接影响混凝土的质量责任界定，可参考本书"第八章　预拌混凝土质量责任界定及应对措施"。

目前交货检验环节存在很多问题。交货检验的试验条件不具备；试验方法不规范，未定期实测，多数直观判断；试块制作随意，制作人员不具备资格；很多情况下由浇筑工人直接签认，能力不够，且不承担相应的质量责任。这些混乱状态是目前质量纠纷多发并且难以处理的重要原因。

交货检验应执行《预拌混凝土》（GB/T 14902—2012）标准。交货检验的取样和试验工作应由需方承担，当需方不具备试验和人员的技术资质时，供需双方协商确定并委托有检验资质的单位承担，并应在合同中予以明确。

预拌混凝土质量验收应以交货检验结果为依据。

1. 检验项目

常规品应检验混凝土强度、拌合物坍落度和设计要求的耐久性能；掺有引气剂的混凝土还应检验拌合物的含气量；特制品除应检验上述项目后，还应按相关标准和合同规定检验其他项目。当气温超过 30℃、砂石含水率发生明显波动或在其他必要情况下，应增加检验次数。

交货检验还应检查混凝土运输小票，确认混凝土强度等级，核对混凝土配合比，检查混凝土运输时间等性能指标。

2. 检验频率

① 混凝土坍落度的取样频率应与强度检验相同。

② 混凝土强度交货检验的取样频率应符合《混凝土强度检验评定标准》（GB/T 50107—2010）的规定。

③ 混凝土耐久性的取样频率应符合《混凝土耐久性检验评定标准》（JGJ/T 193—2009）的规定。

④ 同一配合比混凝土拌合物的水溶性氯离子含量检验应至少取样检验 1 次。海砂混凝土拌合物中的氯离子含量检验的取样频率应符合《海砂混凝土应用技术规范》（JGJ 206—2010）的规定。

⑤ 混凝土的含气量、扩展度及其他项目检验的取样频率应符合国家现行有关标准和合同的规定。

具体可参考本书第四章"出场检验批次、频率及质量要求"一节。

3. 取样和试件制作

混凝土交货检验应在交货地点取样，交货检验试样应随机从同一运输车卸料量的 1/4～3/4 之间抽取。混凝土交货检验取样及坍落度试验应在混凝土运到交货地点开始算起 20min 内完成，试件制作应在混凝土运到交货地点时开始算起 40min 内完成。

工地留置试件种类包括标准养护试件、同条件试件、施工阶段试件、受冻临界强度试件等。标准养护试件有力学、长期和耐久性能试件等；同条件试件是具有与结构混凝土相同的原材料、配合比和养护条件的试件，能有效代表结构混凝土的实际质量；施工阶段试件为检验结构和构件施工阶段混凝土强度所必需的试件，可用来确定结构构件拆模、出池、出场、吊装、张拉、张放及施工期间临时负荷时的混凝土强度，该强度只作为评定结构或构件能否继续施工的依据，不能用于后期的验收和强度统计评定；冬期施工时要制作受冻临界强度试件，以确定后续的拆模、养护等工序。

（1）结构实体混凝土同条件养护试件的取样和留置规定

① 同条件养护试件所对应的结构构件或结构部位，应由施工、监理等各方共同选定，且同条件养护试件的取样宜均匀分布于工程施工周期内。

② 同条件养护试件应在混凝土浇筑入模处见证取样。

③ 同条件养护试件应留置在靠近相应结构构件的适当位置，并应采取相同的养护方法。

④ 同一强度等级的同条件试件不宜少于 10 组，且不应少于 3 组。每连续两层楼取样不应少于 1 组；每 2000m³ 取样不得少于 1 组。冬期施工尚应多留置不少于 2 组同条件养护试件。

（2）试件制作注意事项　试件制作看似简单，实际上有很多关键的环节，如果忽视或者未做到位，会造成混凝土试块强度不合格，造成不必要的麻烦。因为试件制作不规范导致强度不够而产生纠纷的情况非常多。工地制作的试件强度不够，搅拌站自己的出场检验试块强度又合格，最后的结果就是对结构实体进行回弹或取芯，会带来一系列的麻烦。因此工地技术人员要非常重视混凝土试件制作，对制作人员要进行培训，对关键环节进行交底。搅拌站在交付过程中要监督、指导工地人员的试块制作工作，对不合规的做法要及时纠正，必要时留存证据。

试块制作中的大多数问题出现在取样数量和试件制备、养护环节中。有的取样量刚刚够制作试块的量，有的取样后用小推车推到较远的试验室，未拌匀就直接捞混凝土制作试块，这对混凝土强度影响很大。尤其要提醒工地试块制作人员重视以下几个重要步骤。

① 取样时机和数量　工地取样时的混凝土为从搅拌站出发，经过一段时间的运输，有

可能等待一段时间，混凝土的质量与出站时会有不同，试样应在浇筑地点抽取，即在入模处抽取。但往往到混凝土入模处取样和制作比较困难，多数工地都在入泵口取样，而混凝土经过泵送过程后，其质量（含气量、和易性等）会有一些变化，这也造成实际制作的试块与实体的质量不尽相同。因此，应尽量采取办法，在入模处取样。

混凝土拌合物取样应具有代表性，要保证混凝土取样随机性，宜采用多次采样的方法。在入泵口取样时，应从同一车混凝土中取样。受到罐车转速和搅拌能力的影响，在卸料量的 1/4～3/4 之间的混凝土匀质性最好，应从此处进行取样。

取样量应多于试验所需量的 1.5 倍，且宜不小于 20L。取样量太少，无法保证混凝土的匀质性，试块强度离散大，容易出现作废数据。

混凝土交货检验取样及坍落度试验应在混凝土运到交货地点时开始算起 20 min 内完成，试件制作应在混凝土运到交货地点时开始算起 40min 内完成。时间过长混凝土的性能会发生变化，不能真实反映结构实体的强度情况。

② 试块制作前搅拌均匀　取得的混凝土拌合物试样，在进行各项试验前，应人工搅拌均匀。

有的工地试验室和浇筑地点距离较远，用小推车取样后，推到试验室后，混凝土因晃动了一段距离，出现了分层，这时要用铁锨将混凝土上下翻匀，方可进行试块制作，否则会出现浆体过多的情况，不能真实反映配比强度。

有的工地在现场平板车上放置试模，直接取样后装入试模中，然后推到试验室振捣收面。这种方法也是不可取的。用铁锨直接取样无法保证均匀性，放入试模后推到试验室过程，如果混凝土晃动过长，会造成上下分层，即类似过振的情况，也会影响强度。

在试件制作过程中，有一种错误观念应该引起注意：即石子越多混凝土强度越高。由于存在这种错误观念，制作试件时，制作人员会不停振捣，把振出的浆刮出去，再往里面加石子，并反复进行很多次，然后才抹平。这种情况下，由于混凝土严重缺浆，强度会大大降低。

③ 试件养护　部分工地养护条件不到位，尤其是试块制作间没有空调进行室温控制，在北方季节交替阶段如 3 月份、11 月份时，混凝土由于早期温度低，强度发展缓慢，在此情况下，如果拆模过早，拆模过程会造成混凝土缺棱掉角，或造成混凝土内部出现微裂缝，严重影响其 28d 标养强度。

同条件试件尤其要注意养护工作，应保证与实体大致相同的覆盖养护，否则很容易发生同条件试件强度不够的情况。

④ 试件送检　混凝土试块宜在工地标准养护室中养护 7d 后再送到检测所外委试验，这一点非常重要。因为混凝土在 7d 后强度发展基本趋于稳定，7d 之前混凝土强度发展受外界环境的影响很大。

经常有工地在拆模后即送往检测所。试块在装卸过程、路途颠簸，混凝土会在内部形成微细裂纹，破坏了早期水化物结构的整体性，对于后期强度发展极为不利，混凝土强度降低幅度较大。检测所派车到工地拉试块的情况也容易出问题，检测所的车辆往往在外面跑一天后才回到试验室养护，尤其在冬季期间，混凝土容易早期受冻，经常会出现混凝土试块强度不合格的情况。

4. 试验方法

交货检验时混凝土性能的检验方法，应符合相关的标准规定。拌合物性能试验方法可参考本书"第四章 生产过程质量控制"；强度及耐久性试验方法可参考本书"第六章 硬化混凝土质量控制"相关内容。

5. 评定

按《预拌混凝土》(GB/T 14902—2012)进行交货检验结果的评定。

① 混凝土强度检验结果符合标准《预拌混凝土》(GB/T 14902—2012)第 6.1 规定时为合格，即满足设计要求并符合《混凝土强度检验评定标准》(GB/T 50107—2010)的规定。

② 混凝土坍落度、扩展度和含气量的检验结果分别符合《预拌混凝土》(GB/T 14902—2012)第 6.2、6.3 和 6.4 规定时为合格；若不符合要求，则应立即用试样余下部分或重新取样进行复检，当复检结果分别符合 6.2、6.3 和 6.4 规定时，应评定为合格。

③ 混凝土拌合物中水溶性氯离子含量检验结果符合《预拌混凝土》(GB/T 14902—2012)第 6.5 规定时为合格。

④ 混凝土耐久性检验结果符合《预拌混凝土》(GB/T 14902—2012)第 6.6 规定时为合格。

⑤ 其他的混凝土性能检验结果符合《预拌混凝土》(GB/T 14902—2012)第 6.7 规定时为合格。

具体质量要求内容可参考本书第四章"出场检验批次、频率及质量要求"一节。

二、混凝土交付时的质量问题及处理方式

混凝土交付时出现的质量问题涉及和易性、温度、含气量等性能指标，应根据具体情况进行处理。

(1) 坍落度偏大　混凝土坍落度偏大，但和易性等指标良好时，可让罐车等待一段时间，待损失到合格的范围后进行浇筑。

坍落度过大，出现离析、泌水时，进行退货处理。

(2) 坍落度偏小　因运距过远、交通或现场压车等问题造成坍落度损失较大而卸料困难时，可在混凝土拌合物中掺入适量的减水剂，并快速旋转搅拌罐，确保混凝土搅拌均匀达到要求的工作性能后再浇筑。减水剂加入量、搅拌时间等应事先由试验确定，有事先批准的调整预案，并进行记录。当坍落度过小超出调整方案的情况时，要进行退货处理。

现场添加外加剂调整混凝土坍落度是常用的有效处理办法，也是科学的调整手段，但对于这种调整方法很多施工现场操作人员却不认可，原因是他们认为这样调整后更易造成混凝土堵泵，而加水调整的混凝土更能满足泵送和浇筑要求，因此他们更愿意加水调整，严重影响混凝土性能。施工人员之所以会有这种认识，主要是他们确实见到过不少经添加外加剂调整后堵泵的例子。究其原因，作者认为主要有两种情况：其一，外加剂添加过量造成混凝土离析；其二，外加添加后搅拌时间过短，搅拌不均匀即开始卸料泵送，部分混凝土离析而堵泵，即使不堵泵，也会出现刚开始放料时坍落度还合适，放着放着坍落度又小了，又要重新添加外加剂调整，这样反复调整浪费很多时间，造成后面的车等待时间进一步延长，出现恶性循环。

现场添加外加剂调整混凝土坍落度的正确做法为：

① 按照调整方案确定合理的添加量，并一次性添加。基于我们的试验和应用情况，外加剂的添加量通常在混凝土胶凝材料总量的 0.2%～0.5% 之间。现场调整用外加剂不宜包括缓凝、引气组分，这主要是考虑缓凝组分过量会造成混凝土凝结时间延长，引气组分过多会导致混凝土含气量过大，强度降低。

② 搅拌车快速搅拌时，应有人通过秒表专门计时，搅拌时间必须达到规定时间，通常在 90～180s 之间。切不可凭感觉确定搅拌时间。因为在搅拌车高速搅拌时声音很高，容易

产生错觉，仅仅 20～30s 的时间给人的感觉就好像 90～180s 一样，很容易因估计误差或担心耗油等问题提前停止而造成搅拌不匀。

③ 调整后检查混凝土的和易性，满足要求方可卸料。

（3）混凝土温度、含气量超标　现场检测混凝土温度或含气量不满足要求时，比较难以处理，一般没有可调整的手段，应尽可能减少这种情况的发生。比如浇筑到对温度和含气量要求不高的部位、采取后期辅助的养护措施等；或者退回搅拌站，由搅拌站再发往满足要求的其他工地或采用其他处理措施。

第二节　施工过程质量控制

混凝土的施工过程包括输送、浇筑、振捣、收面、养护、拆模等。

一、输送

混凝土输送是指对运输至现场的混凝土，采用输送泵、溜槽、吊车配斗容器、升降设备配备小车等方式送至浇筑点的过程。

1. 输送方式

（1）泵送　为提高机械化施工水平，提高生产效率，保证施工质量，应优先选用泵送方式。泵送是通过汽车泵、拖泵（固定泵）、车载泵等混凝土输送泵的管道压力进行输送的方式，能一次连续地完成水平输送和垂直输送。

混凝土输送泵又名混凝土泵，由泵体和输送管组成，是一种利用压力，将混凝土沿管道连续输送的机械，包括汽车泵、拖泵（固定泵）、车载泵三种类型。

泵送时的质量控制应执行《混凝土泵送技术规范》（JGJ/T 10—2011）和《混凝土结构工程施工规范》（GB 50666—2011），并注意以下几点。

① 管道敷设应符合"路线短、弯道少、接头密"的要求，缩短管线长度，少用弯管和软管，以减少管道的内部阻力，降低输送难度。弯管应采用较大的转弯半径以使输送管道转向平缓，减少混凝土输送泵的泵口压力。接头不严密会使输送管道漏气、漏浆，造成堵泵。

② 为了控制竖向输送泵管内的混凝土在自重作用下对混凝土泵产生过大的压力，水平输送泵管的直管和弯管总的折算长度与竖向输送泵送高度之比应进行控制。

③ 输送泵管倾斜或垂直向下输送混凝土时，在高差较大的情况下，由于输送泵管内的混凝土在自重作用下会下落而造成空管，此时极易产生堵管。当高差大于 20m 时，堵管的概率大大增加，所以有必要对输送泵管下端的直管和弯管总的折算长度进行控制。

④ 输送混凝土的管道、容器、溜槽不应吸水、漏浆，并应保证输送畅通。输送混凝土时，应根据工程所处环境条件采取保温、隔热、防雨等措施。例如在高温天气施工时，泵送管道应覆盖草袋防止日晒，这样能使管道中的混凝土不至于吸收大量热量而失水，导致管道堵塞。

⑤ 必须保证泵送的连续性，如果泵送停歇超过一定时间，例如 15min，应进行反抽泵送等间歇泵送方式，以保证泵管内混凝土的匀质性，预防堵泵的可能。当超过时间过长时，应采取措施预防堵管。例如预计会有长时间的断车时，事先预留一两车混凝土，采取间歇泵送方式，以防止堵管。

⑥ 输送高度大于 100m 时，混凝土自重对输送泵的泵口压力将大大增加，要求在输送泵出口处的输送泵管位置设置截止阀。

⑦ 开始泵送时，混凝土泵应处于匀速缓慢运行并随时可反泵的状态。泵送速度应先慢

后快，逐步加速。

⑧ 超高层混凝土泵送时泵压会特别高，应选用高压泵。泵管布置应注意以下几点：a. 混凝土泵出口处采用超高压泵管，远离混凝土泵的管可以采用普通泵管，但这些都需要通过计算复核；b. 由于泵压非常高，泵管需要可靠安全的固定，具体的固定方法需要进行设计和受力复核；c. 竖向管总长可能超过 200m，不能一根管直通到顶，中间需要根据工程实际情况设置一个或多个缓冲层。可在泵送高度的 1/3～1/2 处或 120～160m 处设置水平缓冲层。

（2）自卸　自卸是将混凝土放入吊斗中，通过塔吊、吊车等工具运送到不同结构部位，或者用小车进行装料输送。

自卸工艺应尽可能减少混凝土运转次数，以保证混凝土的工作性和质量。

大体积混凝土用溜槽浇筑是一种非常好的混凝土输送方式，但要注意坡度不可过大，长度过大时可设置转弯，防止混凝土严重离析。为了保证混凝土浇筑覆盖整个底板，可在大溜槽上设置分支溜槽，分支溜槽末端设置小溜槽，并在溜槽相应位置设置串筒。

2. 输送过程控制

（1）搅拌车快速搅拌　混凝土搅拌运输过程中，由于拌筒转速受到限制，其均匀性在筒内可能发生变化。因此在入泵之前（喂料前）应高速旋转拌筒，用中、高速挡旋转搅拌不少于 20s，总转数不少于 100 转，使混凝土拌合均匀，防止最初和最后的 1～2m³ 混凝土因匀质性差造成堵泵。关于中、高速旋转拌筒的确切时间，应根据不同混凝土搅拌车的技术指标和实际泵送混凝土的作业情况而定。

另外，随着罐车装载量的不断增加，15m³ 以上的罐车也逐渐增多，这些罐车运送混凝土到工地后，最开始的 1～3m³ 混凝土和易性会比较差，石子偏多，容易造成堵管。因此，对大方量罐车到达现场后，应适当延长快速搅拌时间，以提高混凝土的匀质性。

（2）间歇泵送方式　在预计后续混凝土不能及时供应的情况下，通过间歇式泵送，控制性地放慢现场现有混凝土的泵送速度，以达到后续混凝土供应后仍能保持混凝土连续浇筑。

（3）输送过程其他主要环节

① 泵水。在泵送润泵砂浆前，先泵送适量水。其作用是：第一，可检查混凝土泵和输送管中有无异物，接头是否严密；第二，可润湿输送泵的料斗、活塞及输送管内壁等直接与混凝土接触部位，减少润滑水泥砂浆用量和强度的损失，达到适宜输送的条件。

② 润泵砂浆。新铺设或重复安装的管道以及混凝土的活塞和料斗，一般都较干燥且吸水性较大。泵送适量润泵砂浆后，能使混凝土泵的料斗、活塞及输送管内壁充分润滑形成一层润滑膜，从而有效地减小混凝土的流动阻力。也可用水泥浆、去石砂浆、润泵剂等润泵浆进行润泵。对输送泵和输送泵管进行湿润，是保证混凝土顺利输送的关键，如不采取这一技术措施将会造成堵管。

③ 网罩。混凝土泵进料斗上，应安置网罩并设专人监视喂料，以防粒径过大集料或异物入泵导致堵塞。

④ 集料斗应具有足够的混凝土余量，以避免吸入空气而引起"空气锁"，导致活塞润滑不足而增加磨损。应配合泵送均匀地进行反转卸料，使混凝土保持在集料斗内高度标志线以上。

⑤ 中断喂料作业时，应保持拌筒低速转动。

（4）特殊混凝土情况处理　坍落度偏大或偏小时，优先选择汽车泵来泵送。对离析、泌浆、泌水的混凝土要进行退货处理，以避免堵泵。当混凝土泵送出现非堵塞性中断浇筑时，宜进行慢速间歇泵送，每隔 4～5min 进行两个行程反泵，再进行两个行程正泵。这样可以防止混凝土结块或沉淀造成堵管。

当出现堵管时，宜采取下列方法排除：

① 重复进行反泵和正泵，逐步吸出混凝土至料斗中，重新搅拌后泵送。

② 用木槌敲击等方法，查明堵塞部位，主要敲击弯管、锥形管等部位，将混凝土振松后，重复进行反泵和正泵，排除堵塞。

③ 上述两种方法可以避免拆管，保证快速恢复泵送作业。当出现严重堵塞时，这两种方法无效时，应在混凝土卸压后，拆除堵塞部位的输送管，排出混凝土堵塞物后，方可接管，新接管道应提前润湿。

当向下泵送混凝土时，由于混凝土自由下落，压缩管内混凝土下面的空气，形成气柱阻碍混凝土下落，也会使混凝土产生离析，因此开始向下泵送混凝土时，要先打开输送管上的气阀，使管内混凝土下面的空气不能形成气柱，从而使混凝土能正常自由下落。待输送管下段的混凝土有了一定压力时，关闭气阀进入正常泵送。也可先在管中放入海绵球。

3. 泵送损失

泵送混凝土入泵前的坍落度和出泵后的坍落度会有所差别，称为混凝土泵送损失。有时候会有很明显的损失，入泵前流动性非常好，坍落度较大，但出泵口的混凝土几乎失去流动性，无法顺利地填充钢筋间隙，甚至无法振捣密实，严重影响混凝土密实度，造成一系列的质量问题。

造成混凝土泵送急剧损失的原因非常复杂，目前还没有权威的研究结果，很难有针对性强的应对措施。从应急措施方面，我们通过配合比调整、原材料更换等方法，从宏观方面得出以下结论：①由于泵送损失多发生在低浆集比低的混凝土，因此提高浆集比最有效，也就是在水胶比不变的情况下，提高单方用水量；②使用品质更好的粉煤灰；③使用硅灰；④外加剂中添加增稠组分；⑤更换外加剂或其他原材料。

二、浇筑

1. 浇筑前注意事项

① 混凝土浇筑前，应清除模板内以及垫层上的杂物；

② 表面干燥的地基土、垫层、木模板具有吸水性，会造成混凝土表面失水过多，容易产生外观质量问题，因此应事先浇水湿润。

③ 模板、钢筋、保护层和预埋件的尺寸、规格、数量和位置，其偏差值应符合现行国家标准《混凝土结构工程施工质量验收规范》（GB 50204—2002）（2013 版）的有关规定。

④ 模板支撑的稳定性以及接缝的密合情况，也影响混凝土质量，如模板失稳或跑模会打乱混凝土浇筑节奏，影响混凝土质量；支模质量差对混凝土外观质量有直接影响，顶板支撑刚度不够，会造成顶板不均匀沉降产生裂缝，甚至坍塌。

⑤ 应根据季节和气温，对泵管进行保温或隔热措施。

2. 浇筑方式

① 混凝土应一次连续、分层浇筑。上层混凝土应在下层混凝土初凝之前浇筑完毕。

② 浇筑竖向尺寸较大的结构时，应分层浇筑，每层浇筑厚度宜控制在 300～350mm。厚度过大不利于混凝土的振捣，会造成混凝土气泡不易排出，影响混凝土强度和外观质量。

3. 浇筑时间

混凝土运输、输送入模的过程应保证混凝土连续浇筑。为了更好地控制混凝土质量，混凝土还应以最少的运载次数和最短的时间完成运输、输送入模过程。

混凝土从运输到输送入模的延续时间应符合表 5-1 的规定，可作为通常情况下的时间控制值，应努力做到。混凝土运输过程中会因交通等原因而产生时间间歇，运输到现场的混凝土也会因为输送等原因而产生时间间歇，在混凝土浇筑过程中也会因为不同部位浇筑及振捣工艺要求而减慢输送产生的时间间歇。对各种原因产生的总的时间间歇应按表5-2进行控制。表格中外加剂为常规品种，对于掺早强型减水剂、早强剂的混凝土，延续时间会更小，应根据设计及施工要求，通过试验确定允许时间。混凝土浇筑过程中，因暴雨、停电等特殊原因无法继续浇筑的，或混凝土总间歇时间超过限值要求时，可临时留设施工缝。施工缝应尽可能完整，留设位置和留设界面应垂直于结构构件表面，当有必要时可在施工缝处留设加强钢筋。

表 5-1　运输到输送入模的延续时间　　　　　　　　　　　　　　　　min

条　件	气　温	
	≤25℃	>25℃
不掺外加剂	90	60
掺外加剂	150	120

表 5-2　运输、输送入模及其总的时间间歇限值　　　　　　　　　　min

条　件	气　温	
	≤25℃	>25℃
不掺外加剂	180	150
掺外加剂	240	210

搅拌站多数采用缓凝型的外加剂，因此建议通过不同条件下混凝土凝结时间，以及坍落度经时损失情况来确定延续时间和间歇时间限值。

试配时应进行标准条件和同条件的凝结时间试验，生产过程中应进行同条件凝结时间的验证，大体积混凝土应考虑大体量条件下温升和水泥水化反应的相互促进作用情况，充分延长凝结时间。坍落度经时损失应控制在合理的范围内，以保证混凝土的流动性。并应设定科学的现场调整方法，对损失过大的混凝土进行调整，在时间限值内完成浇筑。

4. 布料

混凝土浇筑时布料要均衡，应能使布料设备均衡而迅速地进行混凝土下料浇筑，同时避免集中堆放或不均匀布料造成模板和支架过大的变形。布料设备是指安装在输送泵管前端，用于混凝土浇筑的布料机或布料杆等。

布料时应采取减少混凝土下料冲击的措施，使混凝土布料点接近浇筑位置，采用串筒、溜槽、溜管等辅助装置可以减少混凝土下料冲击，但其下料端的尺寸只需比输送泵管或布料设备的端部尺寸略大即可，如果端口直径过大或过宽，反而容易造成混凝土浇筑离析。

5. 倾落高度

混凝土浇筑倾落高度是指浇筑结构的高度加上混凝土布料点距本次浇筑结构顶面的距离。应注意造成混凝土浇筑离析的关键步骤，例如混凝土下料方式、最大粗集料粒径以及混凝土倾落高度等。实践证明，泵送混凝土采用最大粒径不大于25mm的粗集料，且混凝土最大倾落高度控制在6m以内时，混凝土不会发生离析。柱、墙模板内的混凝土布料时，应注意倾斜高度。当混凝土自由倾落高度大于3.0m时（石粒径>25mm）或6m（石粒径≤25mm）时，宜采用串筒、溜管或振动溜管等辅助设备，以保证混凝土的均匀性。

6. 砂浆处理

润泵砂浆应采用集料斗等容器收集后运出，不得用于结构浇筑。

接茬砂浆应采用同配合比混凝土的去石配合比生产，去石配合比生产时应适当减少用水量和外加剂用量，保证砂浆的稠度。接浆层厚度不应大于30mm，接茬砂浆泵出后应分散均匀布料，不得集中浇筑在一处。

7. 特殊结构混凝土浇筑注意事项

关于特殊结构混凝土的浇筑事项，应注意以下几点。具体可参考本书"第六章　特殊过程质量控制"中的内容。

① 超长结构混凝土浇筑可分仓浇筑。

② 钢管混凝土宜采用自密实混凝土浇筑。高抛施工时混凝土最大倾落高度不宜大于9m，顶升施工时应采取措施排除气体。

③ 清水混凝土应合理控制浇筑分层高度和间歇时间。

④ 基础大体积混凝土宜采用斜面分层浇筑方法，也可采用全面分层、分块分层浇筑方法。分层浇筑宜采用自然流淌形成斜坡，并应沿高度均匀上升，分层厚度不宜大于500mm。

⑤ 型钢混凝土结构浇筑时，周边混凝土浇筑应同步上升，以避免混凝土高差过大而产生侧向力，造成型钢整体位移超过允许偏差。

三、振捣

混凝土的振捣过程实质上是把夹杂在混凝土内的空气排除出去而得到尽可能致密结构的过程。搅拌施工过程中夹杂进去的大气泡约占1%，其孔径大，对混凝土的强度不利，充分的振捣可以有效减少其数量，增加混凝土密实度。

振捣应能使模板内各个部位混凝土密实、均匀，不应漏振、欠振或过振。混凝土漏振、欠振影响混凝土密实性；过振容易造成混凝土离析泌水，粗集料下沉，水浮到粗集料的下方和水平钢筋的下方，混凝土硬化后会在这些部位留下孔隙，这些孔隙减弱了粗集料的界面黏结力和与钢筋的黏结强度，成为混凝土中的薄弱点，产生不均匀的混凝土结构。

1. 振捣工具及振捣方式

混凝土振捣工具有插入式振捣棒、平板振动器或附着振动器。一般结构混凝土通常使用振捣棒进行插入振捣，尤其是竖向结构以及厚度较大的水平结构振捣；对于厚度较小的水平结构或薄壁板式结构可采用平板振动器进行表面振捣，也用于配合振动棒辅助振捣结构表面；竖向薄壁且配筋较密的结构或构件可采用附壁振动器进行附壁振动，通常在装配式结构工程的预制构件中采用，在特殊现浇结构例如自密实二衬混凝土中，也采用附着振动器。

2. 振捣注意事项

（1）振捣工艺　应按分层浇筑厚度分别进行振捣，振动棒的前端应插入前一层混凝土中，插入深度不应小于50mm，以保证两层混凝土间能进行充分的结合，使其成为一个连续的整体；振动棒应垂直于混凝土表面并快插慢拔均匀振捣。

（2）振捣时间　振捣时间要适宜，避免混凝土密实不够或分层。当混凝土表面无明显缺陷、有水泥浆出现、不再冒气泡时，应结束该部位的振捣。例如可按拌合物坍落度和振捣部位等不同情况，控制在10~30s内。大坍落度混凝土应防止混凝土泌水离析或浆体上浮，振捣后的混凝土表面不应出现明显的浮浆层。对于坍落度较小的混凝土构件可适当延长振捣时间，当混凝土拌合物表面出现泛浆，基本无气泡溢出，可视为捣实。

（3）振捣对底板混凝土强度有重要的影响　对于一些施工过程管理不严的底板浇筑通常是这样的：混凝土靠自然流淌进行分层，混凝土从出泵口出来后长时间固定在一处，操作人员用振捣棒振动和推动混凝土向远处流淌，混凝土从出泵口到底板低端自然形成了一个斜面。由于浇筑的不连续性，这个斜面浇筑一层后，过几十分钟或更长时间再浇筑下一层，这样就形成了一层压一层像"千层饼"一样，各层之间尽管不会出现冷缝，但会有一个明显的界限，上层混凝土流淌过程中会将气泡裹挟在上下层混凝土的界面上，形成混凝土强度的薄弱环节。这种情况下，如果经过正常的振捣，界面会消失，气泡会排出，并不影响混凝土强度，如果完全不振捣或振捣不到位，混凝土强度会大大降低。

因振捣出现实体强度不足的问题，作者遇到过数次，其情形基本相似。以某工程底板混凝土的实体检验结果为例，该底板厚度约为800mm，混凝土强度等级为C35，混凝土结构实体取芯的强度推定值仅为设计值的55%～75%，这个强度值仅与正常情况下的C15混凝土强度相当。稍微懂得混凝土配合比的人都知道，无论如何，C15混凝土配合比与C35混凝土配合比悬殊极大，搅拌站是绝对不可能用C15配合比生产C35混凝土的，同时交货检验混凝土强度数据较高，也说明混凝土在送达现场时并不存在很大问题，施工过程中振捣不到位或者根本没有振捣，才是混凝土强度大幅度降低的主要原因。

四、收面

收面又叫抹面，一般在混凝土初凝之前完成。收面是控制混凝土塑性收缩裂缝的重要手段之一。

混凝土抹面时，应至少进行两次搓压，最后一次搓压要把握恰当的时机，在混凝土泌浆结束、初凝前完成，可以防止混凝土表面起粉、塌陷。必要时应进行二次以上的搓压，以减少混凝土的沉降及塑性干缩产生的表面裂缝。

五、养护

混凝土养护是水泥水化及混凝土硬化正常发展的重要条件，浇筑后应及时进行保湿养护。混凝土养护是降低失水速率（补充水分），防止混凝土产生裂缝，确保达到混凝土各项力学性能和耐久性能的重要措施。若混凝土养护不好会造成混凝土强度低、裂缝、碳化大等一系列问题，必须充分重视养护工作。

1. 养护方式

混凝土施工可采用洒水、覆盖保湿、喷涂养护剂、冬季蓄热养护等方法进行养护。这些养护方式可单独使用，也可以同时使用，应根据工程实际情况合理选择。

（1）洒水养护　洒水养护宜在混凝土裸露表面覆盖麻袋或草帘后进行，也可采用直接洒水、蓄水等养护方式。

混凝土洒水养护应根据温度、湿度、风力情况、阳光直射条件等，观察不同结构混凝土表面，确定洒水次数，确保混凝土处于饱和湿润状态。

当日最低温度低于5℃时，不应采用洒水养护。

（2）覆盖养护　覆盖养护宜在混凝土裸露表面覆盖塑料薄膜、塑料薄膜加麻袋、塑料薄膜加草帘进行。塑料薄膜应紧贴混凝土裸露表面，塑料薄膜内应保持有凝结水。

覆盖养护的原理是通过混凝土的自然温升在塑料薄膜内产生凝结水，从而达到湿润养护的目的。同时薄膜可以阻止混凝土水分因风吹日晒而从表面蒸发。

覆盖养护可以预防混凝土早期失水，是非常好的养护措施。

（3）喷涂养护剂养护　养护剂是一种涂膜材料，喷涂于混凝土表面，形成致密的薄膜，与空气隔绝，水分不再蒸发从而利用自身水分最大限度地完成水化作用，达到养护目的。养护剂按成膜材料分：水玻璃类、乳化石蜡类、氯乙烯-偏氯乙烯共聚乳液类、有机无机复合胶体类。养护剂水溶性大，下雨前不宜喷刷；要及时喷涂养护剂；喷涂完养护剂后混凝土表面不能受潮，一般夏季0.5h成膜，冬季3h成膜。

由于现场条件下养护剂的效果不易评价，因此在选择养护剂时，应进行实际对比试验，以选择效果好的养护剂。但由于部分施工人员操作技能不达标或缺乏责任心，涂刷（喷涂）养护剂造成成本大幅上涨及某些混凝土部位表面并不适合使用养护剂等因素，导致养护剂的实际应用面不广，应用效果不尽如人意。

（4）新型养护技术　目前，新型养护技术有内养护剂和减蒸剂两种。

混凝土内养护剂是一种新型的养护剂，为直接掺入混凝土中的高吸水性物质，可明显地提高混凝土保水性。内养护剂将混凝土中的自由水吸附到自身分子内部，从而减小自由水的蒸发量。随着水化反应的进行，高吸水性物质将释放出其吸附的自由水供水泥进行继续水化，提高混凝土后期强度增长幅度。

减蒸剂（混凝土水分蒸发抑制剂）应在振捣找平后立刻进行喷洒。减蒸剂主要利用两亲性化合物在混凝土表面形成单分子膜来降低水分蒸发，大幅度减少由于失水过快而引起的混凝土塑性收缩开裂、结壳和发黏等现象，从而达到改善混凝土质量、提高服役性能的目的。适用于蒸发速率大于泌水速率的塑性混凝土表面，尤其适用于高温、大风和低湿等恶劣环境条件下，大面积摊铺（如机场）和大尺寸薄板（如楼面、桥面）等混凝土在塑性阶段的养护。

2. 养护时机

传统观念上，混凝土的养护是在浇筑完毕，首次抹面后开始进行的。但对于现代混凝土的养护，因为水胶比低、用水量少以及矿物掺合料用量大等原因，应尽量缩短浇筑完毕和养护开始的时间间隔，减少混凝土裸露时间，以控制混凝土温湿度。应尽可能边浇筑边养护，越早进行养护，养护效果越好。

对于一些强度等级较高、用水量较低的混凝土，对浇筑的混凝土振捣抹平后应立即覆盖，减少混凝土表面失水。二次抹面时应边揭覆盖物边抹面，抹完面随即覆盖。这种混凝土的养护以覆盖减少失水为主，只要不失水，混凝土的裂缝就能得到很好的控制。虽然洒水养护更好，但这种混凝土由于其拌合物的密实度已经很大，外界的水很难进到混凝土内部，因此防止其失水效果更好。

3. 养护周期

养护周期也是影响水泥水化程度的重要因素之一。潮湿养护期越长，混凝土强度越高。完全潮湿养护、潮湿养护一定龄期后暴露于空气中、不养护等几种养护情况对混凝土的强度发展有不同的影响。不同养护温度下，养护时间不同混凝土强度发展也不同。

养护应该从最早可能的时间开始。养护应持续一段时间，一般规定为7～14d。

例如作者曾经做过的C70超早强抗扰动混凝土，在浇筑拉平即覆盖养护，几乎没有可见裂缝。由于强度发展太快，如果等到用抹刀收面后再覆盖，则裂缝已经开始形成，二次抹面起不到作用。

顶板混凝土也应该在第一次收面后即覆盖养护，尤其是在高温、大风天气时。作者曾供应过某一工程混凝土，由于工地不重视养护，顶板裂缝较为严重，于是进行对比试验。一半收面后即覆盖塑料薄膜，另一半不覆盖，只是终凝后洒水养护，结果覆盖后的顶板没有裂缝生成，不覆盖的裂缝较多。

预拌混凝土掺加了大量的掺合料，应适当延长养护时间，以有利于混凝土的水化进程。

4. 养护温度和养护湿度

（1）养护温度　温度升高对水泥水化反应起着加速作用，负温下水泥水化几乎停止。必须保证混凝土的养护温度，控制好混凝土的内表温差，并做好保温工作。

（2）养护湿度　水泥的水化只有在饱和条件下方能充分地进行。当毛细管中水蒸气压力降至饱和湿度的 80% 时，水泥的水化几乎停止，因此养护湿度是影响水泥水化程度的重要因素之一，对强度影响十分显著。对于一些薄壁结构，更需要潮湿养护，因为薄壁混凝土毛细管水很容易蒸发而失水，导致混凝土水化减慢或停止。同时混凝土干燥收缩会造成过渡区界面缝的扩展，进一步降低了混凝土的强度。

养护湿度对混凝土的收缩影响很大，暴露在风中的混凝土收缩要远远大于干养护的混凝土。干养护（相对湿度一般小于 50%）时，混凝土收缩较湿养护大一倍，因此必须要保证养护的湿度，以保证混凝土的水化所需要的水，减少混凝土的收缩。

5. 不同结构、环境下的养护方式

（1）柱子等小型竖向结构 建议采用塑料薄膜包覆养护，将柱子表面包裹严密，保持膜内有凝结水。大量工程实践表明，用塑料薄膜包裹养护的墙体的回弹强度比不覆盖包裹养护的墙体，回弹强度高 5～10MPa。

（2）墙体等竖向结构 墙体的养护实施起来比较麻烦，这也导致许多工程墙体基本上不养护，混凝土容易出现收缩裂缝。因此要高度重视墙体混凝土的养护工作，尤其是超长墙体、环墙等的养护。

对于墙体的养护方式，应带模养护不少于 3d，待混凝土达到一定强度后，可拆除模板进行后期养护，可采用洒水、覆盖或喷涂养护剂等方式。工程实践证明洒水养护效果好，但养护用水的温度与混凝土表面温差不能过大，应控制在 20℃以内。切忌用凉水直接喷洒，否则会因温差过大造成墙体表面收缩开裂。经多年工程养护实践，采用无纺布钉在墙面，然后进行洒水养护，简便易行，效果不错。

混凝土带模养护在实践中证明是行之有效的，带模养护可以解决混凝土表面过快失水的问题，也可以解决混凝土温差控制问题。

对于超长墙体的养护尤其要注意，要适当延长湿养护时间。关于超长墙体的裂缝控制和养护措施，详见本书"第六章 特殊过程质量控制"中"超长墙体质量控制"一节。

（3）顶板、桥面、路面等平面结构 建议采用边浇筑边用塑料薄膜覆盖保湿养护，收面时将薄膜掀开，收完面后随手覆盖。

对于市政路桥工程的桥面结构，由于混凝土强度等级较高，也可以采用喷雾养护的方式，效果较好。待混凝土二次收面且初凝后，用无纺布覆盖洒水养护。

（4）基础底板大体积混凝土 基础底板养护时除了要防止表面失水，还要进行温度控制，混凝土的内部和表面的温差不宜超过 25℃，表面与外界温差不宜大于 20℃。

大体积混凝土的前期养护，由于对温差有控制要求，通常不适宜采用洒水养护方式，而采用覆盖养护方式。应在混凝土裸露表面覆盖薄膜保湿，覆盖养护层的厚度应根据环境温度、混凝土内部温差控制要求确定。当表面温度（表面以内 40～100mm 位置的温度）与环境温度的差值大于 25℃时，还要覆盖草帘等进行保温养护。当该温差小于 25℃时，方可结束覆盖养护，改用洒水养护方式直至养护结束。

（5）特殊结构 对于难以潮湿覆盖养护的结构混凝土，可采用养护剂进行养护。

（6）冬期混凝土养护 冬期施工混凝土养护应符合下列规定。

① 日平均气温低于 5℃时，不得采用浇水自然养护方法。

② 混凝土受冻前的强度不得低于 5MPa。

③ 模板和保温层应在混凝土冷却到 5℃方可拆模，或在混凝土表面温度与外界温度相差不大于 20℃时拆模，拆模后的混凝土亦应及时覆盖，使其缓慢冷却。

④ 混凝土强度达到设计强度等级的 50% 时，方可拆除养护措施。

关于冬期混凝土养护的其他注意事项，可参考本书第七章"冬期混凝土质量控制"

一节。

六、拆模

1. 承受荷载时间

混凝土在未达到一定强度时，踩踏、堆放荷载、安装模板及支架等会破坏混凝土的内部结构，导致混凝土产生裂缝。一般要求混凝土强度达到 1.2MPa 以上方可承受荷载。

底模或支架拆除过早会使上面结构荷载和施工荷载对混凝土结构造成伤害的可能性增大。

2. 拆模注意事项

模板支撑拆除应有强度依据。对于早拆模板的情况，必须根据留置的同条件试件强度确定拆模时间。一般情况下，顶板混凝土的拆模要达到 100％ 的强度时方可进行。柱子在养护 2d 之后可拆模，但应立即进行养护。墙体混凝土可适当延长拆模时间，避免在混凝土水化热温升最高时进行拆模，以防止出现温差裂缝。

模板早拆时，可参考《模板早拆施工技术规程》（DB 11 694—2009）的方法。

应尽量避开大风天气或混凝土表面温度过高时拆模，建议选择一天中大气温度较高时拆模，以减少混凝土表面与大气温差。

第六章

硬化混凝土质量控制

硬化混凝土是指混凝土终凝后强度开始发展至形成最终结构的混凝土实体。硬化混凝土质量控制包括混凝土结构工程施工质量验收、结构实体质量控制以及硬化混凝土质量问题处理等。

第一节　混凝土结构工程施工质量验收

混凝土结构工程施工质量验收依据的规范主要有《混凝土结构工程施工质量验收规范》（GB 50204—2015）、《混凝土强度检验评定标准》（GB/T 50107—2010）、《混凝土耐久性检验评定标准》（JGJ/T 193—2009）等，以及《地下防水工程质量验收规范》（GB 50208—2011）、《钢管混凝土工程施工质量验收规范》（GB 50628—2010）、《铁路混凝土工程施工质量验收标准》（TB 10424—2010）等。

一、基本规定

混凝土结构子分部工程可划分为模板、钢筋、预应力、混凝土、现浇结构和装配式结构等分项工程。各分项工程可根据与生产和施工方式相一致且便于控制施工质量的原则，按进场批次、工作班、楼层或施工阶段划分为若干检验批。

混凝土结构子分部工程的质量验收，应在相关分项工程验收合格的基础上，进行质量控制资料检查、观感质量验收及结构实体检验。

分项工程的质量验收应在所含检验批验收合格的基础上，进行质量验收记录检查。

检验批的质量验收应包括实物检查和资料检查，并应符合下列规定：

① 主控项目的质量经抽样检验应合格。

② 一般项目的质量经抽样检验应合格；一般项目应当采用计数抽样检验时，除《混凝土结构工程施工质量验收规范》（GB 50204—2015）各章的专门规定外，其合格点率应达到80％及以上，且不得有严重缺陷。

③ 应有完整的质量检验记录，重要工序应有完整的施工操作记录。

检验批抽样样本应随机抽取，并应满足分布均匀、具有代表性的要求。

不合格检验批的处理应符合下列规定：

① 材料、构配件、器具及半成品检验批不合格时不得使用。

② 混凝土浇筑前施工质量不合格的检验批，应返工、返修，并应重新验收。

③ 混凝土浇筑后施工质量不合格的检验批，应按《混凝土结构工程施工质量验收规范》

（GB 50204—2015）相关规定进行处理。

二、混凝土分项工程质量验收

混凝土分项工程是包括原材料进场检验、混凝土制备与运输、混凝土现场施工等一系列技术工作和完成实体的总称。这些过程的质量控制已在本书前面章节进行了讲述。

混凝土强度应按现行国家标准《混凝土强度检验评定标准》（GB/T 50107—2010）的规定分批检验评定。划入同一检验批的混凝土，其施工持续时间不宜超过 3 个月。混凝土耐久性应按《混凝土耐久性检验评定标准》（JGJ/T 193—2009）的规定检验批评定。

三、现浇结构分项工程质量验收

现浇结构分项工程以模板、钢筋、预应力、混凝土四个分项工程为依托，是拆除模板后的混凝土结构实体外观质量、几何尺寸检验等一系列技术工作的总称。现浇结构可按楼层、结构缝或施工阶段划分检验批。

现浇结构质量验收应符合下列规定：

① 现浇结构质量验收应在拆模后、混凝土表面未作修整和装饰前进行，并应作出记录。

② 已经隐蔽的不可直接观察和量测的内容，可检查隐蔽工程验收记录。

③ 修整或返工的结构构件后部位应有实施前后的文字及图像记录。

混凝土结构的外观质量缺陷主要有露筋、蜂窝、孔洞、夹渣、疏松等，应由监理单位、施工单位等各方根据其对结构性能和使用功能影响的严重程度，按 GB 50204—2015 "表 8.1.2　现浇结构外观质量缺陷"进行确定，并及时按施工技术方案对缺陷进行处理。严重缺陷应在处理后重新检查验收。

四、混凝土结构子分部工程质量验收

（一）结构实体检验

依据国家标准《建筑结构施工质量验收统一标准》（GB 50300—2013）的规定，在混凝土结构子分部工程验收前应进行结构实体检验。结构实体检验的范围仅限于涉及混凝土结构安全的有代表性的重要部位。对结构实体的检验，并不是在子分部工程验收前的重新检验，而是在相应分项工程验收合格的基础上，对重要项目进行的验证性检验，其目的是为了强化混凝土结构的施工质量验收，真实地反映结构混凝土强度、受力钢筋位置、结构位置与尺寸等质量指标，确保结构安全。

结构实体检验应包括混凝土强度、钢筋保护层厚度、结构位置与尺寸偏差以及合同约定的项目，必要时可检验其他项目。

结构实体检验应由监理单位组织施工单位实施，并见证实施过程。施工单位应制定结构实体检验专项方案，并经监理单位审核批准后实施。混凝土强度、钢筋保护层厚度应由具有相应资质的检测机构完成，结构位置与尺寸偏差可由专业检测机构完成，也可由监理单位组织施工单位完成。

结构实体检验中，当混凝土强度或钢筋保护层厚度检验结果不满足要求时，应委托具有资质的检测机构按国家现行有关标准的规定进行检测。

1. 结构实体混凝土强度检验

结构实体混凝土强度应按不同强度等级分别检验，检验方法宜采用同条件养护试件方法。

(1) 同条件养护试件　《混凝土结构工程施工质量验收规范》（GB 50204—2015）附录 C 中规定了结构实体同条件养护试件的强度检验，主要针对柱、梁、墙、楼板，取样数量应根据混凝土工程量和重要性确定。

结构混凝土的强度通常低于标准养护条件下的混凝土强度，这主要是由于同条件养护试件养护条件与标准养护条件的差异，包括温度、湿度等条件的差异。对同一强度等级的同条件养护试件，其强度值应除以 0.88 后按现行国家标准《混凝土强度检验评定标准》（GB/T 50107—2010）的有关规定进行评定，评定结果符合要求时可判结构实体混凝土强度合格。系数 0.88 主要是考虑到实际混凝土结构及同条件试件可能失水等不利于强度增长的因素，经试验研究及工程调查而确定的。

(2) 等效养护龄期　混凝土强度检验时的等效养护龄期可取日平均温度逐日累计达到 600℃·d 时所对应的龄期，且不应小于 14d。日平均温度为 0℃ 及以下的龄期不计入。

冬期施工时，等效养护龄期计算时温度可取结构构件实际养护温度，也可根据结构构件的实际养护条件，按照同条件养护试件强度与在标准养护条件下 28d 龄期试件强度相等的原则由监理、施工等各方共同确定。

试验研究表明，通常条件下，当逐日累计养护温度达到 600℃·d 时，由于基本反映了养护温度对混凝土强度增长的影响，同条件养护试件强度与标准养护条件下 28d 龄期的试件强度之间有较好的对应关系。关于等效养护龄期应注意以下几点。

① 对于日平均温度，当无实测值时，可采用当地天气预报的最高温、最低温的平均值。

② 实际操作宜取日平均温度逐日累计达到 (560～640)℃·d 时对应的龄期。等效养护龄期不应小于 14d，并不再规定上限。

③ 对于设计规定标准养护试件验收龄期大于 28d 的大体积混凝土，混凝土实体强度检验的等效养护龄期也应相应按比例延长，如规定龄期为 60d 时，等效养护龄期的度日积为 1200℃·d。

④ 冬期施工时，由于大气温度和混凝土结构实体温度相差很大，而混凝土的成熟度应该以混凝土自身的温度进行计算。因此等效养护龄期计算时温度可以取结构构件实际养护温度，计算养护温度最高温与最低温的平均值，也可以根据结构构件的实际养护条件，按照同条件养护试件强度与在标准养护条件下 28d 龄期试件强度相等的原则由监理、施工等各方共同确定。

值得注意的是，混凝土强度的增长是一个十分复杂的过程，它与混凝土的原材料、配合比，施工过程中的浇注、振捣，环境的温度、湿度有着密切的关系。标准混凝土试件是给定了一个最有利于混凝土强度发展的温度和湿度条件，规定了试件的成型方法，规定的龄期也是混凝土强度增长趋于稳定的时间。但在混凝土工程的实际施工过程中，其影响因素就十分复杂多样，同条件养护试件很难达到真正的同条件，要找出构件的推定强度和标准养护试块强度之间的关系是十分困难的，因此由监理、施工等各方共同确定等效养护龄期的方法不够明确，如果标准能给出确定的实例供各方参考，将有利于本方法执行。

(3) 结构实体混凝土回弹-取芯法强度检验　当未取得同条件养护试件强度或同条件养护试件强度不符合要求时，可采用回弹-取芯法进行检验。回弹-取芯法仅适用于《混凝土结构工程施工质量验收规范》（GB 50204—2015）附录 D 规定的混凝土结构子分部工程验收中的混凝土强度实体检验，此方法不可扩大范围使用。

采用回弹-取芯法进行结构构件实体检验时，先确定回弹试件，并根据回弹结果选择钻芯构件。每个构件应按《回弹法检测混凝土抗压强度技术规程》（JGJ/T 23—2011）对单个构件检测的有关规定选取不少于 5 个测区进行回弹，楼板构件的回弹应在板底进行。对同一强度等级的构件，应按每个构件的最小测区平均回弹值进行排序，并选取最低的 3 个测区对应的部位各钻取 1 个芯样试件。

对同一强度等级的构件，当符合下列规定时，结构实体混凝土强度可判为合格：

① 三个芯样的抗压强度算术平均值不小于设计要求的混凝土强度等级值的 88%。

② 三个芯样抗压强度的最小值不小于设计要求的混凝土强度等级的 80%。

当实体验收阶段出现不合格的情况时，应委托第三方检测，并按国家现行相关标准规定进行，其检测面将较大，且更具代表性，检测的结果将作为进一步验收的依据。

2. 钢筋保护层厚度及钢筋位置与尺寸偏差检验

钢筋保护层厚度检验应符合《混凝土结构工程施工质量验收规范》（GB 50204—2015）附录 E 的规定。钢筋位置与尺寸偏差检验应符合《混凝土结构工程施工质量验收规范》（GB 50204—2015）附录 F 的规定。

钢筋保护层厚度及钢筋位置与尺寸偏差与混凝土质量控制关系不大，不再赘述。

（二） 混凝土结构子分部工程施工质量验收

（1）混凝土结构子分部工程施工质量验收合格应符合下列规定

① 所含分项工程施工质量验收应合格。

② 应有完整的质量控制资料。

③ 观感质量验收应合格。

④ 结构实体检验结果满足《混凝土结构工程施工质量验收规范》（GB 50204—2015）第 10.1 节的要求，即前面所述"结构实体检验"内容。

（2）结构验收不合格处理方式 当混凝土结构施工质量不符合要求时，应按下列规定进行处理。

① 经返工、返修或更换构件、部位的，应重新进行验收。

② 经有资质的检测机构按国家现行相关标准检测鉴定达到设计要求的，应予以验收。

③ 经有资质的检测机构按国家现行相关标准检测鉴定达不到设计要求，但经原设计单位核算并确认仍可满足结构安全和使用功能的，可予以验收。

④ 经返修或加固处理能够满足结构可靠性要求的，可根据技术处理方案和协商文件进行验收。

第二节 硬化混凝土结构实体质量控制

硬化混凝土结构实体质量包括强度、保护层厚度、结构缺陷、耐久性能等。

一、混凝土强度

混凝土强度是指混凝土的力学性能，表征其抵抗外力作用的能力。

混凝土强度等级应按立方体抗压强度标准值（$f_{cu,k}$）划分，采用符号 C 与立方体抗压强度标准值表示。强度标准值以 5N/mm² 分段划分，并以其下限值作为示值。《混凝土结构设计规范》（GB 50010—2010）中规定的混凝土强度等级有：C15、C20、C25、C30、C35、C40、C45、C50、C55、C60、C65、C70、C75、C80 等。混凝土垫层可用 C10 级混凝土；素混凝土结构的混凝土强度等级不应低于 C15；钢筋混凝土结构的混凝土强度等级不应低于 C20；采用强度等级 400MPa 及以上的钢筋时，混凝土强度等级不应低于 C25；预应力结构的混凝土强度等级不宜低于 C40，且不应低于 C30；承受重复荷载的钢筋混凝土构件，混凝土强度等级不应低于 C30。

（一）混凝土强度分类

混凝土强度包括抗压、抗拉、抗剪、抗折（抗弯）、抗冲击、疲劳与钢筋握裹力等强度。

1. 抗压强度

混凝土抗压强度指混凝土立方体抗压强度。通常以混凝土的抗压强度来反映混凝土质量的概况，其他强度如抗拉、抗弯、抗剪等，往往均以抗压强度的一个分量来表示。

立方体抗压强度标准值是混凝土各种力学指标的基本代表值。《混凝土结构设计规范》（GB 50010—2010）将立方体强度标准值定义为按标准方法制作、养护的边长为 150mm 的立方体试件，在 28d 或设计规定龄期以标准试验方法测得的具有 95％保证率的抗压强度值。《混凝土强度统计评定标准》（GB/T 50107—2010）规定，立方体抗压强度标准值应为按标准方法制作和养护的边长为 150mm 的立方体试件，用标准试验方法在 28d 龄期测得的混凝土抗压强度总体分布中的一个值，强度低于该值的概率应为 5％。其中，95％的保证率和强度低于该值的概率应为 5％是一致的，均按混凝土强度总体分布的平均值减去 1.645 倍标准差的原则确定。

2. 抗拉强度

混凝土的抗拉强度远低于抗压强度。这是由于混凝土在拉伸荷载作用下，其内在的固有缺陷，即微裂缝，更容易扩展。混凝土抗拉强度与抗压强度之间的关系不是一个固定的常数，较少进行直接试验，通常以劈裂抗拉强度试验来测定，其拉压比约为 0.08～0.14。

混凝土的抗拉强度大小与混凝土的抗压强度高低、养护方式、龄期、集料类型、含气量与捣实程度等因素有关。

（1）增长速率　当混凝土抗压强度提高或随龄期而增长，抗拉强度的增长率一般比抗压强度低。

（2）集料品种　碎石对混凝土抗拉强度的改善优于抗压强度。

（3）养护条件　养护条件对抗拉强度影响比抗压强度更为敏感。

（4）振捣　振捣不充分对抗压强度的影响大于抗拉强度。

（5）含气量　含气量增大对抗压强度的影响大于抗拉强度。

3. 抗折强度（抗弯强度）

混凝土抗折强度也是一项重要的力学性能，虽然混凝土结构中很少出现纯剪（折），但由于剪应力与法向应力的复合，常常会导致混凝土结构的破坏。对于道路桥梁工程，抗折强度尤为重要，为设计时的重要参数。

4. 冲击强度

混凝土的冲击强度对施打预制混凝土基桩和承受冲击荷载的混凝土机械设备基础都具有重要意义。

小粒径碎石、低弹性模量和低泊松比的粗集料可以改善混凝土的抗冲击性能。

5. 疲劳强度

混凝土工程结构承受重复荷载时，在多次重复荷载的作用下，会发生疲劳破坏，破坏时的强度远低于静载下的抗压强度。

疲劳破坏主要是由在疲劳情况下混凝土中固有的内在裂缝扩展所造成的，在重复荷载下，粗集料界面受到损伤也是引起疲劳破坏的原因。水泥砂浆的疲劳破坏一般发生在细集料的界面，选用较小粒径的粗集料能得到较高的疲劳强度。

6. 混凝土与钢筋的黏结强度（握裹力）

黏结强度主要产生于混凝土与钢筋之间的摩擦力和黏着力以及钢筋受到混凝土收缩的影响。

钢筋位置对黏结强度有影响，水平位置的钢筋由于混凝土内分层的原因，其黏结强度低于垂直位置的钢筋；温度升高会降低黏结强度；由于混凝土收缩作用对钢筋的影响，干燥混凝土与钢筋间的黏结强度比潮湿混凝土高；经干湿交替、冻融循环和重复交变荷载的作用，混凝土与钢筋的黏结强度也会降低。

（二）影响混凝土强度的因素

影响混凝土强度的因素非常多，如水胶比、孔隙率、水泥品质、外加剂、集料品质、施工工艺、养护、环境温度、强度试验参数等。在本书前面的章节中已经阐述了多种因素。

1. 水胶比

水胶比（原称为"水灰比"）与混凝土强度的关系主要为"水灰比定则"，即在一定水胶比范围内，胶水比与混凝土强度存在线性关系。这一定则在"配合比设计"一节进行了详细描述。

当水胶比低于 0.3 时，过渡区的界面的 $Ca(OH)_2$ 晶体的尺寸变小，使得过渡区的界面性能得到了明显的提高，此时很小的水胶比降低幅度，也能使混凝土强度超过线性关系而显著地提高，基本不遵从"水灰比定则"。因此 C60 及以上强度等级混凝土的设计应进行单独的试验，并进行一定次数的复验确定配合比。

2. 混凝土孔隙率

混凝土的孔隙率主要取决于粗、细集料的级配，由于混凝土中的粗集料与水泥浆体间存在着过渡区的界面缝，使得混凝土强度与孔隙率的关系非常复杂，很难建立一个通用的关系式。一般情况下，混凝土强度随孔隙率增加而降低，但当孔隙率过大时，混凝土强度会出现急剧的下降。

3. 养护条件

养护条件包括养护时间、环境温度和湿度等。

（1）养护时间 混凝土养护时间越长，水泥水化反应不断进行，硬化水泥浆体的孔隙率越低，密实度越高，混凝土强度随之提高。

（2）环境温度 温度对水泥化学反应起着加速的所用。过高的养护温度会造成水化太快，晶体生长不完善而影响后期强度。负温下水化几乎停止。

（3）环境湿度 养护湿度对混凝土强度的影响十分显著，水泥的水化只有在饱和条件下方能充分地进行。当毛细管中水蒸气压力降至饱和湿度的 80% 时，水泥的水化几乎停止。对一些薄壁结构更需要注意潮湿养护，否则这些薄壁混凝土中的毛细管水很容易蒸发而失水。

潮湿养护的混凝土强度要高于完全空气养护，养护 3d、7d 后再空气养护的试件强度。当混凝土在潮湿养护一定龄期后，再暴露于空气中，由于干燥收缩造成混凝土过渡区界面缝的扩展，而使混凝土强度有所降低。因此要重视潮湿养护工作，根据环境温湿度、风速、日晒等各种情况，采取措施减少混凝土的失水。

4. 试验参数

试验参数包括混凝土试件尺寸、几何形状、干湿状况以及加荷条件等。

① 150mm×150mm×150mm 的混凝土立方体试件比 Φ150×300mm 圆柱体试件的强度约高 10%～15%；

② 气干试件比饱和湿度状态下的相应试件的抗压强度高 20%～25%。标准规定试件试压之前应提前用小车推出来晾干。

③ 加荷条件对抗压强度有重要的影响，加荷速度越快，强度越高。因此加荷速度应严格地按试验标准的规定进行。

④ 压力机的性能，如最大承载能力、刚度、加压板、球座等也会对混凝土强度结果有一定的影响。

5. 影响混凝土强度诸因素的综合示意图

黄士元教授对影响混凝土强度的众多因素绘制了一幅综合示意图（图 6-1），可以帮助我们清晰地认识各个强度影响因素。

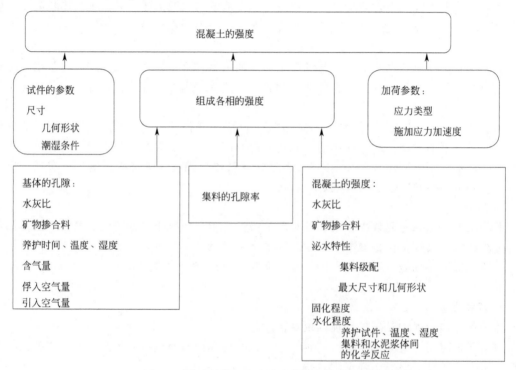

图 6-1　影响混凝土强度诸因素的综合示意图

（三）混凝土强度检验评定

混凝土强度检验与评定按照《混凝土强度检验评定标准》（GB/T 50107—2010）进行。采用数理统计方法中正态分布 $N(\sum x/n, s^2)$，即 (m, s^2) 的对称分布方法来评定混凝土强度的合格性。

混凝土强度的分布规律，不但与统计对象的生产周期和生产工艺有关，而且与统计总体的混凝土配制强度和试验龄期等因素有关，大量的统计分析和试验研究表明：同一强度等级的混凝土，在龄期相同、生产工艺和配合比基本一致的条件下，其强度的概率分布可用正态分布来描述。因此混凝土强度应分批进行检验评定。一个检验批的混凝土应由强度等级相同、试验龄期相同、生产工艺条件（包括养护条件）和配合比基本相同的混凝土组成。

统计法由于样本容量大，能够更加可靠地反映混凝土的强度信息，因此对大批量（不少于 10 组）、连续生产混凝土的强度应按统计方法评定；对小批量或零星生产混凝土的强度应按非统计方法评定。

1. 统计方法评定

根据混凝土强度质量控制的稳定性,标准将评定混凝土强度的统计法分为两种:标准差已知方案和标准差未知方案。当连续生产的混凝土,生产条件在较长时间内保持一致,且同一品种、同一强度等级混凝土的强度变异性保持稳定时,应采用标准差已知方案,其他情况应采用标准差未知方案。

(1)统计方法(一):标准差已知 同一品种的混凝土生产,有可能在较长的时期内,通过质量管理,维持基本相同的生产条件,及维持原材料、设备、工艺以及人员配备的稳定性,即使有所变化,也能很快予以调整而恢复正常。由于这类生产情况,能使每批混凝土强度的变异性基本稳定,每批混凝土的强度标准差 σ_0 可根据前一时期生产累计的强度数据确定。因此在以上情况下,采用标准差已知方案。一般来说,预制构件生产可以采用标准差已知方案。

一个检验批的样本容量应为连续的 3 组试件,其强度应同时符合下列规定:

$$m_{f_{cu}} \geqslant f_{cu,k} + 0.7\sigma_0$$

$$f_{cu,min} \geqslant f_{cu,k} - 0.7\sigma_0$$

$$f_{cu,min} \geqslant 0.85 f_{cu,k} (\leqslant C20)$$

$$f_{cu,min} \geqslant 0.90 f_{cu,k} (> C20)$$

式中 σ_0——标准差已知评定方法中,检验批混凝土立方体抗压强度的标准差。σ_0 由同类混凝土,生产周期不应小于 60d 且不宜超过 90d、样本容量不少于 45 组的强度数据计算确定。假定其值延续在一个检验期内保持不变。三个月后,重新按上一个检验期的强度数据计算 σ_0 值。当 σ_0 小于 2.5N/mm² 时,应取 2.5N/mm²。

(2)统计方法(二):标准差未知 生产连续性较差,即在生产中无法维持基本相同的生产条件,或生产周期较短,无法积累强度数据以资计算可靠的标准差参数,此时检验评定只能直接根据每一检验批抽样的样本强度确定。为提高检验的可靠性,要求每批样本组数容量不少于 10 组。搅拌站由于每一强度等级的配合比较多,使用原材料、工地的坍落度等要求不一致,因此多采用此方法进行统计评定。

① 强度应同时满足下列要求:

$$m_{f_{cu}} \geqslant f_{cu,k} + \lambda_1 \cdot S_{f_{cu}}$$

$$f_{cu,min} \geqslant \lambda_2 \cdot f_{cu,k}$$

式中 $S_{f_{cu}}$——标准差未知评定方法中,同一检验批混凝土立方体抗压强度的标准差,精确到 0.01N/mm²。当检验批混凝土强度标准差小于 2.5N/mm² 时,应取 2.5N/mm²;

λ_1、λ_2——合格评定系数,应按表 6-1 取用。

表 6-1 混凝土强度的合格评定系数

试件组数	10~14	15~19	≥20
λ_1	1.15	1.05	0.95
λ_2	0.90	0.85	

标准差可按 Excel 函数计算:STDEV.S 或 STDEV(Excel2003 版函数)。

λ_1 系数确定如下:根据《建筑工程施工质量验收统一标准》(GB 50030—2013)第

3.0.10 条的规定，生产方风险和用户风险均应控制在 5% 以内。标准对生产方的风险与用户方的风险采用均等均摊，不偏不倚的判断方式，即错判概率 a 为 5%（生产方的风险），漏判概率 b 为 5%（用户方的风险）。

② 注意事项　特别注意检验批混凝土的平均值 $m_{f_{cu}}$ 要求。平均值为低于某个数值时，虽然所有数值均超过设计强度等级，但仍很有可能因为平均值不符合要求，而被评定为不合格。下面以 C30 混凝土的评定为例进行说明，见表 6-2。

表 6-2　C30 强度合格评定举例（平均值、最小值要求）

判定条件	组数、λ_1/λ_2	标准差						
		1.0	2.0	3.0	4.0	5.0	6.0	7.0
平均值 $m_{f_{cu}} \geqslant f_{cu,k} + \lambda_1 \cdot S_{f_{cu}}$	10～14	1.15	31.2	32.3	33.5	34.6	35.8	36.9	38.1
	15～19	1.05	31.1	32.1	33.2	34.2	35.3	36.3	37.4
	≥20	0.95	31.0	31.9	32.9	33.8	34.8	35.7	36.7
最小值 $f_{cu,min} \geqslant \lambda_2 \cdot f_{cu,k}$	10～14	0.9	27.0						
	≥15	0.85	25.5						

因此要提高生产控制水平，防止出现实际标准差过大的情况，同时也要防止混凝土强度过低的情况。

2. 非统计方法评定

当用于评定的样本容量小于 10 组时，应采用非统计方法评定混凝土强度。

其强度应同时满足下列要求：

$$m_{f_{cu}} \geqslant \lambda_3 \cdot f_{cu,k}$$

$$f_{cu,min} \geqslant \lambda_4 \cdot f_{cu,k}$$

式中　λ_3、λ_4——合格评定系数，应按表 6-3 取用。

表 6-3　混凝土强度的合格评定系数

试件组数	<C60	≥60
λ_3	1.15	1.10
λ_4	0.95	

市政、路桥或微小工程的许多结构部位不能组批进行统计验收，特别是一些小的构件，需要的混凝土量小，可能仅留有一组试件，如果这组试件为 C60 以下混凝土，其抗压强度值在 100% 和 115% 之间，则评定为不合格。为了避免这种情况的发生，应提前做好预案，多留置几组试件。

3. 混凝土强度的合格性判定

当按上述某一评定方法符合规定时，则该批混凝土强度应评定为合格，否则应评定为不合格。

对评定为不合格的混凝土，可参考《建筑工程施工质量验收统一标准》（GB 50300—2013）第五章的第 5.0.6 条和《混凝土结构工程施工质量验收规范》（GB 50204）第 10.2.3 条规定的方式进行处理。遵循的基本原则为：返工重做，重新验收；检测合格，应予验收；设计同意，可以验收；加固处理，让步接收。

《建筑工程施工质量验收统一标准》（GB 50300—2013）第五章　第 5.0.6 条～第 5.0.8 条规定如下：

5.0.6　当建筑工程施工质量不符合要求时，应按下列规定进行处理：

1　经返工或返修的检验批，应重新进行验收；

2　经有资质的检测机构检测鉴定能够达到设计要求的检验批，应予以验收；

3　经有资质的检测机构检测鉴定达不到设计要求、但经原设计单位核算认可能够满足安全和使用功能的检验批，可予以验收；

4　经返修或加固处理的分项、分部工程，满足安全及使用功能要求时，可按技术处理方案和协商文件的要求予以验收。

5.0.7　工程质量控制资料应齐全完整，当部分资料缺失时，应委托有资质的检测机构按有关标准进行相应的实体检验或抽样试验。

5.0.8　经返修或加固处理仍不能满足安全或重要使用功能的分部工程及单位工程，严禁验收。

《混凝土结构工程施工质量验收规范》（GB 50204）第10.2.2条，混凝土结构施工质量不符合要求时的处理详见本章第一节"结构验收不合格处理方式"。

二、混凝土耐久性

材料的耐久性是它暴露在使用环境中抵抗各种物理和化学作用破坏的能力。混凝土结构耐久性是指在设计确定的环境作用和维修、使用条件下，结构构件在设计使用年限内保持其适用性和安全性的能力。

混凝土破坏包括结构物的承载能力和安全度的降低以及使用性能的劣化。混凝土破坏表现为表面剥蚀、开裂、钢筋锈蚀、强度降低等。造成这些破坏的原因有的是单个因素的作用，有的是多种因素的综合或者是多种因素的相互促进。因此分析混凝土破坏时，要针对使用具体环境，找出各种破坏因素的主要矛盾，采取相应有效的防治措施。破坏因素有4大类，即磨损、物理作用、化学作用和钢筋锈蚀。

混凝土长期性能和耐久性能的试验遵照《普通混凝土长期性能和耐久性能试验方法标准》（GB/T 50082—2009）。主要包括抗冻试验、抗水渗透实验、抗氯离子渗透试验、收缩试验、早期抗裂试验、动弹性模量试验、受压徐变试验、碳化试验、钢筋锈蚀试验、抗压疲劳变形试验、抗硫酸盐侵蚀试验、碱集料反应试验等。

（一）抗渗性能

水的渗透是所有破坏因素起作用的先决条件，是各种破坏的根源，因此混凝土的抗渗性能对耐久性非常重要。多数地下工程和水下建筑物都明确提出混凝土的抗渗等级。

（1）影响因素　影响混凝土抗渗性的因素有水泥浆体的渗透性，所用集料的粒径、渗透性和两者的界面情况。而影响水泥浆体渗透性的因素是毛细孔隙率、毛细孔径和毛细孔畅通程度。

混凝土的抗渗性能与混凝土的密实性密切相关，混凝土的孔隙率、孔径大小、孔的贯通程度和孔的曲折程度也影响着混凝土的渗透性。

水胶比越小，强度越高，养护龄期越长，混凝土越密实，混凝土的抗渗性就越好。

矿物掺合料与水泥水化产物 Ca(OH)$_2$ 反应生成 C-S-H 凝胶，有助于孔的细化和增大孔的曲折度，同时改善过渡区的界面，提高抗渗性。

通过掺加适量引气剂可以在混凝土中产生大量微细孔，切断毛细孔的连续孔道，也能提高抗渗性。

混凝土拌合物的和易性也影响着其抗渗性能。由于拌合物的离析泌水性，在集料表面富集水分，在集料与水泥浆体界面有一层薄弱的过渡区，在外力和湿度、温度变化作用下容易产生微裂纹，界面过渡区的空隙宽度远大于水泥浆体的毛细孔径，水易于通过集料界面，从而降低了抗渗性能。

干湿交替环境下，混凝土的干燥和吸湿会在水泥浆体内和界面上产生微裂纹，形成新的毛细孔通道，降低抗渗性能。

（2）提高混凝土抗渗性能的措施

① 选择渗透性小的集料。

② 减小水胶比，提高混凝土强度。

③ 掺加适量掺合料，如硅灰、矿渣粉、优质粉煤灰等。

④ 适量引气。

⑤ 加强养护，避免在施工期干湿交替。

⑥ 掺加某些防水剂、膨胀剂也有助于抗渗性的提高。

（二）抗冻性能

我国北方或其他温度降到0℃以下的地区如长江以北，与水接触的混凝土结构部位容易发生冻融破坏。

1. 冻融过程

混凝土含有各种孔径的孔，由于毛细孔张力的作用，不同孔径的毛细孔水的饱和蒸汽压是不同的，孔径越小，其中水的饱和蒸汽压也越小，冰点也越低。

水泥浆体的水溶有一些盐，如钾、钠、钙离子，溶液的饱和蒸汽压比纯水低，自由水的冰点为$-1\sim-1.5$℃。当温度降低到这一冰点时，大孔中的水首先开始结冰。由于冰的蒸汽压小于水的蒸汽压，周围较细孔中的未冻结水自然地向大孔方向渗透。冻结是一个渐进的过程，冻结从最大孔中开始，逐渐扩展到较细的孔。一般认为温度在-12℃时，毛细孔水都能结冰。至于胶孔中的水，由于它与水化物固相的牢固结合力，孔径极小，冰点更低，大概要在-78℃才能全部冻结，因此实际上胶孔水是不可能结冰的。

因此，硬化水泥浆体中的结冰量决定于温度和毛细孔水的含量，而毛细孔水的含量又决定于水胶比和水化程度。

2. 冻融破坏机理

混凝土冻融破坏是水结冰体积膨胀造成的静水压力，以及冰水蒸汽压差和溶液中盐浓度差造成的渗透压两者共同作用的结果。多次冻融交替循环使破坏作用累积，犹如疲劳作用，使冻结生成的微裂纹不断扩大。

（1）静水压假说 混凝土在大量吸水后，由于毛细孔力的作用，孔径小的毛细孔易吸满水，孔径较大的空气泡则由于空气的压力，常压下不容易吸水饱和。在某个负温下，部分毛细孔水结成冰，水转变为冰体积膨胀9%，这个增加的体积产生一个静水压力把水推向空气泡方向流动。当静水压力达到一定程度以至混凝土强度不能承受时，混凝土膨胀开裂以至破坏。

一般认为水胶比较大、强度较低以及龄期较短的混凝土，静水压力破坏是主要的。降温速度快时，静水压更大。

（2）渗透压假说 渗透压是孔内冰和未冻水两相间的自由能之差引起的，即由冰水蒸汽压差以及盐浓度差两者引起，施以混凝土破坏力。冰的蒸汽压小于水的蒸汽压，冰水蒸汽压差使附近尚未冻结的水向冻结区迁移，并在该冻结区转变为冰。此外，混凝土中的水含有各种盐类（环境中的盐、水泥水化产生的可溶盐和外加剂带入的盐），冻结区水结冰后，未冻溶液中盐的浓度增大，与周围液相中盐的浓度的差别也产生一个渗透压。

一般认为水胶比较小、强度较高以及含盐量较大的环境下冻结的混凝土，渗透压的作用更大一些。降温速度缓慢时渗透压的作用大些。

3. 影响混凝土抗冻性的因素

影响混凝土的抗冻性的因素有环境因素和材料因素。环境因素如环境温度、降温速度、与暴露环境水的接触和水的渗透情况等；材料因素如集料、水泥品种、可冻水的含量（水胶比）、水饱和的程度、材料的渗透性、气泡平均间距（冰水混合物流入卸压空气泡的距离）、强度、含气量（抵抗破坏的能力）等。

（1）集料　岩石的孔隙率较小（0～5%），又有足够高的强度承受冻结破坏的能力，同时又被硬化后水泥浆体包围，水分首先为水泥浆体饱和，所以混凝土受冻融的薄弱环节应该是硬化浆体。

集料影响混凝土抗冻性的因素主要是饱水程度和粒径大小。湿集料拌制的混凝土，由于周围硬化浆体的渗透性较低，集料的水分不易排出，被浆体包围成为一个封闭容器，冻结时集料本身和周围浆体就会发生破坏。因此在生产高抗冻性混凝土时，建议用干燥的集料。颗粒大的集料空隙中的水分不易排出，容易冻坏。

因此应合理选择集料，尽量选用密实度大、粒径小、未疏松风化的干燥集料。

（2）胶凝材料

① 水泥的水化程度影响可冻结水的量和早期强度，从而影响混凝土的早期受冻性能。

② 掺合料会增加混凝土的密实性，冻结静水压力增大，混凝土的抗冻性能会变差一些，需要提高混凝土的含气量。

③ 硅灰能明显改善气泡结构，降低平均气泡间距，从而提高混凝土抗冻性。

（3）强度　强度是抵抗破坏的能力，是抗冻性的有利因素。一般认为强度越高，抵抗环境破坏的能力越强，耐久性也越高。

（4）水胶比　水胶比是影响混凝土抗冻性的重要因素。水胶比影响可冻水的含量，也决定了强度，二者都影响抗冻性。水胶比很小，例如0.35以下，水化完全的混凝土，即使不引气也具有较高的抗冻性，因为除去水化结合水和凝胶孔不冻水外，可冻结水量很少了。

（5）含气量、平均气泡间距

① 含气量对抗冻性的影响最大。抗冻混凝土的含气量宜控制在3%～6%范围。混凝土中空气泡的存在对静水压力和渗透压都是一个卸压因素，特别对静水压力。

② 平均气泡间距是影响混凝土抗冻性的最主要因素。平均气泡间距越大，则静水压力越大，对抗冻性是不利的。一般认为，高抗冻性混凝土，平均气泡间距应小于0.25mm，当大于0.30mm时，抗冻性急剧下降。当混凝土含气量大于3.5%时，平均气泡间距一般都能小于0.25mm。

（6）极限饱水程度　混凝土受冻融破坏的程度与材料的含水量有很大关系，干燥的混凝土是不会被冻坏的。混凝土与水接触，首先在毛细孔内吸满水，然后小气泡中吸水，大气泡的孔壁吸水，但总有一部分孔隙没有被水充满，即混凝土有一个极限饱水程度。当实际饱水程度达到或超过该极限饱水程度值，即使经少量几次冻融循环也将破坏。反之，如果混凝土在实际使用环境下含水量永远小于极限饱水程度，则该混凝土是不会被冻坏的。

混凝土浸水后，由于毛细孔张力的作用，首先在毛细孔中吸满水，达到一定的饱和程度，而空气泡中吸水是一个缓慢的过程，空气泡内总有一部分空间是不能吸水充满的。混凝土空气泡越多，越难达到极限饱水程度，或者说达到的时间越长，混凝土受冻融破坏的可能性越小，抗冻性越好。

4. 抗冻混凝土质量控制

冻融环境下混凝土结构的施工质量控制应遵照《混凝土结构耐久性设计规范》（GB/T 50476—2008）第 3.6 节 "施工质量的附加要求" 的规定，建立适合的施工养护制度，利用养护时间和养护结束时的同条件试件强度来控制现场养护过程。现场混凝土构件的施工养护方法、养护时间需要考虑混凝土强度等级、施工环境温湿度和风速、构件尺寸、混凝土原材料组成和入模温度等诸多因素。可参考中国土木工程学会标准《混凝土结构耐久性设计与施工指南》（CECS 01—2004）（2005 年修订版）的相关规定。

混凝土构件在施工养护结束至初次受冻的时间不得少于一个月，并避免与水接触，以延长混凝土的干燥时间，并且给混凝土内部结构发育提供时间。冬期施工中混凝土接触负温时的强度应大于 $10N/mm^2$。环境作用等级为 II-D 和 II-E 的混凝土结构构件应采用引气混凝土，引气混凝土的含气量与气泡间隔系数应符合该规范附录 C 的规定。

5. 混凝土抗冻试验方法

《普通混凝土长期性能和耐久性能试验方法标准》（GB 50082—2009）规定了三种混凝土抗冻性试验方法，分别是慢冻法、快冻法、盐冻法。

6. 混凝土实体抗冻性后评估

混凝土的抗冻性是混凝土耐久性中最重要的问题之一，如何评价混凝土的抗冻性和如何设计抗冻混凝土是解决混凝土抗冻性问题的关键。对混凝土实体抗冻性后评估，可以核查和验证建筑物混凝土的抗冻性能是否满足要求。国内两大令人瞩目的工程，三峡大坝和青藏铁路，都不约而同地进行了室内成型试件与现场钻取芯样的快速冻融试验，试验结果完全出乎意料，前者无一例外顺利地通过了 300 次循环，而后者才经过 50 次，甚至 25 次循环就已经被冻坏。为弄清钻芯取样进行快冻试验结果出现如此显著差异的原因，各有关单位开展了广泛的试验研究。分析认为，其中一个重要原因就是混凝土内部的界面过渡区是一个薄弱界面，钻芯过程会使混凝土界面过渡区的损伤和微裂缝增多，从而造成钻取的芯样在快速冻融试验时很快被冻坏。

鉴于此，《混凝土结构耐久性设计规范》（GB/T 50476—2008）提出了引气混凝土的含气量与气泡间隔系数规定。中国土木工程学会标准《混凝土结构耐久性设计与施工指南》（CCES01—2004）中针对抗冻混凝土，提出了硬化混凝土气泡间隔系数指标要求，规定 "硬化混凝土的气泡间距系数（平均值）在高度饱水、中度饱水和盐冻条件下宜不大于 $250\mu m$、$300\mu m$ 和 $200\mu m$，气泡间距系数为从现场或模拟现场的硬化混凝土中取样或取芯测得的数值"。

ASTM C457 和我国港工、水工的相关规范中均有关于气泡特征参数的测试和数据计算方法。但都是采用光学显微镜人工测试，由于非常繁复、费时、测试误差也很大，国内很少用气泡特征参数来评价混凝土的抗冻性，关于硬化混凝土气泡特征参数的研究也是数据很少，或仅来源于国外文献。此外，新颁布的规范中虽然提出了硬化混凝土气泡间隔系数的要求，但过于简单和笼统，而且缺少指导混凝土实体抗冻性后评估的标准程序和方法。综上两方面原因，对混凝土实体抗冻性进行后评估在我国的开展困难重重。

随着测试技术的发展，混凝土气泡特征参数的测试实现了自动化，数据的采集和计算都可由计算机自动完成，克服了人工测试的一些缺点。混凝土气泡参数测试仪器测定混凝土的气泡特征参数非常方便、快捷，测试结果也更加精确、可靠。从长远看，用气泡特征参数法来评价混凝土抗冻性是经济、有效的方法。

为此，我们采用北京工业大学在国内首次引进的硬化混凝土气泡特征参数自动测试设备（MIC-840-01 型硬化混凝土孔隙结构测定仪，产地：日本），针对国内常用的混凝土原材料、引气剂品种和配合比，通过大量试验对气泡间隔系数与耐久性指数 DF 的关系进行了研究，提出了混凝土实体抗冻性后评估的标准程序及气泡间隔系数抗冻性评价指标的范围划分。

（1）混凝土实体抗冻性后评估气泡间隔系数指标的研究　对新竣工的混凝土工程抗冻质量进行验收，或对在役建筑物进行抗冻性调查监测，均属于混凝土实体后评估的范畴。研究气泡间隔系数与耐久性指数的关系，确定合格抗冻混凝土相应的气泡间隔系数范围，是进行混凝土实体抗冻性后评估的基础和关键。通过本研究大量的室内试验研究表明，对于水胶比在 0.40 以上的普通混凝土，非引气时气泡间隔系数基本在 $500\mu m$ 以上，抗冻耐久性指数 DF 值均小于 20%。而对引气混凝土而言，当气泡间隔系数小于 $250\mu m$ 时，抗冻耐久性指数 DF 值大于 60%，属于合格抗冻混凝土的范围；当气泡间隔系数落在 $250\sim350\mu m$ 之间时，是模糊区域，抗冻耐久性指数 DF 值在 40%～80% 范围内偏移；当气泡间隔系数大于 $350\mu m$ 时，耐久性指数 DF 值均小于 40%，属于抗冻不合格混凝土的范围。对于气泡间隔系数落在 $250\sim350\mu m$ 模糊区的混凝土，通过研究表明其抗冻耐久性指数可进一步通过水胶比来划分，水胶比小于 0.40 的混凝土抗冻耐久性指数 DF 值仍大于 60%，水胶比在 0.50～0.60 的混凝土抗冻耐久性指数基本可满足 200 次冻融循环的要求。混凝土气泡间隔系数指标的划分如图 6-2 所示，对于水胶比小于 0.30 或强度大于 80MPa 的高强混凝土不适用于此划分。

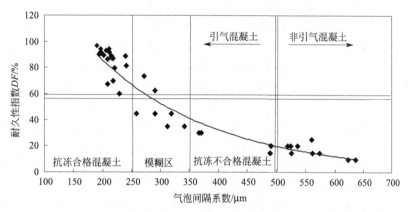

图 6-2　混凝土气泡间隔系数指标的划分

（2）混凝土实体抗冻性后评估标准程序

① 收集资料　在对混凝土实体工程进行抗冻性后评估前，首先应收集该工程的设计、施工及材料等方面的资料。包括混凝土原材料的技术指标、混凝土配合比、引气剂品种与掺量，施工振捣工艺及振捣时间，施工现场检测试验数据等，要求资料尽可能要翔实、完整。

② 钻取芯样

a. 从混凝土结构或构件上钻取芯样，宜采用轻便型混凝土取芯机，取芯钻头宜选用人造金刚石薄壁钻头。

b. 钻芯位置要选择建筑物混凝土结构的非承重部位，钻芯结束后，用水泥砂浆填充钻芯留下的孔洞。

c. 钻取的芯样直径不宜小于 100mm，但也不宜大于 150mm，芯样的长径比不宜小于 2。

d. 钻芯后立即将芯样贴上标签，标签内容包括混凝土工程名称、芯样编号，取芯时间、取芯位置等。

③ 制备试件

a. 将钻取的混凝土芯样切割成厚度为 1cm 左右的圆柱体试件，应在同一芯样上制备三个测试试件，宜选用自动型的岩石切割机切割芯样。

b. 采用转速较低的台式研磨机对试件的一个表面进行研磨，配合使用 100 号，180 号金刚砂，使试件表面基本被磨平。

c. 将研磨机处理完毕的试件表面，用手工在玻璃板上继续进行磨光，研磨中应保持表面的绝对平整，并配合使用 240 号和 320 号的金刚砂，最终使试件表面平整光滑，不允许出现划痕。（100 号、180 号、240 号及 320 号金刚砂研磨剂为推荐型号，也可根据需要做出调整。）

d. 仔细清洗磨光后的试件表面，先使用毛刷刷洗，然后使用超声波清洗机，清洗时试件的磨光面朝下放置，清洗 5min 左右。

e. 将清洗完毕的试件在空气中风干 12h，或放在烘箱中温度由低到高逐级烘干。

f. 用小毛刷（牙刷亦可）在干燥的试件磨光面上涂刷荧光剂（即岩石检知药，日本东亚合成株式会社生产），要求涂刷均匀、涂刷厚度一致、药液充分渗入到混凝土的孔隙中（日本东亚合成株式会社生产的荧光剂为推荐型号，也可根据需要选择其他品牌）。

g. 荧光剂涂刷完毕后在空气中风干 4～6h，使药液充分固化。应注意通风，避免引起实验人员不适。

h. 重复 c～d 的实验程序。在玻璃板上采用手工研磨，用力要均匀，不能过猛。研磨的过程中，要不断检查试件表面，要求将混凝土表面的荧光剂研磨掉，而使气孔中的荧光剂完全保留，同时不能磨出新的气孔。宜在手提紫光检测灯照射下检查试件表面，直至试件表面的荧光剂随气孔呈星点状分布，除集料边隙外没有呈片状或线状分布的情况，停止研磨。

i. 使用超声波清洗机清洗试件，要求试件涂有荧光剂的一面朝下放置，清洗 3min 左右。

j. 再次在手提紫光检测灯照射下检查试件表面，如观察到表面磨出了新的气孔或气孔中的荧光剂已被研磨掉，则应重复 e～i 的实验步骤，重新准备试件。

试件达到标准要求后，则在空气中自然风干后用于测试硬化混凝土的气泡特征参数。表面涂刷荧光剂后的试件，不宜采用烘箱进行烘干。

④ 测定气泡特征参数　以采用日本 MIC-840-01 型硬化混凝土孔隙结构分析仪为例，步骤如下：

a. 测量条件设置　测量条件设置主要包括设置水泥浆量、测试范围、测试方法及气泡条件。水泥浆量是指混凝土中水泥浆体的体积百分数，根据混凝土的配合比计算求得。测试范围由测量视野（即一次想要测量的视野范围的纵横距离）及测量回数（即纵横移动次数）决定，通常测量范围取 60mm×60mm。测试方法选择面积比法。气泡条件，即设置被看作是气泡的条件，包括圆形度和像素删除标准两项。通过圆形度的设置，将形状不规则、圆形度小于设定值的孔隙剔除，而通过像素删除标准的设置，将直径小于设定值的孔隙剔除，圆形度和像素删除标准小于设定值的孔隙，往往是搅拌或振捣过程中形成的，并非引气剂引入的空气泡。圆形度值取 0.6，像素删除标准值取 10。

b. 图像输入设置　图像输入设置主要包括标定距离、设置阈值和测试测量。进行距离标定前，调整摄像机的焦点，使图像清晰，然后将标准刻度板置于镜头下的适当位置，对应好图像中的刻度，进行鼠标的拖放，输入鼠标拖动的实际长度（μm），则图像中一像素所对应的距离便被标定。设置阈值，使系统能准确识别空气泡的边缘，通过观察图像窗口里阈值的状态对其进行设置，通常阈值取 200 左右。测试测量目的是确认有哪些粒子被识别为空气泡，检验阈值是否被正确设定，蓝色是被识别的粒子，而红色是被删除的粒子。

c. 测量　测量开始后，系统会首先进行镜台的初始化，镜台向原点移动。输入保存测量结果的文件名和标题。

d. 结果显示　测量结果包括气泡数、单位面积的气泡数、累积气泡面积、平均气泡面积、平均气泡直径、空气量、气泡比表面积和气泡间隔系数等，同时还能输出气泡直径的直方图。

⑤ 抗冻性耐久性评价　由冻融破坏的机理可知，平均气泡间距是影响混凝土抗冻性最重要的因素，平均气泡间距越大，则冻融过程中毛细孔中的静水压和渗透压越大，混凝土的抗冻性越低。对同一芯样上切割的三个试件的气泡间隔系数值取平均作为最后结果，若测定的气泡间隔系数中最大值或最小值之一，与中间值之差超过中间值的 10%，则取中间值。若三个试件中的最大值和最小值，与中间值之差均超过中间值的 10%，则该组试验应重做。可由测定的气泡间隔系数值按照表 6-4 对混凝土实体结构的抗冻性进行评价，同样本表不适用于水胶比小于 0.30 或强度大于 80MPa 的高强混凝土结构。

表 6-4　混凝土气泡间隔系数与耐久性指数 DF 值对照表

气泡间隔系数/μm	耐久性指数/%		抗冻性评价
<200	$DF>80$		抗冻性优良
<250	$DF>60$		抗冻性合格
250～350	40～80	$W/C\leqslant0.4,DF>60$	模糊区域
		$0.4<W/C\leqslant0.6,DF\approx40$	
		$W/C>0.6,DF<40$	
>350	$DF<60$		抗冻性不合格
>500	$DF<20$		非引气混凝土

（三）环境化学侵蚀破坏

有化学物的环境和介质，如化工生产环境、化工废水、硫酸盐浓度较高的地下水、海水、生活污水和压力流动的淡水等，混凝土暴露在这些环境下有可能遭受化学侵蚀而破坏。化学侵蚀的类型可分为水泥浆体组分的浸出、酸性水和硫酸盐侵蚀。

（1）水泥浆体组分的浸出　混凝土受到纯水及雨水或冰雪融化的含钙较少的软水浸析时，水泥水化产物 $Ca(OH)_2$ 因溶解度最高，会首先溶于水。当水中 $Ca(OH)_2$ 浓度很快达到饱和，溶出作用就停止。在压力流动水中，混凝土密实度较差时，渗透压较大时，流动水不断将 $Ca(OH)_2$ 溶出并流走，在混凝土中形成空隙，混凝土强度不断降低。水泥水化产物水化硅酸钙、铝酸钙都需在一定浓度 CaO 的液相中才能稳定，在 $Ca(OH)_2$ 不断溶出后，其他水化生成物也会被水分分解并溶出。这也是混凝土试块在饱和 $Ca(OH)_2$ 溶液中浸泡养护的原因。混凝土标准养护室中的试块不能被水直接冲淋，应采用喷雾养护方式保证混凝土表面湿润，也是出于这个原因。

淡水溶出水泥水化产物的过程是很缓慢的，只要混凝土的密实性和抗渗性能好，一般都可以避免这类侵蚀。

（2）酸的侵蚀　硬化水泥浆体本身是碱性材料，其孔隙中的液体 pH 值为 12.5～13.5，因此碱性介质一般不会对混凝土造成破坏；但各种酸性溶液都会对混凝土造成一定程度的破坏，环境水的 pH 值小于 6.5 即可能产生侵蚀。

酸性水的来源主要是肥料工业、食品工业等的工业废水。酸性水与混凝土中的 $Ca(OH)_2$ 起置换反应生成可溶的钙盐，这些钙盐通过滤析被带走，因此对混凝土的侵蚀很厉害。含 CO_2 的水与 $Ca(OH)_2$ 反应生成可溶的重碳酸钙也会造成侵蚀。

（3）硫酸盐侵蚀　某些化工厂附近的土壤中含有硫酸镁及碱等，其地下水实际上是硫酸盐溶液，其浓度高于一定值时会对混凝土有侵蚀作用。我国青海盐湖地区地下水中硫酸盐含量很高。

硫酸盐侵蚀的原理是硫酸盐溶液与水泥中 C_3A 矿物的水化生成物和 $Ca(SO_4)_2$ 反应形成钙矾石引起的膨胀。当水中的镁含量较大时，侵蚀会更为严重。硫酸镁还能使水泥水化产物 C-S-H 凝胶处于不稳定状态，分解出 $Ca(OH)_2$，从而破坏了 C-S-H 的凝胶性。目前的研究表明，硫酸盐侵蚀破坏不仅包括上述的化学破坏，也包括硫酸盐结晶造成的物理破坏。

硫酸盐侵蚀的速度除硫酸盐浓度外，还与地下水的流动情况有关。当混凝土的一面处于含硫酸盐的水的压力下，而另一面可以蒸发失水，受硫酸盐侵蚀的速率增大。因此地下室墙、挡土墙、涵洞等比基础更易受侵蚀。

混凝土的密实度对其抗环境化学侵蚀有非常大的影响，应通过各种技术措施提高混凝土的密实度。同时掺加掺合料降低混凝土的 $Ca(OH)_2$ 含量也有利于提高抗侵蚀性能。可适当增加水泥用量，降低水胶比，并保证振捣密实和良好的较长时间的养护。铁铝酸盐水泥、硫铝酸盐水泥都具有非常好的抗硫酸盐性能。

（四）　碱集料反应

碱集料反应是指混凝土中的碱（包括外界渗入的碱）与集料中的碱活性矿物成分发生化学反应，导致混凝土膨胀开裂的现象。碱集料反应包括碱-硅酸反应、碱-碳酸盐反应。关于碱集料反应的标准为《预防混凝土碱集料反应技术规范》（GB/T 50733—2011）。

碱集料反应引起混凝土结构破坏和开裂必须存在三个必要条件：碱含量超标、集料为碱活性、混凝土暴露在水中或潮湿环境中。三个条件必须同时满足，才能发生碱集料反应，缺少任何一个条件，都不会发生碱集料反应。碱集料反应必须在有水的条件下才能进行，干燥环境中碱集料反应进展缓慢，不易产生破坏性膨胀开裂。长期与水接触的和在潮湿环境中的混凝土则要注意防止碱集料反应破坏，如水工、地下、给排水结构、道路、桥梁、轨枕等。

碱集料反应的膨胀破坏从内部发展到表面，呈地图形和花纹形裂纹。配筋较强时也可能出现顺筋裂纹。裂纹中有白色分泌物或表面有白点（$Na_2O \cdot SiO_2$）。裂纹开展时间可能是 1~20 年。而常见的冻融开裂则是由表及里，表面一层层剥落，而内部混凝土还是完好的。

目前在我国尚未发生碱集料反应破坏的工程实例[1]。1992 年，北京西直门立交桥破坏的主因当时认为是碱集料反应，后经北京市政研究院杨思忠、中国建材院田培、王玲教授和同济大学黄士元、杨全兵教授等多次实地考察与试验，分析混凝土析白物主要是碳酸钙等无机盐，未发现有碱-硅凝胶。西直门旧桥所用的集料虽含有碱活性集料，存在发生碱集料反应的可能性，但目前多种试验尚未找到反应环及凝胶渗出物。氯离子梯度分布和钢筋锈蚀表明化冰盐对混凝土破坏起到主要作用，盐冻破坏、冰冻以及钢筋锈蚀是混凝土破坏的主导因素[2]。

对碱集料反应必须有正确的认识。国内外为了引起对碱集料反应的重视，有人将碱集料反应说成"混凝土癌症"，这是十分错误的。对于碱集料反应采取"一概认定"和"一概否定"的态度也是错误的，都将为人民带来重大损失[3]。陈肇元院士提出的碱含量限制是为了控制开裂，不是为了控制碱集料反应，而是考虑到未来开裂的风险。

混凝土碱集料反应破坏一旦发生，往往没有很好的方法进行治理，直接危害混凝土工程耐久性和安全性。因此解决混凝土碱集料反应最好的方法就是采取预防措施。

（1）原材料技术措施

① 水泥碱含量是混凝土中碱含量的主要来源，因此应进行重点控制。水泥中的碱主要

是由生产水泥的原料黏土和燃料煤引入的。北方地区黏土中钾钠含量较高，其生产的水泥碱含量较南方水泥高；新型干法工艺水泥碱含量高于立窑水泥。国际公认用低碱水泥一般不会发生碱集料反应破坏，低碱水泥的碱含量不大于 0.6%。

② 粉煤灰在掺量较高时可以显著抑制集料的碱-硅活性，粉煤灰本身含有大量活性 SiO_2，其颗粒细，能吸收较多的碱。F 类Ⅰ级、Ⅱ级粉煤灰碱含量不宜大于 2.5%；矿渣粉与粉煤灰复合使用时可以抑制集料的碱-硅活性。矿渣粉碱含量不宜大于 1.0%；硅灰可以显著抑制集料的碱-硅活性，硅灰的碱含量不宜大于 1.5%。

③ 混凝土外加剂碱含量对混凝土碱集料反应影响较大，采用低碱外加剂可以有效预防碱集料反应。萘系外加剂中可能含有 Na_2SO_4 等碱性组分，对混凝土的碱含量增加很大，尤其是萘系防冻剂，因此应限制或禁止钠盐外加剂的使用。聚羧酸系高性能减水剂的碱含量很低，有利于抑制碱集料反应。

④ 一般情况下水的碱含量比较低，不应大于 1500mg/L。

（2）混凝土技术措施

① 混凝土的碱含量不应大于 3.0kg/m³，为各原材料的碱含量之和。研究表明，矿物掺合料碱含量实测值并不代表实际参与碱集料反应的有效碱含量。因此水泥、外加剂和水的碱含量可用实测值，粉煤灰碱含量用 1/6 实测值，硅灰和矿渣粉碱含量用 1/2 实测值，集料不计入混凝土碱含量。

② 对于采用快速砂浆棒法检验结果不小于 0.10% 膨胀率的集料，应进行特殊对待，须进行抑制集料碱活性有效性试验，试验结果 14d 膨胀率小于 0.03% 可判断为抑制集料碱-硅酸反应活性有效。

③ 混凝土中粉煤灰的掺量不宜小于 25%。

④ 含碱环境中的碱会渗入混凝土，强化碱集料反应条件，在这种环境下采用碱活性集料用于混凝土是很危险的。在盐渍土、海水和受除冰盐作用等含碱环境中，重要结构的混凝土不得采用碱活性集料。当用于此类环境非重要结构时，除应采取抑制集料碱活性措施和控制混凝土碱含量之外，还应在混凝土表面采用防碱涂层等隔离措施。

⑤ 混凝土中掺加适量引气剂会改善混凝土的抗冻性能和抗碳化性能。引气剂引入的空气泡提供了硅酸钠凝胶吸水膨胀释放能量的空间，对缓解碱集料反应早期膨胀也起一定作用。

⑥ 较高的温度会加速混凝土碱集料反应，混凝土浇筑体内最高温度应不超过 80℃。蒸养温度也不应高于 80℃。

⑦ 混凝土应加长潮湿养护时间，不宜少于 10d。

⑧ 混凝土施工时应加强对混凝土裂缝的控制，出现裂缝应及时修补。因为混凝土开裂后，水分容易进入从而为碱集料反应创造了条件，同时裂缝处溶出物集中处的碱度一般比较高，发生碱集料反应的风险增加。

（五）钢筋锈蚀

混凝土本身是碱性材料，有保护钢筋不受锈蚀的作用。如果混凝土保护层厚度和密实性合理，无裂缝的产生和扩展，混凝土中的钢筋锈蚀是可以防止的。

混凝土钢筋锈蚀的本质是电化学腐蚀。混凝土是一种多孔质材料，其孔隙中是碱度很高的 $Ca(OH)_2$ 饱和溶液，pH 值在 12.4 以上，溶液中还有氧化钾、钠等。在这种介质下，钢筋表面氧化，生成一层水化氧化膜（$\gamma\text{-}Fe_2O_3 \cdot nH_2O$），这层膜很致密，牢固地吸附在钢表面上，使其难以再继续进行电化学反应，钢筋处于钝化态，不发生锈蚀。钢筋钝化膜的破坏是混凝土中钢筋锈蚀的先决条件，如果长期保持处于钝化态，即使处于不利环境，钢筋也不致锈蚀。

引起钢筋锈蚀的原因主要有两个，即保护层的碳化和氯离子通过保护层扩散至钢筋表面，而氯离子扩散更为普遍和严重。因此要充分发挥保护层保护钢筋的作用。钢筋锈蚀时，钢氧化转变为铁锈时，伴有体积增大，最大可增大 5 倍，引起混凝土膨胀和开裂，而开裂又进一步加速锈蚀反应。

混凝土中 Cl^- 的来源有两个，一是混凝土在拌合时已引入的，包括拌合水中和外加剂等原材料中所含，二是环境中的 Cl^- 随着时间逐渐扩散和渗透进入混凝土内部的。如钢筋表面的孔溶液中氯离子浓度达到极限浓度时，开始破坏钢筋表面的钝化膜，使钢筋局部活化形成阳极区，钢筋失钝而开始锈蚀。达到极限浓度的这段时间即失钝时间，是耐久性的一个重要参数。

预防钢筋锈蚀需要从结构设计、材料设计和施工工艺三个方面采取正确的技术措施。

在结构设计中，要防止严酷环境下混凝土的积水，预防裂缝宽度，正确的设计保护层厚度等。钢筋失钝时间与保护层厚度的平方成正比，如保护层厚度增加 1 倍，失钝时间可增加到 4 倍。

从混凝土设计方面，应正确选择混凝土强度等级、水胶比、水泥品种、掺合料和外加剂等，设计出低扩散系数的混凝土。混凝土扩散系数减少一半，失钝时间可延长 1 倍。从材料设计的角度，设计低扩散系数的混凝土是提高钢筋锈蚀耐久性的根本途径。掺加优质的粉煤灰、矿渣粉、硅灰等掺合料可有效降低 Cl^- 的扩散系数。这主要是利用后期火山灰反应降低孔隙率，细化孔结构，阻碍 Cl^- 的扩散。硅灰大大增加混凝土的密实度，可以有效降低混凝土扩散系数和碳化速率。

施工中应保证振捣充分密实，合理养护，延长养护时间，避免有害裂纹等。

（六）碳化

空气中的 CO_2 会引起混凝土碳化而收缩，空气中的 CO_2 的含量虽然只有 0.03%，在有水汽的情况下，CO_2 将与 $Ca(OH)_2$ 反应，生成 $CaCO_3$，沉淀于浆体的孔中。$CaCO_3$ 的溶解度小，使液相的 pH 值下降。CO_2 还可以和水化硅酸钙反应生成 $CaCO_3$ 和 $SiO_2 \cdot 2H_2O$ 硅胶。碳化收缩变形不可逆。

1. 碳化过程

混凝土的碳化过程是物理和化学作用同时进行的过程。混凝土中气态、液态和固态三相共存，有水、气孔和毛细孔等，空气中的 CO_2 不断向混凝土内部扩散渗入。CO_2 溶于孔隙水中呈弱酸性，又经过毛细孔道渗入内部，与水泥碱性水化产物 $Ca(OH)_2$ 反应，生成不溶于水的 $CaCO_3$，使混凝土孔溶液的 pH 值降低，当 pH 值降低到 11.5 时，钢筋的钝化膜开始破坏，降到 10 时，钝化膜完全失钝。

2. 影响碳化的因素

影响混凝土碳化速度的因素有混凝土材料自身的因素和外部环境因素以及施工因素等。

（1）材料自身因素　材料自身因素是指 CO_2 扩散系数和混凝土能吸收 CO_2 的量。CO_2 扩散系数主要取决于密实度和孔结构，CO_2 吸收量主要决定于水泥的品种和用量。

① 水泥品种和用量　混凝土中胶凝材料所含的能与 CO_2 反应的 CaO 总量越高，则能吸收 CO_2 的量也越大，碳化到钢筋失钝所需的时间也就越长，即碳化速度越慢。

胶凝材料中的 CaO 主要来自于水泥熟料。矿粉的 CaO 含量相对粉煤灰较高一些。掺合料用量越大，混凝土的碳化速度就越快。但如果养护得当，混凝土后期强度不断增长，扩散系数减小，也有助于减慢碳化速度。

② 水胶比和强度 水胶比和强度决定混凝土的密实度和孔径分布这两个影响 CO_2 有效扩散系数的主要因素。密实度越高，孔隙率越小，孔径越细，则扩散系数越小，碳化也越慢。

（2）外部环境因素 外部环境因素主要是环境相对湿度和大气中 CO_2 浓度。

① 环境相对湿度 如果混凝土长期处于饱水状态下，CO_2 气体没有孔的通道，碳化不易进行。而如果混凝土处于干燥条件下，CO_2 虽能经毛细孔进入混凝土，但缺少足够的液相进行碳化反应，碳化也不易进行。在相对湿度 70%～85% 的范围内最易碳化，钢筋锈蚀的过程也进展较快。

② 大气中 CO_2 浓度 空气中 CO_2 浓度约 0.03%，城市要高一些。室内更高可达 0.1%。因此室内结构的碳化速率为室外的 2～3 倍。

（3）施工质量 施工质量差是引起混凝土碳化和钢筋锈蚀的重要原因。施工质量差主要表现在振捣不充分、不密实；养护不到位；混凝土出现蜂窝、裂缝等，这些都会导致碳化速率大大加快。

现代配合比掺加了大量的粉煤灰、矿渣粉等掺合料，水泥的混合材含量也比较大，混凝土普遍存在缺"钙"的现象，本身就会加快碳化速度，这时养护对碳化就显得非常重要。湿养护时间不足，水泥水化不完全，混凝土密实度和强度降低，后期强度得不到充分发展，进一步增大了碳化速度和碳化深度。因此要充分重视混凝土的养护工作。

（七）钢筋保护层

钢筋保护层是指结构构件中钢筋外边缘至构件表面范围用于保护钢筋的混凝土，简称保护层。保护层厚度对提高混凝土结构的耐久性极为重要。

《混凝土结构设计规范》（GB 50010—2010）规定，混凝土保护层厚度（表 6-5）不应小于钢筋的公称直径 d（或并筋的等效直径），这主要是为了保证握裹层混凝土对受力钢筋的锚固。保护层厚度以最外层钢筋（包括箍筋、构造筋、分布筋等）的边缘计算混凝土保护层厚度。

表 6-5 混凝土保护层的最小厚度 c　　　　　　　　　　　　　　　mm

环境等级	板、墙、壳	梁、柱、杆
一	15	20
二 a	20	25
二 b	25	35
三 a	30	40
三 b	40	50

注：上表是 C30 及以上混凝土保护层厚度的统一取值，当混凝土强度等级不大于 C25 时，保护层厚度应增加 5mm。考虑到碳化速度的影响，使用年限 100 年的结构，保护层厚度取 1.4 倍。

（八）耐久性检验评定

混凝土耐久性检验评定执行《混凝土耐久性检验评定标准》（JGJ/T 193—2009）。

1. 混凝土耐久性检验评定项目

混凝土耐久性检验评定的项目包括抗冻性能、抗水渗透性能、抗硫酸盐侵蚀性能、抗氯离子渗透性能、抗碳化性能和早期开裂性能等。这些耐久性项目为当今工程对混凝土耐久性控制的基本要求。对于一些与耐久性相关的特殊项目，可按设计要求进行。

不同工程混凝土所需的耐久性能不同，因此应根据实际情况或设计要求来确定耐久性检验评定项目及其评定等级或限值。并且根据混凝土的各耐久性检验项目的检验结果，分项进行评定。在分项评定的基础上进行总体评定。

2. 检验批

同一检验批混凝土的强度等级、龄期、生产工艺和配合比应相同。

对同一工程、同一配合比的混凝土，检验批不应少于一个。

对于同一检验批，设计要求的各个检验项目应至少完成一组试验。

3. 耐久性评定结论

同一检验批全部耐久性项目检验合格者，该检验批混凝土耐久性可评定为合格。

对于某一检验批被评定为不合格的耐久性检验项目，应进行专项评审并对该检验批的混凝土提出处理意见。

需要指出的是，上述耐久性检验评定项目是通过留置试件检验各个耐久性指标进行的，无法直接代表结构实体的耐久性。对于结构实体的耐久性检测，如抗渗性能、抗冻性能、抗氯离子渗透性能和抗硫酸盐侵蚀性能等长期耐久性能，可遵照《混凝土结构现场检测技术标准》（GB/T 50784—2013）进行。在一些耐久性要求高的重大工程当中，也可采用埋置光纤和传感器等手段对结构实体耐久性进行监测和评价。

第三节 硬化混凝土质量问题及处理

硬化混凝土的质量问题有外观质量缺陷、裂缝、强度不达标、耐久性差等。本节对硬化混凝土的质量问题进行了分析，并提出了相应的处理措施。

一、外观质量缺陷

混凝土外观质量缺陷，包括：建筑物外部尺寸偏差、表面平整度、麻面、掉皮、起砂、气泡、露筋、蜂窝、孔洞、夹渣、疏松、缺棱掉角、非贯穿浅表裂缝等。其中，外观尺寸偏差、表面平整度、麻面、掉皮、露筋、缺棱掉角、夹渣、疏松等缺陷主要是施工因素造成的；起砂、气泡、蜂窝、裂缝等缺陷与混凝土质量和施工均有一定关系。

处理外观缺陷时，应根据实际情况，分析造成混凝土外观质量差的大致主次关系，通过设计对比试验方法，以及现场模拟试验、试生产等方法加以确定。

（一）外观质量缺陷的特征、起因

1. 蜂窝

蜂窝（图6-3）是指混凝土表面因缺浆而形成石子外露，形成大小不等的窟窿，如蜂窝状。

 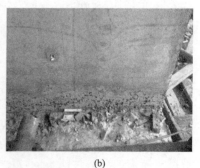

(a)   (b)

图 6-3 柱根部处蜂窝

（1）蜂窝产生的主要原因

① 混凝土质量控制不当，造成离析泌水。

② 混凝土现场调整时处理不当，如搅拌不均匀、加水、外加剂超量掺加等，导致混凝土和易性差。

③ 浇筑时下料不当或过高，未使用串桶，造成砂浆石子分离。

④ 混凝土坍落度偏小，混凝土振捣不实，漏振、振捣时间不够。

⑤ 模板有缝隙使水泥浆流失。根部模板有缝隙，以致使混凝土中的砂浆从下部涌出而造成流失。

⑥ 钢筋间距较密，石子粒径过大或坍落度过小，无法顺利全部通过钢筋间隙。

（2）蜂窝的预防措施

① 浇筑前检查模板拼缝，避免浇筑过程中跑浆。

② 确定合理的配合比，根据钢筋间隙选择合适的石子粒径。

③ 加强出站质量控制，严格到场混凝土坍落度检测，保证到场混凝土的和易性。

④ 搅拌站控制好发车间隔，施工方保证施工进度，减少压车、断车。

⑤ 严格执行浇筑工艺，振捣时间、振捣方式要合理，适当加强模板边角和结合部位的振捣。

2. 麻面

麻面（如图 6-4 所示）是指混凝土表面因缺浆而呈现麻点、凹坑和气泡等缺陷。

 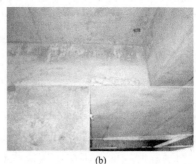

(a)　　　　　　　　　(b)

图 6-4　剪力墙阴角处麻面、顶棚处麻面

（1）麻面产生的主要原因

① 模板质量差，表面粗糙或黏附水泥浆渣等杂物，拆模时粘坏混凝土表面。

② 拆模过早，表面混凝土易黏附在模板上造成麻面脱皮。

③ 模板未浇水湿润或湿润不够，混凝土表面失水过多造成麻面。

④ 模板拼缝不严，造成局部漏浆。

⑤ 模板未涂刷脱模剂或涂刷不均匀，混凝土表面与模板黏结造成麻面。

（2）麻面的预防措施　对模板进行仔细加工处理，保证平滑不沾杂物；待混凝土强度达到拆模强度后，方可拆除模板；采用优质的脱模剂，并涂刷均匀。

3. 气泡

气泡指由于浇筑振捣时排气不畅，在混凝土表面留下大小不一的气泡。

（1）气泡产生的主要原因

混凝土表面气泡产生的原因非常复杂，也不容易解决。气泡与混凝土所用的原材料，混凝土拌合物黏聚性、含气量，施工工艺、模板情况、脱模剂等有一定关系。

① 混凝土过黏时，气泡表面张力大，不易破裂和排出，致使表面气泡多。

② 混凝土坍落度过大，用水量偏多，形成水珠，混凝土终凝后吸收掉水分，在表面形成气孔。

③ 聚羧酸系减水剂没有按照"先消后引"的复配程序进行复配，使用这种外加剂的混凝土中大气泡多，容易出现表面大气泡偏多的现象。

④ 未按施工规程要求进行严格分层浇筑是产生气泡的主要原因。混凝土一次性下料很深后才开始振捣，导致底部混凝土气泡排不出去，造成下部表面气泡过多。尤其是使用大型整体钢模板时，因钢模不吸水、不漏气，更容易出现气泡问题，因此气泡缺陷多发生在使用大钢模的剪力墙结构。

⑤ 脱模剂质量不好，气泡不易从模板表面排出，易聚集在模板表面，形成挂壁现象，在表面形成大量气泡；脱模剂黏度较大时，接触面的水不易排出，在混凝土表面形成水泡，最终形成气泡。

⑥ 振捣间距过大，振捣时间短，使混凝土中的水珠及气泡没能全部逸至表面，从而在混凝土表面形成气泡。

⑦ 随着我国粉煤灰、水泥生产中烟气脱硫、脱氮工艺装置的采用，混凝土出现凝结时间异常、混凝土拌合物长时间冒泡等现象。初步分析认为，脱硫石膏硫化不完全、水泥或粉煤灰中残留氮化合物等可能是主要原因[4]。

（2）气泡的预防措施

① 振捣　严格分层浇筑，及时振捣，不漏振，配备足够振捣棒，钢筋密处采用小直径振捣棒，并严格按照施工规程的要求进行振捣。必要时在外侧模上使用附着式振动器，或用扁铲在混凝土与侧模之间插捣，或在振捣时轻敲模板，便可帮助附着在侧模上的气泡逸出，从而达到消除气泡的效果。

② 配合比　混凝土的黏聚性影响气泡的排出，降黏是减少气泡的有效措施。应选用优质的原材料进行试配和生产。优质的聚羧酸系高性能减水剂，采取先消后引措施优化气泡结构可以有效地减少气泡；使用优质粉煤灰等原材料也是减少气泡的有效措施。

③ 坍落度　混凝土坍落度要合适，过大易形成水泡，过小时气泡不易排出。

④ 模板　对模板必须除锈打磨，保证模板洁净，且同时用清洁的脱模剂，不能使用废机油等会引起色差的脱模剂，也不能使用易黏附于混凝土表面或引起混凝土变色的脱模剂。使用清水混凝土专用模板时，混凝土表面气泡有明显改善。

4. 冷缝

冷缝是指上下两层混凝土的浇筑时间间隔超过初凝时间而形成的施工质量缝。在施工过程中由于因某种原因使混凝土浇筑中断，再次浇筑混凝土时，先浇筑混凝土已经初凝，致使在新旧混凝土结合面上出现一个软弱的结合层，这个薄弱层通常称为冷缝。

冷缝是一种概念缝，并不是肉眼可观察到的缝隙。为了防止出现冷缝，应保证浇筑的连续性，一旦先浇筑的混凝土出现初凝现象，必须在涂刷界面剂后，再浇筑新的混凝土。

5. 起粉、起砂

起粉、起砂是近年来经常出现的混凝土表面质量问题，多发生在道路、楼顶、地面等部位，对车辆行驶和设备安装等使用功能造成影响。

起粉、起砂多是因混凝土坍落度过大、砂率过大造成的。此时的混凝土表面强度低，表层颗粒和砂子很容易脱落，造成起粉或起砂。路面混凝土要特别注意施工工艺和养护措施，减小因泌浆、泌水或离析造成表面水泥浆或砂浆浮在表面形成强度低的软弱薄层。在配合比设计时，路面混凝土要做到五低，即低坍落度、低砂率、低用水量、低外加剂用量、低掺合料用量。

起砂、起粉的混凝土表面可用表面硬化剂进行涂刷处理。

（二）混凝土外观质量缺陷修整

混凝土外观质量缺陷可分为一般质量缺陷和严重质量缺陷。

1. 一般缺陷修整

一般缺陷如露筋、蜂窝、孔洞、夹渣、疏松等，可选择较为简单的抹面方式进行修整，抹面所用材料组分要尽可能与整个表面材料组分相同，尽量保证修补后的外观颜色不影响整体效果，基本与整体保持一致。如凿除胶结不牢固部分的混凝土，清理表面，洒水润湿后应用 1：2～1：2.5 水泥砂浆抹平。

裂缝应进行封闭处理，根据情况进行表面封闭或注浆封闭处理。

连接部位缺陷、外形缺陷可与面层装饰施工一并处理。

2. 严重缺陷修整

严重缺陷如露筋、蜂窝、孔洞等，应该采取局部剔凿，将可能影响混凝土耐久性的缺陷彻底剔凿干净，剔凿至混凝土均匀密实后，表面涂刷界面处理剂，然后用高强度等级普通砂浆、聚合物砂浆、细石混凝土等抹平，用塑料薄膜包裹覆盖，充分养护即可。

对于剔凿很深的部位，可以采取支漏斗型模板，用自密实混凝土浇筑，混凝土到达一定强度，保证剔凿过程不影响临近混凝土强度的前提下进行剔凿，剔凿到表面与整体保持平整的情况下，再进行砂浆抹面即可。

对于表面浮浆层较厚的墙、柱等结构，应该彻底剔除浮浆层，在下次浇筑时表面涂刷界面处理剂，确保新旧混凝土黏结牢固即可。

例如凿除胶结不牢固部分的混凝土至密实部位，清理表面，支设模板，洒水润湿，涂抹混凝土界面剂，应采用比原混凝土强度等级高一级的细石混凝土浇筑密实，养护时间不应少于 7d。

二、混凝土裂缝

裂缝是指建筑构配件或构配件之间产生的可见的窄长间隙的缺陷。

J. W. Kelly："Most of us get colds, and most concrete cracks. We go about our business in spite of the colds, and concrete goes about its business in spite of cracks. But we'll all agree that colds and cracks are both things to avoid." "我们几乎都会感冒，混凝土几乎都会开裂。人们得了感冒照样干活，混凝土发生开裂照样工作。但是大家都认为，感冒和开裂都要避免。"

裂缝问题应该重视，但不应该过度重视，不应该扩大化。

建筑工程的质量通病是渗漏和裂缝，而裂缝是渗漏的根源之一，控制裂缝有利于减少渗漏。混凝土裂缝的原因非常复杂，开裂又常常反映出设计、原材料选择、配合比、施工质量等环节存在问题，可能隐含抗渗性差、强度不足、材料严重不匀、结构有薄弱环节或混凝土、钢筋材料已遭受腐蚀和损伤甚至是面临破坏的前兆。所以出现裂缝必须寻求原因，采取相应对策。

裂缝对建筑结构的适用性或使用功能有影响，如果不予以控制任其发展，可能会影响建筑的使用安全和耐久性能。混凝土裂缝种类繁多，引起开裂的原因也多种多样，裂缝出现的阶段也不尽相同。混凝土裂缝的控制包括预防与治理两个方面的措施，要采取有效措施对裂缝进行预防、控制，及时发现、专业判断并进行正确治理。

由于《混凝土结构设计规范》（GB 50010—2010）规定了结构构件的裂缝控制等级及最大裂缝宽度的限值，许多技术人员认为建筑工程出现裂缝是规范允许的。实际上，除了混凝土结构设计规范之外，其他规范都不允许建筑在使用阶段出现裂缝。《混凝土结构设计规范》（GB 50010—2010）也只是允许特定构件在使用阶段出现裂缝，也并未允许这类裂缝在工程的施工阶段出现。工程施工阶段常见的裂缝也不是《建筑工程裂缝防治技术规程》（JGJ/T 317—2014）允许出现的裂缝。因此，在施工阶段出现的各类裂缝都应该采取有效措施予以治理。

（一）裂缝分类

《工程结构可靠性设计统一标准》（GB 50103—2008）将建筑上的作用分为直接作用和间接作用，因此裂缝总体上可分为受力裂缝（直接裂缝）和变形裂缝（间接裂缝）。

1. 受力裂缝

受力裂缝是指作用在建筑上的力或荷载在构件中产生内力或应力引起的裂缝。受力裂缝是由直接作用造成的裂缝，也可称为"荷载裂缝"或"直接裂缝"。

2. 变形裂缝

变形裂缝是指由于季节温差、太阳辐射、混凝土水化热等产生的温度变化，混凝土体积胀缩、基础不均匀沉降等非荷载作用（间接作用）产生的强迫位移或约束变形而引起的裂缝，也可以称为"非受力裂缝"或"间接裂缝"。

混凝土的变形。混凝土在凝结硬化之前、硬化过程中、承受荷载后或在使用环境中，都会在内部产生各种类型的收缩和膨胀变形，在混凝土内部产生复杂的应力或内应力，从而引起混凝土结构的开裂以至于破损。

另外，为减少不利因素的影响，经常会主动设置一些结构缝，用以将建筑物结构分隔开若干独立单元的间隔。结构缝包括伸缩缝、沉降缝、体型缝和抗震缝等。结构缝不属于本书所探讨的裂缝范畴。

3. 裂缝其他分类方法

按危害程度分类：有害裂缝、无害裂缝；按产生时间分类：早期裂缝、后期裂缝；按可见程度分类：宏观裂缝、微观裂缝。

图 6-5 为混凝土各种常见裂缝示意图。

（二）裂缝的起因、判断与处理

混凝土开裂是多种原因共同作用的结果，多数情况下无法将全部作用因素找出，仅能分析出主要的因素，并对这些主要因素进行处理。

混凝土开裂多发在早期（施工阶段），多为塑性裂缝，后期使用过程中的开裂，多为收缩裂缝，如温降收缩、干燥收缩、自收缩等，另外也有腐蚀裂缝和钢筋锈蚀裂缝等。

混凝土开裂后，应先判明开裂原因，对造成影响开裂的因素分析出来之后，再进行裂缝处理。对存在受力裂缝的结构应进行承载能力和正常使用极限状态计算分析；并应根据分析情况采取相应的处理措施；对变形裂缝，可根据裂缝的形态、位置和出现的时间等因素分析裂缝的原因和发展情况，并应采取相应的治理措施和裂缝处理措施。

裂缝处理是对已产生的裂缝采取遮掩、修补、封闭、加固等措施，以消除其不利影响的技术活动。对涉及结构安全的裂缝在处理前，应进行裂缝检测，分析裂缝原因，评定裂缝的危害程度，选择修补或加固处理方法、施工及施工质量检验。可参考《房屋裂缝检测与处理技术规程》（CECS 293—2011），选择专业的裂缝修补公司进行修补。

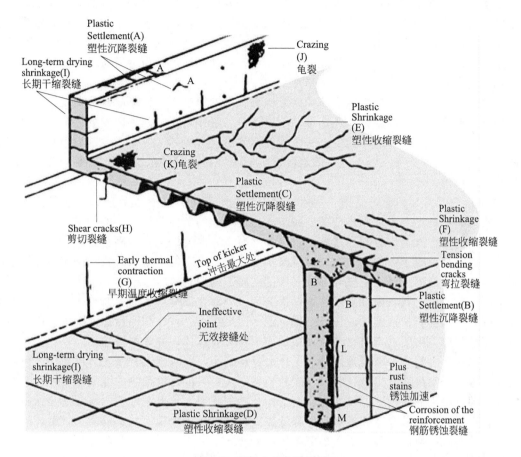

图 6-5　混凝土的各种裂缝

混凝土裂缝可采用凿槽嵌补、扒钉控制裂缝、压力灌浆、抽吸灌浆和浸渍修补等措施治理。凿槽嵌补可消除混凝土表面的裂缝；扒钉控制裂缝的方法可有效限制裂缝宽度的增长；压力灌浆和抽吸灌浆适用于贯通裂缝重要结构；浸渍修补方法适用于龟裂的混凝土裂缝治理。

裂缝自愈。当裂缝宽度在 0.1～0.2mm、水头压力小于 15～20m 时，一般混凝土裂缝可以自愈。所谓自愈是当混凝土产生微裂缝时，体内的游离氧化钙一部分被溶出且浓度不断增大，转变为白色氢氧化钙结晶，氢氧化钙与空气中的二氧化碳发生碳化反应，形成白色碳酸钙结晶沉积在裂缝的内部和表面，最后裂缝全部愈合。另一种自愈是指因干燥收缩产生的微裂缝，当结构遇湿后发生湿胀，而使裂缝闭合。基于裂缝自愈的特性，一般要求裂缝宽度不得大于 0.2mm，并不得贯通。

1. 收缩裂缝

混凝土的收缩是指因各种因素导致混凝土体积的缩小，从而导致混凝土的变形，而变形达到一定程度后会导致混凝土产生裂缝。混凝土的收缩裂缝通常有以下几种类型。

（1）塑性收缩裂缝　混凝土处于塑性状态期间，在环境温度过高、空气干燥、大风等条件下，如未采取有效养护措施，混凝土表面严重失水，且失水速度很快，造成混凝土表面产生塑性收缩裂缝。

① 塑性收缩开裂的原因　产生塑性收缩的原因是泌水和沉降，以及水泥早期水化引起

的化学减缩。在暴露面积较大的混凝土工程中，当表面失水的速率超过了混凝土泌水的上升速率时，会造成毛细管负压，新拌混凝土的表面会迅速干燥而产生塑性收缩。此时混凝土表面已不具有流动性，强度很低，若此时的强度不足以抵抗因收缩受到限制而引起的应力时，混凝土表面即会产生开裂。墙柱等竖向结构在浇筑后几小时内顶面会有所下沉，在下沉受到钢筋或集料大颗粒的限制时会产生水平裂纹。

引起新拌混凝土表面失水的主要原因是水分蒸发速率过大。而影响水分蒸发速率的因素有：混凝土温度、大气温湿度、风速等，不论是单因素作用还是几种因素的综合，都会加速水分蒸发，增大塑性开裂的可能性。一般认为当水分蒸发速率每小时超过 $1kg/m^2$（传统高水胶比混凝土）、$0.3 \sim 0.5kg/m^2$（低水胶比混凝土）时，必须采取防止混凝土塑性收缩而开裂的技术措施。

② 塑性收缩开裂的预防措施　泌水、沉降和化学减缩都是自发倾向，无法避免，但塑性阶段收缩裂缝是可以减少和避免的。预防新拌混凝土的塑性收缩开裂的技术措施有：

大风天气时，设置临时挡风措施，以减小混凝土表面的风速；太阳直晒时施工，设置遮阳措施，以降低混凝土的表面温度；与混凝土接触的能吸水的地基和模板在浇筑前先以水润湿；尽可能缩短混凝土浇筑完毕与养护开始前的时间间隔。

混凝土应及时进行收面处理，初次抹面之后应立即在混凝土表面覆盖养护，或者采取喷雾、涂刷养护剂等养护措施。应进行二次（或多次）抹面。首次抹面后，混凝土表面可能会再产生塑性裂缝，需要进行第二次或多次抹面，将裂缝抹掉，并立即覆盖。

浇筑和抹面之间应采取覆盖措施，工作面保持最小，以减少水分蒸发。可用塑料薄膜进行覆盖。这一期间是混凝土塑性收缩开裂的敏感期。对强度发展很快的混凝土，可以采取浇筑完毕后即进行覆盖的措施，以避免收面前即开始的开裂。也可采取喷洒减蒸剂等措施。

配合比方面，应采取降低用水量、降低胶凝材料总量等措施以减少混凝土收缩，或者掺加引气剂等措施以降低混凝土泌水、沉降的趋势。

③ 塑性收缩裂缝的处理　塑性收缩开裂初期裂缝的深度一般不大，应立即采取多次收面等措施并加强养护，避免其进一步发展成贯通裂缝。对已形成的裂缝可进行灌缝或表面封闭的处理。

（2）塑性沉降裂缝（塑性坍落裂缝）　混凝土浇筑成型尚未初凝期间，拌合物集料在重力作用下缓慢下沉，钢筋上面的混凝土受到钢筋支撑，使混凝土产生沿表层钢筋表面出现的顺筋裂缝（图 6-6）。这种塑性沉降裂缝常见于大流动性混凝土以及发生严重离析或泌水的混凝土，有些资料也称为塑性裂缝。这种裂缝的深度一般不会超过钢筋的保护层且不会影响构件受力，可以采取灌缝或表面封闭处理的措施。

① 塑性沉降裂缝原因分析

a. 混凝土坍落度过大，甚至离析、泌水。

b. 混凝土凝结时间过长，长期处于塑性状态，集料在重力作用下缓慢下沉。

c. 施工时振捣棒拖动混凝土或过振。

d. 模板松动，支架下沉或振捣时触碰钢筋。

② 塑性沉降裂缝预防措施

a. 控制混凝土坍落度在合适的范围内，确保配比用水量。

b. 根据施工进度及部位特点，控制混凝土的凝结时间。

c. 合理振捣，防止因振捣棒拖动混凝土造成表面大量浮浆，也不能触碰模板或钢筋。

d. 增加支护系统的稳定性。

（3）干燥收缩裂缝（干缩裂缝）　干缩裂缝多是因为混凝土养护不到位，养护时间不够

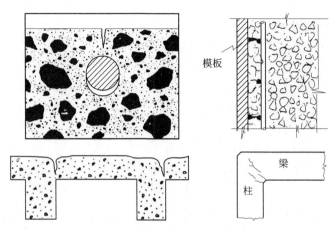

图 6-6　塑性沉降裂缝示意图

等造成混凝土干燥收缩值较大造成的。干燥收缩是指混凝土终凝后，混凝土水分蒸发而引起的变形。干缩变形的原因是由于饱和的水泥浆暴露于低湿度的环境中，水泥浆体中的水化硅酸钙（C-S-H）因毛细孔和凝胶孔中水分蒸发，而失去物理吸附水所导致的收缩应变。

① 影响混凝土干缩的因素　影响混凝土干缩的因素较多、较复杂，主要有集料的特性、混凝土配合比、养护条件与龄期等因素。

a. 集料　集料对混凝土干缩起抑制作用。抑制作用的大小取决于集料的刚性（弹性模量），采用高弹性模量的集料配制混凝土其干缩值会降低。

b. 配合比　水胶比、水泥用量与水化程度、集料体积含量（砂率）等都应在设计配合比时加以重视。水胶比越大干缩越大，集料体积含量越大，干缩越小。

c. 环境湿度　混凝土所处的环境湿度对干缩有显著的影响。相对湿度越大，干缩越小。相对湿度达到 100％时，混凝土不产生干缩。

d. 湿养护时间　延长湿养护时间，可推迟干缩的发生和发展。

e. 外加剂　外加剂中的 $CaCl_2$ 含量会增大混凝土的收缩。新型的聚羧酸系高性能减水剂可以大幅降低混凝土的收缩值。

f. 掺合料　粉煤灰、矿渣粉等可使混凝土中的孔细化的掺合料都会增加混凝土的干缩。

② 干缩裂缝预防措施

a. 设计　应设置构造钢筋，设置合理的伸缩缝和后浇带。

b. 施工　选择合理的养护方式非常重要，并且按标准要求保证养护时间，降低混凝土干燥速率，延缓表层水分损失。

c. 材料　通过优选原材料和优化配合比，减少混凝土收缩。如降低单方用水量，减少浆体体积，加大粗集料的最大粒径和集料含量；控制集料含泥量；采用补偿收缩混凝土，或外掺减缩剂等。

③ 干缩裂缝处理　混凝土硬化后，在表面积较大构件、形状突变部位、高度较大梁的腹部、门窗洞口角部、长度较大构件的中部和浇筑混凝土的施工缝等处出现的干缩裂缝，应在其稳定后采取封闭处理措施。

（4）表层龟裂　表层龟裂是指混凝土硬化过程中由于失水干燥引起的体积收缩变形，这种变形受到约束而产生的不规则龟纹状或放射状以及每隔一段出现的裂缝。

水化收缩是混凝土表层龟裂的主要因素，在高温、干燥条件下，更容易发生。

这种裂缝一般深度不大，可采取措施加强养护，避免其进一步发展，并进行灌缝或表面封闭的处理。

（5）自收缩引起的裂缝

① 混凝土自收缩　自收缩是水泥水化作用引起的收缩，并不属于干燥收缩。在已硬化的水泥浆体中，未水化的水泥继续水化是产生自收缩的主要原因。水化使孔隙尺寸减小并消耗水分，如无外界水分补给，就会引起毛细水负压使硬化水化产物受压产生体积变化即自收缩。自收缩主要发生在混凝土硬化的早期，一般认为混凝土在开始凝结后的几天或十几天内即可完成自收缩。水胶比越低，自收缩越大，掺加硅灰更能加大自收缩。据日本 Tazawa 的试验，$W/C=0.20$ 的加硅灰混凝土，自收缩量可超过 $600×10^{-6}$，而且二天即可达 $500×10^{-6}$。水胶比 0.35 左右的一般高强混凝土的早期自收缩约有 $200×10^{-6}$～$300×10^{-6}$，相当于温降 20～30℃。为了控制自收缩，需要在混凝土硬化一开始就加水养护[5]。

② 减少自收缩的措施[6]　自收缩是造成低水胶比高强混凝土开裂的重要原因之一。可采取下列措施以减少混凝土的自收缩。

a. 加强早期自养护　自养护指混凝土硬化过程中，某组分将其内部储存的水分供给未水化水泥颗粒或矿物掺合料，使混凝土继续水化硬化的作用。轻质多孔集料（陶粒等）、多孔活性掺合料（沸石粉等）和高吸水树脂等具有自养护作用，可以抑制混凝土的自收缩。

b. 使用粉煤灰等掺合料　用粉煤灰和石灰石粉替代部分水泥可明显降低自收缩，特别是早期的自收缩。

c. 使用减缩剂降低自收缩　减缩剂通过降低混凝土内部毛细孔的表面张力减小干缩和自收缩。

d. 使用膨胀剂　膨胀剂的膨胀作用可补偿混凝土体系产生的部分自收缩。

e. 加强早期养护措施　加强早期养护措施可以减小混凝土自收缩，应及时进行养护，减少水分散失。采用可带模供水养护的模板将有助于减少自收缩，如内衬憎水塑料绒的钢模板或透水模板。

（6）温度收缩裂缝（冷缩裂缝、温差裂缝、水化热裂缝）

温度收缩是指由于温度变化而产生的混凝土收缩变形。一般是由于温度下降所引起的体积收缩，当冷缩受到约束，收缩应力超过混凝土抗拉强度时，混凝土就会产生裂缝。

通常在大体积混凝土或高强度等级混凝土施工过程中，由于混凝土水化热积聚或水化热很高，致使混凝土内部温度与混凝土表面温度以及混凝土外部温度相差较大，在温差作用和约束的共同作用下产生温度收缩裂缝。

① 温度收缩机理　混凝土在热性能上呈现热胀冷缩的特性。混凝土温度应变决定于混凝土的热膨胀系数与温度高低变化的程度。大体积混凝土中，由于水泥水化放热，散热条件较差，混凝土在浇筑后的 1～3d 内，内部温度会因水化热而大幅度升高，一般 3d 后才以散热为主，混凝土温度逐渐降低至环境温度。降温过程中混凝土会产生温度收缩应变，如果此时的混凝土抗拉强度低于收缩应变产生的应力，混凝土就会开裂。一般的大体积混凝土温升可到 25～35℃范围，甚至更高，因此必须采取技术措施控制温升所带来的温度收缩变形。

② 技术措施

a. 水泥的品种和水泥用量都直接影响水泥水化热。优先选用低热水泥。

b. 按照大体积混凝土配合比设计，尽可能降低水泥用量，降低胶材总量，掺加粉煤灰、矿渣粉等优质掺合料。

c. 混凝土强度宜按 60d 或 90d 进行验收，以大幅度降低水泥用量。

d. 应选择热膨胀系数低的集料，以降低混凝土的热膨胀系数。石灰岩是热膨胀系数较低的集料，其次为玄武岩、辉石岩、花岗岩、辉绿岩、砾石、石英岩等。

e. 应采取合理的温控措施及养护措施。根据混凝土配合比热工计算结果，选择合理的测温点，制定针对性的养护方案，并根据温度监测结果，及时采取相应措施，确保温度梯度不超过规范要求。

③ 温度裂缝处理措施　对混凝土硬化过程中因水化热造成的表面与内部的温差裂缝，应待其稳定后向裂缝内灌注胶黏剂封闭。当构件有防水要求时，应检查灌胶后的渗漏情况，或在构件表面增设弹性防水涂层。

对于有热源影响的混凝土构件上的温差裂缝，应在对造成温度变化的原因采取治理措施后，对构件温差裂缝进行处理。

（7）碳化收缩变形　碳化收缩是指大气中的 CO_2 对混凝土产生碳化作用而引起的混凝土收缩变形。碳化收缩往往与干缩相伴发生，但却不同于干缩。碳化收缩变形不可逆。

湿度较高时，混凝土的孔隙中大部分被水充满，CO_2 难以扩散进入混凝土，因此碳化作用难以进行。相对湿度过低（25%左右）时，空隙中没有足够的水使 CO_2 生产碳酸，碳化作用也难以进行。只有在相对湿度适中（50%左右）时，碳化速率最高，混凝土的碳化收缩也最大。

CO_2 浓度较高时，混凝土的碳化速度加快。CO_2 浓度较高的环境有汽车厂、停车库、公路路面、会堂等，对碳化收缩变形应引起重视。

2. 膨胀裂缝

（1）冻胀裂缝　冻胀裂缝是指寒冷地区因混凝土受潮而遭多次冻融或土体冻胀导致混凝土出现的裂缝。

冻胀裂缝可在消除造成冻胀裂缝的因素后，进行构件加固或补强措施。

（2）因膨胀剂使用不当引起的膨胀裂缝　膨胀剂可在混凝土中产生适量膨胀来抵抗干缩和冷缩，改善混凝土的孔结构，以避免或减少裂缝的危害。但不同品种的膨胀剂某一系列配合比有一个合理的掺量范围。掺量过大造成膨胀应力过大，反而会破坏混凝土内部结构，造成开裂。因此必须通过试验确定合理的掺量值。

（3）因胶凝材料安定性引发的膨胀性裂缝　一般认为，胶凝材料的游离氧化物（CaO、MgO）会造成混凝土的裂缝，可以通过对胶凝材料安定性的试验判断裂缝原因。

安定性引发的膨胀性裂缝一般是从内至外开裂的，不是由表及里的开裂，往往很难处理。应采取预防措施避免此种裂缝的出现，一旦出现可按《建筑工程裂缝防治技术规程》（JGJ/T 317—2014）附录 H 的方法进行裂缝处理，也可采取局部剔凿修补的处理措施。

3. 其他类型的裂缝

（1）钢筋锈蚀裂缝　钢筋锈蚀裂缝是指因钢筋保护不当产生锈蚀，钢筋锈蚀产生的膨胀可使混凝土产生顺着钢筋发展的裂缝。严重时出现大面积剥落，影响混凝土的结构安全及耐久性。

裂缝是钢筋锈蚀的诱因之一，前期裂缝让空气和水分进入，钢筋锈蚀、膨胀，导致混凝土开裂，进一步加速了钢筋锈蚀。

（2）碱集料反应裂缝　碱集料反应裂缝是指混凝土发生碱集料反应使体积膨胀而产生的膨胀性酥松状裂缝。

（3）荷载裂缝　荷载裂缝是指混凝土在使用过程中，其结构物因外部荷载作用而产生的裂缝。多数情况是拆模过早或加荷过早，混凝土构件由于承载力不足或抗裂能力不足而产生开裂。这些裂缝的特征一般是贯通的顺筋长裂缝，甚至会达到构件长度。

吊放材料时不得集中，应分散进行吊放。必须等混凝土强度达到 1.2MPa 以后，方准在上面进行操作及安装立杆，立杆和钢管的下部应垫好竹胶板（测量放线人员除外，放线完成后，安排专人及时进行混凝土的养护）。为防止现浇板受集中荷载过早而产生变形裂纹，钢筋焊接用的电焊机、钢筋不得直接放在现浇板上；外墙外挂架在墙体混凝土达到 7.5MPa 后（现场可按混凝土浇筑后 24h）方可提升。

对使用阶段出现的受力裂缝，应根据裂缝形态做出判断，并进行构件承载力及正常使用极限状态的验算。当不满足设计要求时，应采取加固处理措施。

（4）弹性变形裂缝　弹性变形是指外界对混凝土施加荷载后，混凝土中由于存在应力而产生的变形。一般认为混凝土的极限压应变是个常数（0.0033），所以弹性模量越大，混凝土抗压强度也就越大。混凝土弹性模量越大，受弯构件的刚度也越大，构件产生的挠度也越小。弹性模量增大混凝土的脆性也加大，徐变减小，松弛应力的作用减弱，混凝土内部的应力得不到释放，结构间变形不一致，混凝土结构有可能产生裂缝。

（5）徐变导致的裂缝　在持续应力作用下，混凝土随时间延长而逐渐增大的变形，称为混凝土的徐变。徐变会在预应力混凝土结构中带来预应力损失，会加速达到混凝土极限应变。徐变随着时间的推移而不断增大变形，对结构的稳定性会带来影响，特别是在超静定结构中，徐变会引起不均匀沉降以及由于收缩引气结构产生的倾角，会使大型设备的基础或基座倾斜，使机器也沿竖轴倾斜。在特高层建筑中的不均匀徐变，可以引起隔墙的位移或开裂，也会对梁板结构产生影响。

大体积混凝土中，徐变也是使混凝土产生裂缝的一个原因。徐变在混凝土快速升温时，可以松弛所产生的压应力，随后降温时，压应力会逐渐消失，进一步降温，由于徐变速率已随龄期而减小，当混凝土降至略高于混凝土浇筑温度时，就会产生拉应力，从而导致混凝土裂缝的产生。

（6）地基沉陷裂缝　地基沉陷裂缝是指当地基处理不满足规范要求时，特别是在严重的湿陷性黄土、冻胀土、膨胀土、盐渍土、软弱土等不良场地，因地基沉陷而产生的裂缝。

由于沉降差、倾斜（局部倾斜）导致的地基不均匀变形可造成基础、首层及地下结构、围护结构、给水排水措施等出现裂缝。其预防措施主要靠设计和施工共同努力完成。

（7）应力集中裂缝　应力集中裂缝是指因应力集中，混凝土结构在门窗洞口、平面或立面突出凹进部位以及开结构洞口和结构刚度突变及集中荷载等处产生的裂缝。

（三）裂缝的预防

混凝土裂缝重在预防，应采取预防为主的原则。设计、混凝土材料和施工都可能成为结构开裂的原因。混凝土裂缝的预防需要相关各方的相互支持与协调，通过优化设计、控制材料质量和使用、加强施工措施、加强保养和维护、采取有效管理等措施，防止裂缝的产生或将裂缝控制在一定限度内。

1. 设计

设计（表 6-6）是裂缝控制最关键的一环。欧洲有所谓五倍定律：设计多花的费用为 1，施工后处理的费用为 5，出现问题马上处理 25，问题严重了再处理 125。

表 6-6　结构构件的受力裂缝宽度及混凝土拉应力限值

耐久性环境类别	钢筋混凝土结构		预应力混凝土结构	
	裂缝控制等级	w_{lim}(mm)	裂缝控制等级	w_{lim}(mm)或拉应力限值
一	三级	0.30(0.40)	三级	0.20
二、三		0.20		0.10

注：预应力混凝土结构一级和二级不允许出现裂缝。

设计应结合建筑工程的特点采取下列预防措施：

① 降　采取降低荷载作用和间接作用的措施。主要指间接作用，也包括直接作用，如

屋面积水、积雪、积灰等。

② 放 使直接作用或间接作用效应得到释放的措施。

③ 限 提出建筑材料和构配件的体积稳定性和变形能力的要求。

④ 抗 提高建筑构配件抗裂能力的措施。

对混凝土结构的裂缝控制设计应满足《建筑工程裂缝防治技术规程》（JGJ/T 317—2014）"5 混凝土结构裂缝控制"中"5.2 设计"一节的要求。

2. 混凝土材料

（1）原材料 混凝土原材料质量和性能是决定混凝土性能的重要因素。使用合格的原材料是混凝土防裂最基本的要求，未对混凝土原材料进行及时检验，而使用了不合格原材料，是造成混凝土工程施工质量和裂缝问题的主要原因之一。

（2）配合比设计 按设计规定的混凝土强度、抗渗等级和抗冻等级等，以及施工要求的和易性、收缩速率和原材料实际性能指标，进行配合比设计。对抗裂要求较高的混凝土，可使粗集料的紧密堆积密度达到最大时进行混凝土配合比抗裂优化设计。

① 配合比宜进行同条件养护试验 标准养护试件所反映的混凝土基本性能，尤其是与龄期相关的时随性能，与结构混凝土有较大的差异；混凝土的时随性能与养护方法有密切的关系。标准养护条件下混凝土的收缩量与现场养护条件下的收缩量有明显的差别。标准养护条件下的抗裂试件基本上不会开裂，而现场养护条件下的情况却大不相同。这些都是容易引起争议的问题，因此最好采用与施工现场施工养护条件接近的同条件养护试件，才能比较接近实际情况；有些微膨胀外加剂要浸没在水中养护才能使混凝土产生微膨胀效果。而施工现场一般并不具备水中养护的条件，即使浸水养护，由于构件尺寸比试件尺寸大，比表面积的差异使水中养护构件的效果也会比试件差。因此，试验试件的养护条件必须起到真实模拟的效果。

同条件试验项目主要有混凝土立方体抗压强度、混凝土收缩率和收缩速率、混凝土抗裂性能、混凝土微膨胀性能等。

② 板类构件的混凝土宜进行平板抗裂试验 对板类构件的混凝土，在配合比设计时要进行平板抗裂试验，并通过试验结果优化配合比。

③ 对大体积混凝土应采取控制水化热的措施 对混凝土的水化热释放和体积稳定性进行控制，是避免大体积混凝土出现裂缝的有效措施。当混凝土掺入粉煤灰或缓凝剂之后，水泥的水化速度受到抑制，水化热释放延缓，对防裂有利，但混凝土强度增长的速度减缓。因此可以根据施工的进度，在保障安全的前提下，适当延长混凝土强度达到规定值的强度试验龄期。例如高层混凝土结构底层的柱和墙，大体积的基础底板等，真正需要结构承载，混凝土达到设计要求的强度，一般要在1～2年之后。适当延缓其强度增长的速度有利于结构的抗裂，而且不会影响结构的安全。

a. 宜采用低热水泥。

b. 可按设计允许的延迟龄期要求使用粉煤灰和缓凝剂，调节胶凝材料水化速度。

c. 在混凝土拌合物的运输与浇筑过程中，应进行温度控制。

d. 控制混凝土拌合物的入模温度。

3. 施工

混凝土的施工质量对控制裂缝有重大影响，按照设计要求和国家规范进行施工质量控制是对施工企业的基本要求，应严格按照规范进行混凝土的浇筑、振捣、压面、养护和拆模等工序。应针对板类、长墙、大体积等容易开裂的混凝土采取专门的施工预防措施。

（1）板类构件 造成板类构件的混凝土开裂的原因主要为混凝土的收缩，尤其是因表面失水造成的塑性收缩，也有水化收缩和沉降等原因。

① 养护对板类混凝土的塑性收缩裂缝起到关键的作用，覆盖养护是最好的方法，应尽早进行覆盖。最好采用边浇筑边覆盖的措施。抹面时揭开覆盖物，抹面后立即进行覆盖。

② 楼板混凝土初凝前，可采用平板振动器进行二次振捣。二次振捣可以减小水化收缩的不利影响，消除表面水化收缩和沉降裂缝。

③ 应对混凝土表面进行多次抹压，抹掉早期出现的裂纹。表面抹压可阻断混凝土表层的毛细孔，减少混凝土表层水分蒸发的速度。

④ 也可以采取喷雾养护、涂刷养护剂等方法。对掺加粉煤灰、缓凝剂的混凝土应增加养护时间。

（2）大体积混凝土　大体积混凝土的开裂主要是因水化热造成的温差裂缝。

大体积混凝土宜采用分片浇筑、分层浇筑或分段浇筑的施工措施。跳仓施工和分层施工主要针对厚度较大基础和板类构件，分层施工和分段施工主要针对厚度较大的墙类构件。

大体积混凝土浇筑后，宜进行内外温差和环境温差的检测。分片、分层或分段浇筑的最小块材尺寸及时间间隔，宜以混凝土内外温差不大于 25℃、表面与大气温差不大于 20℃ 为控制目标。当通过分片、分段或分段界面处的钢筋较少时，应增设通过界面表层的连接钢筋。

跳仓法施工或分段浇筑的构件，宜经 7d 以上养护后，再将各段连成整体，其跳仓接缝应按施工缝要求处理。

早期养护用冷水直接冲淋混凝土表面以及当环境温度较低时浇筑混凝土，都会产生表层混凝土温度梯度过大，引发表层开裂。表层开裂后，裂缝会向内部发展，因此应采取防止混凝土表面温度快速降低的技术措施。

（3）强约束的长墙　长墙混凝土两面散热，应采取有效措施控制内外温差不大于 25℃。墙体混凝土要通过优化配合比控制混凝土的水化热、收缩。

关于长墙混凝土的裂缝控制预防，详见本书"第七章 特殊过程及特种混凝土质量控制"中第四节"超长墙体混凝土质量控制"。

三、强度达不到设计要求

强度达不到要求的情况是指混凝土试件或混凝土结构实体回弹、取芯的强度达不到设计要求，影响混凝土结构的承载力。

（一）混凝土试块强度达不到设计要求

在浇筑现场成型的混凝土强度试件其强度受多方面因素影响，可以概括为以下几个方面。

1. 取样代表性差

尽管混凝土搅拌罐在运输过程中一直在转动，但混凝土搅拌车经过长距离运输，势必造成混凝土一定程度的分层现象，这种分层现象取决于搅拌罐的转速、搅拌罐内搅拌叶片高度、混凝土坍落度、黏聚性、粗集料粒径等因素，在搅拌罐转速快、混凝土坍落度小、混凝土黏聚性强、粗集料粒径小等情况下，混凝土的分层相对较小，反之混凝土分层较大。因此，为了保证混凝土试样的代表性，在《预拌混凝土》（GB/T 14902—2012）中 9.3.1 中规定："交货检验试样应随机从同一运转车卸料量的 1/4～3/4 之间抽取。"但实际执行情况却很不理想，多数情况下是混凝土搅拌罐开始卸料时即取样，取出的试样代表性差；其次，混凝土现场等待时间较长，浇筑时现场加水或外加剂进行调整，调整后搅拌不匀，而取样人员不了解调整情况即取样；另外还有的取样人员为了节省工作量或者避免取样量多造成后期处理带来的麻烦，取样量不满足《普通混凝土拌合物性能试验方法标准》（GB T 50080—2002）中"取样量应多于试验所需量的 1.5 倍，且宜不小于 20L"的规定，试样的代表性受到很大影响。

2. 试模质量差

目前市场上混凝土试验工具、仪器、设备等质量参差不齐，质量差的试模造成试件的质量不能满足使用要求。有的铁质试模使用时间过长变形严重，造成混凝土试件受压面不平，严重影响混凝土试件强度；塑料试模经一段时间使用后破损严重，影响试件的外观尺寸等，从而影响强度。

3. 试件涂刷过多脱模剂

涂刷过多脱模剂从两个方面影响混凝土试件强度，其一是振捣过程中脱模剂从混凝土表面冒出，脱模剂在混凝土内部形成一个上浮通道，降低浆体与集料之间的黏结强度，从而降低混凝土强度；其次是过多的脱模剂造成混凝土试件底部 1～2cm 被脱模剂浸渍，不但使这一部分混凝土强度降低，同时在试压时也会因环箍效应而降低混凝土试件强度。

4. 小推车取样后将样品长距离运输

混凝土现场取样后推到试件制作间进行试件制作时，混凝土经长距离运输，会因颠簸振动造成严重离析，到达试件制作地后，在小推车内难以用锹、铲等工具将混凝土翻拌均匀，这时如果直接从小车里取混凝土制作试件，其强度不能代表混凝土实际强度。建议将小推车里的混凝土翻拌均匀，或者放到不吸水的成型面上翻拌，彻底拌匀后再制作试件。

5. 现场制作完毕后立即进行长距离运输

有的工地在浇筑现场制作完试件，然后用小车推到试验室静置，这会造成试模内的混凝土在运输过程中因颠簸而被过振，造成严重离析，混凝土匀质性大大减低，从而降低混凝土试件强度。建议在专门的试件制作间制作试件。

6. 拆模过早

混凝土未达到拆模强度即拆模，此时试件的强度很低，在拆模过程、搬运过程和运输过程中易造成试件表面破损、掉角或者内部微损伤，从而影响混凝土后期强度。

北方地区春夏和秋冬季节交替时期，天气转暖后供暖刚刚停止或者天气刚刚转凉后供暖还未开始，此时昼夜温差较大，夜间温度一般不足 10℃，如果制作好的试件预养阶段处在很低的温度下，强度增长非常缓慢，虽然经过一天左右的试件，其成熟度可能还不到标养的半天，这时混凝土试件虽然凝结了，但强度很低，低强度等级混凝土也就是 1～2MPa，如果此时拆模，混凝土试件容易受到损害。同时，有的试验人员拆模时喜欢用力摔打试模，以便把试模上的混凝土摔掉，也容易造成试件的损伤，试件缺棱掉角是可见的，内部的微裂缝是看不到的，但对混凝土试件强度的影响确实很大。建议按照标准要求在试件制作室配备调温设备，保证带模养护温度在室温（20℃±5℃），带模养护时间为 1～2 昼夜。

7. 试件制作、脱模、养护等整个过程的环境温湿度

环境温湿度对水泥水化有直接影响，不满足标准要求的环境条件会对试件的强度带来不同程度的影响。建议试件成型后应立即用不透水的薄膜覆盖表面，并在温度为 20℃±5℃ 的环境中静置至脱模。脱模后应立即放入温度为 20℃±2℃，相对湿度为 95% 以上的标准养护室中养护，或在温度为 20℃±2℃ 的不流动的 $Ca(OH)_2$ 饱和溶液中养护。

8. 试验条件

混凝土试件试压过程加荷速度、抗压试验机在某一区段的工作状态等也对混凝土试件强度产生一定的影响。

　　压力机的性能如最大承载能力、刚度、加压板、球座等也会对混凝土强度结果有一定的影响。对于高强度等级混凝土（如 C50 及以上）使用标准尺寸试件制作时，其压力值很大，应选择最大承载能力较大的压力机，保证最大压力值在 20％～80％范围内。

（二）混凝土实体强度检测结果达不到设计要求

1. 回弹推断强度达不到设计要求

　　通过回弹检测结构实体混凝土强度，是一种既简便又实用的无损检测方法，也是在进行结构实体检测过程中使用频率最高的简便方法，其检测误差一般在 15％左右，可以在一定程度上作为混凝土结构实体强度的参考值。

　　回弹法检测实体混凝土强度，是通过混凝土表面硬度间接反映混凝土内部强度的方法，其关键在于混凝土表面硬度。影响混凝土回弹强度的因素有以下几方面。

　　（1）表面平整度　如果混凝土表面不平整，由于回弹仪冲击头接触混凝土表面时有一定的夹角，回弹值会有所降低。

　　（2）混凝土表面的密实度差　如果混凝土表面有气泡等，回弹仪冲击头接触混凝土的面积减少，回弹值降低；有时混凝土表面气泡少，有一层薄薄的浆，浆层下面有许多气泡排不出，回弹值也低。

　　混凝土浇筑时未严格分层，过振或欠振，导致一次浇筑的混凝土结构回弹强度存在很大差异。

　　（3）内外强度不一致

　　① 混凝土表面与内部强度是否一致，首先取决于混凝土结构的养护情况。由于成本、工期及质量意识等方面的原因，很多混凝土结构几乎不采取任何养护措施，特别是剪力墙等竖向结构更加严重，这种情况下混凝土表面由于失水严重，拆模后表面水泥基本不再水化，表面强度很低，混凝土表面与内部强度存在很大差异。

　　② 采用粉煤灰和矿渣粉双掺技术大大地降低了水泥用量，同时水泥中的熟料量也因水泥厂超量使用混合材而低于标准规定的范围，水泥熟料量很低，造成表面实测碳化值很大，影响推断强度。在没有充分养护的情况下，矿物掺合料除了具有一定的物理填充作用外，火山灰效应很难充分发挥。大量使用掺合料的混凝土只要坍落度稍大，在浇筑过程中就很容易出现表面浮浆层，造成粉尘化，严重影响混凝土匀质性，同时在竖向结构模板内侧形成富浆层，富集大量粉煤灰和矿渣粉，表面混凝土的密实度和强度与内部差别较大。

　　③ 竖向结构拆模较早，养护不到位，面层混凝土中水泥因长期处在干燥状态而近于停止水化，致使 $Ca(OH)_2$ 浓度更低，面层混凝土的密实度更差，混凝土碳化速度更快，对混凝土耐久性非常不利。作者曾经遇到过这样一个问题：C40 墙体混凝土，矿粉取代水泥25％，Ⅱ级粉煤灰取代水泥 15％，28d 回弹值很低，推断强度只有 C30 左右，表面碳化很严重，一般在 1.5～2.5mm 之间，严重的高达 4mm，而取芯检测混凝土强度很高，芯样强度值在 47～62MPa 之间，表面回弹强度只有内部强度的 50％左右。

2. 取芯强度达不到设计要求

　　钻芯法检测混凝土抗压强度具有直观、可靠、精度高等特点，钻芯结果可信度高、争议小。但钻芯会对结构造成局部损伤，因而对于钻芯位置的选择及钻芯数量等均受到一定限制，它所代表的区域也是有限的；钻芯机及芯样加工配套机具与非破损测试仪器相比，比较笨重，移动不方便，测试成本较高；钻芯后的孔洞需要修补，尤其当钻断钢筋时更增加了修补工作的困难；对芯样试件的加工要求高，芯样加工质量不一，会造成 5～10MPa 的强度差异。

（三）处理措施

通常情况下，混凝土试件强度达不到设计要求时，需要进行回弹或取芯检测。回弹强度达不到要求时，需要进一步进行取芯检测。如果芯样强度仍达不到设计要求，应按本章第一节规定的"结构验收不合格处理方式"进行处理。

参 考 文 献

[1] 吴中伟.必须重视混凝土碱-集料反应的预防和研究.混凝土，1990.10.

[2] 王玲，田培，姚燕，等.西直门旧桥混凝土破坏原因分析.水泥基复合材料科学与技术.

[3] 吴中伟.混凝土碱-集料反应（AAR）研究中的问题与改进意见.中国建材科技，1992.5.

[4] 孙振平.高性能混凝土与高性能减水剂若干问题的探讨.混凝土世界，2015，10.

[5] 陈肇元，等.钢筋混凝土裂缝机理与控制措施.工程力学，2006，23（增刊Ⅰ）：86～107.

[6] 姚燕.高性能混凝土的体积变形及裂缝控制.北京：中国建筑工业出版社，2011.

第七章

特殊过程及特种混凝土质量控制

特殊过程及特种混凝土质量控制主要包括冬期施工质量控制、大体积混凝土质量控制、超长墙体质量控制、高层泵送混凝土质量、高强混凝土质量控制、自密实混凝土质量控制、耐热混凝土质量控制、透水混凝土质量控制等。本章主要介绍这些特殊过程或特殊混凝土质量控制需注意的问题及质量控制要点。前面章节介绍的常规质量控制手段是这些特殊过程质量控制的基础。

第一节　冬期施工质量控制

新浇筑的混凝土如果受冻，混凝土中的游离水分结冰后体积增大约 9%，使混凝土内部产生微裂缝、孔隙等缺陷，从而严重影响了混凝土的质量。混凝土初期受冻后再置于常温下养护，其强度虽仍能增长，但强度损失非常大，已不能恢复到未遭冻害前的水平，而且遭冻愈早，后期强度的恢复就愈困难。同时内部缺陷对混凝土的抗渗性能、抗冻性能等影响更大。掺入防冻剂后，混凝土液相拌合水的冰点降低，结冰时的冰晶形态发生畸变，对混凝土产生的冻胀破坏力减弱，可以结合不同的冬期施工方法灵活使用各种规格的防冻剂，以保证冬期混凝土的质量。

作者在长期的冬期混凝土供应过程中，发现仍有许多工地对冬期施工认识不全面，甚至不正确，并引起了许多不应该发生的混凝土质量问题或事故，造成了不必要的损失，因此有必要对冬期施工进行专项论述，以期指导冬期混凝土的质量控制和施工。本节内容主要涉及冬期施工的期限划分、施工措施、职责划定、常见问题、质量控制重点、热工计算等。

一、预拌混凝土早期冻结破坏机理

环境温度低时，水泥的水化反应变慢，混凝土强度的增长缓慢。试验表明，温度每降低 1℃水泥的水化作用降低约 5%～7%，在 1～0℃ 范围内水泥的水化活性急剧降低，水化作用缓慢；当温度低于 0℃ 的某个范围时，自由水将开始结冰，低于 -5℃ 时水泥水化几乎停止；温度达到 -15℃ 左右时，游离水几乎全部冻结成冰，致使水泥的水化和硬化完全停止[1]。

混凝土中水结冰体积膨胀是混凝土早期冻结引起结构受损的根本原因。当水转化为固态的冰时，其体积约增大 9%，使混凝土产生内应力，破坏内部凝聚结构，集料与水泥浆之间的界面受损，黏结强度降低，内部出现微裂纹，混凝土的抗冻性、抗渗性、与钢筋的黏结性都有所降低,造成不可逆的结构损伤。新浇筑的混凝土过早遭受冻结将大大降低极限强度,强度损失率可能达到设计强度等级的 50%,甚至引起整体结构破坏;但当混凝土达到临界强度后遭受冻结,混凝土的极限强度损失较小,也不会发生整体结构破坏。因此必须采取养护措施使混凝土到达受冻临界强度方可拆模。

混凝土浇筑成型后得到很好的正温养护,使得混凝土在正温下开始水化,水化速率会较快,结合水增加很快,水化过程是孔的细化过程,随着水化的进行,结合水、吸附水和细孔水增多,不冻的水量增大。当水泥水化到一定程度,混凝土在一定负温下冻结时,含冰量显著降低,因而冻结破坏的动力也大大减弱,而混凝土此时也形成较强的结构,表现出来的不可恢复的膨胀值就很微小,此时混凝土的结构可认为不受损伤。因此早期的正温养护非常重要。

二、冬期施工的期限划分

我国的气候属于大陆性季风性气候,在秋末初冬和冬末初春这两个季节交替时节,常有寒流突袭,造成气温骤降 5~10℃,气温会骤降至 0℃ 以下。因此为了防止气温骤降造成新浇筑的混凝土发生冻伤,笔者建议当气温低于 0℃ 或预计将低于 0℃ 时,应按冬期施工要求采取应急防护措施,以防止混凝土遭受冻害。临近冬施期间预拌混凝土企业应当密切关注气象变化,指定专人负责室外气温的测温工作,同时提前做好混凝土防冻预案,以便气温发生骤降致使最低温度低于 0℃ 时立即启动应急预案。

由于我国地域辽阔,从南到北四季气温差别很大(表 7-1),因此冬期施工不同于冬季施工。我国气候、温度变化规律及防冻措施:长江以北到黄河以南,气温虽然可以降至 5℃ 以下但基本上在 0℃ 上,冬季施工只要加早强剂即可以保证质量了;黄河以北,气温会在 0℃ 以下数月,冬季施工需要使用防冻剂;华北西北地区,最低气温在 −10℃ 以上的地区,使用早强型的防冻剂;东北地区、内蒙古、新疆,冬季气温经常在 −10℃ 以下,冬季施工的混凝土必须使用防冻型的防冻剂。

表 7-1　寒冷地区、温和地区划分参考表　　　　　　　　　　　℃

分区	区别划分标准	年平均气温	最冷月平均气温	最高月平均温度	典型地区
温和地区	温和区	15~19	3~8	24~30	贵州、四川、桂北、闽北、浙北、江西、湖南、湖北、陕南、皖南
	温冷区	12.5~15	−3~3	24~30	江苏、河南、皖中北、鲁中南、关中、山西、冀南
寒冷地区	寒冷区	8~12.5	−10~−3	<24	河北、山东、山西、陕西、甘肃、宁夏、新疆等部分地区
	严寒区	2~8	−25~−10	<24	冀北、晋北、陕北、宁夏、甘北、新疆、内蒙古、黑龙江、吉林、辽宁

《建筑工程冬期施工规程》(JGJ/T 104—2011)规定:"根据当地多年气象资料统计,当室外日平均气温连续 5d 稳定低于 5℃ 即进入冬期施工;当室外日平均气温连续 5d 高于 5℃ 时解除冬期施工。"按照这一规定,对冬期施工的划分原则可以从以下两个方面理解。

1. 从统计概念上理解

由于采取冬期施工措施涉及到各环节取费问题,各地区对进入冬期施工的期限界定存在较大差异,但基本以气象统计资料情况确定具体日期,比如北京地区一般规定每年的 11 月 15 日进入冬期施工,次年的 3 月 15 日解除冬期施工。由于这种规定是基于统计资料确定的,那么具体到某一年在规定的具体日期是否室外日平均气温已连续 5d 稳定低于 5℃,那要看当年的气象情况,但仍然依据规定日期进入冬期施工。

根据中央气象台 1951～1980 年间的统计资料，全国部分城市日平均气温稳定低于 5℃ 的初终日期如表 7-2 所示。

表 7-2   全国部分城市日平均气温稳定低于 5℃ 的初终日期

城市名称	初终日期	天数	城市名称	初终日期	天数
海拉尔	25/9～11/5	228	哈密	25/10～25/3	150
哈尔滨	13/10～23/4	192	敦煌	26/10～22/3	147
牡丹江	13/10～22/4	191	上海	11/12～5/3	84
沈阳	25/10～6/4	163	武汉	5/12～2/3	87
丹东	6/11～6/4	151	汉中	27/11～2/3	95
呼和浩特	15/10～17/4	164	南昌	22/12～27/2	67
兰州	26/10～23/3	148	桂林	6/1～8/2	53
乌鲁木齐	12/10～11/4	181	重庆	13/1～25/1	12
北京	12/11～22/3	130	成都	31/12～1/1	1
济南	18/11～18/3	120	贵阳	11/12～28/2	79
锡林浩特	2/10～2/5	213	昆明	21/1～2/2	12
青岛	18/11～27/3	129	康定	19/10～13/4	176
银川	29/10～27/3	149	昌都	30/10～29/3	150
徐州	22/11～16/3	114	黑河	11/9～9/6	276
酒泉	19/10～11/4	174	拉萨	28/10～28/3	151
西安	18/11～9/3	111	格尔木	10/10～22/4	194
太原	1/11～26/3	145			

2. 从实测气温理解

某一个地区、某一个系统、某一个单位或某一个企业可以根据当年的室外日平均气温实测结果确定具体进入冬期施工的日期。这一日期可能与当地规定的进入冬期施工的日期相同，也可能提前或推迟一段时间，这种方法更具体，更准确。如果预拌混凝土企业因冬施起始与结束日期与施工企业发生纠纷，可根据当地气象部门出具的当年实测平均气温资料最终确定冬施期限。

三、冬期施工方法

冬期施工方法的不同决定了所采用措施的不同，因此为了保证冬期施工的顺利进行，首先应明确采用何种施工方法，并根据《建筑工程冬期施工规程》（JGJ/T 104—2011）中的规定，采取相应的措施。为了便于理解和选用不同的冬期施工方法，用表 7-3 对不同的施工方法进行对比说明。

表 7-3   冬期施工方法对比

施工方法	定义	要点	规定温度	受冻临界强度
蓄热法	混凝土浇筑后，利用原材料加热以及水泥水化放热，并采取适当保温措施延缓混凝土冷却，在混凝土温度降到 0℃ 以前达到临界强度的施工方法	1. 混凝土具有一定的初始温度； 2. 具有满足要求的水泥用量可以利用水泥水化热； 3. 适当保温	0℃	1. ≥设计强度等级的 30%（采用硅酸盐、普通硅酸盐水泥时）； 2. ≥设计强度等级的 40%（采用矿渣、粉煤灰、火山灰、复合硅酸盐水泥时）
综合蓄热法	掺早强剂或早强型复合外加剂的混凝土浇筑后，利用原材料加热以及水泥水化放热，并采取适当保温措施延缓混凝土冷却，在混凝土温度降到 0℃ 以前达到受冻临界强度的施工方法	1. 掺加早强剂或早强型复合外加剂； 2. 混凝土具有一定的初始温度； 3. 具有满足要求的水泥用量可以利用水泥水化热； 4. 适当保温	0℃	1. ≥4.0MPa（室外气温不低于 -15℃）； 2. ≥5.0MPa（室外气温不低于 -30℃）

施工方法	定义	要点	规定温度	受冻临界强度
电加热法	冬期浇筑的混凝土利用电能加热的养护方法	利用电能对浇筑后的混凝土加热	无规定	≥设计强度等级的50%
电极加热法	用钢筋作电极,利用电流通过混凝土所产生的热量对混凝土进行养护的施工方法	利用电能对浇筑后的混凝土加热	无规定	≥设计强度等级的50%
电热毯法	混凝土浇筑后,在混凝土表面或模板外覆盖柔性电热毯,通电加热养护混凝土的施工方法	利用电能对浇筑后的混凝土加热	无规定	≥设计强度等级的50%
工频涡流法	利用安装在钢模板外侧的钢管,内穿导线,通以交流电后产生电流,加热钢模板对混凝土进行加热养护的施工方法	利用电能对浇筑后的混凝土加热	无规定	≥设计强度等级的50%
线圈感应加热法	利用缠绕在构建模板外侧的绝缘导线线圈,通以交流电后在钢模板和混凝土内的钢筋中产生电磁感应发热,对混凝土进行加热养护的施工方法	利用电能对浇筑后的混凝土加热	无规定	≥设计强度等级的50%
暖棚法	将混凝土构件置于搭设的棚中,内部设置散热器、排管、电热器或火炉等加热棚内空气,使混凝土处于正温环境下养护的施工方法	1. 浇筑后的混凝土处于正温环境; 2. 暖棚内温度不低于5℃	无规定	1.≥设计强度等级的30%（采用硅酸盐、普通硅酸盐水泥时）; 2.≥设计强度等级的40%（采用矿渣、粉煤灰、火山灰、复合硅酸盐水泥时）
负温养护法	在混凝土中掺入防冻剂,使其在负温条件下能够不断硬化,在混凝土温度降到防冻剂规定温度前达到受冻临界强度的施工方法	1. 掺入防冻剂; 2. 仅适用于不易加热保温且对混凝土强度增长要求不高的一般混凝土结构工程	防冻剂规定温度	1.≥4.0MPa（室外气温不低于−15℃）; 2.≥5.0MPa（室外气温不低于−30℃）
硫铝酸盐水泥混凝土负温施工法	冬期条件下采用快硬硫铝酸盐水泥且掺入亚硝酸钠等外加剂配制混凝土,并采取适当保温措施的负温施工方法	1. 采用硫铝酸盐水泥; 2. 掺入亚硝酸钠等外加剂; 3. 适当保温	不低于−25℃	无规定

注：1. 不管采用何种施工方法,当混凝土设计强度等级≥C50时,混凝土受冻临界强度不宜小于设计强度等级的30%;

2. 抗渗混凝土,混凝土受冻临界强度不宜小于设计强度等级的50%;

3. 有耐久性要求的混凝土,混凝土受冻临界强度不宜小于设计强度等级的70%;

4. 当采用暖棚法施工的混凝土中掺入早强剂时,可按照综合蓄热法控制受冻临界强度;

5. 当施工需要提高混凝土强度等级时,应当按照提高后的强度等级确定受冻临界强度。

1. 冬期施工养护方法选择

冬施期间，应根据气温条件、结构形式、进度计划等因素选择适宜的养护方法，这样既能保证混凝土工程质量，也会有效降低工程造价，提高建设效率。

① 当室外最低气温不低于−15℃时，对地面以下的工程或表面系数不大于 $5m^{-1}$ 的结构，宜采用蓄热法养护，并应对结构易受冻部位加强保温措施。

② 对表面系数为 $5\sim15m^{-1}$ 的结构，宜采用综合蓄热法养护。

③ 对不易保温养护且对强度增长无具体要求的一般混凝土结构，可采用掺防冻剂的负温养护法进行养护。

④ 对上述方法无法满足养护要求时，可采用暖棚法、蒸汽加热法、电加热法等方法进行养护。

2. 综合蓄热法

综合蓄热法是应用较广泛的一种冬期施工方法，对比其他方法也有许多优势。

① 采用综合蓄热法养护的混凝土，可执行较低的受冻临界强度值。

② 混凝土中掺加适量的减水、引气以及早强剂或早强型外加剂可有效地提高混凝土的早期强度增长速度。掺加防冻剂施工更能提高混凝土的质量。

③ 可取消混凝土外部加热措施，减少能源消耗，有利于节能、节材。

④ 某些地区如北京市，在采用综合蓄热法的情况下，仍然使用防冻剂，可以达到双保险的效果。

四、冬期施工各相关单位的职责

1. 施工单位职责

施工单位首先应根据不同部位混凝土所处的受冻条件确定冬施期间需要浇筑混凝土的不同类别，比如：以混凝土强度等级、表面系数大小、混凝土厚度、结构部位的迎风情况等进行分类，确定冬施期间混凝土控制的关键点。

除了根据冬期施工要求进行有关的冬施准备外，使用预拌混凝土的工程应向意向搅拌站提供详细的工程情况，与搅拌站共同协商冬施期间应准备的事项，当然也可以将有关要求作为招标条件进行招标。签订合同时应将冬施要求在技术合同中加以明确。

2. 搅拌站职责

（1）制定《冬期施工措施》　为了保证冬期施工的顺利进行，进入冬期施工前搅拌站可以根据《冬期施工规程》（JGJ/T 104）的规定和当地政府主管部门有关冬施期间的要求，结合本单位的实际情况制定详细的《冬期施工措施》。冬期施工措施中应包含以下内容。

① 总体要求　首先应明确冬施期限的确定方法，确定冬施期限；其次应明确冬施期间执行的有关标准、规程、规范及政府主管部门的规定和企业内部的有关规定等；第三，明确企业内部各管理系统在冬施期间的主要职责，并提出主要管理要求等。

② 冬施前的准备　按照冬期施工有关要求，明确企业内部各系统需要进行的准备工作，如：技术质量系统应做好环境温度的测试与报告、原材料的性能检测（主要是混凝土防冻剂防冻性能检测）、冬施配合比的试配与确定等；生产与设备管理系统应做好生产车辆冬施前的检修与维护保养、热水管路的检修与保养、锅炉的检修及有关压力容器的检定与维修保养即启动前的准备等、搅拌楼（搅拌台）的修整等；其他相关系统冬施前的准备工作等。

③ 冬施期间应注意的主要问题及应急预案　围绕冬施特点确定冬施期间应注意的主要问题，比如：冬施前大气温度骤降、雨雪天气等情况、现场浇筑过程等待过长的处理、同条件试件的留置、拆模时间的确定等。

④ 冬施前的热工计算　冬施前进行的热工计算是为了预控混凝土的出机温度、入模温度及通过成熟度等预测混凝土早期强度以便确定受冻临界强度。

（2）与施工单位沟通，明确双方职责

① 为施工单位提供搅拌站《冬期施工措施》。为了保证混凝土的入模温度，搅拌站应在冬期施工措施中向施工单位提出保证入模温度的建议措施，由施工单位作为参考。

② 搅拌站通过标准规定的方法或按照当地的习惯确定进入冬施的日期，并通知施工单位，同时需要施工单位认可，双方达成一致，避免事后扯皮。由于各地区所处的气象条件不同，进入冬期施工的日期也有很大差别。在一些地区，进入冬期施工的期限划分不明确，通常是按照惯例或者按照约定俗成的供暖期确定进入冬期施工的日期，容易造成不必要的误会。在没有明确冬期施工日期的地区建议采用实测气温法确定进入冬期施工的日期，或者按

照当地气象部门实测的气温确定进入冬期施工的日期。另外，进入冬期施工的日期也可以由供需双方根据有关规定提前商定。

③ 搅拌站和施工单位在冬期施工之前或签订合同时，应明确说明冬期施工的方法，并根据不同的冬施方法来明确防冻剂的使用方法，事前必须沟通好。通常情况下，供需双方在合同中并没有明确规定冬施期间采取的施工方法，混凝土出现问题时责任很难界定，一般处于劣势的一方只能接受一些不合理的要求，承担不必要的损失。因此建议跨越冬期施工的合同应在合同中明确规定冬施期间采取的施工方法，双方应在规定的施工方法的要求下做好相应准备，如果工程需要改变施工方法，应提前协商有关事项。

④ 施工单位不能因为搅拌站使用了防冻剂就放松对混凝土的保温保湿措施，特别是在下雪和刮风天气的情况下更应采取有力措施加强新浇筑混凝土的保温保湿。

（3）冬施期间搅拌站有关人员应加强施工跟踪 冬期施工是一个特殊时期，影响混凝土质量问题的因素较多，因此搅拌站有关人员应加强跟踪，对于出现的问题应及时与施工单位沟通解决，避免影响混凝土结构质量。

五、冬期混凝土配合比设计注意事项

1. 最小水泥用量

当今混凝土相关规范的趋势是不再限定水泥用量，转而限制胶凝材料总量和最大水胶比，这样会更加科学地指导混凝土配合比设计。而《建筑工程冬期施规程》（JGJ/T 104—2011）仍对冬期施工混凝土的水泥用量进行了限定，具体规定为：混凝土最小水泥用量不宜低于 280kg/m³，水胶比不应大于 0.55；大体积混凝土的最小水泥用量可根据实际情况决定；强度等级不大于 C15 的混凝土，其水胶比和最小水泥用量可不受以上限制。

设定 280kg/m³ 的标准是基于对我国水泥质量的总体情况制定的，即考虑熟料和掺合料等各占 50% 的情况下，仍有超过 140kg 左右的熟料，可以保证低温或负温条件下混凝土的早期强度增长速率。同时用了"不宜"这个说法，这主要是考虑到如果有充分的试验数据证明混凝土的早期强度增长速率不下降，混凝土能尽快达到受冻临界强度的条件下，混凝土最小水泥用量也可小于 280kg/m³。因此建议在使用较好质量的水泥时，可以进行充分试验，确定实际的最小水泥用量，以体现节能、节材的绿色施工宗旨。

北京市地方标准《混凝土矿物掺合料应用技术规程》（DB11/T 1029—2013）规定，冬期施工时，当环境温度在 5～−10℃ 时，最小水泥用量不应小于 220kg/m³。当环境温度低于−10℃ 时，最小水泥用量不应小于 240 kg/m³。该规程主要借鉴北京市《轨道交通工程结构混凝土裂缝控制与耐久性技术规程》（QGD-003—2014）实施经验，结合北京地区的实际情况制定的，可作为其他地区冬期水泥限量的参考。

2. 用水量和水胶比

冬期试配时应尽量降低混凝土用水量，降低水胶比，在满足施工工艺条件下，减小坍落度，降低混凝土内部的自由水结冰率。

3. 防冻剂的正确使用

防冻剂应该是具有防冻作用的外加剂，其作用是降低混凝土中液相的冰点，使混凝土在规定温度下强度仍继续发展。防冻剂的作用机理及质量控制已经在"第二章 原材料质量控制"中进行了具体讲述，这里重点讲述防冻剂使用方面的一些误区，以指导正确的使用防冻剂，避免人为原因造成质量问题或质量事故。

（1）防冻型防冻剂的使用 日平均气温很低，比如在−10～−20℃ 范围的地区，混凝土浇筑后即使是入模温度较高，但由于混凝土内外温差较大，混凝土在简单覆盖的情况下还是会很快地降至0℃以下，防冻剂的作用是要保证混凝土在浇筑后能抵御一定限度负温环境，内部保持足够的液相，以使水泥水化作用继续进行，而不致被冻胀破坏。

引气型防冻剂不应与60℃以上热水直接接触，否则易造成气泡内气相压力增大，导致引气效果下降。引气剂单独使用时也应如此。

（2）早强型防冻剂的使用　日平均气温一般在0～-5℃温度范围，混凝土浇筑完毕后，内部温度控制在0℃以上，浇筑后用塑料薄膜及草袋等覆盖，这种情况下混凝土会很快达到临界强度而不至于产生冻害。早强型防冻剂使用时一定要注意气温情况。

（3）防冻剂使用过程中存在的问题

① 对防冻剂的过分依赖　有些工程技术人员认为防冻剂掺入混凝土后，混凝土就不应该受冻。忽略了应该采取的冬期施工方法，没有进行充分的保温养护，导致混凝土未达到临界受冻强度而冻坏。出了问题往往归咎于搅拌站，以掺加防冻剂为借口进行推诿。

其实如前所述，冬期施工方法非常多，每种施工方法都对养护方法和时间提出了要求，防冻剂要根据不同的冬施方法来选择和使用。例如采取蓄热法、暖棚法、加热法、综合蓄热法等方法施工的混凝土，在不掺入防冻剂，即采用普通混凝土时，养护达到受冻临界强度后，拆除保温层或拆除暖棚，或停止通蒸汽加热，或停止通电加热等措施，混凝土是没有问题的。采用负温养护法施工的混凝土，则需要掺加防冻剂，并达到受冻临界强度4.0MPa或5.0MPa。

② 使用具有防冻作用的早强剂（伪防冻剂）　在很多冬季不是特别寒冷的地区，像华北地区很多地方，冬施期间预拌混凝土企业采用的外加剂达不到防冻剂的要求，通常以具有防冻作用的早强型复合外加剂代替防冻剂。这就造成冬施期间普遍存在一种现象：由于搅拌站使用的是具有防冻作用的早强剂，达不到防冻剂要求，但出具的却是防冻剂的资料，当施工单位采用负温施工方法时，混凝土会在负温下受冻，混凝土各项性能劣化，严重影响混凝土结构的安全性和耐久性。而一旦发生质量问题，搅拌站和施工单位常常相互指责，搅拌站指责施工单位没有做好保温工作，不能满足综合蓄热法的要求，致使混凝土受冻害，而施工单位指责搅拌站混凝土质量有问题，达不到负温养护法的要求，致使混凝土受冻害，非常不利于问题的解决。因此采用具有防冻作用的早强剂时，仍需要采用综合蓄热法，并应在合同中明确。

③ 防冻剂检测标准与配合比应用标准混淆　防冻剂检测按照《混凝土防冻剂》（JC 475—2004）进行。对防冻剂防冻性能的检测所采用混凝土配合比与实际生产时的配合比完全不同，原材料也有一定的差异。因此必须根据实际所用的原材料设计混凝土配合比，并进行实际混凝土的防冻性能检验，以确保实体结构的强度。

六、冬期施工质量控制要点

1. 冬期混凝土温度控制

冬期混凝土温度控制是冬施成败的关键，应该非常重视。温度控制包括原材料温度（拌合水、外加剂、集料温度等）、大气环境温度（气温、搅拌楼、搅拌机温度等）、混凝土温度（出机、浇筑、入模、实体内部温度等）。

（1）原材料温度　原材料温度是混凝土出机温度的基础，应根据热工计算结果，参考其他因素进行测定和控制。

（2）大气环境温度　应及时检测每日的气温，收集未来几日的气象资料，并根据这些气温资料，及时调整防冻剂的防冻等级或调整混凝土配合比。

搅拌楼温度和搅拌机温度是控制混凝土出机温度容易忽视的地方，混凝土搅拌前应对搅拌机进行保温或采用蒸汽、热水进行加温。在间歇时间比较长时尤其要注意这一步骤，否则很容易造成第一车混凝土出机温度低。

（3）混凝土温度 搅拌站需要控制的冬期混凝土温度包括出机温度、浇筑温度等。施工方需要控制的冬期温度包括入模温度、养护温度、实体温度等。

① 出机温度 混凝土拌合物的出机温度不宜低于10℃。混凝土经过运输与输送、浇筑之后，入模温度会产生不同程度的降低，因此出机温度要有一定的富余。如果运距较远、运输时间较长、泵送过程保温较差等原因导致热损失较大时，要提高混凝土的出机温度，例如提至15℃以上。因此应根据施工期间的气温条件、运输与浇筑方式、保温材料种类等情况，对混凝土的运输和输送、浇筑等过程进行热工计算，确保混凝土的入模温度满足早期强度增长和防冻的要求。

出机温度可以通过原材料的实际温度进行热工计算来预控，然后根据实际出机温度来调整。用热水来提高混凝土出机温度是搅拌站最常用的办法。这时要注意水温一般不能超过60℃，而且不能与水泥直接接触，否则会对混凝土工作性造成影响，加大坍落度损失。应该让热水先与砂石混合搅拌一会儿后再接触胶凝材料。需要注意的是，搅拌站的水箱一般比较大，要完全达到规定的温度需要一定的时间，因此需要提前通知锅炉房烧水，以免耽误生产。当用热水不能满足混凝土出机温度要求时，应对集料进行加热（表7-4）。

表 7-4 拌合水及集料最高加热温度 ℃

水泥强度等级	拌合水	集料
42.5 以下	80	60
42.5、42.5R 及以上	60	40

② 浇筑温度 混凝土运输到现场后，应进行温度检测。根据泵管、模板保温情况，控制浇筑温度。为防止运输过程中的热量损失，应对运输车进行保温。泵送前用砂浆对泵和泵管进行润滑、预热。泵送过程中还需对泵管进行保温，以提高混凝土的入模温度。

混凝土分层浇筑时，容易造成新拌混凝土热量损失加剧，降低混凝土的早期蓄热。因此应适当加大分层厚度，分层厚度不应小于400mm。同时应加快浇筑速度，确保在被上一层混凝土覆盖前，已浇筑层的温度应满足热工计算要求，且不得低于2℃，以防止下层混凝土在覆盖前受冻。

③ 入模温度 混凝土的入模温度不得低于5℃。为了保证新拌混凝土浇筑后，有一段正温养护期供水泥早期水化，从而保证混凝土尽快达到受冻临界强度，不致引起冻害，应尽量提高混凝土的入模温度。

④ 养护温度、实体温度 起始养护温度和实体温度对于混凝土强度发展非常关键，是混凝土能否尽快达到受冻临界强度的关键，应对此温度进行及时检查，以确定保温养护方案。混凝土养护期间的测温应符合下列规定：

a. 采用蓄热法或综合蓄热法时，在达到受冻临界强度之前应每隔4～6h测温一次。

b. 采用负温养护法时，在达到受冻临界强度之前应每隔2h测量一次。

c. 采用加热法时，升温和降温阶段应每隔1h测温一次，恒温阶段每隔2h测温一次。

d. 混凝土在达到受冻临界强度后，可停止测温。

e. 大体积混凝土养护期间的温度测量尚应符合现行国家标准《大体积混凝土施工规范》（GB 50496—2009）的相关规定。

混凝土浇筑前应对钢筋及模板进行覆盖保温。应清除地基、模板和钢筋上的冰雪和污垢，否则会影响混凝土表观质量以及钢筋黏结力。混凝土直接浇筑于冷钢筋上，容易在混凝土与钢筋之间形成冰膜，导致钢筋黏结力下降。

2. 严格执行受冻临界强度

混凝土受冻临界强度是指冬期施工混凝土在受冻以前不致引起冻害，必须达到的最低强度，为负温混凝土冬期施工的重要控制指标。在达到此强度后，混凝土即使受冻也不会对后期强度及性能产生较大影响。达到受冻临界强度方可以停止保温、加热等养护措施。

冬期混凝土的受冻临界强度应遵守《建筑工程冬期施工规程》（JGJ/T 104—2011）的有关规定。需要注意的是，对于有抗冻融要求的混凝土结构，如水池等，在使用中将与水直接接触，混凝土中的含水率很容易达到饱和临界值，受冻环境较严峻，很容易破坏，一般都有抗冻等级，所以其受冻临界强度应该更高，标准规定不低于设计强度的 70%。

掺防冻剂的混凝土，当室外最低气温不低于 −15℃ 时，混凝土受冻临界强度不应小于 4.0MPa，当室外最低气温不低于 −30℃ 时，混凝土受冻临界强度不应小于 5.0MPa；采取其他防冻措施的混凝土，应为设计要求的混凝土强度标准值的 40%，且不应小于 5.0MPa。

3. 养护和拆模

冬期养护非常关键，若养护措施不到位，很容易造成实体强度不够。因为冬期施工不能水养护，工地采取综合蓄热法或负温养护法较多，对养护不够重视，或者未达到临界受冻强度就拆模，造成混凝土早期受到一定程度的冻害。这些强度损失是很难弥补的。

北方冬季气候干燥，顶板或路面等平面混凝土极易失水，因此混凝土浇筑完毕后应立即对裸露部位采用塑料薄膜进行防风保水，同时进行保温养护。对边、棱角部位，由于表面系数大，散热较快，极易受冻，所以更应加强保温措施，否则会造成混凝土局部受冻，形成质量缺陷。

墙柱等竖向结构应对模板采取保温等措施，尽量延长拆模时间，拆模后立即用塑料薄膜包裹，然后进行保温养护。

拆除模板和保温层后，混凝土立即暴露在大气环境中，降温速率过快或者与环境温差较大，会使混凝土产生温度裂缝。冬施规范中采用了双控措施：一是混凝土温度降低到 5℃ 以后方可拆除模板和保温层，二是控制混凝土温度与外界温度差不能大于 20℃，如果拆模时温差大于 20℃，混凝土表面应及时覆盖，保证其缓慢冷却。对于达到拆模强度而未达到受冻临界强度的混凝土结构，应采取保温材料继续进行养护。

4. 忌盲目提高强度等级生产

有的工程在冬期施工时，将原设计强度提高一个强度等级，以保证混凝土的强度，减少因施工养护不到位造成的质量风险，弥补强度损失。

但如果想通过提强度等级而降低施工养护质量，最后强度合格即万事大吉的做法是不可取的。因为冻结对混凝土内部结构损伤，如内部微裂纹、集料界面的松动等，抗压强度对其是不敏感的，但抗弯拉强度、动弹模量、抗冻性、抗渗性等指标却敏感得多，这些参数性能的降低是弥补不了的，从耐久性方面看，即使强度合格，耐久性质量也不能算合格。

因此，采取合适的施工工艺、合理的养护措施、对关键环节控制等是确保冬期混凝土质量的根本措施。

5. 混凝土试件制作

冬期施工中，对负温混凝土强度的监测不宜采用回弹法。应用留置同条件试件和采用成熟度法进行推算。施工期间应监测混凝土受冻临界强度、拆模或拆除支架时的强度，确保负温混凝土施工安全与施工质量。

（1）混凝土试件制作注意事项　冬期混凝土强度问题频发，尤其是进入冬期施工的前后半个月，此时气温变化频繁且较低，工地如不具备正规标养室，或者拆模后即送往检测所，试块在早期得不到有效的养护，过程中出现受冻、磕碰等破坏早期水化结构，往往就会出现强度不够的情况。

此时应特别注意环境变化，将试块放置在试块制作间中，保证室温。混凝土拆模后应在标准养护室养护至少 7d 后再送往检测所。运送过程中应进行保温防磕处理。

（2）同条件试件　冬期施工混凝土应增加不少于2组的同条件养护试件。混凝土同条件试件也经常会出现问题，主要原因是未做到真正的同条件养护。我们曾进行过温度对比试验，混凝土实体的温度一般比环境温度高10℃左右，试块本身体量很小，如果没有充分的保温养护，其强度发展必然缓慢，试件强度不具备代表性。

七、冬期施工热工计算

1. 出机温度与入模温度计算

（1）混凝土拌合温度计算公式

$$T_0 = [0.92(m_{ce}T_{ce} + m_{sa}T_{sa} + m_g T_g) + 4.2 T_w (m_w - w_{sa}m_{sa} - w_g m_g) + c_1(w_{sa}m_{sa}T_{sa} + w_g m_g T_g) - c_2(w_{sa}m_{sa} + w_g m_g)] \div [4.2 m_w + 0.9(m_{ce} + m_{sa} + m_g)]$$

式中　T_0——混凝土拌合物温度，℃；

　　　m_w——水用量，kg；

　　　m_{ce}——水泥的用量，kg；

　　　m_{sa}——砂子的用量，kg；

　　　m_g——石子的用量，kg；

　　　w_{sa}——砂子的含水率，%；

　　　c_1——水的比热容，kJ/(kg·K)；

　　　T_w——水的温度，℃；

　　　T_{ce}——水泥的温度，℃；

　　　T_{sa}——砂子的温度，℃；

　　　T_g——石子的温度，℃；

　　　w_g——石子的含水率，%；

　　　c_2——水的溶解热，kJ/kg。

当集料温度大于0℃时：$c_1 = 4.2$；$c_2 = 0$。

当集料温度小于或等于0℃时：$c_1 = 2.1$；$c_2 = 335$。

（2）混凝土拌合物出机温度计算公式

$$T_1 = T_0 - 0.16(T_0 - T_i)$$

式中　T_1——混凝土拌合物出机温度，℃；

　　　T_i——搅拌机棚内温度，℃。

（3）混凝土拌合物经运输到浇筑时温度计算公式

$$T_2 = T_1 - (\alpha t_1 + 0.032n)(T_1 - T_a)$$

式中　T_2——混凝土拌合物运输到浇筑时的温度，℃；

　　　t_1——混凝土拌合物自运输到浇筑时的时间，h；

　　　n——混凝土拌合物运转次数；

　　　T_a——混凝土拌合物运输时环境温度，℃；

　　　α——温度损失系数，h^{-1}；当用混凝土搅拌车运送时：$\alpha = 0.25$。

（4）热工计算实例　以C30混凝土配合比为例，进行冬施混凝土的热工计算见表7-5。

表7-5　冬施混凝土的热工计算

强度等级	水泥品种等级	水/(kg/m³)	水泥/(kg/m³)	砂/(kg/m³)	石/(kg/m³)
C30	P·O 42.5	180	360	865	1015

计算结果见表7-6。

表 7-6　冬施混凝土的热工计算结果

混凝土各阶段温度	$T_w=50℃$ 时	$T_w=70℃$ 时
混凝土拌合物温度	15.5℃	20.2℃
混凝土拌合物出机温度	15.4℃	19.4℃
混凝土拌合物入模温度	7.4℃	10.2℃

注：根据往年实测结果，一般情况下实测入模温度稍高于计算温度，因此在冬施过程中，可根据实测结果，通过调整水温控制入模温度。

2. 用成熟度法计算混凝土早期强度

依据《建筑工程冬期施工规程》（JGJ/T 104—2011）附录 B，当采用蓄热法或综合蓄热法养护时，可按下列步骤要求计算混凝土强度。

（1）试件组数　制作不少于 5 组混凝土立方体标准试件在标准条件下养护，得出 1d、2d、3d、7d、28d 的强度值。

（2）标准养护各龄期强度及成熟度计算见表 7-7。

表 7-7　各龄期成熟度、强度计算

龄期	成熟度/℃·h		各龄期标养强度 f/MPa				
	M	$1/M$	C20	C25	C30	C35	C40
1d	840	0.00119	3.3	4.6	5.4	7.8	9.4
2d	1680	0.00060	5.6	7.5	11.0	13.1	14.7
3d	2520	0.00040	9.7	13.1	15.3	17.5	18.9
7d	5880	0.00017	17.1	21.8	25.2	30.3	34.6
28d	23520	0.00004	30.8	36.5	40.1	45.3	51.7

（3）经回归拟合成熟度-强度曲线方程　见图 7-1。

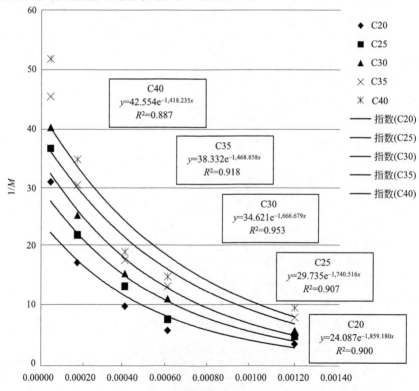

图 7-1　各强度等级的回归方程

（4）计算混凝土早期强度（以 C30 混凝土为例）

① 经回归拟合的成熟度-强度曲线方程为：

$$f = 34.621e^{-1666.679/M}$$

式中　M——混凝土养护的成熟度，℃·h；

相关系数 $\gamma = \sqrt{0.953} = 0.976$。

② 根据现场混凝土测温结果，按下式计算混凝土成熟度：

$$M = (T + 15) \times \Delta t$$

式中　T——在时间段 Δt 内混凝土平均温度，℃。

③ 将成熟度 M 代入公式，即可计算出现场混凝土强度 f。

④ 将混凝土强度 f 乘以综合蓄热法调整系数 0.8，即为混凝土实际强度。

第二节　大体积混凝土质量控制

大体积混凝土体量大，由于水泥水化热产生的温度应力或由于干燥收缩而产生的收缩应力的变化引起混凝土体积变形而产生裂缝的危险增大。特别是随着混凝土设计强度等级的提高，水泥等胶凝材料细度的提高，各种外加剂的掺入，使混凝土的裂缝防控问题更为突出。大体积混凝土的裂缝控制应采取"以防为主，抗防兼施"的原则，合理设计配合比降低水化热，加强浇筑体的保温保湿养护工作。

本节从大体积混凝土的定义、配合比设计、材料选择、热工计算、浇筑养护等方面进行了专门讲述。

一、大体积混凝土的定义

《大体积混凝土施工规范》（GB 50496—2009）将大体积混凝土定义为，混凝土结构物实体最小几何尺寸不小于 1m 的大体量混凝土，或预计会因混凝土中胶凝材料水化引起的温度变化和收缩而导致有害裂缝产生的混凝土。

从大体积混凝土的定义来看，大体积混凝土分为两种，一种按结构尺寸来划分，如一般的底板、大于 1m 厚的墙柱等；第二种是预计会因水化引起的温差裂缝和收缩开裂的结构，比较典型的有超长墙体、环墙、厚墙、大柱、宽梁、厚板等结构。这些结构如果不按照大体积混凝土进行设计和施工，很容易产生收缩裂缝。因此，应充分理解大体积混凝土的内涵，合理进行混凝土配合比设计。

二、大体积混凝土配合比设计

大体积混凝土配合比的设计的重点是裂缝控制，在常规的强度等级、耐久性、抗渗性、体积稳定性等性能设计的基础上，要采取专门的抗裂措施，合理使用材料、减少水泥用量、降低混凝土绝热温升。

1. 配合比设计具体要求

① 《大体积混凝土施工规范》建议用混凝土 60d 或 90d 的强度作为混凝土配合比设计、强度评定及验收的依据。这样可以大幅减少水泥用量，提高掺合料用量，降低水化温升，减小混凝土内外温差，方便控制降温速度，减少有害裂缝产生。同时混凝土的凝结时间和早期强度发展应满足施工期间结构强度发展的需要。

② 拌合水用量不宜大于 175kg/m³，并应尽量降低，以减小胶凝材料总量，降低水化热总量。建议用水量控制在 155～165kg/m³ 范围内，如果材料性能好，也可适当再降低。

③ 考虑到坍落度经时损失、泵送损失等，混凝土到现场入泵前的坍落度不宜低于180mm，到浇筑工作面的坍落度（入模坍落度、泵后坍落度）不宜低于160mm。可根据实际损失情况和施工要求及时调整。

④ 粉煤灰单掺时不宜超过胶凝材料用量的40%；矿渣粉单掺时不宜超过50%；粉煤灰和矿渣粉复合掺加时，掺量不宜大于混凝土中胶凝材料用量的50%。如果有充分的试验验证，该掺量可以继续增大。

⑤ 水胶比不宜大于0.55。

⑥ 砂率宜为38%～42%。

⑦ 拌合物泌水量宜小于10L/m³。

2. 混凝土绝热温升试验

除了常规的工作性能、强度试验，还应进行水化热、泌水率、可泵性等对大体积混凝土控制裂缝所需的技术参数的试验；必要时其配合比设计应当通过试泵送。

可通过混凝土热物理参数测定仪（图7-2），依据《水工混凝土试验规程》（SL 352—2006）第4.18"混凝土绝热温升试验方法"，进行混凝土的绝热温升的实际检测。

图 7-2　混凝土热物理参数测定仪

水化热测试实例：

（1）配合比设计（单位：kg/m³）见表7-8。

kg/m³

表 7-8　配合比设计

强度等级	水胶比	水泥	矿渣粉	粉煤灰	砂	石	水	外加剂
C40 侧墙	0.40	225	90	110	764	1056	160	10.62

（2）绝热温升试验　见表7-9和图7-3。

表 7-9　混凝土绝热温升实测值

强度等级	混凝土绝热温升实测值/℃						
	1d	2d	3d	4d	5d	6d	7d
C40 侧墙	15.37	36.81	49.08	53.85	55.74	56.75	57.42

注：混凝土入模温度为10℃。

三、大体积混凝土热工计算

在不具备直接测试大体积混凝土绝热温升的条件时，应进行热工计算，以确定温控指标（如温升峰值、里表温差、降温速度、混凝土表面与大气温差等），制定温控施工技术措施

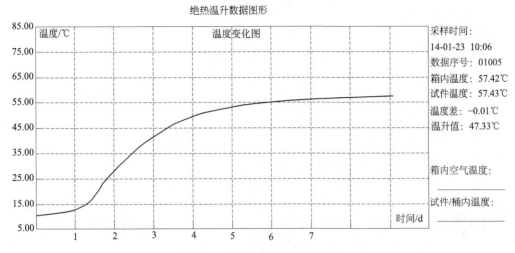

图 7-3　7d绝热温升实测曲线图

（包括混凝土原材料的选择、混凝土拌制、运输过程及混凝土养护的降温和保温措施，温度监测方法等），以及其他技术质量保障措施，以防止或控制有害裂缝的发生，确保施工质量。

热工计算的各参数包括胶凝材料水化热、绝热温升、中心温度、表面温度、收缩变形、综合温差、温度应力及收缩应力、抗裂度等。下面以 C40P8 大体积混凝土配合比为例（表7-10），进行热工计算演示。

表 7-10　C40P8 大体积混凝土的配合比

强度等级	水胶比	砂率	配合比/(kg/m³)							
			水泥	矿渣粉	粉煤灰	膨胀剂	砂	石	水	外加剂
C40P8	0.42	43%	187	39	97	28	815	1081	147	10.50

（1）混凝土最高水化热绝热温升

$$T_{\max} = WQ/C\rho(1-e^{-mt}) = WkQ_0/C\rho(1-e^{-\infty})$$
$$= 351 \times 0.92 \times 280/0.98 \times 2404 \times (1-0)$$
$$= 42.03(℃)$$

浇筑后各龄期的最大绝热温升

$$T_{(t)} = WQ/C\rho(1-e^{-mt})$$

式中　$T_{(t)}$——混凝土龄期为 t 时的绝热温升，℃；

　　　W——每立方米混凝土的胶凝材料用量，kg/m³，本配比为 351g/m³；

　　　C——混凝土的比热容，一般为 0.92～1.0kJ/(kg·℃)，取 0.98kJ/(kg·℃)；

　　　ρ——混凝土的表观密度，2400～2500(kg/m³)，本配比为 2404kg/m³；

　　　m——与水泥品种、浇筑温度等有关的系数，0.3～0.5(d⁻¹)，取 0.3d⁻¹；

　　　t——混凝土龄期，d；

　　　Q——胶凝材料水化热总量，kJ/kg，$Q = k \cdot Q_0 = 280$(kJ/kg)；

　　　Q_0——水泥水化热总量，kJ/kg，$Q_0 = \dfrac{4}{7/Q_7 - 3/Q_3} = 304$(kJ/kg)；

　　　Q_3——3d 水泥水化热，为 246J/kg；

　　　Q_7——7d 水泥水化热，为 276kJ/kg；

　　　k——不同掺量掺合料水化热调整系数；粉煤灰 k_1 取 0.93（掺量 28%），矿渣粉

k_2 取 0.99（掺量 11%）。掺合料调整系数 $k = k_1 + k_2 - 1 = 0.92$。

浇筑后各龄期最大绝热温升计算结果（表 7-11）：

$$T(t) = \frac{WQ}{C\rho}(1 - e^{-mt})$$

表 7-11　各龄期最大绝热温升结果

龄期	1d	3d	6d	7d	9d	12d	15d	18d	21d
T_{max}/℃	13.86	29.37	38.21	39.47	40.88	41.68	41.92	41.99	42.02

注：混凝土的实际温升要小于绝热温升，因为混凝土在升温的过程中，混凝土的散热逐渐发挥作用，3d 后由于混凝土的散热作用，温度不再上升或上升极其缓慢。

（2）混凝土收缩变形值的当量温度计算

$$T_y(t) = \varepsilon_y(t)/\alpha = \varepsilon_y^0(1 - e^{-0.01t}) \cdot M_1 \cdot M_2 \cdot M_3 \cdots M_{11}/\alpha$$

混凝土收缩变形会在混凝土内引起相当大的应力，在温度应力计算时应把收缩变形这个因素考虑进去，为计算方便，把混凝土收缩变形合并到温度应力之中，换成当量温差。

其中　　　　$\varepsilon_y(t)$——龄期为 t 时混凝土收缩引起的相对变形值；

ε_y^0——在标准试验状态下混凝土最终收缩的相对变形值，取 $\varepsilon_y^0 = 3.24 \times 10^{-4}$；

t——龄期，d；

M_1、M_2、…、M_{11}——考虑各种非标准条件的修正系数，可按下表取用。

M_1	M_2	M_3	M_4	M_5	M_6	M_7	M_8	M_9	M_{10}	M_{11}
1.00	1.11	0.98	1.20	0.93	0.88	1.40	0.85	1.30	0.89	1.01

α——混凝土的线膨胀系数，取 $\alpha = 1.0 \times 10^{-5}$。

浇筑后各龄期混凝土的收缩变形值及收缩当量温差计算结果见表 7-12。

表 7-12　浇筑后各龄期混凝土的收缩变形值及收缩当量温差计算结果

龄期/d	1	3	6	7	9	12	15	18	21
收缩变形值 $\varepsilon_{y(t)} \times 10^5$	0.48	1.42	2.79	3.24	4.12	5.42	6.67	7.89	9.07
收缩当量温差 $T_{y(t)}$	−0.48	−1.42	−2.79	−3.24	−4.12	−5.42	−6.67	−7.89	−9.07

（3）计算各龄期混凝土的弹性模量　变形变化引起的应力状态随弹性模量的上升而显著增加，计算温度收缩应力应考虑弹性模量的变化。各龄期混凝土弹性模量可按下式计算：

$$E(t) = \beta E_0(1 - e^{-\phi t})$$

式中　$E(t)$——混凝土龄期为 t 时，混凝土的弹性模量，N/mm²；

E_0——混凝土的弹性模量，一般近似取标准条件下养护 28d 的弹性模量；可按下表选择。C40 混凝土的 $E_0 = 3.25 \times 10^4$N/mm²；

强度等级	C25	C30	C35	C40	C45	C50	C55	C60
弹性模量/(N/mm²)	2.8×10^4	3.0×10^4	3.15×10^4	3.25×10^4	3.35×10^4	3.45×10^4	3.55×10^4	3.6×10^4

ϕ——系数，应根据所用混凝土试验确定，当无试验数据时，可近似地取 0.09。

β——混凝土中掺合料对弹性模量的修正系数，

$$\beta = \beta_1 \cdot \beta_2 = 0.98 \times 1.01 = 0.99$$

式中　β_1——混凝土中粉煤灰掺量对应的弹性模量调整修正系数；按内插法计算 $\beta_1 = 0.98$；

β_2——混凝土中矿渣粉掺量对应的弹性模量调整修正系数；按内插法计算 $\beta_2 = 1.01$。

掺量	0	20%	30%	40%
粉煤灰（β_1）	1	0.99	0.98	0.96
矿渣粉（β_2）	1	1.02	1.03	1.04

各龄期混凝土的弹性模量 $E(t)$ 计算结果如表 7-13。

表 7-13　各龄期混凝土的弹性模量计算结果

龄期	1d	3d	6d	7d	9d	12d	15d	18d	21d
$E(t)(\times10^4)/(\text{N/mm}^2)$	0.28	0.76	1.34	1.79	2.12	2.38	2.58	2.73	0.28

（4）温升估算　计算的水化热温度为绝热状态下的混凝土温升值，实际大体积混凝土并非完全处于绝热状态，而是处于散热状态下；不同浇筑块厚度与混凝土的绝热温升亦有密切关系。根据大量测试资料，不同龄期、不同浇筑块厚度与混凝土最终绝热温升的关系 ζ 值如表 7-14。

表 7-14　不同龄期、不同浇筑块厚度与混凝土最终绝热温升的关系

浇筑厚度 /m	不同龄期(d)的 ξ 值									
	3	6	9	12	15	18	21	24	27	30
1	0.36	0.29	0.17	0.09	0.05	0.03	0.01			
1.25	0.42	0.31	0.19	0.11	0.07	0.04	0.03			
1.5	0.49	0.46	0.38	0.29	0.21	0.15	0.12	0.08	0.05	0.04
2	0.57	0.54	0.49	0.39	0.30	0.22	0.18	0.14	0.11	0.10
2.5	0.65	0.62	0.59	0.48	0.38	0.29	0.23	0.19	0.16	0.15
3	0.68	0.67	0.63	0.57	0.45	0.36	0.3	0.25	0.21	0.19
4	0.74	0.73	0.72	0.65	0.55	0.46	0.37	0.3	0.25	0.24

本实例按 2m 的浇筑厚度计算，各龄期混凝土中心的实际最高温度：

$$T_{\max}=T_j+T(t)\cdot\zeta$$

式中　$T_{\max}$——不同龄期混凝土中心实际最高温度；

T_j——混凝土浇筑温度，本实例控制在 28℃；

$T(t)$——不同龄期混凝土绝热温升；

ζ——不同底板厚度、不同龄期的降温系数，厚度设为 2m。

经计算，不同龄期混凝土中心最高温度列于表 7-15。

表 7-15　不同龄期混凝土中心最高温度

龄期/d	0	3	6	9	12	15	18	21
中心最高温度 $T_{\max}$	28	44.74	48.63	47.83	44.05	40.37	37.24	35.35

（5）温差计算　混凝土表层温度计算：

$$T_b(t)=T_q+\frac{4}{H^2}h'(H-h')\Delta T(t)=27.89℃$$

式中　$T_b(t)$——龄期 t 时，混凝土表面温度，℃；

T_q——龄期 t 时，大气平均温度，℃；T_q 取 6 月份平均气温 25℃；

H——混凝土计算厚度，$H=h+2h'=2.13(\text{m})$；

h——混凝土实际厚度，m，为 2m；

h'——混凝土虚厚度，m。

$$h=k\frac{\lambda}{\beta}=0.067(\text{m})$$

式中　λ——混凝土热导率，为 2.33W/(m·K)；

k——计算折减系数，取 0.666；

β——模板及保温层传热系数，W/(m²·K)；

$$\beta = \frac{1}{\sum \frac{\delta_i}{\lambda_i} + \frac{1}{\beta_q}} = 23$$

式中 δ_i——材料厚度，m，计算时未采用覆盖草帘被等保温材料，取 0；

β_q——空气层传热系数，W/(m²·K)，取 23W/(m²·K)；

λ_i——各种材料热导率（不用保温材料），取 0.14W/(m·K)。

$\Delta T(t)$——混凝土内最高温度与外界温度之差。$\Delta T(t) = T_{max} - T_q = 23.63$（℃）。

计算混凝土的表面温度：$T_{b(t)} = 27.89℃$。

混凝土中心温度与表面温度之差：$T_{max} - T_b = 20.74(℃) < 25℃$

混凝土表面温度与大气温度之差：$T_b - T_q = 2.89(℃) < 20℃$

计算时未采用覆盖草帘被等保温材料，故可不采用保温养护，即可保证混凝土底板的质量。

（6）温度应力计算

$$\sigma = \frac{-E(t)\alpha\Delta T}{1-\mu} \cdot S_h(t) \cdot R_K$$

式中 σ——龄期 t 时混凝土温度（包括收缩）应力；

$E(t)$——各龄期混凝土弹性模量，N/mm²；

α——混凝土线膨胀系数，取定 1.0×10^{-5}；

ΔT——龄期 t 时混凝土综合温差，℃；

μ——混凝土泊松比，取定 0.15；

R_K——约束系数，取定 0.5；

$S_h(t)$——考虑徐变影响的松弛系数，

根据有关资料，取值如下表：

龄期/d	1	3	6	9	12	15	18	21
松弛系数 $S_{h(t)}$	0.611	0.570	0.520	0.480	0.440	0.411	0.386	0.368

经计算，不同龄期混凝土温度（包括收缩）应力见表 7-16。

表 7-16 不同龄期混凝土温度（包括收缩）应力

龄期/d	1	3	6	9	12	15	18	21
温度应力 σ	-0.117	-0.540	-1.055	-1.318	-1.395	-1.399	-1.354	-1.297

（7）控制温度裂缝的条件 混凝土防裂性能判断：

自约束拉应力 σ_z： $\sigma_z \leqslant \lambda f_{tk}(t)/K$

外约束拉应力 σ_x： $\sigma_x \leqslant \lambda f_{tk}(t)/K$

式中 K——防裂安全系数，取 $K = 1.15$；

λ——掺合料对混凝土抗拉强度影响系数，$\lambda = \lambda_1，\lambda_2 = 1.05$。按下表用内插法计算得出 $\lambda_1 = 0.98，\lambda_2 = 1.07$。

掺量	0	20%	30%	40%
粉煤灰 (λ_1)	1	1.03	0.97	0.92
矿渣粉 (λ_2)	1	1.13	1.09	1.1

$f_{tk}(t)$——混凝土抗拉强度标准值，N/mm²，可按下式计算。

$$f_{tk}(t) = f_{tk}(1 - e^{-\gamma t})$$

式中　$f_{tk}(t)$——混凝土龄期为 t 时的抗拉强度标准值，N/mm²；

　　　　f_{tk}——混凝土抗拉强度标准值，N/mm²，可按下表选取为 2.39；

　　　　γ——系数，应根据所用混凝土试验确定，当无试验数据时，可取 0.3。

强度等级	C25	C30	C35	C40	C45	C50	C55	C60
抗拉强度（28d）/MPa	1.78	2.01	2.2	2.39	2.51	2.64	2.74	2.85

（8）验算抗裂度是否满足要求　防裂安全系数：

$$f_{tk}(t)/\sigma > 1.15$$

根据 $f_{tk}(t)/\sigma > 1.15$（防裂安全系数），验算是否满足抗裂要求，详见表 7-17。

表 7-17　防裂安全系数

龄期	1d	3d	6d	9d	12d	15d	18d	21d
抗拉强度标准值 $f_{tk}(t)$/MPa	0.619	1.418	1.995	2.229	2.325	2.363	2.379	2.386
混凝土抗拉强度设计值/温度应力 $f_{tk}(t)$/MPa	5.29	2.63	1.89	1.69	1.67	1.69	1.76	1.84

由上述计算结果可知，该配合比的各龄期混凝土均能满足抗裂要求，混凝土底板不会产生温度应力裂缝。但是混凝土的开裂有多种形式，不仅仅是温差引起的，因此采取一定的保温和保湿措施是必要的，同时要采取合理的散热措施，从最大程度上消除大体积混凝土的温度裂缝。

四、大体积混凝土质量控制重点

1. 原材料质量控制

（1）水泥　优先选用中、低热硅酸盐水泥或低热矿渣硅酸盐水泥，或者选用普通硅酸盐水泥，通过掺加大量掺合料来降低胶凝材料的水化热。

《大体积混凝土施工规范》规定所选水泥的 3d 水化热不宜大于 240kJ/kg，7d 水化热不宜大于 270kJ/kg。作者认为，该条执行起来有一定难度，目前市场上的水泥水化热绝大多数超标，不利于大体积混凝土的生产供应。因此建议采用控制胶凝材料水化热，其指标可执行上述规定。

（2）集料　大粒径的集料对大体积混凝土的体积稳定性有利，建议选用粒径 5～31.5mm 或 5～25mm 的连续级配粗集料。配合比设计时应尽量提高集料用量。

（3）外加剂　应适当延长混凝土的凝结时间，延缓水化放热峰值出现的时间。

2. 养护

（1）温控指标

① 混凝土入模温度不宜大于 30℃。宜采用遮盖、洒水、加冰屑等降低混凝土原材料温度的措施。混凝土加冰屑时，冰屑的质量不宜超过剩余水的 50%，以便于冰的融化。

② 混凝土浇筑体在入模温度基础上的温升值不宜大于 50℃。

③ 在覆盖养护或带模养护阶段，混凝土浇筑体的里表温差（不含混凝土收缩的当量温度）不宜大于 25℃。"里"是指混凝土浇筑体表面以内 40～100mm 位置，"表"是指混凝土浇筑体表面。大体积混凝土的表面热量散失速度快于内部，容易造成内外温差过大，一般认为当里表温差大于 25℃时，有产生温度应力开裂的危险。因此当该温差有大于 25℃的趋势时，应增加保温覆盖层或在模板外侧加挂保温覆盖层。

④ 结束覆盖养护或拆模后，混凝土浇筑体表面与大气温差不宜大于20℃。因无法测得混凝土表面温度，故采用混凝土浇筑体表面以内40～100mm位置设置测温点来代替混凝土表面温度，用于温差计算。当该温差小于20℃时，可结束覆盖养护。当该温差有大于20℃的趋势时，应重新覆盖或增加外保温措施。

⑤ 混凝土浇筑体的降温速率不宜大于2.0℃/d。

（2）测温点布置　应选择具有代表性和可比性的测温点进行测温。具体布置方式、测温频率、测温时间节点等可参考相关标准或专项施工方案。

考虑天气变化对温差可能产生的影响，当混凝土浇筑体表面以内40～100mm位置的温度与环境温度的差值小于20℃时，可停止测温。

（3）养护措施

① 保湿养护时间要长，一般不得少于14d，保持混凝土表面湿润。

保温养护是大体积混凝土施工的关键环节。保温养护的主要目的，一是通过减少混凝土表面的热扩散，从而降低混凝土里外温差值，降低自约束应力；其次是降低混凝土的降温速率，延长散热时间，充分发挥混凝土强度的潜力和材料的松弛特性，利用混凝土的抗拉强度，以提高混凝土承受外约束应力时的抗裂能力，达到防止或控制温度裂缝的目的。

② 保温覆盖层的拆除应分层逐步进行，当混凝土的表面温度与环境最大温差小于20℃时，可全部拆除。

3. 冬期大体积混凝土施工质量控制要点

（1）入模温度适当降低　大体积混凝土冬期施工时，为防止内外温差过大，可以适当降低混凝土的入模温度，满足入模温度不低于5℃即可。

（2）注意保温养护　必须采取保温养护措施，保证新拌混凝土入模后，水化热上升期之前不会发生冻害。

五、国家体育场工程大体积混凝土质量控制技术

（一）工程概况及混凝土技术难点

国家体育场工程为2008年奥运会主会场，工程的重要性不言而喻，工程对混凝土的要求也极其严格，设计单位按照《混凝土结构耐久性设计与施工指南》的要求提出了耐久性100年的明确指标。由于国家体育场结构非常复杂，底板厚度不一，有许多变截面处，而承台混凝土厚度又很大，给大体积混凝土裂缝控制带来很大困难。除了大体积混凝土外，还有大量自密实混凝土和纤维混凝土等。大体积混凝土等级为C40P8，工程部位为基础底板、转换梁和承台，底板和转换梁厚度超过了2m，承台厚度超了5m。为确保国家体育场混凝土质量，我们按照设计和施工要求，精心地进行了选材和试验，并按照试验结果严格控制生产过程。

由于各方面对国家体育场工程的大力关注与支持，加上所有参建人员的高度重视，已经完成工程的质量达到了较高的水准，为此我们就混凝土的试验和应用过程进行了初步总结，供广大同仁参阅。

（二）试验

1. 优选原材料

（1）水泥　使用太行山P·O42.5水泥（北京太行前景水泥有限公司），该水泥质量稳定，各项性能均达到或超过规范要求，与外加剂、掺合料等材料有较好的适应性。

（2）粉煤灰　选用山东华能Ⅰ级粉煤灰。细度 10%，需水量比 93%，烧失量 3.5%。

（3）砂　选用承德中砂。Ⅱ区天然中砂，细度模数 2.6，含泥量 1.8%，泥块含量 0.4%。

（4）石　选用密云 5～25mm 碎石（尾矿石）。针片状含量 3.5%，压碎指标 5.2%，含泥量 0.6%，泥块含量 0.1%。

（5）外加剂　选用北京琼江混凝土外加剂有限公司生产的具有缓凝和减水功能的 QJB 泵送剂。减水率 21%，密度 1.190g/cm³，净浆流动度 210mm。

（6）膨胀剂　选用天津岩帅牌膨胀剂（YS），该膨胀剂与太行山水泥适应性较好。限制膨胀率：水中 7d 为 0.030%，转空气中 21d 为 -0.011%，抗压强度 28d 为 54.8MPa。

2. 配合比设计

为了确定混凝土的出机性能、强度、限制膨胀率和限制收缩率，我们设计了以下七个配合比进行对比试验（表 7-18）。

表 7-18　混凝土试验配合比　　　　　　　　　　　kg/m³

编号	水泥	粉煤灰	矿粉	砂	石	水	外加剂	膨胀剂(YS)	备注
L1	200	88	120	825	1008	153	10.20	0	粉煤灰＋矿粉，0%YS
L2	184	81	110	825	997	153	10.20	33	粉煤灰＋矿粉，8%YS
L3	260	154	0	816	997	153	10.35	0	单掺粉煤灰，0%YS
L4	258	121	0	821	1003	153	10.30	33	粉煤灰，8%YS
L5	252	119	0	821	1003	153	10.51	41	粉煤灰，10%YS
L6	246	116	0	821	1003	153	10.71	49	粉煤灰，12%YS
L7	280	132	0	820	1002	153	10.30	0	单掺粉煤灰，0%YS

3. 大体积混凝土物理力学性能试验

对于本工程大体积混凝土的浇筑，建议混凝土现场坍落度定为 180mm±15mm。

（1）混凝土拌合物性能试验结果见表 7-19。

表 7-19　混凝土拌合物性能试验结果

编号	强度等级	描述	坍落度/mm				含气量	凝结时间	
			出机	0.5h	1h	2h		初凝	终凝
L1	C40	双掺矿粉＋粉煤灰	215	210	205	190	2.2%	15h	19h
L3	C40	单掺粉煤灰	210	205	200	185	1.9%	15h	19h
L4	C40	粉煤灰＋膨胀剂	210	205	200	180	2.0%	14h	18h

（2）强度试验结果　见表 7-20。

表 7-20　混凝土拌合物强度试验结果

编号	强度等级	3d		7d		14d		28d		60d	
		强度/MPa	达到设计值	强度/MPa	达到设计值	强度/MPa	达到设计值	强度/MPa	达到设计值	强度/MPa	达到设计值
L1	C40	4.8	12%	25.9	65%	37.2	93%	41.5	104%	58.0	145%
L3	C40	9.5	24%	27.0	68%	38.1	95%	47.6	119%	60.1	150%
L4	C40	14.0	35%	33.9	85%	42.5	106%	50.5	126%	63.2	158%

4. 大体积混凝土性能试验

（1）混凝土限制膨胀率和限制收缩率试验

① 试验目的　考察掺与不掺膨胀剂系列配合比混凝土的限制膨胀率及限制收缩率。

② 试验方法　遵循《补偿收缩混凝土的膨胀率及干缩率的测定方法》（GB 50119—

2003)，具体试验步骤简要如下：当混凝土抗压强度达到 3～5MPa 时拆模（一般成型后 12～16h），测量试件初始长度。在 20℃±2℃水中测定 3d、7d、14d 的长度，然后转入室温为 20℃±2℃，相对湿度为 60%±5% 的恒温恒湿室内养护，分别测定 28d、42d 的长度，上述测长龄期，一律从成型日算起。

③ 试验配合比　混凝土强度等级 C40，水胶比 0.39，砂率 45%。

④ 试验结果及分析　见表 7-21 和图 7-4。

表 7-21　混凝土限制膨胀率和限制干缩率试验结果　　　　×10⁻⁴

编号	纵向限制膨胀率 ε_t			纵向限制干缩率 ε_t	
	水中 3d	水中 7d	水中 14d	水中 14d,空气中 28d	水中 14d,空气中 42d
L1	0.85	1.4	0.983	0.40	−0.1
L2	1.63	2.42	1.65	1.12	0.767
L3	1.00	2.08	2.07	0.45	−0.583
L4	1.52	2.75	2.30	0.367	−0.533
L5	2.22	3.57	3.58	1.82	0.733
L6	2.37	3.70	4.15	1.55	0.650
L7	−0.183	1.4	0.183	−0.6	−0.118

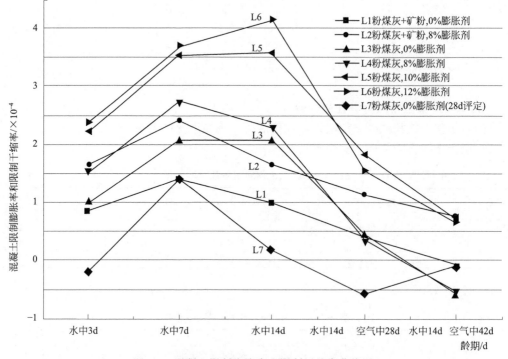

图 7-4　混凝土限制膨胀率和限制干缩率曲线图

试验表明，混凝土的限制膨胀率随着膨胀剂的掺量增大而增大（L6＞L5＞L4），掺加膨胀剂混凝土的限制膨胀率要高于不掺膨胀剂的混凝土；不掺加膨胀剂时，单掺粉煤灰混凝土（L1）的限制膨胀率高于双掺"矿粉＋粉煤灰"配比（L2）；粉煤灰取代量低时混凝土（L7）在早期 3d 还有收缩，到 7d 后限制膨胀率接近 L1。

（2）大体积混凝土温升试验

① 试验目的　考察 L1、L3、L4 三个配合比混凝土的温升，并以 28d 强度评定设计的配比进行对比试验。

② 试验方法　模仿现场条件，成型 1m³ 混凝土，用聚苯板保温，每隔一定时间测定混凝土中心温度。

③ 试验用配比　见表 7-22。

表 7-22　试验用配比

编号	强度等级	描　述	配合比/（kg/m³）							
			水泥	粉煤灰Ⅰ级	矿粉	砂	石	水	外加剂（QJB）	膨胀剂（YS）
L1	C40	双掺矿粉＋粉煤灰	200	88	120	825	1008	153	10.20	0
L3	C40	单掺粉煤灰	260	154	0	816	997	153	10.35	0
L4	C40	粉煤灰＋膨胀剂	258	121	0	821	1003	153	10.30	33
对比	C40	按 28d 设计对比配合比	294	81	0	829	1013	153	10.20	33

④ 实验结果及分析　见表 7-23 和图 7-5。

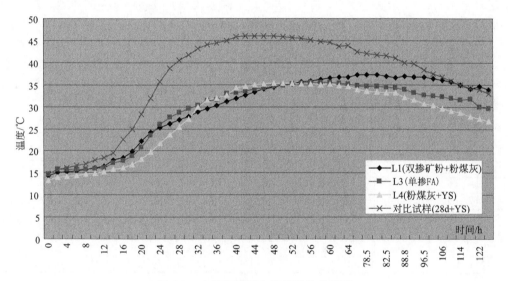

图 7-5　大体积混凝土绝热温升曲线图

由混凝土温升曲线图（图 7-5）可以看出，L1（双掺粉煤灰＋矿粉）最高温升出现的最晚，80h 左右；L3（单掺粉煤灰）与 L4（掺粉煤灰＋膨胀剂）升温曲线非常相似，均在 60h 左右温升达到最高；而按 28d 强度评定设计的对比试样（掺粉煤灰＋膨胀剂）在 45h 左右就达到最高温升。

表 7-23　热工计算参数与实际测量参数对比表

编号	强度等级	描　述	混凝土最高水化热绝热温升/℃		浇筑后各龄期的绝热温升（计算值）/℃				
			计算值	实测	1d	2d	3d	7d	14d
L1	C40	双掺矿粉＋粉煤灰	37.0	22.9	9.6	16.7	22.0	32.4	36.4
L3	C40	单掺粉煤灰	29.8	20.8	7.7	13.4	17.7	26.1	29.4
L4	C40	粉煤灰＋膨胀剂	33.2	22.0	8.6	15.0	19.7	29.2	32.7
对比	C40	按 28d 设计	37.1	31.4	9.6	16.7	22.0	32.6	36.6

5. 纤维混凝土抗裂性能试验及其与掺膨胀剂混凝土抗裂性能的对比试验

根据国家体育场工程的设计和施工要求，我们对地下墙用纤维混凝土进行了一系列试验，并与加膨胀剂的混凝土进行对比，试验结果如下。

（1）原材料 试验所用原材料同大体积混凝土试验用原材料。试验选用两种纤维进行对比试验。纤维1为凯泰纤维（聚丙烯纤维），中国纺织科学研究院北京中纺建科技有限公司生产。纤维2为杜强纤维（聚丙烯纤维），北京海达工顺科技有限公司生产。两种纤维长度均为19mm。

（2）混凝土试验结果

① 混凝土早期开裂试验

a. 试验目的 考察单掺膨胀剂、单掺化学纤维以及纤维与膨胀剂复掺对混凝土早期开裂性能的影响。

b. 试验方法 准备采用《混凝土结构耐久性设计与施工指南》（CCES 01—2004）附录A混凝土抗裂性测试方法（A2平板试件）。

c. 试验制度 浇筑试件时将混凝土拌合物分两层浇入模具中插捣振实，每组（相同配合比）成型两个试件，密封养护到初凝时，揭去塑料布将两个模具置于吹风条件下，保持环境温度为20℃±2℃，相对湿度为50%±5%，用调速风扇产生0.6m/s的风速，然后开始观察平板表面的裂缝发生过程。在开始的3h内，每5min观察一次；当发现有裂纹出现后改为每10min观察一次；当混凝土表面出现贯穿裂缝后很少会再有新的裂缝出现，这时改为每30min观察一次；到1d后，每0.5d观察一次直到龄期3d为止。记录每个混凝土平板试件开始出现裂缝的时间，裂缝数量、长度、宽度等随时间的变化。根据试件的初裂时间和最大裂缝宽度等数据作为试件混凝土抗裂性的评定指标。

d. 试验配合比 混凝土强度等级C40，水胶比0.39，砂率45%，配合比见表7-24。

表 7-24 混凝土试验配合比　　　　　　　　　　kg/m³

编号	水泥	粉煤灰	砂	石	水	外加剂	膨胀剂	纤维	备注
T1	330	91	817	999	158	10.52	0	0	空白
T2	330	91	817	999	158	10.94	0	1.2	凯泰纤维
T3	330	91	817	999	158	10.94	0	1.2	杜强纤维
T4	304	83	817	999	158	10.94	34	1.2	凯泰＋YS
T5	304	83	817	999	158	10.94	34	1.2	杜强＋YS
T6	304	83	817	999	158	10.52	34		YS

e. 试验结果及分析 见表7-25。

表 7-25 试验结果及分析

编号	出现裂缝时间	裂缝总长度/mm	总开裂面积/mm²/m²	裂缝数量	平均裂缝宽度/mm
T1	17h20min	3019	10063	116	1.2
T2	23h	129	143	6	0.4
T3	19h45min	547	1064	9	0.7
T4	22h45min	18	50	1	1.0
T5	24h03min	107	89	4	0.3
T6	27h10min	10	11	1	0.4

f. 试验结果表明

● 基准混凝土试件（T1）出现裂缝时间较早，裂缝数量较多，裂缝宽度较宽，平均开裂面积较大。

● 掺加化学纤维试件（T2和T3）出现裂缝时间大大推迟，裂缝数量较少，裂缝宽度较细，平均开裂面积减小。以上述指标作为衡量标准，改善混凝土早期开裂性能的效果，化学纤维 1 要优于化学纤维 2。

● 膨胀剂和化学纤维复掺试件（T3 和 T5）较单掺化学纤维试件（T2 和 T3）出现裂缝时间进一步推迟，裂缝数量、平均开裂面积进一步减少。

● 单掺膨胀剂试件（T6）出现裂缝时间最晚，裂缝数量、平均开裂面积最小，从改善混凝土早期开裂性能角度，效果似乎要优于单掺化学纤维以及化学纤维和膨胀剂复掺试件，原因可能与试验评价方法为强约束有直接关系，结合工程实际应进一步分析。

g. 混凝土平板试件开裂情况图片　见图 7-6。

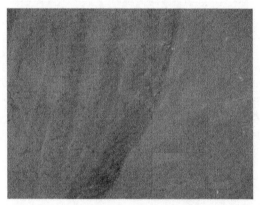

(a)

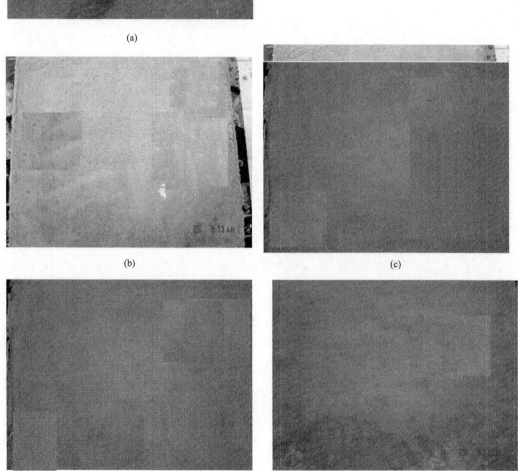

(b)　　　　　　　　　　　　(c)

(d)　　　　　　　　　　　　(e)

图 7-6　混凝土平板试件开裂情况照片

② 混凝土物理力学性能试验结果

a. 混凝土拌合物性能试验结果　见表 7-26。

表 7-26　混凝土拌合物性能试验结果

编号	强度等级	纤维品种	坍落度/mm				凝结时间	
			出机	0.5h	1h	2h	初凝	终凝
T1	C40	空白	220	205	200	180	10h	14h
T2	C40	凯泰纤维(纤维1)	190	180	170	155	9h	13h
T3	C40	杜强纤维(纤维2)	200	190	180	165	9h	13h
T4	C40	凯泰纤维(纤维1)＋膨胀剂(YS)	185	175	160	150	8h	12h
T5	C40	杜强纤维(纤维2)＋膨胀剂(YS)	195	185	170	160	8h	12h

注：坍落度损失为试验室常温条件下的静态损失。

由表 7-26 中数据可以看出，掺杜强纤维（纤维 2）混凝土出机坍落度较高，坍落度损失也小；掺加膨胀剂后混凝土的坍落度与空白混凝土差距最大，有必要采取措施（如提高外加剂掺量等）以提高混凝土出机坍落度。

b. 强度试验结果见表 7-27。

表 7-27　混凝土拌合物强度试验结果

编号	强度等级	描　述	7d		14d		28d	
			强度/MPa	达到设计值	强度/MPa	达到设计值	强度/MPa	达到设计值
T1	C40	空白	34.6	87%	43.9	110%	49.7	124%
T2	C40	凯泰纤维(纤维1)	33.1	83%	44.3	110%	49.3	123%
T3	C40	杜强纤维(纤维2)	35.0	88%	43.8	109%	51.2	128%
T4	C40	凯泰纤维(纤维1)＋膨胀剂(YS)	35.3	88%	41.2	103%	46.0	115%
T5	C40	杜强纤维(纤维2)＋膨胀剂(YS)	35.4	89%	45.0	112%	48.0	120%

强度试验结果表明，纤维对混凝土抗压强度影响不大，掺入膨胀剂后纤维混凝土的强度有所波动。

6. 结论

① 混凝土补偿收缩试验表明，该工程大体积混凝土的限制膨胀率随着膨胀剂的掺量增大而增大，掺膨胀剂混凝土的限制膨胀率高于不掺膨胀剂混凝土的，水泥量高的 L7（粉煤灰＋膨胀剂），混凝土早期 3d 有收缩。

② L1、L3、L4 三个配合比，从温升方面看均满足大体积混凝土的浇筑要求。L1（双掺矿粉＋粉煤灰）绝热温升在 80h 左右达到最高，从温升方面看效果最好；L3（单掺粉煤灰）与 L4（掺粉煤灰＋膨胀剂）升温曲线类似，均在 60h 左右达到最高绝热温升。

③ 通过高掺粉煤灰，降低水泥用量，混凝土的浇筑温度控制可以放宽，入模温度控制在 30℃以内，混凝土中心温度不超过 70℃，适当的保温可以满足温差控制的要求。

④ 混凝土掺加纤维后其抗裂性能明显增强，裂缝出现时间大大推迟，裂缝数量变少，裂缝宽度变细，平均开裂面积减小。以上述指标作为衡量标准时，改善混凝土早期开裂性能效果凯泰纤维（纤维 1）要优于杜强纤维（纤维 2）。

⑤ 膨胀剂和化学纤维复掺试件较单掺化学纤维试件，裂缝出现时间进一步推迟，裂缝数量、平均开裂面积进一步减少。

⑥ 单掺膨胀剂试件裂缝出现时间最晚，裂缝数量、平均开裂面积最小，原因可能与试验评价方法为强约束有直接关系，应结合工程实际进一步分析。

（三）应用

1. 国家体育场基础底板

2005 年 5 月，国家体育场 A 区分段浇筑了约 $12000m^3$ C40P8 底板混凝土，我们根据以上试验选用的配合比如表 7-28。

表 7-28　选用的混凝土配合比　　　　　　　　　　　　　　　　　kg/m^3

水灰比	水胶比	砂率/%	水	水泥	砂	石	粉煤灰	膨胀剂	泵送剂
0.40	0.39	45	153	261	836	1021	117	33	10.29

强度统计结果如表 7-29。

表 7-29　现场混凝土强度试验数据

试件组数	28d 强度/MPa		60d 强度/MPa	
20	平均值	标准差	平均值	标准差
	51.8	3.7	58.1	3.0

由于从混凝土原材料选择、配合比设计和生产控制到运输、浇筑和养护等各阶段都进行了严格把关，浇筑后的结果很好，没有发现明显裂缝，测温的结果与计算比较吻合。混凝土的浇筑温度平均为 28℃，混凝土内部一般为 65～70℃，最高温度达到 72℃，温升约为 44℃。

温升曲线如图 7-7。

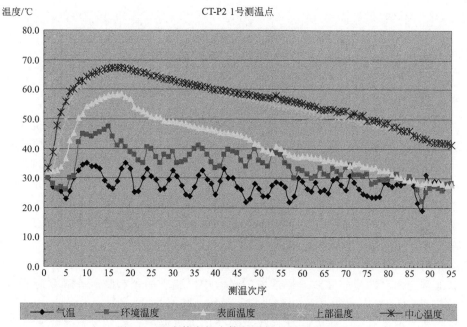

图 7-7　国家体育场大体积混凝土测温曲线图

2. 国家体育场承台

第一个承台浇筑是在 2005 年 10 月 12 日，13h 共浇筑混凝土 $1314m^3$。在总结 5 月份浇筑底板混凝土的基础上，我们将承台混凝土配合比进行了适当调整。考虑到承台混凝土的厚度更大，达到 5m 多，基本达到绝热的程度，如果不调整混凝土配合比，混凝土中心温度会更高，因此，我们进一步将水泥用量由原来的 261kg/m³ 降低到 231kg/m³，使混凝土的计算温度降低约 5℃，加上 10 月份的入模温度要比 5 月份降低约 10℃，这样可以保证混凝土的中心温度不会超过 70℃。浇筑时混凝土入模温度平均为 20℃，第四天混凝土内部达到最高温度（63℃），温升约为 43℃。温升曲线如图 7-8。

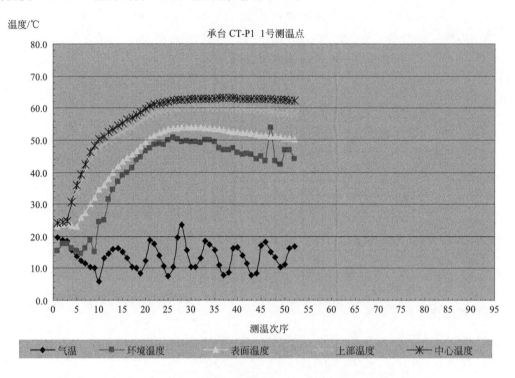

图 7-8　国家体育场承台混凝土测温曲线图

（四）结语

① 由 "P•O42.5 水泥＋粉煤灰" 方案配制的混凝土在降低水化热方面要优于 "矿渣水泥" 方案。因矿渣的水化热约为水泥的 90%，在降低水化热方面效果不大；粉煤灰早期不放热，可以有效地降低混凝土的水化热，减少混凝土内外温差，降低混凝土出现温差裂缝的危险，同时，后期发挥 I 级粉煤灰的火山灰效应所带来的孔径细化作用以及未反应的粉煤灰颗粒的 "内核作用"，使混凝土后期强度持续得到提高。

② 对膨胀剂的使用颇有争议，可能源于使用膨胀剂有很多失败的例子。对于使用膨胀剂失败的情况，我们有一些肤浅的认识，其原因可能有以下几点：

a. 膨胀剂的质量差　在混凝土中没有发挥膨胀作用；

b. 膨胀剂与水泥的适应性差　标准胶砂试验中混凝土的限制膨胀率满足标准要求，但对于具体使用的配合比的混凝土限制膨胀率却很小，甚至没有；

c. 膨胀剂的掺量不足　使用前没有针对配合比进行混凝土限制膨胀率试验，没有找出合理的掺量；

d. 浇筑后养护不到位　膨胀剂只有在饱水养护的情况下才能充分发挥其膨胀作用；

e. 使用的环境与膨胀剂的性能不适应　膨胀剂应使用在大体积混凝土或常年潮湿的环境；

f. 结构的限制作用不够等。

我们在国家体育场大体积混凝土配合比设计及生产和浇筑过程中，充分考虑了以上因素的影响，膨胀剂使用取得了较好的效果。

③ 计算混凝土绝热温升时，必须采用水泥的实测水化热值，以保证计算值与实测值不产生过大误差。

④ 民用或公用建筑的大体积混凝土一般达不到绝热状态，混凝土的最高温度常出现在浇筑后的 2~4d，这种情况可能有以下两种原因：其一、混凝土的体积不够大；其二，混凝土的配筋率较高，散热作用明显。因此，这种情况下一些手册中计算大体积混凝土温升和裂缝控制计算就不太适用，应根据实际情况进行试验或加以调整。

⑤ 浇筑大体积混凝土不仅要控制混凝土的内外温差，还要控制混凝土内部的绝对温度，防止混凝土内部温度过高对混凝土的耐久性造成伤害。

第三节 超长墙体混凝土质量控制

超长结构是指按规范要求，需要设缝或因种种原因无法设缝的结构构件。由于受大截面、大体量、超长结构形式及施工工艺等因素影响，超长墙体混凝土容易在施工阶段就出现因温度、收缩以及约束等原因而产生危害性裂缝。根据江苏苏博特新材料有限公司对多项实体结构底板、侧墙及顶板的跟踪与监测分析结果发现，超长墙体结构最容易在拆模前即发生开裂，且裂缝产生的关键原因在于快速温升和温降产生的温度应力。

由于地下室基础底板与地下室底层墙柱以及地下室结构与上部结构首层墙柱施工间隔时间通常都比较长，在较长的时间内基础底板或地下室结构的收缩基本完成，对于刚度很大的基础底板或地下室结构会对与之相连的墙柱产生很大的约束，从而极易造成结构竖向裂缝产生，对这部分结构增加养护时间是必要的。同时建议在混凝土配合比方面采取减少混凝土收缩的措施，按大体积混凝土设计要求进行水化热控制。

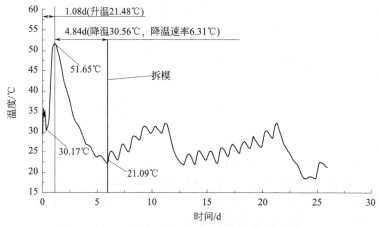

图 7-9 某地下室侧墙混凝土温度监控结果

图 7-9 为所示某厚度为 0.45m 的地下室侧墙混凝土温度监控结果。由于侧墙模板的作用，混凝土早期水化产生的水化热不能及时散出，进而导致混凝土出现较高的温升（1d 左右出现温峰）。在接下来的降温阶段，降温幅度达到了 30℃，降温速率达到了 6.3℃/d，远远超过了混凝土结构的降温速率控制要求。混凝土在降温过程中的收缩往往受到底板约束而导致开裂。因此超长墙体混凝土的早期开裂主要由混凝土温度收缩引起。

一、超长墙体混凝土抗裂技术方案

超长墙体混凝土抗裂措施主要有降低水化热温升速率和峰值、减小混凝土收缩、补偿混凝土收缩以及增韧等。我们认为，降低水化热温升速率和峰值是根本措施，同时超长墙体混凝土应按大体积混凝土进行设计和控制，可以进一步减少水泥用量从而降低水化热，其他措施可根据实际情况选择采用。

1. 掺加粉煤灰降低混凝土水化热

结构混凝土的快速温升主要源于水泥水化加速期的集中放热。现代水泥由于细度增加，加速期水化集中放热的矛盾更加突出。在混凝土中掺入粉煤灰，有效降低水泥用量，可以进一步降低水泥水化进程中加速期的水化放热速率，延长水泥水化加速期放热过程，削弱温峰和温降过程，降低温度开裂风险。

超长墙体混凝土不宜使用矿渣粉。由于矿渣粉对于降低水泥水化加速期的放热速率没有明显作用，且大多数研究表明，矿粉的存在会增加混凝土的自收缩，因此建议配合比中不掺加矿粉。

2. 采取水化热调控型化学外加剂削弱温峰，控制降温速率

水化热调控型化学外加剂通过降低水泥水化进程中加速期的水化放热速率，延长水泥水化加速期放热过程，充分利用结构的散热条件，为结构散热赢得宝贵的时间，达到大幅度缓解水化集中放热程度，削弱温峰和温降过程，降低温度开裂风险的目的。图 7-10 显示了水化热调控型化学外加剂（Treducer®-101）对水泥水化放热速率的影响，其中蓝色曲线为掺加水化热调控型化学外加剂的曲线。

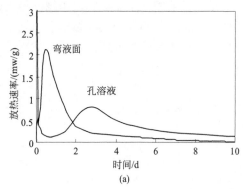
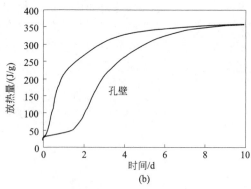

图 7-10　Treducer®-101 对水化放热速率的影响

需要注意的是，加入水化热调控型化学外加剂后，混凝土早期强度上升速率会变缓，应根据实际情况调整结构拆模时间，建议在原有基础上适当延长 1～2d。

3. 掺用减缩型聚羧酸系高性能减水剂，降低混凝土自收缩和干燥收缩

采用聚羧酸系高性能减水剂，可以有效降低混凝土单方胶凝材料用量和用水量，促进结构早期抗力的快速形成。聚羧酸减水剂相较于萘系减水剂，可以有效降低混凝土 28d 自收缩和干燥收缩，对于抑制混凝土结构各阶段的开裂风险均具有良好的效果，有效提高结构的服役寿命。

混凝土减缩型聚羧酸减水剂是在普通聚羧酸接枝共聚物基体上，引入具有减缩功能的特殊单体，形成高减水、低收缩和高抗裂等特性，兼顾了减水与减缩，同时具有聚羧酸高效减水剂促进结构早期抗力快速形成，以及混凝土减缩剂减小自收缩和干燥收缩的优点。试验表明，对于 C60 混凝土，减缩型聚羧酸减水剂可以降低其 28d 自收缩和干燥收缩 15％以上，

较萘系高效减水剂配制的同配合比的混凝土降低 40% 以上；掺加后的混凝土的开裂时间延迟，同掺萘系减水剂的同配合比的混凝土相比开裂时间延长 50% 以上，具有明显的减缩抗裂效果。

4. 掺用高性能膨胀剂补偿混凝土温降收缩和自收缩

采用高性能混凝土膨胀剂并保证掺量，能够产生足够的有效膨胀，可以部分补偿混凝土降温阶段的温度收缩以及胶凝材料水化过程中的自收缩。

补偿收缩混凝土的基本抗裂原理在于，养护期间的膨胀可补偿部分后期的收缩，其收缩落差比普通混凝土少 30% 左右，一般小于极限拉伸变形 S_p，若大于 S_p 则开裂。由于补偿收缩混凝土干缩开始时间往后推迟，此期间混凝土的抗拉强度得到长足的增长，抵抗混凝土干缩所产生的拉应力，故可以减少有害裂缝。

对于不同部位和施工方式的补偿收缩混凝土及膨胀加强带，应依据《补偿收缩混凝土应用技术规程》（JTG/T 178—2009）进行设计，如表 7-30 所示。

表 7-30　补偿收缩混凝土限制膨胀率设计要求

用途	限制膨胀率/%	
	水中 14d	水中 14d 转空气中 28d
用于补偿混凝土收缩	≥0.020（墙体结构） ≥0.015（板梁结构）	≥-0.030
用于后浇带、膨胀加强带 和工程接缝填充	≥0.025	≥-0.020

混凝土底板和侧墙等一次性浇筑长度不宜超过 60m，中间宜酌情设置 2~3m 后浇带，或间断式、连续式膨胀加强带。

膨胀剂类型选择上，建议采用新型高效氧化钙-硫铝酸钙类膨胀剂。它不是用一般生石灰做原料，而是用特殊原料，经过高温煅烧的含 CaO 较多的专用膨胀熟料做原料。比如膨胀熟料是用石灰石、石膏和铝矾土配制成生料，在新型干法回转窑煅烧而成，用该熟料和其他原料粉磨而成的双膨胀高性能混凝土膨胀剂 HCSA，它以 Ca(OH)$_2$ 补偿早期冷缩，以钙矾石补偿后期干缩。该类膨胀剂膨胀效能高，绝湿膨胀大，膨胀速度适宜，长期性能稳定。

5. 掺用功能型纤维，增加结构抗裂能力

高性能工程纤维的使用是抑制水泥基材料收缩开裂，增强其韧性的重要途径。随着混凝土技术不断发展以及建筑结构要求的日益苛刻，现代混凝土逐渐走向高强、高韧性以及高耐久化。纤维增强水泥基复合材料具有优异的综合性能，能够满足现代混凝土发展的要求。亲水性好、分散性强、高强高模量的工程纤维具有同时控制塑性收缩与干燥收缩、与其他化学外加剂相容性好、掺量低、改善混凝土耐火防爆裂性能、本身力学性能与表面特征可调性强等优点，是抑制混凝土早期塑性开裂和后期干燥收缩开裂的重要功能性材料和有效技术途径。

二、超长墙体混凝土质量控制要点

1. 浇筑

大量工程实践证明，分仓浇筑超长结构是控制混凝土裂缝的有效技术措施；应控制混凝土入模坍落度不宜过大，宜控制在 140~180mm 范围；浇筑时应注意落差不能过大，防止混凝土离析，防止石子下沉造成混凝土不均匀引起沉缩裂缝；应选择大气温度较低的时段浇筑。

2. 振捣

应保证振捣及时、充分，振捣要密实，不应漏振、欠振或过振，浇筑时注意振捣到位，使混凝土充满端头角落。为防止出现塑性裂缝，可在混凝土浇筑 2h 后、混凝土初凝前进行二次振捣，以排除混凝土表面风干形成的塑性裂纹和因泌水在石子、水平钢筋下部形成的空隙和水分，提高黏结力和抗拉强度，并减少内部裂缝，提高混凝土抗裂性。

3. 养护

混凝土浇筑后必须进行充分养护，在硬化过程中须加以保护。

墙体补偿收缩混凝土及膨胀加强带浇筑完成后，宜带模养护。达到脱模强度后，可松动对拉螺栓，使墙体外侧与模板之间有 2～3mm 的缝隙，确保上部淋水进入模板与墙壁间。拆模宜在无风或低风速、温度较高的时段进行，拆模后应立即进行薄膜覆盖或洒水养护。避免用冷水直接洒水养护，混凝土养护水温度与混凝土表面温度之差不宜超过 10℃。应组织专门人员负责混凝土的养护工作，对薄膜完整性及水养情况进行检查。

作者认为，最好的养护方式是拆模后，立即用塑料薄膜严密覆盖，这样不仅可以保湿，还可以使混凝土缓慢降温。当混凝土表面温度降低到与养护水温之差不超过 10℃ 时再进行洒水养护。

三、城府路（熏皮场—安立路）隧道工程混凝土裂缝控制技术

（一）工程概况及混凝土控制技术难点

城府路工程是贯穿奥林匹克公园东西走向的一条重要道路，分西段、中段和东段三部分。中段部分西起熏皮场路，终点至安立路，全长约 2.264km。本段道路在北辰西路至北辰东路段采用闭合框架及 U 形槽相结合的通过形式。闭合框架结构标准断面为：标准正常段双向八车道的两孔闭合框架，单侧结构净宽 17.60m，闭合双孔闭合框架设置宽度 0.8m 的中墙。根据覆土及上部荷载的情况不同，侧墙厚度分别为 0.9m 及 1.0m，顶、底板结构厚度均为 1m 厚。地下通道标准段每 35m 左右设一道变形缝，缝宽 2cm。结构混凝土要求强度等级 C30，抗渗等级 P8。主要构件的设计使用年限按 100 年设计，混凝土构件的最大允许裂缝宽度为 0.2mm。

混凝土控制技术难点主要是控制裂缝。作为地下结构，固然要考虑混凝土抗渗能力，但作为一个混凝土单体，在混凝土没有发生裂缝的情况下，混凝土即使不掺加膨胀剂或纤维等提高混凝土抗渗能力的材料，C30 以上混凝土也很容易达到 P20 级以上，因此单纯地解决混凝土的抗渗问题并不难，或者说混凝土抗渗能力必须通过混凝土裂缝控制，尽可能地避免或减少混凝土裂缝的发生来最终实现。在本工程当中，一是无论底板、顶板和墙体混凝土，厚度大，均为大体积混凝土；二是对于墙体来说，一次浇筑距离达 35m 左右，已经超出《混凝土结构设计规范》对挡土墙、地下室墙壁类结构收缩缝最大间距的规定（现浇式结构置于室内或土中时为 30m，露天条件为 20m），属于超长墙体结构，很容易因为温度收缩和干缩的综合作用产生裂缝。

（二）超长墙体混凝土裂缝控制技术方案

混凝土裂缝的控制，需贯彻"防、放、抗"相结合治理的原则，从设计、材料、配合比及施工等各方面综合考虑，统筹处理。从材料的角度，原材料的优选、配合比技术路线的选择及优化设计是关键。

1. 优选原材料

（1）水泥 水泥的选择，应考虑到三方面的指标：低水化热、开裂敏感性小、出厂温度低。根据 Burrows 的研究结果，开裂敏感性小的水泥特征是低 C_3A、低 C_3S、低碱和低比

表面积，在选用水泥时，应重点关注以上指标。根据混凝土结构耐久性设计与施工指南所归纳，从改善混凝土的体积稳定性和抗裂性能角度，普通硅酸盐水泥中的 C_3A 含量一般不宜超过 8%，水泥比表面积不超过 $350m^2/kg$，游离氧化钙不超过 1.5%，水泥的含碱量不宜超过水泥质量的 0.6%。本工程选用可以满足以上指标要求的金隅 P·O42.5 水泥，其水化热 $Q_{3d}=263J/kg$，$Q_{7d}=303J/kg$；控制水泥的进场温度不大于 60℃。

（2）矿物掺合料 选用优质低钙粉煤灰矿物掺合料，将其作为混凝土配制的必须组分，严禁采用高钙粉煤灰和Ⅱ级以下的粉煤灰。选用优质低钙Ⅰ级粉煤灰，粉煤灰水化不放热，可以有效地降低混凝土的水化热，减少混凝土内外温差，降低混凝土出现温差裂缝的危险。优质的Ⅰ级粉煤灰可以减少混凝土用水量，提高混凝土的密实性。同时，Ⅰ级粉煤灰后期发挥的火山灰效应所带来的孔径细化作用以及未反应的粉煤灰颗粒的"内核作用"，使混凝土后期强度持续得到提高。本工程选用质量相对稳定的山东德州Ⅰ级低钙粉煤灰。

（3）砂 砂含泥量是控制要点，含泥量尽可能低，以减少混凝土的收缩。选用三河中砂，含泥量≤3.0%，泥块≤1.0%，细度模数 2.5～2.7。

（4）石 石子级配要合格，含泥量要低。选用密云碎石（尾矿石），粒径为 5～25mm，连续级配，含泥量小于 1%。

（5）外加剂 外加剂应减水率高、坍落度损失小、适量引气以及能明显提高混凝土耐久性能。采用符合现行国家标准《混凝土外加剂》（GB 8076）的缓凝高效减水剂。

（6）掺用 CSA 膨胀剂补偿收缩 在本工程中，根据我们多年对各种膨胀剂使用的经验，我们选用唐山北极熊特种水泥厂生产的 CSA 膨胀剂。选用膨胀剂应注意膨胀与收缩落差大的弊病，当落差过大时，起不到预期的效果，甚至可能起反作用。

2. 配合比技术路线的选择及优化设计

分析本工程混凝土控制技术难点，我们考虑主要是三个方面：①控制混凝土温度收缩，为此必须按大体积混凝土考虑，采用"内降外保"的技术思路，在配合比设计中尽可能降低混凝土自身的水化温升；②控制混凝土自身的收缩以及干燥收缩，为此采用低用水量结合补偿收缩的技术思路；③结合结构百年耐久设计年限的要求，执行耐久混凝土的设计思路。在配合比技术路线的选择及优化设计中，必须兼顾到以上三方面的因素，统筹考虑，综合设计。

以下针对上述三个因素，提出相应的混凝土配制技术路线及参数的控制原则：

（1）控制混凝土水化温升，按照部位不同将混凝土绝热温升控制在 30～35℃ 以内。尽量减少单方混凝土的水泥用量，将混凝土单方水泥用量控制在 200～250kg 范围内；尽可能利用优质低钙粉煤灰替代部分水泥。粉煤灰的掺量宜为 25%～35%，在满足强度等级和抗渗性等耐久性指标的前提下，尽量提高粉煤灰的掺量。

（2）按抗裂性和耐久性设计混凝土配合比

① 在满足泵送工艺要求的前提下，混凝土的坍落度应尽量小，以免混凝土在振捣过程中产生离析和泌水。具体到本工程，混凝土坍落度控制在 180mm±20mm。

② 尽可能降低拌合水用量。限制混凝土单方用水量在 155～165kg 范围内。

③ 限制单方混凝土中胶凝材料的最高用量。C30 混凝土胶凝材料总量控制在 400kg 以下，并尽可能地降低。

④ 控制混凝土水胶比在适宜的范围，不宜过大，也不宜过小。C30 混凝土控制在 0.40～0.45 范围内。

⑤ 重视集料的级配设计，以获取集料的最大堆积密度，最小孔隙率，减少胶凝材料的用量和混凝土的砂率。

⑥ 混凝土适量引气，混凝土的入模含气量不宜小于 2.5%。

⑦ 配制的混凝土应有足够的缓凝时间。常温下，混凝土初凝时间应在 10h 以上；高温季节（气温 28℃以上）施工时，应在 15h 以上。

⑧ 高温季节必须采取有效的降温措施，尽量降低混凝土的入模温度，混凝土最高入模温度不得超过 30℃。

（3）采用膨胀剂按补偿收缩混凝土设计配合比　混凝土的性能除满足抗压强度、抗渗指标等常规要求外，还应满足水中 14d 限制膨胀率≥2.5×10^{-4} 与水中 14d 空气中 28d 限制干缩率≤2.0×10^{-4} 的要求。根据实际配合比的混凝土限制膨胀率的试验结果确定膨胀剂的掺量。

（4）施工技术要求　浇筑过程中的控制裂缝措施：

① 合理安排施工程序，控制混凝土在浇筑过程中均匀上升，避免混凝土拌合物堆积过大高差。

② 采取分层浇筑大体积混凝土，以放松约束程度，减少每次浇筑长度的蓄热量，防止水化热的积聚，减少温度应力。

③ 加强混凝土振捣，提高混凝土的密实度和抗拉强度，减少伸缩变形，保证施工质量。养护过程中的控制裂缝措施：

① 在混凝土浇筑完成后，做好混凝土的养护，缓缓降温，充分发挥徐变特性，减低温度应力，夏季应注意避免暴晒，注意保湿。

② 采取 14d 保水养护（仅对底板和顶板，墙体混凝土采取带模养护）。

③ 严格进行混凝土测温，及时优化调整养护措施。

3. 混凝土配合比及基本性能

（1）配合比　见表 7-31。

表 7-31　混凝土配合比　　　　　kg/m³

部位	水	水泥	机制砂	细砂	石	粉煤灰	矿粉	外加剂	膨胀剂
侧墙	155	224	512	312	967	148		8.8	30
底板、顶板	165	205	466	366	977	147		7.3	30

（2）性能　见表 7-32。

表 7-32　混凝土性能

项目	H_0	H_{60}	H_{90}	含气量	$T_初$	$T_终$	R_7	R_{28}
侧墙	230mm	220mm	200mm	2.8%	12h	16h	113%	148%
底板、顶板	210mm	200mm	180mm	2.8%	12h	16h	105%	153%

4. 工程应用实际效果

（1）混凝土质量情况　浇筑底板、侧墙、顶板混凝土 12 万多立方米，效果良好。拆模后外观没有出现砂线、离析、蜂窝麻面现象。混凝土强度稳定，表 7-33 是部分强度统计结果。

表 7-33　混凝土部分强度统计结果　　　　　单位：MPa

项目	部位	组数	最小值	最大值	平均值	标准偏差
工地	侧墙	23	37.5	43.5	40.7	1.78
	底板	29	35.7	48.0	40.2	3.12
搅拌站	侧墙	25	37.5	45.3	40.9	1.88
	底板	14	33.3	40.5	36.7	2.18

（2）大体积混凝土实际温控效果（测温记录）　图 7-11 是浇筑底板的测温图，一次连续浇筑 $6700m^3$ 混凝土。平均厚度 2m，局部厚度 4m。

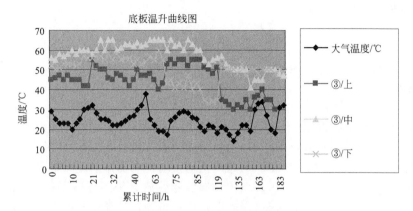

图 7-11　浇筑底板的测温图

图 7-12 为浇筑侧墙的测温图，墙厚 1m，高 8m，长 33m。

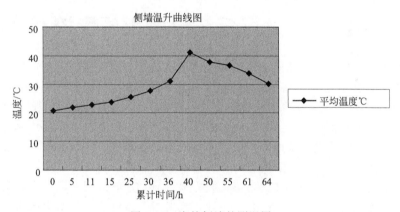

图 7-12　浇筑侧墙的测温图

（3）混凝土裂缝控制实际效果

① 底板与顶板没有出现有规则裂缝，只是局部有少量表面失水龟裂现象。

② 侧墙长度小于 20 m 的没有出现裂缝。

③ 第一仓侧墙长度 33m。浇筑后 7d 拆内模，没有发现裂缝，15d 后拆外模，同样没有裂缝。但 25d 后每面侧墙出现 2～4 条竖向裂缝，裂缝宽度 0.1～0.2mm，两个月后裂缝宽度为 0.15～0.3mm，后来没有发展。裂缝深度为 30～70mm。

④ 第九仓侧墙，长度 36 m。拆模时间与一仓基本一致，在 30d 后出现 2～3 条竖向裂缝。裂缝宽度和长度与一仓基本一致。

⑤ 后续工程共浇注了 14 仓侧墙，基本没有出现裂缝，只有个别长度超过 30 m 的侧墙出现 1～2 条竖向裂缝。

5. 针对本工程裂缝控制的心得与体会

① 超长墙体混凝土裂缝控制必须采取大体积混凝土温控技术路线。

② 膨胀剂的使用必须具有应用膨胀剂的实际经验，有严格的工法和操作条例；施工前必须对所用膨胀混凝土的性能进行专门的检验，测定其自由膨胀率、限制膨胀率和限制收缩率。

③ 防裂混凝土的设计关键点

a. 强度等级：一般应不低于 C30 或提出双重控制指标，同时满足 28d 强度不低于 C25 和 60d 强度标准值不低于 30MPa。

b. 水胶比：应不高于 0.5，最好在 0.45 左右。

c. 限制最大水泥用量。

d. 矿物掺合料：一般应外掺水泥质量 20%～30% 的粉煤灰；热天施工的粉煤灰掺量上限可放宽至 35%。

e. 提出对粗集料最大孔隙率限值的要求。

f. 限制使用 R 型早强水泥，尤其是热天不应用早强水泥。

④ 后期养护对混凝土裂缝控制至关重要。养护包括湿度和温度。实施温度监测可为混凝土的覆盖保温和拆模时机的选择提供可靠的依据。墙体的保湿措施可采取：模板外侧覆盖保水挂帘；及早松开模板，并从模板与墙体的缝隙中注水；采用可保水和注水的特殊模板；拆模后的新混凝土表面仍需保持潮湿一段时间，应加覆盖，外界气温较低时也需覆盖；地下结构外墙和顶板应及早回填；长时间暴露的顶板表面，温湿度变化大，最容易开裂，需临时用土覆盖。

第四节 高层泵送混凝土质量控制

泵送混凝土是指在施工现场通过压力泵及输送管道进行浇筑的混凝土。泵送混凝土技术 1927 年创于德国，德国 Fritz. Hell 设计制造了第一次获得成功应用的混凝土泵。我国从 20 世纪 80 年代开始大量采用泵送混凝土施工方法。超高泵送混凝土技术一般是指泵送高度超过 200m 的现代混凝土泵送技术。超高泵送混凝土已成为一种发展趋势而受到各国工程界的重视。据了解，当今世界最高楼迪拜塔曾将高性能混凝土泵送至 606m，国内的上海中心也曾将混凝土泵送至 620m 高度，混凝土泵送技术日趋成熟。

泵送混凝土技术发展至今，在设备与工艺方面已日趋成熟，但在混凝土可泵性评价方面相对落后，主要还是依靠经验进行配合比设计，或通过常规的压力泌水率试验进行可泵性评价。这已不适应现代混凝土的新特点（高流动性、自密实、低水胶比等），更不能很好地指导超高层混凝土的泵送施工，因此迫切需要在现有基础上，再进一步完善试验室测试装置和方法，开展试验室测试与真实泵送测试结果（参数）对比，并建立起可靠的系列泵送性能参数的要求或判断标准，建立完整、科学、简易、可靠的混凝土"泵送性能"测试与评价体系。

目前超高层混凝土正式生产与施工之前，需要将初步配合比在实际或模拟泵送管线上进行"真实泵送"，测试拌合物泵送性能，以确定原材料和配合比，并制定专门的质量控制措施。迪拜哈利法塔（Burj Khalifa）工程施工前，即专门安装"真实泵送"管线（图 7-13）和设备，进行了混凝土泵送性能测试。但这样的泵送试验测试装置占地大、成本高且费工费时，使泵送性能试验门槛高、难度大，一般只有针对重大工程时，才能够开展这样的试验测试，无法作为常规试验。

图 7-13 迪拜哈利法塔（Burj Khalifa）工程测试混凝土泵送性能的 600m 水平泵送管线

一、混凝土泵送机理

1. 混凝土拌合物在泵管中的流动性质是"层流"

流动物质在流动过程中有两种流动状态即层流和紊流。层流是流动过程中流线之间没有质点交换的流动，紊流是流动过程中流线间有质点交换的流动。由于混凝土拌合物在输送管内的流动速度一般不大于 6m/s，可认为属于层流。

2. 混凝土拌合物在泵管中的流动状态必须是"柱塞流"

管道截面中各流体质点的剪切应力呈直线变化。在管中心处，剪切应力为 0，在管壁处剪切应力最大。因此如在贴近管壁处形成粘度较低的水泥薄浆层，泵送时只要泵的推力所产生的剪切应力大于水泥浆层的黏性阻力，拌合物即开始流动。而管道内部的拌合物则以等速如同固体（柱塞）一样向前运动，柱塞内部无相对运动，这样的流动即所谓"柱塞流"。柱塞流既能使流体与管壁之间形成尽可能小的流动阻力，又能使拌合物具有足够的黏聚性，使送达施工地点的混凝土不产生离析。

通过图 7-14 和图 7-15 可进行简单了解。

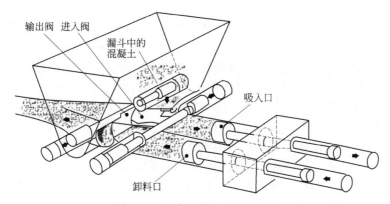

图 7-14　活塞式混凝土泵示意图

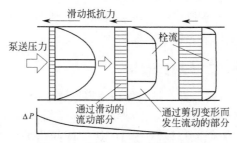

图 7-15　混凝土泵管内流动模型

3. 形成"柱塞流"应具备的两个条件

（1）拌合物需有足够的浆体　浆体除了能满足填满集料所有空隙的要求外，还有较大富裕量，以使管壁和混凝土柱塞之间形成薄浆层。而且薄浆层必须有好的流动性，不能太黏，否则将产生过大的集料与管壁之间的摩擦，大大增加了阻力。

（2）拌合物的稳定性要好，尤其是在压力下的稳定性要好　在拌合物的组成材料中，只有水是可泵的。泵送过程中压力靠水传递到其他固体材料。这个压力必须克服管道的所有阻力，才能推动拌合料移动。在管道中输送混凝土拌合物时，在泵压作用下产生泌水现象，称为压力泌水。压力泌水是必然会产生的，关键在于使压力泌水速度不要太快，以防止管道堵塞。

二、提高混凝土拌合物可泵性的关键因素

在泵送过程中，拌合物与管壁产生摩擦，在拌合物经过管道弯头处遇到阻力，拌合料必须克服摩擦阻力和弯头阻力方能顺利流动。因此混凝土易泵性实则就是拌合物在泵压下在管道中移动摩擦阻力和弯头阻力之和的倒数。阻力越小，则易泵性越好。

据同济大学黄士元教授的研究，混凝土在泵送过程中，在管壁形成一层具有一定厚度的水泥浆润滑层，管壁的摩擦阻力决定于润滑层水泥浆的流变性（屈服应力 τ_0 和结构黏度 η）以及润滑层厚度 ε，水泥浆流动的速率 V 可用下式表示：

$$V = \frac{\tau - \tau_0}{\eta} \varepsilon$$

式中 τ——泵压施于水泥浆的切应力。

由此可见，如果这一润滑层水泥浆流动性差（也即 τ_0 和 η 太大），润滑层薄，则水泥浆不易流动，或者说阻力太大。由此得到一个结论：为保证可泵性，拌合料必须有足够量的水泥浆，而且水泥浆必须有良好的流动性，不能太黏，否则将产生过大的集料与管壁之间的摩擦，大大增加阻力。

赵筇在《混凝土泵送性能的影响因素与试验评价方法》一文中同样指出：

① 压力推动混凝土拌合物在管道中移动，摩擦的作用会使混凝土中的浆体产生迁移，富集在管内壁表面形成细砂砂浆的边界润滑层（由水、胶凝材料和外加剂构成的净浆与细砂组成）。混凝土拌合物能够产生合适厚度、稳定、连续的润滑层，才具有可泵性；润滑层的润滑性能优劣，即降低摩擦阻力的能力，决定了易泵性高低。

② 国外采用滑管仪和冰岛流变仪对混凝土拌合物流变特征研究表明，滑管仪测试润滑层黏度与拌合物本体塑性黏度具有非常强的线性相关性，相关系数 $R^2 = 0.99$，而拌合物与润滑层二者屈服应力之间也具有较好的相关性，相关系数 $R^2 = 0.72 \sim 0.75$。结果很好理解，润滑层的细砂砂浆来源于混凝土拌合物，二者之间的净浆组成（水泥、外加剂、水胶比等）基本相同，故润滑层黏度与混凝土拌合物黏度密切相关，但在集料构成上，润滑层与混凝土有较大差异，可解释二者的屈服应力相关性稍差。

③ 改善泵送性能，是在保证稳定性（不离析）的前提下，降低黏度和屈服应力（减小泵送阻力），即在不牺牲黏聚性的条件下降低黏稠度。

三、高层泵送混凝土可泵性控制

高层泵送混凝土可泵性的核心要求是在保证稳定性（不离析）的前提下降低黏度和屈服应力。进一步分析，在超高层泵送施工中，混凝土流速受施工速度与混凝土泵排量的限制，其值一般在 $0.5 \sim 1.0 \mathrm{m/s}$，为低速层流状态，此速度区间内剪切速率变化较小，总剪切力（摩擦力）主要由塑性黏度决定。因此在低速层流状态下，混凝土的黏度足以表征其可泵性的优劣，黏度越小，摩擦阻力越小，易泵性越好，提高混凝土拌合物易泵性的关键措施主要是在保证混凝土拌合物稳定性的前提下降黏。

四、混凝土高层泵送控制先进理念介绍

1. 上海建工材料工程有限公司（吴德龙）

① 浆体含量对混凝土的泵送尤其重要，利用剩余浆体理论指导和验证混凝土配合比设计可以确保润滑层的厚度，并改善、降低摩擦阻力。

② 通过外加剂掺量的增加对混凝土坍落度、扩展度的影响以及混凝土坍落后的状态、

坍落度与扩展度的关系可以辨别新拌混凝土的和易性程度，及时调整混凝土的配合比。

超高泵送混凝土的可泵性合理指标——组合两个流淌时间和扩展度。从坍落度→扩展度→倒锥时间→倒锥时间和水平流淌时间的组合，判断和评价超高泵送混凝土的可泵性。倒锥试验装置见图7-16。

③ 根据混凝土泵的技术参数和工程实际制定的泵送压力控制范围可以作为超高层混凝土可泵性的监控指标。

④ 根据不同泵送高度控制最小水泥用量不仅有利于混凝土的顺利泵送，而且有利于保持混凝土的匀质性。

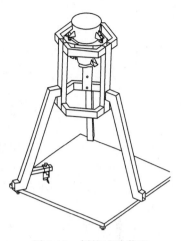

图7-16　倒锥试验装置

2. 北京中超混凝土有限责任公司（余成行）

① 超高泵送混凝土的关键和难点是：黏度与和易性之间的矛盾、坍落度与扩展度泵送损失的控制、扩展度和黏度经时损失的问题和高流动性混凝土的抗压强度保证问题。

② 混凝土的可泵性主要表现为：流动性和内聚性。其中流动性是能够泵送的主要性能，内聚性是抵抗分层离析的能力，即使在振动状态下或在压力条件下也不易发生水与浆体或浆体与集料的分离。混凝土良好的可泵性表现为"混凝土在泵送过程中具有良好的流动性、阻力小、不离析、不易泌水、不堵塞管道等性质"。

③ 提出超高泵送混凝土拌合物经验控制（评价）指标如表7-34。

表7-34　超高泵送混凝土拌合物经验控制（评价）指标

指标名称	必控指标		任选其一必控指标			参考指标			
	坍落度 SL/mm	扩展度 SF/mm	扩展时间 T_{50}/s	V漏斗试验/s	倒置坍落度筒排空时间/s	U型箱试验/mm	L型流平仪	圆筒贯入试验/mm	压力泌水率/%
参数要求	≥240	≥600	≤15	≤25	≤15	≥320	≥0.80	20~40	≤20

3. 北京江汉科技有限公司

① 提出"可泵"和"易泵"两个概念。"可泵性"对混凝土拌合物的要求包括：有一定的流动性（坍落度超过5cm），易于充满泵的缸体，在适当的泵压力推动作用下能够在管道中移动；有良好的黏聚性，在输送过程和压力作用下，不会产生过量的泌水、泌浆或离析，在正常泵送或重新启动时发生堵泵、堵管的可能性很小；在泵送压力和剪切作用下，拌合物不会产生过大的流动性（工作性）损失；不会在泵送中断时因处于静置状态快速损失流动性，而导致重新启动泵的阻力过大或无法恢复流态。"易泵性"指混凝土拌合物在管道中流动阻力的相对高低，关系到泵送相同的距离或高度需要泵压的高低，决定了泵送施工的效率。

② 可以用工作性、压力泌水指标、流动性损失速率（静置、压力和剪切作用下）等试验，检验混凝土基本可泵性。

③ 新的研究对混凝土拌合物在管道中流动方式、边界润滑层的认识逐步深入，认识到混凝土在泵管中的流动是以"摩擦流"（活塞式）滑移为主，高泵送流量或高流动性拌合物会同时产生"黏滞流"，泵送流动阻力主要决定于润滑层组成和性质，泵送压力-流量之间近似直线关系。以此为基础，法国和德国分别研发了圆柱摩擦仪（cylinder tribometer）和滑管式流变仪（sliding pipe rheometer），直接测试润滑层的流变参数（屈服应力和塑性黏度），可有效评价混凝土拌合物的易泵性和建立较准确的泵送压力-流量关系。

④ 配制泵送混凝土，除满足硬化性能（耐久性、强度等）的要求外，需要具备好的泵送性能，既要可泵又要易泵。实现可泵性的核心是控制住离析，提高易泵性则是尽可能地减小摩擦阻力。改善泵送性能，是在保证稳定性（不离析）的前提下，降低黏度和稠度（减小泵送阻力），即在不牺牲黏聚性的条件下降低黏稠度。

第五节　自密实混凝土质量控制

自密实混凝土是具有高流动、均匀性和稳定性，浇筑时无需外力振捣，能够在自重作用下流动并充满模板空间的混凝土。自密实混凝土已有二十多年的历史，近年来也得到了越来越多的应用，尤其适用于配筋密集、振捣困难、形状复杂的结构、对施工噪声等有特殊要求的工程。

20 世纪 80 年代后半期，日本东京大学教授冈村甫开发了"不振捣的高耐久性混凝土"，称之为高性能混凝土（high performance concrete）[2]，受到西方国家的非议。1996 年冈村在美国泰克萨斯大学讲学，并在 1997 年的"混凝土国际（Concrete International）"发表了论文，称该混凝土为自密实高性能混凝土（self compacting concrete）[3]，之所以称为高性能是因为具有很高的施工性能，而能保证混凝土在不利的浇筑条件下也能密实成型，同时因使用大量矿物掺合料而降低混凝土的温升，提高其抗劣化的能力，提高混凝土的耐久性。在国内外前期发表的论文、专利中，这种混凝土还有许多其他名称，如高流动混凝土（high flowing，high fluidity）、高施工性混凝土（high workability）、自流平混凝土（self-leveling）、自填充混凝土（self-filling）、免振捣混凝土（vibration free）等[4]。

我国第一次开发成功自密实混凝土的是城建集团构件厂搅拌站，并于 1995 年成功应用于北京恒基大厦暗挖的地下通道，解决了地下暗挖施工中混凝土浇筑困难和无法振捣的问题[5]。1996 年北京二建公司又和清华大学合作进一步研究，开发了一种抗拌合物离析的高效减水剂和综合检测自密实混凝土工作性能的 L 型仪，成功用于北京凯旋大厦[6]。

国内有关自密实混凝土的标准主要有《自密实混凝土应用技术规程》（JGJ/T 283—2012）、《自密实混凝土应用技术规程》（CCES203：2006）、《自密实混凝土设计与施工指南》（CCES 02—2004）等。

一、自密实混凝土性能

1. 拌合物自密实性能

拌合物的自密实性能（自密性）是自密实混凝土的重要特征，也是与采用外加机械力振捣作用实现浇筑密实成型的普通混凝土的主要区别。通常其自密性涵盖填充性（或流动性）、间隙通过性以及抗离析性（或稳定性）三方面。

混凝土填充性通过坍落扩展度试验和 T_{500} 试验共同测试，间隙通过性通过 J 环扩展试验进行测试，抗离析性通过筛析试验或跳桌试验确定。采用坍落扩展度、J 环、T_{500}、筛析法这四种组合测试方法即可准确表征自密实混凝土拌合物的性能，同时更具可操作性和实用性，容易在自密实混凝土工程实践中应用。自密实混凝土应根据工程应用特点着重对其中一项或者几项作为主要要求，一般不需要每个指标都达到最高要求。填充性是自密实混凝土的必控指标，间隙通过性和抗离析性可根据建筑物的结构特点和施工要求进行选择。

（1）填充性　自密实混凝土拌合物在无需振捣的情况下，能均匀密实成型的性能。

① 坍落扩展度　坍落扩展度值描述非限制状态下新拌混凝土的流动性，是检验新拌混凝土自密实性能的主要指标之一。自坍落度筒提起至混凝土拌合物停止流动后，测量坍落扩

展面最大直径和与最大直径呈垂直方向的直径的平均值。

② 扩展时间 T_{500} T_{500} 时间是自密实混凝土的抗离析性和填充性的综合指标，同时可以用于评估流动速率，表征混凝土黏聚性。用坍落度筒测量混凝土坍落度时，自坍落度筒提起开始计时，至拌合物坍落扩展面直径达到 500mm 的时间。

T_{500} 的性能等级分为 VS1、VS2。达到 VS1 时，混凝土流动时间较长，表现出良好的触变性能，有利于减轻模板压力或提高抗离析性，但 VS1 过大如超过 8s 时，混凝土容易在表面形成孔洞，易堵塞，阻碍连续泵送，建议控制在 2～8s 范围内使用；VS2 具有良好的填充性能和自流平的性能，使混凝土能获得良好的表观性能，一般适合配筋密集的结构或要求流动性有良好表现的混凝土，但是该等级自密实混凝土拌合物易泌水和离析。

③ V 形漏斗排空时间 检验自密实混凝土黏度、填充性、抗离析性能的一种综合试验方法。采用 V 形漏斗，将混凝土拌合物装满 V 形漏斗，从开启出料口底盖开始计时，记录拌合物全部流出出料口所经历的时间。排空时间越短，说明 SCC 通过狭窄空间的能力越强；反之，则越差。我们认为 V 漏主要表征混凝土的黏度，V 漏时间越短，黏度越低。

另外，实际控制时也有采用坍落筒倒锥时间进行简化试验，即测量自开盖至坍落度筒内混凝土拌合物全部排空的时间。

（2）间隙通过性 间隙通过性是指自密实混凝土拌合物均匀通过狭窄间隙的性能，用来描述混凝土流过具有狭口的有限空间（比如密集的加筋区），而不会出现分离、失去黏性或者堵塞的情况。

① J 环扩展度 J 环扩展度用于评价自密实混凝土间隙通过性能。混凝土拌合物停止流动后，扩展面的最大直径和与最大直径呈垂直方向的直径的平均值即为 J 环扩展度。

间隙通过性能指标应为混凝土坍落扩展度与 J 环扩展度的差值。差值越小，通过能力越好，反之，通过能力越差。

② U 型箱试验 U 型箱用于检测自密实混凝土拌合物通过钢筋间隙，并自行填充至箱内各个部位的能力。右室填充高度越高，说明间隙通过能力越好。

（3）抗离析性 抗离析性是指自密实混凝土拌合物中各组分保持均匀分散的性能，是保证自密实混凝土均匀性和质量的基本性能。

① 离析率 测试自密实混凝土拌合物的抗离析性。标准筛析试验中，拌合物静置规定时间后，流过公称直径为 5mm 的方孔筛的浆体质量与混凝土质量的比例。

② 粗集料振动离析率 测试自密实混凝土拌合物的抗离析性能。跳桌振动 25 次，量测上、中、下三段拌合物中粗集料的湿重。

2. 拌合物自密实性能要求

（1）《自密实混凝土应用技术规程》（JGJ/T 283—2012）见表 7-35。

表 7-35 自密实混凝土应用技术规程（JGJ/T 283—2012）

自密实性能	性能指标	性能等级	技术要求
填充性	坍落扩展度/mm	SF1	550～650
		SF2	660～755
		SF3	760～850
	扩展时间 T_{500}/s	VS1	$\geqslant 2$
		VS2	< 2
间隙通过性	坍落扩展度与 J 环扩展度差值/mm	PA1	$25 < PA1 \leqslant 50$
		PA2	$0 \leqslant PA2 \leqslant 25$
抗离析性	离析率/%	SR1	$\leqslant 20$
		SR2	$\leqslant 15$
	粗集料振动离析率/%	f_m	$\leqslant 10$

（2）自密实混凝土应用技术规程（CECS 203：2006）——中国工程建设标准化协会标准见表 7-36。

表 7-36　自密实混凝土应用技术规程（CECS 203：2006）

性能等级	一级	二级	三级
U 型试验填充高度 /mm	320 以上（隔栅型障碍 1 型）	320 以上（隔栅型障碍 2 型）	320 以上（无障碍）
坍落扩展度/mm	700±50	650±50	600±50
$T50$/s	5～20	3～20	3～20
V 漏斗通过时间/s	10～25	7～25	4～25

3. 硬化混凝土性能

硬化混凝土的力学性能、长期性能和耐久性能应满足设计要求和国家现行相关标准的规定，同本书所讲述的普通硬化混凝土的性能。

二、自密实混凝土配合比设计

自密实混凝土应根据工程结构形式、施工工艺以及环境因素进行配合比设计，并应在综合考虑混凝土自密实性能、强度、耐久性以及其他性能要求的基础上，计算初始配合比，经试验室试配、调整得出满足自密实性能要求的基准配合比，经强度、耐久性复核得到设计配合比。

1. 自密实混凝土配比设计技术关键

自密实混凝土配合比设计时，应保证做到三低（低用水、低胶材总量、低砂率）。必须考虑集料、矿物掺合料以及外加剂三方面因素，三者必须统筹兼顾，缺一不可。

（1）优化集料级配设计　应获取最大堆积密度和最小孔隙率，从而尽可能减少胶凝材料的用量，达到降低砂率、减少用水量及胶凝材料用量，提高混凝土耐久性的目的。

（2）矿物掺合料调黏控制　利用优质粉煤灰、硅灰和矿粉优化配伍，改善混凝土黏聚性和流动性。

（3）外加剂配方优化设计　外加剂配方应采用两种以上组分复配的思路，弱化分散性，有较宽的可调节范围，降低敏感性，削弱材料波动影响。外加剂要具备快速分散、延时缓释、适量引气、保水以及黏度调控功能。配制中、低强度等级自密实混凝土，为提高混凝土匀质性，削弱原材料波动影响，降低敏感性，外加剂宜加入增稠组分，但增稠组分的选择应该提高自密实混凝土的匀质性，不能因为塑性黏度的增加显著影响混凝土流动性。

2. 配合比设计方法及基本规定

自密实混凝土配合比设计宜采用体积法，可以避免因胶凝材料组分密度不同引起的计算误差。自密实混凝土设计的主要参数有粗集料体积、砂浆中砂的体积、水胶比、胶凝材料中矿物掺合料用量等。可参考《自密实混凝土应用技术规程》（JGJ/T 283—2012）规定的方法进行设计。

水胶比宜小于 0.45，胶凝材料宜控制在 400～550kg/m³。水胶比不能过大，以保证自密实混凝土具有足量的胶凝材料量，实现良好的施工性能和优异的硬化后的性能。

粗集料体积宜控制在 0.28～0.35m³ 范围内。过小则混凝土弹性模量等力学性能将显著降低，过大则影响拌合物的工作性，无法实现自密实性能。

砂浆中砂的体积分数宜控制在 0.42～0.45 之间，过大则混凝土的工作性和强度降低，过小则混凝土收缩较大，体积稳定性不良。

自密实混凝土的用水量不宜超过 190kg/m³。

可采用通过增加粉体材料的用量来适当增加浆体体积。也可以通过添加外加剂的方法来改善浆体的黏聚性和流动性。常用的粉体为石粉，应符合标准《石灰石粉混凝土》（GB/T 30190—2013）和《石灰石粉在混凝土中应用技术规程》（JGJT 318—2014）。常用的添加剂为增黏剂、生物胶等。

3. 配合比计算书举例

作者参加了 2014 年全国首届混凝土职业技能大赛，获得一等奖。下面为比赛时设计的 C40 自密实混凝土的配合比计算书，供读者参考。

北京市高强混凝土有限责任公司
配合比计算书

1. 设计参数

（1）强度等级： C40 自密实

（2）设计依据： 《自密实混凝土应用技术规程》JGJ/T 283—2012

《普通混凝土配合比设计规程》JGJ 52—2011

《自密实混凝土应用技术规程》CECS203：2006

（3）原材料表观密度 kg/m^3

原材料	水泥	矿渣粉	粉煤灰	硅灰	砂	石 5～20mm	石 10～20mm	石 5～10mm	水	外加剂
表观密度	3050	2880	2220	2190	2730	2720	2720	2720	1000	1037

2. 粗集料体积及质量计算

（1）每立方米混凝土中粗集料的体积 V_g，取：$0.29 m^3$

填充性指标	SF1	SF2	SF3
$V_g(m^3)$	0.32～0.35	0.30～0.33	0.28～0.30

（2）每立方米混凝土中粗集料的质量（m_g）计算

$$m_g = V_g \cdot \rho_g = 0.29 \times 2720 = 789 (kg/m^3)$$

3. 砂浆体积 V_m 计算

$$V_m = 1 - V_g = 1 - 0.29 = 0.710 m^3$$

4. 砂浆中砂的体积分数（ϕ_s）可取 0.42～0.45，取：0.45

5. 每立方米混凝土中砂的体积 V_s 和质量 m_s 计算

$$V_s = V_m \cdot \phi_s = 0.71 \times 0.45 = 0.320 (m^3)$$

$$m_s = V_s \cdot \rho_g = 0.32 \times 2730 = 874 (kg/m^3) \qquad 计算配比砂率 S_p = 52.6\%$$

6. 浆体体积 V_p 计算

$$V_p = V_m - V_s = 0.71 - 0.32 = 0.390 (m^3)$$

7. 胶凝材料表观密度 ρ_b 计算

$$\rho_b = 1/[\beta/\rho_m + (1-\beta)/\rho_c]$$
$$= 1/[20\%/2880 + 25\%/2220 + 5\%/2190 + (1-50\%)/3050]$$
$$= 2711 (kg/m^3)$$

式中 ρ_m——矿物掺合料的表观密度，kg/m^3；

       ρ_c——水泥的表观密度，kg/m^3；

       β——每立方米混凝土中矿物掺合料占胶凝材料的质量分数。

指标＼项目	水泥	矿渣粉	粉煤灰	硅灰
$\rho/(kg/m^3)$	3050	2880	2220	2190
β		20%	25%	5%

总共：50%

8. 自密实混凝土的配制强度 $f_{cu,0}$ 计算（按 JGJ 55—2011 计算）

$$f_{cu,0} \geqslant f_{cu,k} + 1.645\sigma = 40 + 1.645 \times 5 = 48.2 (MPa)$$

根据实际工程经验，应提高混凝土出站强度保证率，即要提高配制强度保证率，最终要保证结构实体的强度保证率满足要求。因此将保证率系数从 1.645 提高到 2.3，对应的保证率由 95% 提高到 98.9%。计算此时的试配强度为：

$$f_{cu,0} \geqslant f_{cu,k} + 2.3\sigma = 40 + 2.3 \times 5 = 51.5 (MPa)$$

9. 水胶比计算

$$\begin{aligned}
m_w/m_b &= 0.42 f_{ce}(1 - \beta + \beta \cdot \gamma)/(f_{cu,0} + 1.2) \\
&= 0.42 \times 53.8 \times [1 - 0.5 + 0.2 \times 0.9 + 0.25 \times 0.4 + 0.05 \times 1.0/(51.5 + 1.2)] \\
&= 0.36
\end{aligned}$$

式中　f_{ce}——水泥 28d 实测抗压强度，MPa，取 53.8MPa；

γ——矿物掺合料的胶凝系数，粉煤灰（$\beta \leqslant 0.3$）可取 0.4，矿渣粉（$\beta \leqslant 0.4$）可取 0.9，硅灰取 1.0。

10. 每立方米自密实混凝土中胶凝材料的质量 m_b 计算

$$\begin{aligned}
m_b &= (V_p - V_a)/[1/\rho_b + (m_w/m_b)/\rho_w] \\
&= (0.39 - 10/1000)/(1/2711 + 0.36/1000) = 521(kg/m^3)
\end{aligned}$$

式中　V_a——每立方米混凝土中引入空气的体积，L，非引气型混凝土可取 10～20L。取 10L；

ρ_w——水的表观密度，kg/m^3，为 1000kg/m^3。

11. 每立方米混凝土中水的质量（m_w）

$$m_w = m_b \cdot (m_w/m_b) = 521 \times 0.36 = 188 kg/m^3$$

12. 每立方米混凝土中水泥质量和矿物掺合料的质量

矿渣粉　$m_{SL} = m_b \times \beta_{SL} = 521 \times 20\% = 104(kg/m^3)$

粉煤灰　$m_{FA} = m_b \times \beta_{FA} = 521 \times 25\% = 130(kg/m^3)$

硅灰　$m_{Si} = m_b \times \beta_{Si} = 521 \times 5\% = 26(kg/m^3)$

水泥　$m_C = m_b - m_m = 521 - 104 - 130 - 26 = 261(kg/m^3)$

13. 外加剂用量计算

$$m_{ca} = m_b \cdot \alpha = 521 \times 2.10\% = 10.94(kg/m^3)$$

式中　α 为外加剂用量，取 2.10%。

C40 自密实混凝土配合比：

强度等级	水胶比	砂率/%	密度/(kg/m³)	配合比用量/(kg/m³)							
				水泥	矿渣粉	粉煤灰	硅灰	砂	石(5～20mm)	水	外加剂
C40 自密实	0.36	52.6	2383	261	104	130	26	874	789	188	10.94

4. 试拌及试配过程举例

下面为参加技能大赛时的试配记录模板。

C40 自密实混凝土试配　　　　水胶比：0.36

试配日期/时间：　　　2014/12/28　13：30

1. 砂石含水率

砂含水：0% 石 (5~20) mm 含水：0%

2. 试配量 15L

3. 各原材料试配用量

	水泥	矿渣粉	粉煤灰	硅灰	砂	石(5~20mm)	水	外加剂
配合比/(kg/m³)	261	104	130	26	874	789	188	10.94
试配量/kg	3.915	1.560	1.950	0.390	13.110	11.835	2.820	0.1641

干拌（不包括石子）：3 次以上，拌均匀。

湿拌：加 80% 的水拌匀；再加剩余的水、外加剂。

加石子、搅拌均匀。

根据工作性调整外加剂用量。

如果有必要，根据工作性调整砂率。用新调的砂率和外加剂用量重新拌制。

4. 混凝土性能测试结果

(1) 试验顺序

① J 环扩展度；

② 坍落扩展度、T_{500}；离析与泌水目测；

③ V 漏；

④ 密度；

⑤ 试块制作；

⑥ 清理。

(2) 具体试验步骤及结果记录

① J 环扩展度

a. 润湿底板、J 环、坍落度筒，无明水。J 环放置在底板中心。

b. 将坍落度筒倒置在板中心。一次性装料。刮掉余料。垂直提起 300mm 高度（同坍落度高度），2s。

c. 测量。不动 J 环，先测两个垂直直径，取平均值。单次精确至 1mm，结果修约到 5mm。

（要求≤30mm） 1. ___；2. ___；平均值：___ mm。K—J 环扩展度＝___ mm。

② 坍落扩展度、T_{500}；离析与泌水目测

a. 润湿底板和坍落度筒，无明水。踩住、固定位置。

b. 一次性装料。刮掉余料。垂直提起 300mm 左右高度（同坍落度高度），2s。

c. 测 T_{500}：自筒离地面开始至 500mm 扩展度的时间。秒表，精确至 0.1s。___ s（≤10s）

d. 测量扩展度。先测最大直径、再垂直。单次精确至 1mm，结果修约到 5mm。

（要求：660~750mm 或以上） 1. ___；2. ___；平均值：___ mm。

e. 目测离析与泌水情况。 （无泌水和离析，中部无粗集料堆积）

③ V 漏 试验结果记录

a. V 形漏斗用清水洗净。用拧过的湿布擦拭内表面，使其保持湿润状态。

b. 漏斗出口下方，放置接料容器（约 12L）。底盖关闭。

c. 容器装料填料至满。刮刀将顶面刮平。 10~25s

d. 静置 1min。秒表测量流出时间。0.1s。宜测两次。 ___ s
___ s

④ 密度

a. 5L 容量筒。

b. 湿布内外擦干净，称出容量筒质量。精确至 50g（0.05kg）。____ kg　　设计密度

c. 直接装满。外壁擦干净。称总重。　　　　　　　　　　　　　____ kg　　　2383

d. 计算。结果精确至 10kg/m³。　　　　　　　　　　　　　　　____ kg/m³

⑤ 试块制作

a. 试模刷油。

b. 拌 3 次以上，拌匀。

c. 分两次装模，每层厚度相等，中间间隔 10s。高出试模口。

d. 刮除多余混凝土，用抹刀抹平。

e. 塑料薄膜覆盖。标记。

⑥ 清理

设备、仪器、工具、场地。

5. 配合比确定

自密实混凝土配合比确定方法跟普通混凝土一样，也是建议采用 3 个或以上的系列配合比，各配比维持用水量不变，增加和减少水胶比，适当调整胶凝材料总量，并相应减少和增加砂的体积分数，外加剂掺量也做微调。然后对其试配强度进行回归，确定每一强度等级对应的水胶比，从而计算出最终的配合比。

三、自密实混凝土质量控制要点

1. 原材料质量控制

自密实混凝土对原材料的要求比较高，在优选原材料的同时，应保证其品质的稳定性。原材料主要控制重点是砂、粉煤灰和外加剂。砂主要控制含泥量或人工砂的石粉含量；粉煤灰主要控制需水量比；外加剂建议通过试拌保证其质量稳定性。

2. 混凝土施工过程质量控制

自密实混凝土流动性大，入模后即在短时间内对模板产生最大的侧压力。与普通混凝土相比，自密实混凝土屈服值低，几乎没有支撑自重的能力，浇筑的过程中下部模板所承受的侧向压力会随浇筑高度增长而线性增加，这样就要求模板具有更高的刚度和坚固程度。然而由于自密实混凝土具有触变性，在浇筑流动到位静置较短时间后，其屈服值就会快速增长，支撑自重的能力同步增大，对模板的侧向压力则会相应减少。因此，设计时应以混凝土自重传递的液压力大小为作用压力，同时考虑分隔板、配筋状况、浇筑速度、温度等影响，提高安全系数。

考虑到自密实混凝土的流动性大，要求模板的接缝处不应漏浆、跑浆。浇筑形状复杂或封闭模板空间内混凝土时，应在模板上适当部位设置排气口和浇筑观察口，避免造成混凝土的空洞。

自密实混凝土浇筑最大水平流动距离应根据施工部位具体要求确定，且不宜超过 7m。柱、墙模板内的混凝土浇筑倾落高度不宜大于 5m。

浇筑结构复杂、配筋密集的混凝土构件时，可在模板外侧进行辅助敲击。

钢管自密实混凝土浇筑时，应按设计要求在钢管适当位置设置排气孔，排气孔孔径宜为 20mm。混凝土最大倾落高度不宜大于 9m。

在有条件的前提下，建议对自密实混凝土进行顶升施工。自密实混凝土混凝土均衡上升可以避免混凝土流动不均匀造成的缺陷，有利于排除混凝土内部气孔。同时均匀、对称浇筑，可防止高差过大造成模板变形或其他质量、安全隐患。

四、基于流变学的自密实混凝土设计与控制新认识

自密实混凝土（SCC，以下简称SCC）要求高流动性、高稳定性和高的钢筋通过能力，对其上述三方面能力的评价，目前主要是基于塌落扩展度K、T_{500}、V漏、U型仪、J环等诸多宏观工作性的评价检测手段。但现有测试方法都是经验方法，测得的量都不是科学意义上的物理量，有局限性、灵敏度也不够，诸多评价检测手段也让使用者无所适从，更重要的是上述手段只是"知其然，而不知其所以然"，要深层次地了解SCC工作性控制技术必须从研究SCC的流变性着手，通过深入了解SCC流变性影响因素，并进而建立流变性与宏观评价手段的相关关系，才能从真正意义上掌握SCC设计与控制技术。

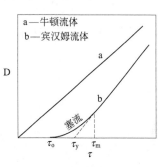

图7-17　牛顿体和宾汉姆体

流变学是研究物体流动和变形的科学。在外力作用下物质能流动和变形的性能称为该物质的流变性。物体流动有两种典型的模型（图7-17），一是理想的牛顿液体，一种是Bingham体。牛顿液体在外力作用下即开始流动，流动的速率与切应力成正比，其比例决定于液体的黏度。Bingham体切应力要达到某一定值τ_0，物体才开始流动。在Bingham模型中，用屈服应力τ和塑性黏度η定义混凝土的流动性，并满足$\tau = \tau_0 + \eta\gamma$，式中，$\tau$为剪切应力；$\tau_0$为屈服剪切应力；$\eta$为塑性黏度；$\gamma$为剪切速度。当前大部分混凝土研究者认为新拌混凝土属于Bingham体。

1. 混凝土流变性能测试（采用丹麦ICAR流变仪）

ICAR流变仪（图7-18）由ICAR公司在德克萨斯大学研发。测试原理为动力型测试，通过施加不同速率的扭力换算得到一条关于剪切应力和剪切速度的曲线，得到基本单位下的Bingham流变参数（屈服应力和塑性黏度）。

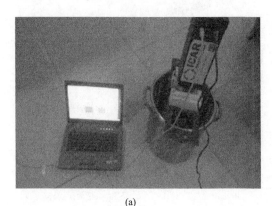

(a)

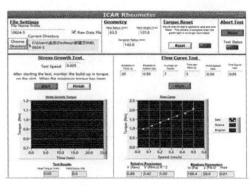

(b)

图7-18　ICAR流变仪及其测试曲线图

2. 试验配合比

混凝土拌合物配合比（表7-37）主要设计参数为：W/B比为0.32、0.36和0.40，砂率55%，矿粉掺量15%，粉煤灰掺量25%，硅灰掺量3%，膨胀剂掺量6%，外加剂掺量2.6%，粒径10~16级石子取代率70%。

3. 自密实混凝土流变特征与拌合物工作性相关关系

（1）屈服应力与拌合物和易性宏观工作性指标相关关系见图7-19~图7-24。

表 7-37　混凝土拌合物基准配合比　　　　　　　　　　kg/m³

试配编号	水胶比	总用水量	水泥	矿粉	粉煤灰	膨胀剂	砂	石(5~10mm)	石(5~16mm)	水	外加剂	硅灰
1	0.32	180	305	79	132	34	1043	186	434	168	14.63	12
2	0.36	180	270	71	118	30	1081	193	450	169	13.00	12
3	0.40	180	242	63	106	27	1111	198	463	170	11.70	12

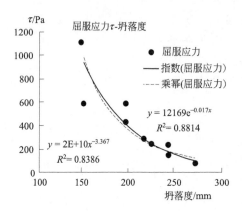

图 7-19　坍落度与屈服应力

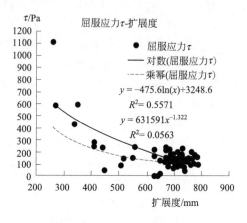

图 7-20　扩展度与屈服应力

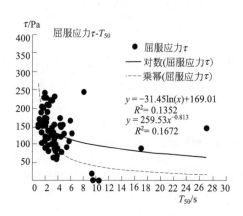

图 7-21　T_{500} 与屈服应力

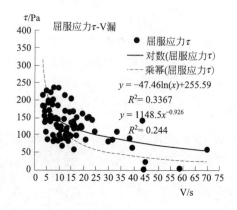

图 7-22　V 漏与屈服应力

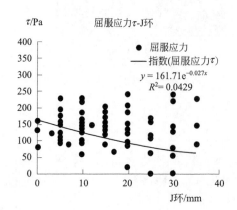

图 7-23　J 环与屈服应力

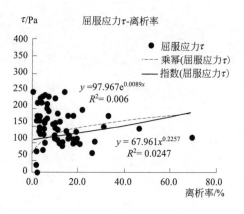

图 7-24　离析率与屈服应力

结果分析：

屈服应力 τ_0 与坍落度具有非常好的相关关系（指数相关系数达到 0.92），二者呈指数关系；屈服应力 τ_0 与扩展度之间有一定的联系（指数相关系数仅 0.55）；屈服应力 τ_0 与 T_{50}、V 漏、J 环高差、静态离析率相关性较差。

（2）塑性黏度与拌合物和易性宏观工作性指标相关关系见图 7-25～图 7-30。

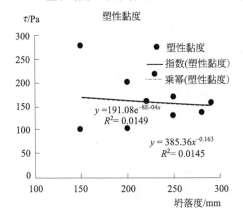

图 7-25 坍落度与塑性黏度

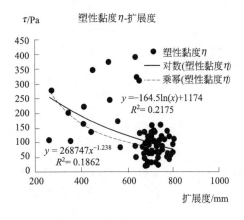

图 7-26 扩展度与塑性黏度

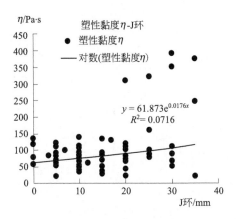

图 7-27 J 环与塑性黏度

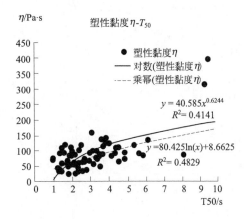

图 7-28 T_{50} 与塑性黏度

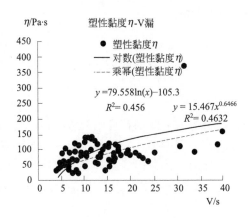

图 7-29 V 漏与塑性黏度

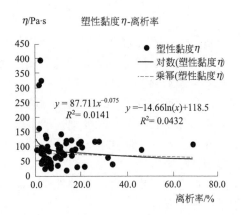

图 7-30 离析率与塑性黏度

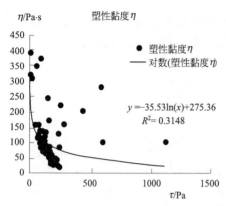

图 7-31 屈服应力与塑性黏度的关系

$y = -35.53\ln(x) + 275.36$
$R^2 = 0.3148$

结果分析：

塑性黏度 η 与 V 漏有一定的联系，二者呈指数相关，但相关系数仅为 0.45；塑性黏度 η 与 T_{50} 之间具有类似与 V 漏的相关性，二者亦呈指数相关，但相关系数仅为 0.48；塑性黏度 η 与坍落度、扩展度、J 环高差、静态离析率相关性较差。

4. 屈服应力 τ_0 与塑性黏度 η 相关关系

二者关系见图 7-31。

结果分析：屈服应力 τ_0 与塑性黏度 η 并无直接的关系，二者为拌合物流变性独立的表征变量。

相关关系研究总结论：屈服应力 τ_0 与塑性黏度 η 为拌合物流变性独立的表征变量。与时间无关的坍落度测试值，反映的是混凝土屈服应力 τ_0；与时间有关的 V 漏、T_{500} 值一定程度上反映塑性黏度 η。采用屈服应力 τ_0 与塑性黏度 η 两个独立变量可以部分表征 SCC 拌合物的工作性状态，与现有的宏观工作性评价手段相比，SCC 的稳定性指标和通过钢筋能力指标尚无法表征。

5. 原材料及配比设计因素对 SCC 流变性的影响

（1）用水量对 SCC 流变性影响试验见图 7-32。

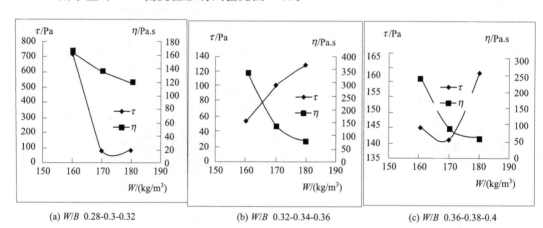

(a) W/B 0.28-0.3-0.32　　(b) W/B 0.32-0.34-0.36　　(c) W/B 0.36-0.38-0.4

图 7-32　用水量对 SCC 流变性影响

分析：随用水量增大（配比单纯增加用水），相应 W/B 比增大，拌合物屈服应力 τ 波动幅度不明显，但塑性黏度 η 明显降低，表明"加水"肯定是有效的降黏措施。但在实际采用时必须考虑对强度降低的不利影响。

（2）外加剂掺量对 SCC 流变性影响试验见图 7-33。

分析：低水胶比下，随外加剂掺量增加，拌合物屈服应力 τ 波动幅度不明显，但塑性黏度 η 明显降低；高水胶比下，随外加剂掺量增加，拌合物屈服应力 τ 和塑性黏度 η 均大幅降低，显示外加剂对调整混凝土流变特征影响显著，而且外加剂掺量因素对拌合物流变特征的影响是使拌合物屈服应力 τ 和塑性黏度 η "同向"变化，揭示在配比设计中找准外加剂"饱和用量"的重要性。

（3）砂率对 SCC 流变性影响试验见图 7-34。

试验结果分析：在胶凝材料和用水量不变的条件下，开始阶段拌合物屈服应力 τ 随砂率

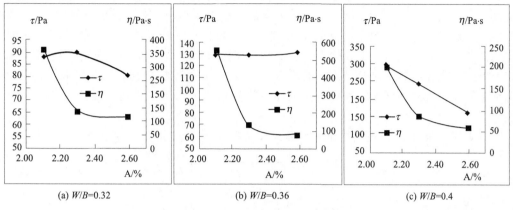

(a) $W/B=0.32$　　　　　(b) $W/B=0.36$　　　　　(c) $W/B=0.4$

图 7-33　外加剂掺量对 SCC 流变性影响

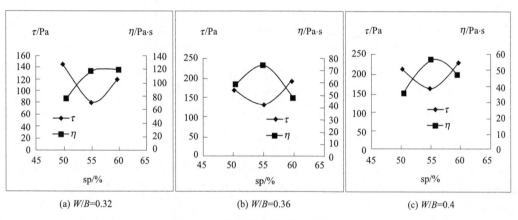

(a) $W/B=0.32$　　　　　(b) $W/B=0.36$　　　　　(c) $W/B=0.4$

图 7-34　砂率对 SCC 流变性影响

增加而减小，当砂率达到一定数值之后，再提高砂率，屈服应力 τ 反而增大。而砂率对塑性黏度 η 的影响则正好相反。揭示拌合物合适的砂率对应较低的屈服应力和适中的塑性黏度 η。这点对配制 SCC 以及提高混凝土可泵性至关重要。

（4）浆集比对 SCC 流变性影响试验见图 7-35。

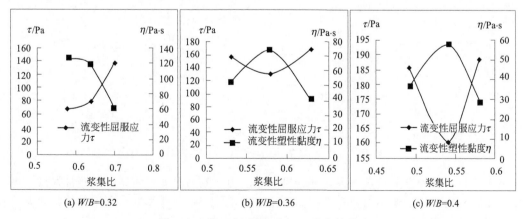

(a) $W/B=0.32$　　　　　(b) $W/B=0.36$　　　　　(c) $W/B=0.4$

图 7-35　等 W/B 调整对 SCC 流变性影响

　　分析：低水胶比条件下，浆集比增大，拌合物屈服应力 τ 增大，而塑性黏度 η 逐渐降低；高水胶比条件下，浆集比因素的影响，类似于砂率的影响，对拌合物屈服应力 τ 是先减小后增大，对塑性黏度 η 的影响是先增大后减小，但无论是屈服应力 τ，还是塑性黏度 η，高水胶比条件下二者变化幅度总体不大。揭示浆集比增大仅是低水胶比高强混凝土拌合物降黏有效措施，在原材料品质已经确定的前提下，针对高强 SCC，要选择合适的单方用水量。考虑到浆集比增大对强度无不利影响，因此该措施依然可以用于调整高强 SCC 拌合物的工作性。

　　（5）矿粉掺量对 SCC 流变性影响试验见图 7-36。

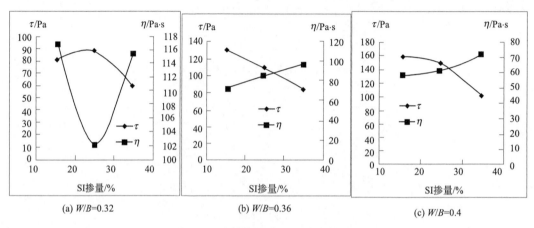

图 7-36　矿粉掺量对 SCC 流变性影响

　　结果分析：随矿粉掺量增大，总体上拌合物屈服应力 τ 呈下降趋势，而塑性黏度 η 呈上升趋势。揭示在矿粉品质确定的前提下掺量对拌合物流变性的影响主要是降低屈服应力，提高塑性黏度。

　　（6）粉煤灰掺量及品质对 SCC 流变性影响试验

　　① 粉煤灰掺量对 SCC 流变性影响见图 7-37。

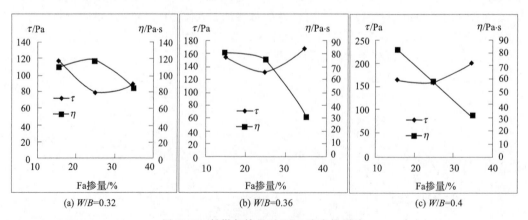

图 7-37　粉煤灰掺量对 SCC 流变性影响

　　结果分析：随粉煤灰掺量增大，拌合物屈服应力 τ 波动幅度不明显，但塑性黏度 η 明显降低。揭示使用优质粉煤灰的前提下提高掺量有助于拌合物降低黏度，利用优质粉煤灰是拌合物降黏的有效措施。

　　② 同掺量下（25%）粉煤灰品质对 SCC 流变性影响试验见图 7-38。

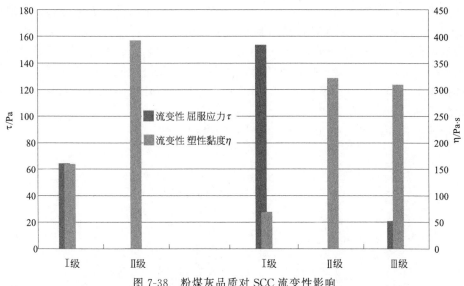

图 7-38 粉煤灰品质对 SCC 流变性影响

结果分析：粉煤灰品质对拌合物流变性影响显著，体现在当粉煤灰品质下降时，拌合物屈服应力 τ 急剧降低，而塑性黏度 η 急剧增大。揭示配制 SCC 应严控粉煤灰品质，SCC 高流动性的要求应选择优质粉煤灰。

（7）硅灰掺量对 SCC 流变性影响试验见图 7-39 和图 7-40。

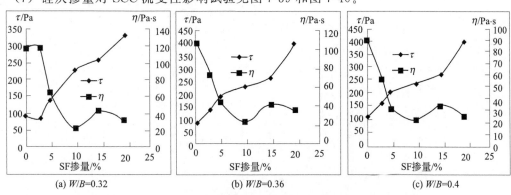

图 7-39 硅灰掺量对 SCC 流变性影响

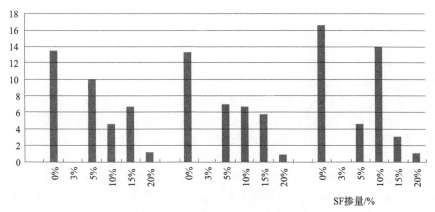

图 7-40 硅灰掺量对 SCC 稳定性的影响

结果分析：随硅灰掺量增大（0～20％掺量范围），拌合物屈服应力 τ 增大，但塑性黏度 η 明显降低，而且降黏的效果非常显著。揭示硅灰对拌合物流变性的影响主要是增大屈服应力，但降低塑性黏度。另外从静态离析率的结果可以明显看出，随着硅灰掺量的提高，混凝土静态离析率下降，显示混凝土拌合物的稳定性得到有效提高。但从提高混凝土自密性和可泵性角度，黏度降低是我们希望的变化，而屈服应力的提高是我们所不希望的变化，因此硅灰的掺量应适宜，从试验看 5％～10％掺量范围即可。

（8）增稠剂对 SCC 流变性影响试验见图 7-41 和图 7-42。

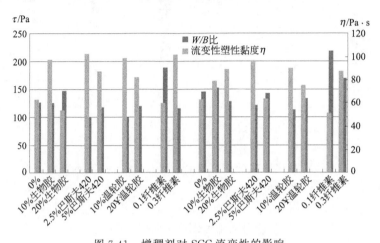

图 7-41　增稠剂对 SCC 流变性的影响

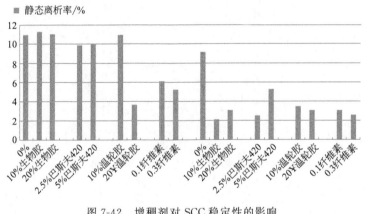

图 7-42　增稠剂对 SCC 稳定性的影响

结果分析：

① 对拌合物流变性能的影响：四种增稠剂在其掺量范围，对拌合物屈服应力 τ 影响不明显，对塑性黏度 η 影响亦不明显。

② 对拌合物稳定性的影响：从离析率指标看，0.3 水胶比（胶材 563kg/m³）下作用不明显，但在 0.36 水胶比（胶材 500kg/m³）下离析率大大降低，揭示增稠剂的作用主要是显著提高中低胶材下拌合物稳定性，设计中低胶材 SCC 时，外加剂宜掺入适宜的增稠组分，而低水胶比（胶材高于 550kg/m³）无须考虑增稠。

③ 四种增稠剂，除纤维素外，其他三种增稠剂对拌合物流动性无不利影响。

良好的增稠剂应该是使混凝土有较低的屈服应力来提高其流动性以及拥有足够的塑性黏度来阻止混凝土的离析，也就是说，应该使混凝土保持匀质性且不影响流动性能。理想状态下，混凝土在静止时也应该展示其触变性能。另外一点是需考虑整个体系的稳定性，当混凝土配比因用水量以及外加剂掺量发生变化时，混凝土也应同样保持匀质，后者可以有效降低混凝土生产的敏感性从而易于控制。基于以上目标，试验选择的江苏博特生物胶 DG、巴斯夫 Rheomatrix 420、温轮胶要远好于纤维素的作用效果。

6. 汇总

混凝土配比参数对拌合物流变行为的影响规律汇总见表 7-38。

表 7-38　混凝土配比参数对拌合物流变行为的影响规律汇总

序号	因素	因素变化趋势	屈服应力	塑性黏度	稳定性
1	W/B	↑	↑	↓	
2	W	↑	—	↓	
3	A	↑	↓	↓	
4	砂率	↑	↘↗	↗↘	
5	浆集比	↑	↘↗	↗↘	
6	矿粉掺量	↑	↓	↑	
7	粉煤灰掺量	↑	↑	↓	
8	硅灰掺量	↑	↑	↑	↑

① 降低塑性黏度有效的措施包括：W/B 放大、提高用水量、提高外加剂用量、提高浆集比、优质粉煤灰提高掺量、提高硅灰掺量。

② 塑性黏度影响程度因素排序：外加剂用量＞粉煤灰品质＞用水量＞硅灰掺量＞优质粉煤灰掺量＞提高浆集比＞降低矿粉掺量。

③ 降低屈服应力有效的措施包括：降低 W/B、提高外加剂用量、合理砂率、合适用水量、提高矿粉掺量、降低粉煤灰掺量、降低硅灰掺量等。

④ SCC 配合比设计应根据低屈服应力和适中塑性黏度的要求综合考虑，综合设计。其中关键措施应包括外加剂饱和用量，合适的单方用水量、合适的砂率、使用优质粉煤灰并提高掺量以及掺加适宜用量的硅灰等措施。从提高中低胶材 SCC 稳定性的角度考虑，宜掺加合适品种以及合适用量的增稠剂。

7. SCC 适宜流变特征参数的确定

基于以上 SCC 要求拌合物流变特征的分析，我们研究了不同条件下混凝土拌合物的屈服应力和塑性黏度，同时测定了其 K、T_{50}、V 漏、U 型仪、J 环高差、静态离析率等宏观工作性指标。基于丹麦 ICAR 流变仪，以满足 SCC 宏观工作性为指标，具体为 600mm ＜K＜800mm，T_{50}＜10s，V 漏＜25s，J 环高差≤30mm，静态离析率≤20％，通过近百组试验反演推导出 SCC 适宜的流变特征参数，具体为：60Pa＜屈服应力＜250Pa，20Pa・s ＜塑性黏度＜150Pa・s。

8. SCC 流变特征分析

SCC 最主要的是解决高流动性与高稳定性之间的矛盾。

（1）高流动性要求的混凝土拌合物流变特征分析　混凝土拌合物的流动性能涉及与力学相关的原理。作为流体的混凝土拌合物内部存在一定的屈服应力，需要在一定外力作用下克服拌合物的屈服应力才能使其产生变形和流动；若拌合物内部的屈服应力较小，则表明该拌合物易于产生流动，如果拌合物塑性黏度较低，则表明该拌合物变形速率（运动速度）较快。

因此从本质上分析，混凝土拌合物的初始屈服应力和塑性黏度是对流动性起关键作用的两个因素。高流动性要求的混凝土拌合物首先应具有较低的初始屈服应力，这样自重作用力就足以克服其初始屈服应力，从而产生流动。其次要有较低的塑性黏度，这样运动速度就快，从而易于产生流动。

（2）高稳定性要求的混凝土拌合物流变特征分析　混凝土作为由性质各异的多组分构成的悬浮体系，密度较大的集料必然存在向下运动的倾向，而水等较轻的组分则要向相反方向运动。从这个角度上讲，混凝土拌合物内各组分发生相互分离的趋势难以避免。

$$v=\frac{2r^2 g(\rho-\rho_c)}{9\eta}$$

上式是混凝土拌合物系统中集料颗粒在平衡状态条件下的运动速度计算公式。根据方程可知，混凝土拌合物中集料的沉降速度与集料半径的平方、集料与浆体的密度差成正比，与浆体的塑性黏度成反比。上述理论分析方程表明了混凝土拌合物中集料颗粒产生沉降离析的主要影响因素，为确保混凝土拌合物具有良好抗离析性能提供了技术基础。

在本研究当中，得出塑性黏度与离析率相关性较差的结论与试验方案设计有关，在试验方案设计中胶凝材料用量本身较高（450～530kg/m³），再加上硅灰提高拌合物稳定性的作用所致离析率变化不大。

根据这一理论分析，高稳定性要求的混凝土拌合物，其浆体塑性黏度并非越低越好，而是要求具有适中的塑性黏度。

（3）SCC要求拌合物流变特征分析　综合以上分析，配制SCC的关键，在于控制其"高流动性"与"高稳定性"之间的平衡，SCC要求拌合物适宜的流变特征应该是低屈服应力和适中的塑性黏度。

9. 结论

① 基于流变学的概念可以部分表征SCC拌合物的和易性，采用屈服应力 τ_0 与塑性黏度 η 两个独立变量可以部分表征SCC拌合物的工作性状态，与现有的宏观工作性评价手段相比，SCC的稳定性指标和通过钢筋能力指标尚无法表征。

② 与时间无关的坍落度值，反映的是混凝土屈服应力 τ_0；与时间有关的V漏、T_{50} 值一定程度上反映塑性黏度 η。

③ SCC配合比设计应根据低屈服应力和适中塑性黏度的要求综合考虑，综合设计。其中关键措施应包括外加剂饱和用量，合适的单方用水量、合适的砂率、使用优质粉煤灰并提高掺量以及掺加适宜用量的硅灰等措施。从提高中低胶材SCC稳定性的角度考虑，宜掺加合适品种以及合适用量的增稠剂。

④ 基于丹麦ICAR流变仪，以满足SCC宏观工作性为指标，具体为 $600mm<K<800mm$，$T_{50}<10s$，V漏$<25s$，J环高差$\leqslant30mm$，静态离析率$\leqslant20\%$，反演推导出SCC适宜的流变特征参数，具体为：$60Pa<$屈服应力$<250Pa$，$20Pa\cdot s<$塑性黏度$<150Pa\cdot s$。

五、北京市南水北调配套工程东干渠工程二衬自密实混凝土的工程应用

1. 工程概况和混凝土技术要求

南水北调配套工程东干渠工程地处北五环、东五环沿线，起点与团城湖至第九水厂输水工程关西庄泵站北侧分水口相接，基本沿五环路外侧布置，终点至大兴区亦庄调节池附近，与南干渠末端相接，全长44.7km。

输水隧洞采用盾构法施工，复合式衬砌结构。一衬采用预制钢筋混凝土盾构管片，厚度300mm；二衬采用针梁式模板台车全圆一次浇筑混凝土，厚度400mm。首先由于二衬结构采用全圆一次性浇筑的施工工艺，所使用的混凝土无法正常振捣，这就要求混凝土必须具有良好的流动性，浇筑时依靠其自重流动，无需振捣而达到密实。其次二衬结构为输水隧洞的

外部结构，外观质量与耐久性要求较高，这就要求所使用的混凝土具有良好的均匀性和稳定性，避免出现"砂线"、"接缝"等影响外观质量和耐久性的现象。此外二衬结构施工过程中为了防止台车上浮，混凝土的浇筑速度不宜过快，这就要求混凝土必须具有良好的保坍性能。因此作为二衬结构所使用的自密实混凝土必须具备良好的"流动性"、"稳定性"和"保坍性"，这也是配制该自密实混凝土的难点所在。

东干渠工程输水隧洞二衬结构设计使用 C35W10F150 自密实混凝土，其具体性能指标要求见表 7-39。同时要求自密实混凝土入仓前坍落度为初始值的±10mm，坍落扩展度损失不超过初始值的 10％。

表 7-39　自密实混凝土性能指标

检测项目	指标要求
坍落度/mm	260～280
坍落扩展度/mm	650～750
V 形漏斗通过时间/s	7～25

2. 混凝土配制技术路线

① 优化集料级配设计，获取最大堆积密度和最小孔隙率，从而尽可能减少胶凝材料的用量，达到降低砂率、减少用水量及胶凝材料用量，提高混凝土耐久性的目的。

② 矿物掺合料调黏控制，利用优质粉煤灰、硅灰和矿粉优化配伍，改善混凝土黏聚性和流动性。

③ 外加剂配方优化设计：围绕低标号增黏，引入增稠剂，增稠剂的选择应该保持自密实混凝土的匀质性且改善它的状态，而不能因为塑性黏度的增加显著影响混凝土流动性（低屈服值），兼具抑制泌水、离析、包裹性差等功能，削弱原材料波动影响，降低敏感性；开发适用于中低胶材自密实混凝土的超塑化剂体系，采用两种以上组分复配（减水、保坍……）的思路，弱化分散性，高饱和掺量，较宽的可调节范围，降低敏感性，削弱材料波动影响。

3. 工程原材料选择和配合比设计

（1）原材料选择

① 利用铁尾矿砂替代天然砂解决质量稳定、性能优良的砂源问题，同时提升自密实混凝土的稳定性。

② 利用优质的粉煤灰降低自密实混凝土的塑性黏度，改善其流动性。

③ 利用酯类聚羧酸减水剂替代普通的醚类聚羧酸减水剂降低自密实混凝土中浆体的黏度，改善自密实混凝土的工作性；利用新型保坍型聚羧酸母液改善自密实混凝土的保坍性能，使其在加水搅拌之后，3h 内仍能正常使用。

④ 利用生物胶特种黏度调节组分提高自密实混凝土的抗离析能力，改善其匀质性。

（2）自密实混凝土配合比　C35W10F150 自密实混凝土的配合比见表 7-40。

表 7-40　C35W10F150 自密实混凝土的配合比　　　　　　　　　　kg/m³

水泥	矿渣粉	粉煤灰	砂	石	水	外加剂
310	85	105	809	886	180	10.00

4. 工程应用效果

采用上述路线配制的二衬自密实混凝土表现出优良的保坍性和稳定性。

（1）保坍性　在正式为东干渠工程第七标段供应二衬自密实混凝土之前，应施工和监理单位的要求，2014 年 6 月 12 日，我们进行了一次模拟试验。由我公司实际生产一批自密实混凝土,运输至施工现场,在现场等待 2h,检测自密实混凝土在等待过程中工作性的变化情况,具体结果见表 7-41。

表 7-41 自密实混凝土模拟试验结果

各时间点		经历时间/min	扩展度/mm	V 形漏斗通过时间/s
出站	11:20	0	750	7.4
到场首次检测	12:20	60	750	7.6
第二次检测	12:50	90	730	8.2
第三次检测	13:20	120	710	9.2
第四次检测	14:20	180	680	10.8

如图 7-43 所示,在整个模拟试验过程中,自密实混凝土表现出良好的保坍性能。在经历了 3h 的等待之后,自密实混凝土的扩展度和 V 形漏斗通过时间变化较小,仍然满足《技术要求》中的指标要求。

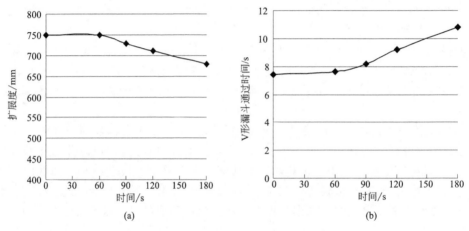

图 7-43 自密实混凝土模拟试验结果

自密实混凝土良好的工作性能保持能力对于二衬结构施工至关重要。一方面,在自密实混凝土浇筑过程中为了防止台车上浮,浇筑速度不宜过快,特别是每仓混凝土浇筑到一半时,更是要严控混凝土的浇筑速度,通常混凝土运输车需要在现场等待 1h 以上,这就要求自密实混凝土必须具备良好的工作性保持能力,否则将无法正常施工。再者混凝土施工过程中,出现设备故障等问题在所难免,自密实混凝土良好的保坍性能为施工赢得更多的时间,这都有利于保证工程实体质量。

(2)稳定性 所谓稳定性,是指自密实混凝土在整个生产浇筑过程中,每车混凝土从出机到浇筑完成,各车混凝土之间的工作性应基本一致,不应出现大的波动。为了说明弄清所生产自密实混凝土的稳定性状况,将生产过程中自密实混凝土工作性车检记录进行了统计,具体结果见表 7-42。

表 7-42 自密实混凝土车检结果统计表

外加剂掺量/%	出机后		入仓前	
	扩展度/mm	V 形漏斗通过时间/s	扩展度/mm	V 形漏斗通过时间/s
1.9~2.1	720~750	7.2~9.1	690~750	7.5~12.3

如表 7-42 所示,在整个生产供应过程中,无论是出机后还是入仓前,自密实混凝土的扩展度和 V 形漏斗通过时间都在一个较小的范围内波动。同时在整个生产过程中,外加剂

掺量稳定在 1.9%～2.1%，这也从另一个侧面反映出自密实混凝土良好的稳定性。

二衬自密实混凝土具有良好的保坍性和稳定性，带来所浇筑的二衬结构外观未出现明显的缺陷，受到施工单位认可，见图 7-44。

图 7-44　二衬结构外观

此外自密实混凝土生产供应过程中，对出厂检验 7d、28d 标准养护抗压强度值进行了统计，其结果见表 7-43。

表 7-43　自密实混凝土抗压强度统计

设计强度等级	标准养护龄期/d	抗压强度平均值/MPa	达到设计强度等级百分比/%	标准差/MPa
C35	7	35.5	101	3.0
	28	51.9	148	2.6

如表 7-43 所示，C35 自密实混凝土的 7d 抗压强度平均值达到设计强度 101%，28d 抗压强度平均值达到设计强度的 148%，远高于合格评定系数 1.15 的要求，保证结构实体的安全性。C35 自密实混凝土 7d 和 28d 抗压强度的标准差都在 3.0MPa 以内，这也从另一个侧面反映出自密实混凝土良好的稳定性。

（3）南水北调东干渠二衬自密实混凝土成果转化效果显著　从 2014 年 3 月 4 日至 2014 年 10 月 15 日，高强公司马驹桥搅拌站和高碑店搅拌站为南水北调东干渠 7 标、10 标和 13 标三个标段共计施工 589 仓，二衬自密实混凝土供应量达 35300m³，见表 7-44。

表 7-44　南水北调东干渠二衬自密实混凝土成果转化效果

施工标段	施工仓数	施工方量/m³	施工搅拌站
7 标	41	2478	高碑店搅拌站
10 标	236	15060	马驹桥搅拌站
13 标	312	17762	
合计	589	35300	高强公司

（4）二衬自密实混凝土配制心得

① 针对南水北调配套工程东干渠工程二衬自密实混凝土实际工程需求，对于中低胶材自密实混凝土配制技术，应改变过去"高胶材、高砂率、高用水"配制低强度等级自密实混凝土技术现状，实现"中低胶材、低砂率、低用水"配制低强度等级自密实混凝土，提高低强度等级自密实混凝土综合性能，改善二衬混凝土结构施工质量。

② 配制中低胶材自密实混凝土技术关键是采取：a. 集料级配优选；b. 矿物掺合料调黏控制；c. 外加剂配方优化配伍等技术手段。尤其在外加剂技术上，宜考虑适宜的增稠组分以提高拌合物稳定性的同时，降低生产控制上的敏感性。

第六节　预拌硫铝酸盐水泥快硬混凝土质量控制

　　随着城市交通建设的高速发展，为了尽可能减少城市道路、桥梁等基础设施维修加固施工对正常交通出行的影响，大多要求采用限时应急抢修方式进行施工作业。在限时应急抢修工程施工中，高效快速修补材料的应用就成为了必然的选择。

　　预拌硫铝酸盐水泥快硬混凝土是一种专门针对城市道路、桥梁等基础设施应急抢修工程开发出的一种高效快速修补材料。该材料在配制技术路线上采用了硫铝酸盐水泥配制快硬混凝土，并且在控制技术手段上采用了合理的分段控制技术手段，通过专用外加剂核心技术以及快硬混凝土关键控制技术的应用，确保混凝土以预拌的方式实现快硬、早强。

　　从 2002 年开始，北京市高强混凝土有限责任公司在北京二环路伸缩缝改造工程中进行了预拌硫铝酸盐水泥快硬混凝土技术首次应用，历经 2007 年复兴门桥维修改造、2009 年东长安街大修、2014 年西长安街大修等工程，该项应用技术已经成熟、可靠。

一、预拌硫铝酸盐水泥快硬混凝土控制技术路线

　　硫铝酸盐水泥是我国在 20 世纪 70 年代末、80 年代初由王燕谋、苏慕珍等老一辈水泥材料工作者发明的所谓第三系列水泥[7]。近三十年来，硫铝酸盐水泥已成功应用于各种建筑工程和混凝土制品的生产中。

　　作为一项成熟的技术，硫铝酸盐水泥配制预拌混凝土可应用于冬季负温环境，也可采用现场小方量搅拌的方式应用于抢修工程材料领域，但通过二者应用的有机结合，实现硫铝酸盐水泥混凝土以预拌方式、连续大方量地应用于抢修工程材料领域，目前还鲜有工程实例报道。究其原因是因为硫铝酸盐水泥集中放热的固有特性，再加上随环境气温敏感的特点，导致其性能难以控制，实际应用中存在较高的技术难度。

　　从理论上分析，预拌硫铝酸盐水泥快硬混凝土的控制核心是"控凝控强"，其控制要点主要为凝结时间、早期强度和后期强度，如图 7-45 所示。其中凝结时间是保证安全生产、运输和施工的需要，早期强度是实现快速开放交通的必要条件，而后期强度是满足结构设计性能要求。

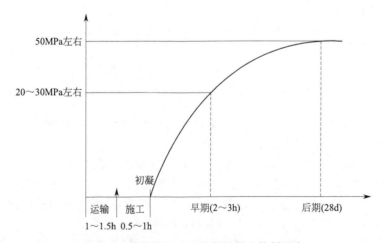

图 7-45　硫铝酸盐水泥快硬混凝土控制要点

　　围绕上述控制要点，以往通常采取单一的控制技术手段[8]，即采用单一的、专门的复

合高效减水剂，外加剂中含专门的缓凝组分和促硬组分，但实际应用证明，控制效果并不理想，经常发生混凝土凝结时间过快导致铸罐或者凝结时间过长、无法满足开放交通等情形。

因此为了解决上述问题，在深入持续研究的基础上，提出预拌硫铝酸盐水泥快硬混凝土分段控制技术路线。所谓分段控制是采用在搅拌站添加专门的缓凝减水剂，而混凝土到现场后添加专门的促硬增强剂的方式，这样可以精确控制混凝土凝结时间，既能保证预拌混凝土安全生产、运输需要，又能保证施工现场操作时间以及最终快速通车需要。

二、预拌硫铝酸盐水泥快硬混凝土材料性能指标要求

预拌硫铝酸盐水泥快硬混凝土，必须具备以下性能指标要求。

① 快硬混凝土从出机到现场，考虑运距、交通堵塞以及现场等待等因素，要求混凝土至少 1.5h 内具备良好的流动性。

② 混凝土到现场，添加促硬增强剂后，要求混凝土保持至少 30min 的施工操作性，理想的施工操作时间是 30～50min。

③ 混凝土到现场，添加促硬增强剂后，要求混凝土初、终凝时间在 60～90min。

④ 混凝土到现场，添加促硬增强剂后，要求混凝土 2h 抗压强度不低于 20MPa，2h 抗折强度不低于 3MPa；3h 抗压强度不低于 25MPa，3h 抗折强度不低于 4MPa，满足快速通车、开放交通的要求。

⑤ 混凝土 28d 抗压强度达到 C40 混凝土验收标准（桥面铺装混凝土要求）。

⑥ 混凝土具备良好的耐久性能。

三、预拌硫铝酸盐水泥快硬混凝土配制关键材料选择

预拌硫铝酸盐水泥快硬混凝土配制的关键材料是水泥胶凝材料和外加剂。

1. 水泥胶凝材料的选用

硫铝酸盐水泥主要有两个品种，一个是快硬硫铝酸盐水泥，一个是低碱度硫铝酸盐水泥。其中快硬硫铝酸盐水泥主要用于工期紧的建筑工程、冬期施工工程、抢修抢建工程和混凝土制品的生产，而低碱度硫铝酸盐水泥主要用于 GRC 制品的生产[9]。

鉴于快硬混凝土早期强度和后期强度的较高要求，为了达到足够的强度保证率，选择水泥胶凝材料时，宜选择超高强硫铝酸盐水泥，不宜选择普通快硬硫铝酸盐水泥。

超高强硫铝酸盐水泥是采用高品位铝矾土、石灰石、石膏配料，用低灰分和高发热量的烟煤烧制的熟料，再加入 15% 左右的石膏磨细制成的。其熟料中的早强快硬矿物无水硫铝酸钙含量在 70% 左右。在未加石膏之前，熟料本身的 3d 抗压强度在 80MPa 以上，加入 15% 石膏以后，3d 抗压强度可达 60MPa 以上。

与普通快硬硫铝酸盐水泥相比，从熟料矿物组成来看，超高强水泥熟料无水硫铝酸钙 70%，硅酸二钙 20%，铁相 5%～8%；普通硫铝酸盐水泥熟料无水硫铝酸钙 50%～55%，硅酸二钙 30%～35%，铁相 5%～10%。从水泥强度来看，超高强水泥熟料 1d 抗压强度 60MPa 左右，3d 抗压强度 80～100MPa，普通硫铝酸盐水泥熟料 1d 抗压强度只有 30～40MPa，3d 抗压强度 50～60MPa。表 7-45 是两种水泥的性能比较。

表 7-45　超高强硫铝酸盐水泥和普通快硬硫铝酸盐水泥　　　　　　　　　　　MPa

水泥品种	6h 抗压强度	1d 抗压强度	3d 抗压强度	7d 抗压强度	28d 抗压强度
超高强硫铝酸盐水泥	＞35	＞55	＞62.5	＞65	＞7d 强度
普通快硬硫铝酸盐水泥	20 左右	＞40	＞42.5	＞45	＞7d 强度

2. 外加剂的配制与添加工艺要求

预拌硫铝酸盐水泥快硬混凝土控制的关键因素是外加剂，不管是凝结时间，还是强度发展的控制，都必须靠专门的缓凝剂和促硬增强剂。配制硫铝酸盐水泥快硬混凝土所需的减水剂可选择通常使用的萘系或聚羧酸减水剂，但缓凝剂和促硬增强剂在选择上具有很强的针对性。

专用缓凝剂和促硬增强剂的配制，需要选择合适的载体，以避免功能组分溶解度低、分层的问题，而且缓凝剂宜专门添加，不宜与减水剂复合添加，这样有利于控制两种外加剂的掺量。减水剂是使混凝土出机具有较好的工作性，而缓凝剂是使混凝土在规定时间内保持这种工作性。由于快硬混凝土的凝结时间随环境温度敏感，更需要根据环境气温的变化匹配专用缓凝剂的掺量，因此二者分别掺加更为合理，这样快硬混凝土无论是减水率的控制还是凝结时间的控制均能得到保证，不至于互相影响，顾此失彼。

四、预拌硫铝酸盐水泥快硬混凝土控制关键因素

1. 混凝土凝结时间的控制

图 7-46 为混凝土凝结时间影响因素图。可以看出，快硬混凝土的凝结时间控制规律不同于普通混凝土，突出表现在随环境气温非常敏感，其控制取决于环境气温和缓凝剂的掺量，在相同缓凝剂掺量的情况下，凝结时间随着环境气温的升高而缩短；相同环境气温下，凝结时间随着缓凝剂掺量的增加而延长。因此具体工程施工中应根据施工实际环境气温选择匹配的缓凝剂掺量，日夜温差变化较大的施工环境，可能白天有一个缓凝剂掺量，而夜间则需降低缓凝剂掺量，因此施工期间必须进行验证性的试验，以达到精确控制混凝土凝结时间的目标。

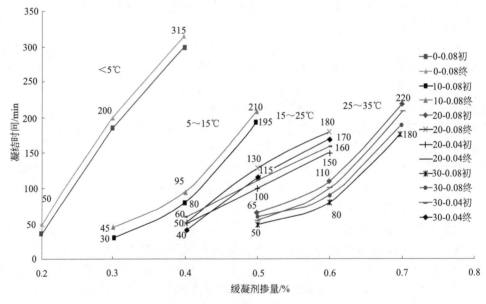

图 7-46　混凝土凝结时间影响因素

2. 混凝土早期强度和后期强度的控制

图 7-47 为预拌硫铝酸盐水泥快硬混凝土强度发展曲线图。可以看出，在同一温度段内，影响混凝土强度发展的因素主要是促硬增强剂的掺量，混凝土早期强度（2h，3h，1d，7d）随着促硬增强剂掺量的增加而增加，后期强度（28d，60d）则随着促硬增强剂掺量的增加

而有所降低，表明早强剂的掺加是"双刃剑"，在提高快硬混凝土早期强度的同时，对快硬混凝土后期强度的发展同样存在抑制作用。因此在满足工程要求的情况下，应尽量选择较低的早强剂用量，以有利于混凝土后期强度发展。

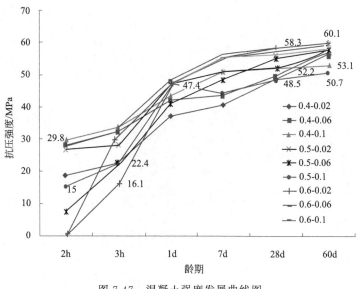

图 7-47　混凝土强度发展曲线图

五、硫铝酸盐水泥快硬混凝土工程应用

2009 年，为了迎接建国 60 周年，具有"神州第一街"之称的北京长安街迎来十年来首次大修。鉴于长安街在首都城市交通中的重要性和特殊性，需将施工对长安街沿线交通和市民生活的影响降到最低，因此大修工程只能在夜间限时进行。为满足快速修复施工的要求，该工程沿线井盖、过街管线、部分路面等限时修复部位的施工确定采用硫铝酸盐水泥快硬混凝土产品，但由于施工现场不具备混凝土搅拌条件，采用预拌硫铝酸盐水泥快硬混凝土成为了唯一的选择。

1. 硫铝酸盐水泥快硬混凝土配合比
硫铝酸盐水泥快硬混凝土配合比见表 7-46。

表 7-46　硫铝酸盐水泥快硬混凝土配合比　　　　　　　　　　　　　　　　kg/m³

W	C	S人工砂	S天然砂	G
170	550	293	293	1140

2. 混凝土浇筑施工的难点及效果
（1）混凝土浇筑施工难点　在长安街大修工程中，预拌硫铝酸盐水泥快硬混凝土主要用于 1500 多个检查井（图 7-48）和 20 多条过街管线沟部位（图 7-49）。为了将对交通的影响降到最低，施工时间为夜晚 11 点至次日凌晨 6 点，在这段时间内，需要完成封路、施工、混凝土浇筑和铺设沥青等全部工序，留给混凝土的浇注和养护时间只有 2～3h，对混凝土的性能和稳定性要求很高。此外施工从 4 月初至 8 月底，气温跨度很大，夜晚最低气温 10℃，最高气温达到 30℃，因此对于预拌硫铝酸盐水泥快硬混凝土的控制就更加困难，其难点主要体现在以下三个方面。

① 工程施工部位间距长　由于本次工程中分为 3 个标段，从礼士路至四惠立交桥共计

图 7-48　井盖施工实景

图 7-49　过街管线施工实景

约 12km 路段，由于各标段施工部位间距长的不同，混凝土运输到场时间也不同，因此需要在满足前期运输时保持混凝土工作性要求的基础上，灵活控制缓凝剂掺量，以保证混凝土的凝结时间和早期强度，这也从另一方面说明了预拌硫铝酸盐水泥快硬混凝土需要十分精确的控制。

　　② 工程应用部位不同　工程中混凝土应用部位包括井盖包封和过街管线沟的填充。由于每个井盖包封的浇筑方量较少，期间车辆还需要多次移动，因此浇筑时间较长；而过街管线沟一般浇筑方量较大，需要时间较短，因此需要针对不同情况调整外加剂掺量以满足生产

施工要求。

③ 环境温度变化大　工程施工工期跨度从4月底到8月初，气温变化幅度较大，夜晚最低气温10℃，最高气温达到30℃，由于预拌硫铝酸盐水泥快硬混凝土对于温度十分敏感，因此在生产的过程中，要时刻注意环境温度的变化，及时调整外加剂掺量，避免由于温度与外加剂掺量的不匹配，造成长时间不凝等现象。

（2）混凝土浇筑施工效果　在整个长安街大修工程施工中，从礼士路至四惠立交桥的3个标段共计121次浇筑，使用预拌硫铝酸盐水泥快硬混凝土1900余立方米，所浇筑的全部混凝土产品性能稳定，混凝土浇筑后初终凝时间在30～70min；本次工程中，共留置2h试块30组，强度平均值23.4MPa，标准差3.5MPa，强度最小值21.3MPa。留置28d强度试件70组，强度平均值53.5MPa，标准差3.1MPa，强度最小值49.4MPa。按统计方法评定，该批混凝土强度合格，混凝土生产质量水平优良。

第七节　耐热混凝土质量控制

耐热混凝土是一种能长时期在250～900℃状态下使用，且能保持所需的物理力学性能和体积稳定性的混凝土。而超过1000℃以上的混凝土一般称之为耐高温混凝土。

根据胶凝材料养护条件的不同，分为水硬性耐热混凝土和气硬性耐热混凝土两大类。前者又包括普通硅酸盐水泥耐热混凝土（以普通硅酸盐水泥作为胶凝材料）、矿渣硅酸盐水泥耐热混凝土（以矿渣硅酸盐水泥作为胶凝材料）和铝酸盐水泥耐热混凝土（以铝酸盐水泥作为胶凝材料），后者包括水玻璃耐热混凝土（以水玻璃为胶凝材料）和磷酸盐耐热混凝土（以一定浓度的工业磷酸或磷酸二氢铝溶液为胶凝材料）。

一、普通混凝土高温下的性能变化

普通混凝土受热时容易遭受破坏，主要原因有水泥浆体失水、集料膨胀以及水泥浆体与集料、钢筋的热膨胀不协调而产生热梯度，导致了结构的破坏，混凝土产品高温破坏是许多因素共同作用的结果，它们之间存在着非常复杂的关系。

普通混凝土随温度变化的一般规律为：

① 100℃下，混凝土内的自由水逐渐蒸发，内部形成毛细裂缝和孔隙。加载后缝隙尖端应力集中，促使裂缝扩展，抗压强度下降。

② 200～300℃下，混凝土内自由水已全部蒸发，水泥凝胶水中的结合水开始脱出，胶合作用的加强缓和了缝端的应力集中，有利于强度提高；另一方面粗细集料和水泥浆体的温度膨胀系数不等，应变差的增大使集料界面形成裂纹，削弱了混凝土强度。这些矛盾的因素同时作用，使这一温度区段的抗压强度变化复杂。

③ 500℃下，集料和水泥浆体的温度变形差继续加大，界面裂缝不断开展和延伸。而且400℃后水泥水化生成的氢氧化钙等脱水，体积膨胀，促使裂缝扩展，抗压强度显著下降。

④ 600℃下，未水化的水泥颗粒和集料中的石英成分形成晶体，伴随着巨大的膨胀，一些集料内部开始形成裂缝，抗压强度急剧下降。

因此，钢筋混凝土结构最高温度可达200℃，也就是说超过200℃就不能用普通混凝土。

二、耐热混凝土材料选择和配比设计

1. 原材料选择

（1）集料　影响混凝土耐热的主要因素有集料、混凝土机体的空隙率、各成分的耐热性能、胶凝材料等。集料用量占混凝土总质量的 70％ 左右，是影响混凝土耐热性能的主要因素。选用热膨胀系数小的材料，可以缩小集料与水泥石收缩的差值，改善集料级配可以提高混凝土的密实度与体积稳定性，进而提高混凝土的耐热性能。

通常情况下，用于耐热混凝土的集料应选用耐火度高、体积稳定性好的集料。用于耐热混凝土的集料的质量要求为，对于使用温度 500℃ 以下的耐热混凝土，其集料可采用玄武岩、安山岩、辉绿岩、花岗岩等火成岩；使用温度超过 500℃ 的耐热混凝土，宜使用黏土熟料、铝矾土熟料、耐火砖碎料等经过高温烧结的原料表 7-47。

表 7-47　500℃ 以上耐热混凝土集料的技术要求

序号	材料种类		化学成分/%		
			Al_2O_3	MgO	Fe_2O_3
1	黏土质	黏土熟料	≥30	≤5	≤5.5
		黏土质耐火砖	≥30	≤5	≤5.5
2	高铝质	高铝砖	≥45	≤5	≤3.0
		矾土熟料	≥45	≤5	≤3.0

注：各耐热集料的压碎值指标、级配范围及筛分的检验方法，应符合《普通混凝土用砂、石质量及检验方法标准》JGJ 52 的规定。

（2）矿物掺合料　矿物掺合料除常用的粒化高炉矿渣粉和粉煤灰外，拌制 500℃ 以上耐热混凝土时宜掺入以 Al_2O_3、SiO_2 为主要成分的耐热掺合料。技术要求见表 7-48。

表 7-48　500℃ 以上耐热混凝土常用掺合料的技术要求

掺合料名称	细度/%	化学成分/%		
	80μm 方孔筛筛余	Al_2O_3	MgO	Fe_2O_3
黏土砖粉	≤70	≥30	≤5	≤5.5
黏土熟料粉	≤70	≥30	≤5	≤5.5
高铝砖粉	≤70	≥55	≤5	≤3.0
矾土熟料粉	≤70	≥48	≤5	≤3.0

注：对于高炉基墩等长期处于高温、高湿条件下的耐热混凝土，应参照《水泥压蒸安定性试验方法》GB/T 750 测试安定性合格方可用于工程施工。

2. 耐热混凝土配合比设计

耐热混凝土配合比设计时，尽可能降低水泥用量、尽可能降低用水量、尽可能使用矿物掺合料、合理的集料级配和砂率。

材料本身的性能是决定耐热混凝土耐热性能的主要因素，但水泥用量、水胶比、掺合料用量和外加剂等，对改善耐热混凝土的高温性能也有很大作用，故进行配合比设计时必须了解各组分对混凝土性能的影响，单位体积混凝土中的水泥用量不能过大，若水泥用量超过一定范围，混凝土的荷重软化点降低，残余变形增大，耐热性能降低。耐热混凝土长期处于高温环境下，水分易散失，导致混凝土内部空隙率增大，结构疏松强度降低。粉料不但能改善混凝土的和易性，还能提高混凝土高温性能。因此选用适宜的材料，找出各组分的最佳配合比，对于提高耐热混凝土的耐热性能、降低生产成本具有重要意义。

三、耐热混凝土专项质量验收

耐热混凝土的质量验收项目和技术要求参考表 7-49。

表 7-49　耐热混凝土的检验项目和技术要求

耐热度/℃	检验项目	技术要求
250~500	耐热混凝土强度等级	≥混凝土设计强度等级
	烘干强度	≥混凝土设计强度等级
	残余强度	≥50%设计强度等级,不准出现裂纹
	线变化率	±1.5%
500~900	耐热混凝土强度等级	≥混凝土设计强度等级
	烘干强度	≥混凝土设计强度等级
	残余强度	≥35%设计强度等级,不准出现裂纹
	线变化率	±1.5%

四、工程实例

1. 工程概况和混凝土技术要求[10]

我公司于 2009 年 6 月承接了某供热厂耐热混凝土生产任务,耐热混凝土主要用于供热厂烟道护壁和排渣口。要求强度等级 C30,耐热 600℃,坍落度 160~180cm,泵送施工。

由于耐热混凝土国家尚无统一的应用技术规程,因此围绕该工程耐热混凝土需求,我们对耐热混凝土原材料选择、配合比设计、生产质量控制、施工现场浇注和养护及耐热机理等问题进行了详细的探讨,研究结果希望对耐热混凝土应用技术规程的建立以及类似工程能起到指导和借鉴作用。《冶金工业厂房钢筋混凝土结构抗热设计规程》YS12-79 规定,钢筋混凝土结构最高温度可达 200℃,也就是说超过 200℃就不能用普通混凝土。

2. 混凝土配制技术路线

主要通过材料专门选择、配合比优化设计,可以针对性地配制提高混凝土耐热性能。具体可总结如下。

(1) 集料选择是关键,是影响混凝土耐热性能的主要因素　影响混凝土耐热的主要因素有集料、混凝土机体的空隙率、各成分的耐热性能、胶凝材料等。集料用量占混凝土总质量的 75%左右,是影响混凝土耐热性能的主要因素。选用热膨胀系数小的材料,可以缩小集料与水泥石收缩的差值,改善集料级配可以提高混凝土的密实度与体积稳定性,进而提高混凝土的耐热性能。

根据工程要求,选取 C30 耐热 600℃混凝土,由于石英在温度达到 573℃以上时发生晶型转化,由 β 型转为 α 型,体积会发生膨胀至 1.3~1.5 倍。而河砂主要成分为石英,所以细集料不能采用河砂,而石灰石在 600~700℃时开始分解,因此粗集料也不能选用石灰石。为此,按照常规易得、经济性的原则,粗细集料均选用河北产玄武岩。玄武岩岩性上属于火成岩,质地均匀,结构致密,粒径分为 0~3mm、3~5mm、5~10mm、10~20mm 四种级配,可以大大降低混凝土空隙率,增加密实度。

(2) 耐热混凝土配合比设计基本原则　尽可能降低水泥用量、尽可能降低用水量,尽可能使用矿物掺合料,合理的集料级配和砂率。

材料本身的性能是决定耐热混凝土耐热性能的主要因素,但水泥用量、水胶比、掺合料用量和外加剂等,对改善耐热混凝土的高温性能也有很大作用,故进行配合比设计时必须了解各组分对混凝土性能的影响,单位体积混凝土中的水泥用量不能过大,若水泥用量超过一定范围,混凝土的荷重软化点降低,残余变形增大,耐热性能降低。耐热混凝土长期处于高温环境下,水分易散失,导致混凝土内部空隙率增大,结构疏松强度降低。粉料不但能改善混凝土的和易性,还能提高混凝土高温性能,同时可以减少水泥用量。因此,选用适宜的材料,找出各组分的最佳配合比,对于提高耐热混凝土的耐热性能、降低生产成本具有重要意义。

3. 试验方法

检验项目包括：耐热度、耐热混凝土强度等级、烘干强度和残余强度。

① 成型试块尺寸 100mm×100mm×100mm。

② 耐热混凝土强度等级：耐热混凝土按 GB 50107 的标准进行取样、制作、养护、检验和强度等级评定。

③ 烘干强度：经标养后的试块，置于电热恒温干燥箱中，保持 110℃±5℃ 下烘干 16h，冷却至室温，然后试压一组，评定烘干强度。

④ 残余强度：经烘干后的试块置于箱式电炉中加热，按平均 2～3℃/min 匀速升温至设定温度，恒温 3h 后，自然冷却至室温，立即送压，测定耐热混凝土残余强度。检测结果按《冶金工业厂房钢筋混凝土结构抗热设计规程》（YS12-79）表 1 中技术要求评定。

⑤ 耐热度：测得的残余强度符合《冶金工业厂房钢筋混凝土结构抗热设计规程》（YS12-79）表 5 中技术要求规定时，且试块完整、表面未出现裂纹，其设定加热的温度值即为耐热度。

每组成型 4 组试块（100mm×100mm×100mm）标准养护 28d，于 110℃烘干 16h，置于高温炉中，分别在 300℃、600℃、800℃下恒温 3h，然后在自然温度下冷却至室温。

4. 配合比设计与试验

配合比试验主要侧重于通过调整掺合料的掺量和外加剂种类调整和易性，以满足生产需要。根据试验结果确定最终生产配合比。试验用配合比见表 7-50。

表 7-50　试验配合比

序号	每立方米原材料用量/kg										
	W/C	W	C	FA	K	S0-3	S3-5	G5-10	G10-20	A	密度
1	0.40	165	180	90	140	580	254	298	894	4.9	2606
2	0.40	165	246	62	102	580	254	298	894	4.9	2606
3	0.40	170	188	94	145	570	244	293	878	12.8	2595
4	0.40	170	256	64	107	570	244	293	878	12.8	2595
5	0.40	185	204	102	157	556	239	297	847	12.5	2600

其中 1 号、2 号为聚羧酸外加剂，3 号、4 号、5 号为萘系外加剂。

标准养护 28d 后，按上述试验方法进行试验，试验结果见表 7-51。

表 7-51　试验配合比耐热试验结果

项目	（烧后抗压强度/MPa）/（相对抗压强度/%）				
序号	标养强度	110℃	300℃	600℃	900℃
1 号	45.6	58.7/100	68.9/117	41.7/71	26.4/45
2 号	51.2	62.5/100	74.6/119	36.8/59	13.6/22
3 号	43.4	56.3/100	65.2/116	38.3/68	22.5/40
4 号	48.1	61.6/100	72.6/118	33.2/54	11.1/18
5 号	41.3	56.1/100	64.3/115	24.1/43	8.7/16

混凝土试块经 10℃、300℃后外观没有发生变化，从表 7-50 可以看出 300℃时，各配比烘烤后强度均大于烘干强度（相对耐压强度＞100%）；经历 600℃烘烤后试件表面出现淡红色，2 号、3 号、5 号配比试件表面出现少许细微裂缝，900℃烘烤后试件表面出现淡黄色，2 号、3 号、5 号配比试件裂缝加深，1 号、3 号配比试件表面出现细微裂缝。600℃、900℃恒温 3h 后强度均有不同程度损失，温度越高，强度损失幅度越大。按耐热混凝土应用技术规程耐热度评定指标要求，上述配比混凝土试件均满足 600℃耐热度要求，但不满足 900℃

耐热度要求。

分析原因：在温度 300℃时，相对湿度不高，混凝土内的游离水在混凝土内形成蒸汽养护，水泥水化速度进一度加快，同时，水泥主要水化产物 C—S—H 凝胶也开始脱水，使 C—S—H 胶体组织逐渐致密，水泥石强度有所提高，所以 300℃烘烤后强度反而高于 110℃ 烘干耐压强度。随着温度进一度升高，C—S—H 凝胶大量脱水收缩，$Ca(OH)_2$ 也脱水分解成 CaO，体积缩小，是水泥石在高温下产生较大收缩，而集料随温度上升产生膨胀，在水泥石与集料界面产生较大应力，降低了界面黏结力，表现为强度下降，温度越高，强度损失越大。

5. 实际工程应用情况

供热厂耐热混凝土主要应用于排渣口和烟道部位（图 7-50）。

| (a) | (b) | (c) | (d) |
| (e) | (f) | (g) | (h) |

图 7-50　耐热混凝土施工工艺

通过试验结果选取满足施工要求的配合比投入生产，生产前对全部材料进场采取严格检查并标识。生产过程中，检测混凝土坍落度，并按要求留置生产试块，按规定方法进行检验，具体结果见表 7-52。

表 7-52　实际生产试块试验结果

日期	方量 /m³	龄期 /d	坍落度 /mm	常温试压 /MPa	110℃时强度/MPa	600℃时强度/MPa	烘前/烘后/%	使用配比	烧后外观
09.6.3	10	28	200	41.5	54.5	35.5	65	1号	未裂
09.6.11	64	28	180	43.6	53.1	39.4	74		未裂
09.6.18	64	28	170	42.6	56.7	36.7	65		未裂
09.6.26	96	28	180	42.4	55.2	36.1	65		未裂

6. 结论

① 使用玄武岩为粗细集料可以配制耐热 600℃混凝土。由于玄武岩常规易得，因此为经济地配制该特种耐热混凝土找到了很好的实现途径。

② 生产前对各粒级集料进行严格检测，确定各粒级使用比例，以达到最低空隙率。

③ 进场原材料严格堆放，严禁混入河砂、河卵石及石灰石。

④ 严格按照理论配合比生产，在满足泵送的前提下，尽可能减少用水量。生产和施工过程中严禁随意加水，以减少混凝土中的游离水，避免混凝土干燥后留下孔道。

⑤ 由于 0～3mm 玄武岩含有大量石粉，混凝土黏聚性大，和易性有待进一步提高。

⑥ 现有耐热混凝土应用技术规程（征求意见稿）把玄武岩列入耐热 500℃混凝土配制材料，较为保守，研究与工程应用表明，利用玄武岩配制耐热混凝土可放宽至 600℃范围。

第八节　透水混凝土质量控制

一、透水混凝土定义、种类和用途

透水混凝土（图 7-51）是由一系列相连通的孔隙和混凝土实体部分骨架构成的具有透水透气性的多孔结构混凝土。要求混凝土必须具有透水功能，要求其组织结构中含有大量宏观连续孔隙。而普通混凝土是追求各组分达到最紧密地堆积，形成致密结构。这是透水混凝土与普通混凝土之间最大的区别。

图 7-51　透水混凝土示意图

透水混凝土主要包括三类：①水泥基透水混凝土，提高强度、耐磨、抗冻是其技术难点；②高分子基透水混凝土，以沥青或高分子树脂为胶结材，成本高；③烧结透水性制品，以废弃的瓷砖、长石、高岭土、黏土等矿物的粒状物和浆体拌合，压制成胚体，经高温煅烧而成，成本较高。本节主要介绍水泥基透水混凝土。

作为一种"环保、生态型"的功能材料，透水混凝土可以让雨水迅速渗入地表，还原成地下水，使地下水资源得到及时补充，保持土壤湿度，改善城市地表植物和土壤微生物的生存条件；同时透水混凝土具有较大的空隙率并与土壤相通，能蓄积较多的热量，有利于调节城市空间的温、湿度，减轻热岛现象；集中降雨时，能减轻排水设施的负担，防止路面积水和夜间反光，提高车辆、行人的通行舒适性和安全性；大量的空隙能够吸收车辆行驶时产生的噪声、创造安静舒适的交通环境。随着社会对环保、生态的日益重视，大量新建的人行道工程以及旧有人行道的翻修改造工程，从设计上均明确指出必须采用透水混凝土产品，透水混凝土的需求变得日益广泛。

二、透水混凝土配合比设计

1. 基本原则

透水混凝土主要采取"无砂或少砂大孔混凝土"技术路线，一般不含或少含细集料，仅靠被水泥浆体包裹的粗集料在紧密堆积状态下，通过相互之间的接触点黏结为整体，形成"蜂窝状"的多孔结构或"萨其马"结构。

透水混凝土的配制从材料选择以及配合比的设计上有其特有的规律。材料选择是关键，配合比设计是根本。其配制技术难点：①强度和透水性互为矛盾；②提高界面黏结能力，进一步提高混凝土抗压强度、抗折强度以及耐磨性、抗冻性。

2. 原材料选择

（1）水泥　浆体和集料的界面是混凝土最薄弱的环节。应选择强度高的水泥，可选择强度等级不低于 42.5MPa 的水泥。

（2）粗集料　粗集料是决定透水混凝土性能的关键因素之一，它的级配与颗粒状态不仅影响混凝土的强度，而且还与其空隙率、透水性、耐久性等其他性能密切相关。现有的研究结论表明，配制透水混凝土应采用级配不连续或单一级配的集料，而且集料粒径越小，集料堆积的空隙率越大且颗粒间的接触点越多，配制的透水混凝土强度越高。可采用粒径 5～10mm 的普通碎石或豆石，对粗集料的指标要求是：除满足强度和压碎指标要求外，还要求针片状颗粒含量小于 15%，石子的含泥量（包括石粉含量）应小于 1%。

（3）细集料　可采用部分机制砂或天然中砂，现在很多的工程将透水混凝土定义为"无砂大孔混凝土"，我们认为不够准确，实际上透水混凝土可以添加部分的机制砂或天然中砂，添加以后可以改善混凝土整个体系的颗粒级配，在保证良好透水性的同时可以大幅提高透水混凝土抗压强度，但其用量必须控制在 20% 以内以免影响混凝土透水功能。

（4）外加剂　复合外加剂。必须具备缓凝、减水以及提高界面黏结功能，冬季施工还必须添加防冻组分。

3. 配合比设计

透水混凝土的配合比设计，目前还没有成熟的计算方法。根据透水混凝土所要求的孔隙率和结构特征，可以认为 $1m^3$ 混凝土的表观体积由集料堆积而成。因此配合比设计原则是将集料颗粒表面用水泥浆包裹，并将集料颗粒互相黏结形成一个整体，具有一定的强度，而不需要将集料之间的空隙填充密实。透水混凝土的质量应为集料的紧密堆积密度和单方水泥用量及用水量之和，约在 1800～2200kg/m³ 范围。

参数经验取值如下。

（1）集料用量　1700～1900kg/m³（可掺少量细集料，控制在 20% 以内）

（2）水泥用量　250～350kg/m³ 范围。

（3）W/C 0.25～0.35 之间。对特定的集料和水泥用量，存在最佳水胶比，对应最大抗压强度。

（4）用水量　80～120kg/m³。

4. 工作性检测

透水混凝土属于干硬性混凝土，应采用维勃稠度仪进行稠度检测，维勃稠度宜控制在 10～20s 之间。

适宜工作性经验判断为：水泥浆包裹均匀，无浆体下滴，且颗粒有类似金属的光泽，说明工作性合适。

5. 绘制强度曲线或确定回归方程

集料、水泥用量一定的情况下，从小到大选定几组不同的水胶比分别拌制，绘制 $W/B \sim f$ 曲线，或确定回归方程，确定最佳水胶比。

三、普通透水混凝土基本性能

表观密度：$1600 \sim 2100 \mathrm{kg/m^3}$；

孔隙率：$8\% \sim 35\%$；

抗压强度：$15 \sim 30 \mathrm{MPa}$；

抗拉强度：抗压强度的 $1/14 \sim 1/7$；

抗折强度：$1 \sim 2 \mathrm{MPa}$；

透水系数：$1 \sim 5 \mathrm{mm/s}$；

干缩：$(2.0 \sim 3.5) \times 10^{-4}$。

四、透水混凝土质量控制注意事项

（1）搅拌　注意投料顺序，宜先搅拌浆体，再放石子和砂。具体先投水泥，再投水和外加剂，搅拌均匀，后加 $5 \sim 10 \mathrm{mm}$ 碎石或豆石和部分机制砂或天然砂，搅拌时间控制在 $2 \sim 4 \mathrm{min}$。条件不许可的情况下，也可按普通混凝土的投料顺序。

（2）运输　透水混凝土属于干硬性混凝土，不适宜罐车运输，宜采用自卸货车运输。

（3）出场检验　透水混凝土为干硬性混凝土，无坍落度。水泥浆应包裹均匀，无浆体下滴，且颗粒有类似金属的光泽。形象的描述是：灰看似发散，但手捏成团，绝不能有挂浆、流浆现象。

（4）浇筑　浇筑之前，基础必须用水润湿，以免混凝土仅有的这点水分被基础夺走。

（5）振捣　透水混凝土必须振捣密实。但不宜强烈振捣或夯实，应用平板振捣器轻振（施工作业面较小的情况下）或采用小型压路机压实（施工作业面较大的情况下），不能使用高频振捣器，以免混凝土被振实从而影响透水功能。

（6）养护　振捣完毕后，应及时覆盖，覆盖塑料薄膜进行养护，或覆盖草帘，湿养 $3 \sim 7 \mathrm{d}$。

（7）现场试块制作　应在振动台上分层多次振动成型，必须振实和抹平。试块的精心制作和养护是透水混凝土强度验收合格的关键，否则强度数据离散性将较大。

五、透水混凝土透水系数质量验收

可采用简易透水系数测定仪测定，简易透水系数测定仪见图 7-52。测试时用橡皮泥搓成细长条压于量筒底座四周，保证在一定水压下，水不会从透水仪和试件间的接缝处渗透。测试时量测水位下降到一定高度所需的时间。以单位时间内水位下降的高度表征混凝土透水系数，单位为 $\mathrm{mm/s}$。

六、典型透水混凝土工程施工工艺

图 7-53 为典型透水混凝土工程施工工艺。

七、透水混凝土配制心得与体会

① 透水混凝土作为生态、环保型功能材料，值得大力推广。

② 如何进一步改善透水混凝土强度与透水性之间的矛盾，配制高强度的透水混凝土，

图 7-52　简易透水系数测定仪测定

(a) 透水混凝土现场摊铺(底下是碎卵石基层)

(b) 摊铺到规定厚度后拉平

(c) 压路机压实透水混凝土

(d) 成活后，表面随即铺设预制透水砖

图 7-53　典型透水混凝土工程施工工艺

使其应用场合从基层扩展到面层，从人行道结构扩展到停车场结构、透水路面结构等其他结构，还需做大量的研究。

③ 透水混凝土为干硬性混凝土，必须采用自卸车运输以解决生产效率较低的难题。

④ 缺乏透水混凝土产品的质量标准。

缺乏透水混凝土施工与质量验收规程，无章可循。目前随着对环保、生态的日益重视，许多新建的人行道工程以及旧有人行道翻修改造工程，设计均明确提出采用透水混凝土产品要求，而市场上能提供合格的透水混凝土产品的商混搅拌站屈指可数，为满足市场需求，造成许多搅拌站凭着自己的想象或理解配制相应的透水混凝土，蜂拥而上的结果是造成市场鱼龙混杂，产品质量参差不齐。当前迫切需要颁布透水混凝土产品的质量标准以及相关的施工质量验收规程。

第九节　超轻陶粒混凝土

一、超轻陶粒混凝土定义

轻集料混凝土（表 7-53）是指干密度不大于 $1900kg/m^3$，用轻粗集料、轻细集料或普通砂、水泥胶凝材料和水配制而成的混凝土。

本节所介绍的超轻陶粒混凝土是指干密度不大于 $900kg/m^3$，强度等级在 CL15MPa 以上的陶粒混凝土。一般情况下，$900\ kg/m^3$ 以下的超轻混凝土多采用陶粒、蛭石等集料配制，并且这种混凝土多为全轻多孔混凝土，混凝土强度等级都在 CL5MPa 以下。

表 7-53　轻集料混凝土

序号	名　称	混凝土标号的合理范围/MPa	混凝土表观密度的合理范围/kg/m³	用　途
1	保温轻集料混凝土	≤CL5.0	<800	主要用于保温的围护结构或热工构筑物
2	结构保温轻集料混凝土	CL5.0～CL15	<1400	主要用于不配筋或配筋的围护结构
3	结构轻集料混凝土	CL15～CL50	<1900	主要用于承重的配筋构件、预应力构件或构筑物

二、超轻陶粒混凝土配制技术关键

配制这种超轻陶粒混凝土的关键，是在保证混凝土密实的前提下，克服混凝土容重与强度的矛盾。这种混凝土作为保温层可以代替常用的聚苯夹芯混凝土，使施工方便快捷，成本大大降低。

轻集料混凝土的相对密度主要取决于集料的相对密度和在混凝土中的体积含量。而轻集料混凝土的强度，不但取决于水胶比，集料的强度和体积含量也对它有很大影响，所以在配合比设计中，必须考虑集料性质这个重要影响因素。相对而言，混凝土强度是比较容易满足的性能，最关键的是尽可能降低混凝土的相对密度。

降低混凝土相对密度主要可以采取以下一些技术措施：

① 选用圆球形、表面孔隙小的、孔隙率低的较粗集料；

② 尽可能降低水泥和普通砂的用量；

③ 选用较大粒径的较粗集料（最大粒径以不小于 40mm 为宜）；

④ 采用松堆密度小的轻砂和轻粗集料（用于保温轻集料的轻砂，其松堆密度以 $200\sim300kg/m^3$ 为宜，轻粗集料以不大于 $500kg/m^3$ 为宜）；

⑤ 采用无砂大孔混凝土；

⑥ 限制混凝土拌合物的搅拌时间和成型时的振捣时间等。

三、工程实例

北京市朝阳区体育场是朝阳区的重点工程，体育场看台的保温层原设计采用120mm厚聚苯夹芯混凝土，由于保温层上要安装座位，从安全性考虑，担心此种混凝土强度不够，座位的牢固性欠佳，后改为现在的超轻陶粒混凝土。要求混凝土的单方密度不超过900kg/m³，混凝土的强度等级必须在CL15MPa以上。

我们从原材料选择、配合比设计以及生产和施工过程环节，遵循以上一些基本原则，进行了详细的实验，并在实验后期，溶入了自己特殊的实验思路，最终达到满意的实验结果。

1. 原材料选择

（1）陶砂　用400级陶粒磨制，筛分析见表7-54。

表7-54　400级陶砂筛分析

筛孔尺寸/mm	16	10	5	2.5	1.25	0.630	0.315	0.160	筛底
筛余量	4	139	91	39	21	27	35	31	113

（2）陶粒

① 500级陶粒　天津市陶粒制品厂生产，5~20mm连续级配，松散密度450kg/m³，筒压强度1.4MPa，吸水率7.5%。

② 400级陶粒　天津市陶粒制品厂生产，5~20mm连续级配，松散密度25kg/m³，筒压强度0.7MPa，吸水率8.7%，空隙率：38%。

（3）水泥　太行P·O42.5级水泥，$R_{3d} = 31.8$MPa，$R_{28d} = 56.9$MPa，表观密度3160kg/m³。

（4）粉煤灰　内蒙古元宝山电厂Ⅰ级粉煤灰。细度为6.8%，需水量比90%，烧失量0.70%，表观密度2170kg/m³。

（5）天然砂　中砂。细度模数2.4，含泥量1.1%，表观密度2710kg/m³。

（6）外加剂　自配。可改善混凝土和易性、提高强度、降低容重。

2. 配制技术路线及试配过程

（1）技术路线（一）　粗轻集料采用500级陶粒。

粗轻集料采用500级陶粒，配合比采用绝对体积法设计表7-55。水胶比0.61，有效用水量170kg/m³，胶凝材料279kg/m³，粉煤灰取代率17%。

表7-55　500级陶粒实验配合比 　　　　　　　　　　　　kg/m³

编号	水	陶粒	普通砂	水泥	粉煤灰	混凝土外观	湿密度
1	203	441	488	232	47	密实	1820
2	203	441	325	232	177	密实	1752
3	203	441	217	232	263	密实	1632
4	203	473	108	232	263	不密实	1436

试验中，通过不断调整混凝土配合比，使混凝土的密度由1800kg/m³逐步降到1400kg/m³之后，只要混凝土能够密实，其容重就在1400kg/m³左右徘徊，因此，这时最小极限密度就为1400kg/m³。

（2）技术路线（二）　粗轻集料采用400级陶粒。

粗轻集料采用400级陶粒，配合比采用绝对体积法设计表7-56。水胶比为0.61，有效用水量170kg/m³，胶凝材料279kg/m³，粉煤灰取代率17%。

表 7-56　400 级陶粒实验配合比　　　　　kg/m³

编号	水	陶粒	普通砂	水泥	粉煤灰	混凝土外观	湿密度
1	203	383	488	232	47	密实	1621
2	203	383	325	232	177	密实	1517
3	203	383	217	232	263	密实	1398
4	203	411	108	232	263	不密实	1306

试验中，混凝土的密度由 1600kg/m³ 逐步降到 1300kg/m³。这时最小极限密度为 1300kg/m³。

（3）技术路线（三）　采用全轻混凝土。

采用全轻混凝土，粗集料采用 400 级陶粒，细集料由 400 级陶粒磨制而成表 7-57。

表 7-57　全轻混凝土实验配合比　　　　　kg/m³

编号	水	陶粒	陶砂	水泥	粉煤灰	混凝土外观	湿密度
1	140	350	100	230	100	不密实	1057
2	180	350	200	230	150	不密实	1163
3	183	300	300	230	100	密实	1107
4	187	270	330	180	100	密实	1143

试验中，只要混凝土能够密实，混凝土的密度就在 1100kg/m³ 左右徘徊。

（4）技术路线（四）　采用复合外加剂改善全轻混凝土的性能。

经过以上过程的试验，说明我们的试验工作基本走入了绝境，但它告诉我们用上述材料和方法不可能使混凝土密度控制在 900kg/m³ 以下，同时又使混凝土的强度保持在 CL15MPa 以上，因此进一步试验必须采用新的思路。

经过认真分析，我们决定采用特殊外加剂的思路，外加剂放弃现有商品混凝土中常用复合外加剂组分（减水剂、缓凝剂、保塑剂等复合），自己根据这种混凝土的特点配制外加剂表 7-58，外加剂的作用原理是添加特殊的组分进一步提高混凝土的浆体体积和对拌合物的润滑作用、增加浆体的黏度和屈服应力，使混凝土的工作性、塑性和内聚性得到提高。

表 7-58　掺特殊外加剂全轻混凝土实验配合比　　　　　kg/m³

编号	水	陶粒	陶砂	水泥	粉煤灰	外加剂	混凝土外观	湿密度
1	120	300	100	230	50	1.5%	不密实	673
2	137	300	200	280	50	1.5%	不密实	933
3	245	300	300	280	100	1.5%	密实	1033
4	245	300	330	280	200	1.0%	密实	1060
5	267	300	300	300	250	1.5%	密实	1086

试验中，混凝土密度很快就降到了 1000kg/m³ 以下，经过混凝土配合比的调整，混凝土的密度终于达到 900kg/m³ 以下，并且 28d 混凝土的强度基本都 15MPa 以上。

3. 生产和浇筑过程

经过上述一系列试验，生产过程相对比较简单。通常情况陶粒在使用前都要浸泡，而我们放弃充水浸泡，而是加强混凝土的初始坍落度，出盘坍落度在 200mm 左右。出盘时陶粒有漂浮现象，经过约半个小时的运输过程，浇筑时陶粒漂浮现象基本消失，浇筑时采用吊斗进行，由于现场浇筑时混凝土的坍落度仍有 160~180mm，因此，必须掌握好振捣时间，不能强烈振捣，否则，陶粒仍然会上浮，造成混凝土的匀质性下降，影响混凝土性能的充分发挥。800m³ 混凝土很顺利地完成了浇筑过程。

4. 应用结果

这次从试验、生产到浇筑的成功为我们在超轻陶粒混凝土的配制方面取得了不少经验表

7-59。当然，由于工期紧张，我们所做的研究仅为初步的探索，有关该特种陶粒混凝土的全面的性能尚有待于进一步的试验。

表 7-59　工程应用试验数据

组号	1	2	3	4	5	6	7	8	9	10	11	12
干容重/(kg/m³)	852	881	865	872	912	904	923	866	880	892	911	902
抗压强度/MPa	15.2	17.8	17.2	18.1	19.0	18.7	16.1	16.5	17.2	17.7	18.2	18.8

5. 结论

① 影响混凝土密度的主要因素是轻集料的表观密度，砂轻混凝土中，其绝对体积的约50%为轻集料占有，在全轻混凝土中占的体积更大，所以轻集料混凝土的表观密度主要取决于轻集料的颗粒表观密度。

② 除了充分考虑粗细集料的影响外，还必须借助特殊外加剂方能配制出工程要求的超轻陶粒混凝土，特殊外加剂的作用是进一步提高混凝土的浆体体积，改善混凝土的工作性、塑性和内聚性，这是配制该超轻高强特种陶粒混凝土的关键。

③ 生产容易控制，实验和生产过程比较吻合。在解决本工程难题的过程中，我们得到了上海同济大学黄士元教授的大力支持，他对我们添加特殊外加剂的思路大为赞赏，在此表示诚挚的谢意。

参 考 文 献

[1] 黄士元，蒋家奋，杨南如等．近代混凝土技术．西安：陕西科学技术出版社，1998.
[2] 友泽史纪，高流动コンクリートの现状と展望，建筑技术，特集：高流动コンクリートの基本と实际．1996.04.
[3] Hajime Okamura. Self-compacting high-performance concrete. Concrete International，July 1997.
[4] 廉慧珍，张青，张耀凯．国内外自密实高性能混凝土研究及应用现状．中国土木工程学会高强混凝土委员会第三届学术讨论会议论文集，施工技术，1999（5）.
[5] 韩先福，李清和，段雄辉等．免振捣自密实混凝土的研究与应用．混凝土，1996，(6)：4-15.
[6] 北京工集团二建公司．高流动自密实混凝土的试验研究与应用鉴定材料，1996.
[7] 王燕谋，苏慕珍，张量．硫铝酸盐水泥．北京：北京工业大学出版社，1999.
[8] 杨荣俊，等．钢纤维快硬硫铝酸盐水泥混凝土性能研究及在桥梁伸缩缝改造工程中的应用．混凝土，2003（11）：54-56.
[9] 刁江京，辛志军，张秋英．硫铝酸盐水泥生产与应用．北京：中国建材工业出版社，2006：75-91.
[10] 李会，杨荣俊．耐热混凝土的配制与应用．混凝土，2011（06）.

第八章

预拌混凝土质量责任界定及 ||||| 应对措施

近些年来，随着建筑业的快速发展，我国预拌混凝土行业也出现了前所未有的发展速度。据不完全统计，到 2010 年，我国已建成预拌混凝土站（厂）5000 多家，年设计生产能力达到 15 亿立方米，实际产量接近 10 亿立方米，并且近几年还在快速增长。2014 年全国注册的搅拌站数量已达 7800 个。如此大的预拌混凝土生产规模，原材料质量却处于失控状态，搅拌站只能对拌合物负责，负责混凝土成型工艺的建筑施工单位对混凝土拌合物忽视和缺乏有效的验收手段，难免出现预拌混凝土搅拌站与建筑施工单位的矛盾和纠纷。双方对簿公堂时有发生，并且有越来越多的趋势。而矛盾和纠纷的起因往往集中出现在结构混凝土质量问题上。因此正确理解和界定预拌混凝土质量责任具有非常重大的现实意义。由于预拌混凝土不是最终产品，其质量不仅与生产单位的原材料、配合比、生产及运输过程等因素有关，而且其最终产品的质量还取决于混凝土成型工艺的浇筑、振捣和养护过程，因此一旦出现质量问题或事故，往往很难准确找出造成质量问题或事故的真正原因。在原材料质量控制、拌合物试配与生产、混凝成型工艺等混凝土工程的三个环节之间形成行业隔离的现状下，为了尽量准确界定不同阶段相关各方的质量责任，有必要认真研究质量责任界定现状，分析预拌混凝土质量的形成过程，以及相关各方在过程中对质量的影响程度，结合相关标准规范的要求确定质量责任的界定原则，并结合实际情况准确划定相关各方的责任。

一、对预拌混凝土质量责任认知的现状

施工单位认为，预拌混凝土是搅拌站生产出来的产品，出了问题当然应该由搅拌站承担主要责任。这种普遍存在于各施工单位的误区，原因是不了解甚至忽视预拌混凝土的特点。众所周知，预拌混凝土有其鲜明的特点，可以归纳为三点。其一，预拌混凝土拌合物具有很强的时效性，即必须在有效的时间段内完成生产、运输、交付、浇筑、养护等成型工艺各环节，否则，其硬化后的性质会受很大影响；其二，当前验收时，判断预拌混凝土是否合格的关键检验项目——强度及耐久性指标检验结果的滞后性。滞后性是指预拌混凝土在现场交付时只能检验拌合物的性能，其硬化后的重要性质和性能指标，如力学性能及长期性和耐久性能等均应在交付后的不同龄期进行检验与评定，因此判断预拌混凝土是否合格在时间上会有长达 28d 甚至 60～90d 的滞后期。这是预拌混凝土区别于一般产品的显著特点；其三是预拌混凝土质量问题的复杂性。影响混凝土质量的因素众多，混凝土质量波动很大，其质量控制异常困难，出现问题的原因存在诸多不确定性。混凝土的原材料地方性很强，其性质受环境

的影响显著，且随时间而变化；在宏观上的多组分，造成在细观上的不确定性和不确知性，因此是一种高度复杂的非均质多相体系。

任何材料都必须有合适的工艺才能实现其价值。混凝土拌合物也必须经过合适的工艺成型才能得到应有的质量；在搅拌站制作的拌合物，尽管原材料不合格，所配制的拌合物也会满足坍落度和硬化后的强度要求（原材料是否合格影响的不是强度和坍落度，而是难以在试验室检测出的实际的耐久性能，这是建设各方普遍忽视的问题）。但是如果成型工艺（浇筑、振捣、收面、养护等）操作不规范，则必然会影响硬化后的强度。因此预拌混凝土一旦交付使用，其最终产品质量的责任不能简单地认为主要由生产方承担。

监理、业主、政府主管部门等各方对预拌混凝土质量责任也存在一些模糊认识，其原因主要来自于部分搅拌站使用阴阳配合比的行业潜规则。最早期的阴阳配合比主要源自于标准规范对水泥用量的限制与混凝土技术进步的矛盾。为了规避水泥用量的限制，早期搅拌站把矿渣粉作为水泥，出具配合比中不显示矿渣粉的存在，造成了出具的配合比与使用的配合比不同，也就是所说的"阴阳配合比"。后来这种阴阳配合比更进一步出现了以次充好，使用低价劣质材料，造成了混凝土市场的混乱，也给预拌混凝土行业带来了很大的负面影响。因此在监理、业主、政府主管部门等有关各方看来，搅拌站不诚信，使用阴阳配合比，从而在出现质量事故时首先想到的是搅拌站应负主要责任，这与标准规范的规定不符，与客观事实也存在一定差距。

搅拌站作为混凝土的生产方，一旦工程出现质量问题或事故，由于深知自身存在较多无法解决的问题，比如：使用的原材料普遍存在不满足标准规范要求的情况；质量控制过程不精细，经不起检查；很多行业的习惯做法合理而不合"法"等，出现质量问题或事故时，自己没有足够的把握保证自己生产的混凝土没有问题，因此底气不足，为了防止事态发展，就拼命想办法摆平，客观上形成自认承担主要责任的局面；激烈的市场竞争，加剧了搅拌站的弱势地位，常常不敢理直气壮地表达自己的观点，忍气吞声地承担主要责任；另外搅拌站门槛低，行业无序发展，产能严重过剩，恶性竞争加剧，质量隐患比较严重，负有较大的质量责任也在所难免。

二、预拌混凝土质量界定的原则

对于预拌混凝土的质量检验与评定，《预拌混凝土》（GB/T 14902—2012）标准中"第9条 检验规则"中有明确规定。根据《预拌混凝土》的规定，我们可以明确以下预拌混凝土质量责任的界定原则。

① 交货检验合格，实体检验合格——双方均没有质量责任。

② 交货检验合格，实体检验不合格——施工方承担质量责任。

③ 交货检验不合格，实体检验合格——试件不具备代表性，双方均没有质量责任。施工方应承担试件不合格责任及由此产生的费用。

④ 交货检验不合格，实体检验不合格——搅拌站应承担质量责任。

上述原则是界定质量责任的前提，在此前提下结合实际情况，具体分析质量问题或质量事故产生的实际原因，最终确定相关方责任。

把交货检验作为质量责任界定的依据不仅是标准的规定，是科学的，也是非常客观、合理与可行的。作为预拌混凝土生产方和施工方唯一的现场质量检验的交货检验，可以检验预拌混凝土拌合物在使用前的性质及其是否满足规定要求，现行规范规定的交货验收方法是按现场留置试件试验结果检验预拌混凝土使用前的强度和耐久性等试验指标是否满足设计要求，因此交货检验是预拌混凝土使用前后质量的分水岭，是界定质量责任的重要依据。

三、预拌混凝土交货检验的乱象现状及其危害

1. 预拌混凝土的交货验收的检验目前没有得到应有的重视

部分负责混凝土成型的施工方不仅不重视现场对预拌混凝土拌合物性能的检验，就连作为结构质量验收重要依据的交货检验试件也委托或强制让生产方代为制作，甚至从非法的专业从事预拌混凝土试件制作商购买试件，更有甚者直接从检测单位购买试验报告，客观上造成预拌混凝土质量控制的混乱状态，给工程质量带来很大隐患。为什么施工单位主动放弃行使自己的验收权利呢？究其原因，主要有以下几点：

① 把预拌混凝土作为普通商品对待，错误地认为预拌混凝土质量问题就是生产单位的问题，与施工关系不大，不管交货检验的结果如何，生产方都要承担主要责任。

② 担心因交货检验拌合物性能不合格会影响正常的浇筑施工。

③ 担心会因交货检验试件不合格而影响工程进度，更担心因处理不合格试件而带来对自己不利的影响。

2. 当交货检验试件强度偏低，达不到 100％ 或达不到 115％ 时，有关部门的过度处理方式也是造成试件强度作假的原因之一

混凝土试件强度存在一定的偶然性，总体符合正态分布。按照《混凝土强度检验评定标准》（GB/T 50107—2010）规定，不同评定方法允许检验批内混凝土强度的最小值均可以低于设计值，各评定方法允许的最小值如表 8-1 所示。

表 8-1　各评定方法允许的混凝土强度最小值

评定方法	评定条件	允许的最小值/％
统计方法（一）	混凝土强度≤20MPa	85
	混凝土强度>20MPa	90
统计方法（二）	试件组数为 10～14 组	90
	试件组数≥15 组	85
非统计方法	各强度等级	95

因此，按照标准的要求，混凝土试件强度偶尔出现一两组达不到设计值并不意味着该批混凝土不合格，只要按照评定方法评定为合格，即使有几组试件强度达不到设计值的 100％ 也没有问题。这是因为任何产品出场的性质都会有一定的波动是正常的规律。混凝土是高度复杂的体系，试件强度保证率达到 95％ 足够，如果偏离标准规定的评定方法，片面要求混凝土试件强度必须每组都达到 100％ 以上，甚至每组都达到 115％ 以上，会造成浪费，而且会造成强度不恰当的提高，反而会使结构提前劣化，也是不符合实际情况的。有些施工单位为了保证每组试件都满足 100％ 甚至 115％ 以上，就干脆弄虚作假，让搅拌站代做试件、购买试件或购买报告，造成一个工程从头至尾没有一组不合格的试件，这显然是不可能的。另外，名目繁多不科学的评优项目也在一定程度上助长了这种风气，部分评优项目明确提出不能出现一组没有达到 100％ 或 115％ 的混凝土强度试件。为了达到这种要求，干脆弄虚作假蒙混过关。

3. 交货验收时弄虚作假，不仅造成质量责任难以准确界定，更是对工程结构质量的严重不负责任

带来的后果主要表现在以下几点：

① 在没有监理的见证监督下，生产单位为了自己的利益，制作的交货检验试件不可能全部是真实的，不能代表结构混凝土，即使是真实的，拌合物出机和现场交货时的质量状况也有会较大差别，同样不能代表结构混凝土，造成结构混凝土没有可用的代表性数据；从非

法专业从事试件制作的商家购买试件，或者直接从检测单位购买试验报告，则是完全丧失了道德底线的违法行为，是对工程质量的严重漠视。

② 由于交货检验弄虚作假，施工人员不用担心试件不合格带来的麻烦和责任，拌合物在成型施工过程中难免为所欲为，例如随意向拌合物中加水现象屡见不鲜，不仅降低混凝土强度，而且使拌合物更加不均匀，严重影响混混凝土质量，大量的一般性质量问题得不到及时解决。

③ 假的交货检验结果，也掩盖了很多一般性质量问题，麻痹了质量管理人员的思想，给工程质量带来难以估量的隐患。同时，由于担心结构实体质量不能通过结构验收，结构验收时施工单位不得不通过造假、掩盖真相或跑关系等手段蒙混过关，严重影响工程质量。

④ 一旦发生工程质量事故，没有真实的交货检验数据，给质量事故的调查分析带来巨大障碍。

四、对改变当前混乱状态、保证工程质量、弱化纠纷的建议

1. 施工单位应当重视对预拌混凝土拌合物交货检验验收

搅拌站应该通过与其他相关各方的沟通交流，强化质量责任界定意识，特别是强化交货检验过程重视程度。如果这种意识能够得到广泛认同和强化，可以达到以下目的：

① 改变目前对预拌混凝土质量责任的模糊认识。特别是纠正施工方对质量责任的错误观点。如果施工单位能够重视交货检验，认真行使自己的验收权利，对不合格的混凝土拌合物坚决拒收，对交货检验出现混凝土强度不合格的情况，坚决按照规定进行进一步检测、加固或拆除，确保工程混凝土 100％ 达到规定要求，并严格追责，使预拌混凝土生产单位不敢、不愿、不想看到混凝土质量不合格，预拌混凝土质量问题的乱象肯定能够在一定程度上得到遏制。

② 改变部分施工方让搅拌站做试块、购买试件或购买报告的现状。按上述责任划分的观点，施工方让搅拌站做试件、购买试件或购买报告，实质上是在为搅拌站开脱责任。可以肯定地说，施工单位和搅拌站一旦因混凝土强度等质量问题发生纠纷，如果采用法律途径解决，施工单位很难拿出搅拌站负有责任的证据，施工单位也就很难胜诉。这种情况就像搅拌站很难将质量事故责任推向不合格原材料供应方一样。因为搅拌站不仅接受和使用了不合格原材料，而对外出具的原材料报告却都是合格的，在法庭上就无法证明原材料供应方是否应负什么责任。

2. 当前缺少有效的验收手段

传统所使用的重要交货验收依据——混凝土强度和耐久性有关参数的指标检验结果滞后，也是造成相关方不重视交货检验，出现思想麻痹的因素之一。当前验收的混凝土强度或耐久性参数试验指标检测最少需要 28d 才能出结果。而拌合物送到工地就必须浇筑，28d 以后的"验收结果"属于"马后炮"，如果不合格，对于已完成浇筑并硬化的相当数量构件中的混凝土，也已无济于事。日本国土交通省在 2004 年发布了红头文件，规定混凝土拌合物验收应增加用水量（水胶比）检测的项目。因此，运用先进的科技手段也是解决这一难题的出路之一。推广预拌混凝土水胶比测定仪，在交货检验过程中，采用现场检测预拌混凝土实际水胶比，并将结果作为交货检验的重要依据，同时通过标准条文或法律条款确定检验方式方法，基本可以现场确定混凝土最终强度，克服强度滞后带来的一系列不利影响，是行之有效的先进科技手段。目前，我国现已有成熟的产品，经数次批量使用，已被证明行之有效，现在之所以未能推广应用，主要原因是有关政府职能部门不愿承担启用新技术的责任。

在国家倡导依法治国的大环境下，建筑工程质量事故的处理过程要逐步由政府主导过渡

到由法律主导。政府主导质量事故的处理存在着既是运动员又是裁判员的问题，对质量事故的分析与处理不利。由于法律主导质量事故的分析与处理注重证据，对拌合物验收的程序与数据提出了较高的要求，因此搅拌站与施工方在交货检验过程中，应严格按照标准规定的程序进行，并对交货检验数据进行及时的签认和留存。拌合物用水量是交货方的搅拌站经过反复试配、证明符合工程所要求各性质指标的最重要参数。必须在现场实施拌合物成型前，由交货方、收货方和负监督责任的第三方共同见证检验，其用水量与配合比一致，只允许在一定范围内波动，建议搅拌站与施工方在合同中明确用水量检测要求，现场检测并签字认可，成为最为重要的事实依据和法律文件之一。

希望施工单位以工程质量为重，行使自己的检查验收权利，把住送至现场的预拌混凝土的质量关，保证工程质量的同时，也为自己在一旦出现质量事故时赢得主动。同时，为了更好地行使法律的权利，相关系统应该推动立法进程，将一些建筑工程施工过程的标准规范条文转化为法律条款，让相关方更加明白自己的权利和义务，增加遵守法律的自觉性。

尽管不能说只要交货检验控制到位就一定能保证工程质量达到规定要求，但是只要交货检验数据真实，能够真实反映搅拌站送到工地的混凝土的质量，搅拌站就不敢轻易在生产过程中使用阴阳配合比，也不敢轻易以次充好或缺斤短两，能够在一定程度上提高预拌混凝土质量，对保证工程质量也有很大益处。

五、对搅拌站的忠告

在市场经济下，每个人都具有买方和卖方双重身份，因此应当人人平等。你想让别人尊重你，你首先要自重。预拌混凝土搅拌站想要摆脱自己"弱势"的地位，必须以"做最好的自己"为目标，尽量做得不给别人任何能抓的把柄。讲诚信才是给自己留路，最终会得到别人的尊重。

1. 要严格按照《预拌混凝土》（GB/T 14902—2012）规定进行交货检验

交货检验是搅拌站和施工方界定质量责任的重要依据之一。搅拌站必须充分重视交货检验过程，一旦上升到法律层面，交货检验是法院采信的重要证据。为了保证交货检验试件的代表性，无论工程是大是小，无论工程重要与否，搅拌站都要协助每一个施工方做好交货检验试件；对于现场条件或人员资质不达标的施工现场，搅拌站技术人员要积极做好培训和沟通工作，讲明利害关系，敦促施工方完善条件，直到达到规定要求为止。

2. 交货检验不仅仅是和易性和强度的检验，还应该包括混凝土耐久性检验

目前相关各方对耐久性检验项目的重视程度更差，结构耐久性不容乐观，因此，搅拌站作为预拌混凝土专业生产单位，对混凝土的了解更加全面和深入，更应该肩负起混凝土耐久性指标（抗渗、抗冻、氯离子扩散系数等）检验试验项目的指导和服务责任。

3. 要留置充足的、齐全的试件

该做的试验要做全，同时与交货检验对应的项目在试配时也要做全。试配是出具配合比的依据，现场的技术要求在试配过程中都要明确试验和检验，绝不能出具没有依据的配合比。

4. 要通过各种途径灌输《预拌混凝土》（GB/T 14902）中交货检验规则的详细规定，明确质量责任划分的依据，确定双方的责任和义务，重视交货检验过程

在与施工方的沟通过程中应注意以下两点：

① 不管遇到什么样的问题都不要急于推卸责任，保持诚恳态度，求同存异，始终站在双方的共同目标——保证工程质量的角度来分析和解决问题。

② 要让施工方明白，在质量事故面前，搅拌站和施工方永远都是"栓在一根绳上的蚂

蚱"。

③ 规范运输小票中各项记录的填写，不能出现空白项。对于施工方不予配合的项目要采取相应措施加以解决。运输小票的记录项目包含了预拌混凝土从生产到交货检验的全过程情况，不仅能够记录混凝土性能，还能够真实反映预拌混凝土出场、运输、交货检验、泵送等各时间节点和时间段，对于分析影响混凝土质量因素非常重要。

5. 注重售后服务主要是指导和协助施工单位做好拌合物成型的各个工序，而不是只关注试块

试块只说明拌合物质量，我们更关心的是我们辛辛苦苦生产的拌合物制成结构构件后的质量。为此，搅拌站应针对每一工程建立现场施工情况档案存档，并长期保留。现场施工情况应包括：

① 现场是否存在加水以及严重程度、施工浇筑顺序及振捣情况、试件制作及试验条件、试验人员的资质、养护方法、效果和周期等。

② 现场质量问题的处理情况等。

6. 应经常与施工方沟通预防结构混凝土质量问题的具体方法

目前北京市建委出台的"7d试件预警机制"就是预防大面积不合格的有效措施，一定要充分利用，切不可因怕麻烦而故意将强度预警值定得过低，过低的预警值失去预警意义，等结构混凝土出现不合格时，双方都很受伤。

北京市住房和城乡建设委员会关于在本市建设工程增加7d混凝土见证检测项目的通知（京建法〔2014〕18号）主要有以下内容：

一、自2014年12月1日起，对本市新建、扩建、改建房屋建筑和市政基础设施工程（包括在施工程），增加混凝土试件7d标准养护见证检测项目，做到提前预警，及时整改，避免事故。

二、7d标准养护混凝土试件见证检测项目的质量管理工作，应符合《关于印发〈北京市建设工程见证取样和送检管理规定（试行）〉的通知》（京建质〔2009〕289号）的要求。

三、施工单位在按照有关工程质量验收规范的要求制作混凝土试件时，应增加一组7d标准养护混凝土试件，送至有见证检测资质的检测机构进行检测。

监理单位的见证人员应对混凝土试件的取样和送检过程实施见证。施工单位和监理单位应对见证取样和送检试样的代表性和真实性负责。

四、预拌混凝土生产企业应加强预拌混凝土生产质量控制，每一配合比应建立混凝土强度曲线，在向施工单位提供预拌混凝土时，应在供应合同中注明7d标准养护混凝土试件抗压强度的指标值。

五、建设或施工单位在向检测机构委托7d标准养护混凝土试件检测时，应在检测委托单上注明预拌混凝土生产企业在提供混凝土时给出的7d标准养护混凝土试件抗压强度的指标值，并提供相关见证记录。

六、检测机构应将委托方提供的7d标准养护混凝土试件抗压强度的指标值录入检测系统，并按相关标准进行检测，出具检测报告。

当7d标准养护混凝土试件的抗压强度未达到委托方提供的指标值时，应按照《北京市建设工程质量检测管理规定》（京建发〔2010〕344号）的相关规定，报告工程项目的质量监督机构。

七、当7d标准养护混凝土试件的抗压强度未达到委托方提供的指标值时，建设单位、施工单位、监理单位和预拌混凝土生产企业应立即查找原因，根据需要召开专家论证会，对结构构件的混凝土强度进行分析，提出保证措施，在确保工程实体混凝土强度能够达到设计要求后，方可进行下一步施工。相关文件列入施工技术资料。

八、工程质量监督机构要安排专人及时登陆"北京市建设工程质量检测监管信息网"查询工程检测数据结果，对发现的检测结果不合格情况应责成工程参建各方依照法律法规及规范标准进行处理。

九、对违反上述规定的相关单位，市、区县建设主管部门应责令其进行改正，并依据相应的企业资质动态管理办法进行记分处理。

市、区县建设主管部门要加大预拌混凝土生产、使用过程的监督执法力度，及时查处违法违规行为，进一步推动企业落实主体责任，促进全市预拌混凝土质量管理水平提升。

十、各相关行业协会要认真贯彻本通知相关要求，加强行业自律，发现涉嫌违法违规行为的，及时报告工程项目的质量监督机构。

7. 坚决不能使用阴阳配比

尽管搅拌站使用阴阳配合比出于无奈，很多事故也不一定与阴阳配合比有关，但是阴阳配合比和给施工方代做试件一样会掩盖很多质量问题，甚至会导致管理松懈，酿成质量事故。同时，一旦被发现使用阴阳配合比，就会把质量事故的直接责任归咎于阴阳配合比，质量事故的真正责任方就会逃过处罚，搅拌站只能吃哑巴亏。另外，使用阴阳配合比不仅是违法的，同时也严重影响预拌混凝土行业的信誉，对于行业的健康发展带来严重伤害。对矿物掺合料，不能把主要目的放在降低成本上，不能用"填充"作为随意使用任何矿物质粉末的理由，要有正确的认识和使用方法。任何事物，物极必反。

目前很多业内人士反映现行规范、标准的混乱，令人不知所措。其实，如果建设有关各方充分重视树立正确的合同意识，建立正确的合同制度，这个问题就可以通过合同来解决。合同是必须经过双方充分友好协商达成共识所形成的法律文件，而不是任何单方的霸王条款。把双方共识所选用的规范、标准列入合同中的规范、标准清单，就与合同一起具有法律效率。为此，呼吁政府对建设的行为立法，杜绝造假，杜绝霸王条款。

8. 提高对质量问题和事故的认识

作为预拌混凝土生产企业，出现质量问题和事故是难免的。一旦出现质量问题和事故，首先要有正确的认识，正确的认识是分析和处理质量事故的重要前提。但是目前很多预拌混凝土企业发现质量问题和事故时，不是抱着正确的分析和处理的态度，而是想尽一切办法掩盖事实真相，甚至弄虚作假，这对质量问题和事故的分析处理非常不利，同时对企业的长远发展和行业的诚信经营产生严重影响。应该看到，行业的不诚信不仅仅发生在预拌混凝土企业，它是目前中国企业的通病，只有走出不诚信的"怪圈"，才能健康发展。

第九章

预拌混凝土质量控制自动化 ▌▌▌▌▌

第一节　现状、目的及意义

一、现状

　　混凝土行业从现场搅拌混凝土发展到预拌混凝土，生产专业化程度得到了很大的提高，具备了较好的原材料储备设施和原材料控制条件，也具有精确度较高的计量设备，并且采用微机控制，使混凝土配合比能够在大规模生产中得以较好地实现。

　　尽管如此，混凝土质量控制难度依然巨大。影响混凝土质量的环节多，随机变量和因素也多，如原材料质量、计量、配合比设计、调度环节、生产工艺与设备、施工条件、人员素质、操作技能、管理水平、生产单位与施工单位的相互配合，甚至交通、气候等情况，都与预拌混凝土的质量有密切关系，所以很难使混凝土质量始终处在有效的受控状态。另一方面混凝土是半成品，质量不仅仅取决于混凝土的制备过程，还与混凝土的浇筑成型过程、混凝土的养护过程有着密切的关系，但我们在混凝土质量的"事前控制"上缺乏有效的方法和手段，一旦出现质量问题，会难以定责。

　　目前搅拌站的质量管理还是粗放式质量管理，影响质量的各个环节主要依靠专业人员盯守，混凝土质量受人为因素严重制约，而生产工艺和管理技术相对落后。我国的搅拌站除少量引进国外成套产品以外，多数为国内配套或自行组装，自动化程度低，基本上是靠人工控制，与国外智能化管理相比还有较大的差距，单方劳产率仅为 $2000\mathrm{m}^3/($人·年$)$，只相当于发达国家的 $1/5\sim1/4$。

二、目的及意义

　　运用现代自动化和信息化科技提升我国预拌混凝土质量控制自动化水平，可以实现预拌混凝土行业跨越式发展，不仅有很大的必要，且意义深远。

1. 保证工程质量的需要

　　提升预拌混凝土质量控制自动化水平的最大优越性在于：可以采用最先进的技术、装备和管理方法提高混凝土质量。普通混凝土的强度取决于水胶比，胶凝材料固定的情况下，实际强度即取决于用水量。混凝土实际生产过程中，如果对用水量控制不准确，就会引起混凝土强度的大幅度波动，而控制用水量不准确的一个重要因素是砂的含水量，因此如能引进和消化国外快速准确的混凝土拌合物用水量自动控制技术，形成一套基于混凝土单方用水量控制的混凝土质量管理技术和体系，对于我国混凝土结构工程质量管理系统是一次革命性的进步，体现我们对现代混凝土技术与特征的认识更清晰、更深入，将促进我国此领域技术与管理上一个新的台阶，对于克服和减少我国混凝土结构质量保证体系中的弊病，保证工程质量意义重大。

2. 提高生产效率，降低生产成本

预拌混凝土与一般生产相比，具有品种多、不可存放以及生产随机性等不同点。提升自动化控制水平，能及时、准确地按用户的需要生产，既能提高生产效率又可以减少工作人员的劳动强度和人为出错率，降低生产成本，提高经济效益。

3. 提升行业形象

当前我国混凝土生产企业规模小、技术装备落后、专业化水平低、产品质量不稳定，产能过剩与市场秩序混乱已经是不争的事实，这已经成为制约产业整体水平提升的最大障碍。随着新科技革命的不断发展，计算机和互联网的普及为混凝土产业发展奠定了良好的信息化基础，信息化与智能化管理将成为混凝土企业生产管理的趋势。随着生产规模的不断扩大，各种大型设备的不断增加，要求企业必须依靠现代科技装备、自动化控制、科学规范的管理进行有效的生产指挥。

第二节　相关行业自动化控制状况

一、水泥行业

我国早在 20 世纪 50 年代就开始对水泥工业自动化进行研究开发与应用，当时主要是参数检测和单回路调节，70 年代进行模拟和数字计算机的应用研究，80 年代以来，水泥工业自动化发展速度较快，除了计算机的应用外，分析检测仪器和装备也取得了较大的进展。目前，我国水泥工业生产领域中，自动化系统或装备的配备及应用已较为普遍，但装备水平和应用效果参差不齐。

1. 预均化工艺

水泥的预均化工艺是在原料的存、取过程中，运用科学的堆取料技术，实现原料的初步均化，使原料堆场同时具备储存与均化的功能。原料预均化的基本原理就是在物料堆放时，由堆料机把进来的原料连续地按一定的方式堆成尽可能多的相互平行、上下重叠和相同厚度的料层。取料时，在垂直于料层的方向，尽可能同时切取所有料层，依次切取，直到取完，即"平铺直取"。

均化原料成分，减少质量波动，以利于生产质量更高的熟料，并稳定烧成系统的生产。比如：对煤进行均化处理就是因为，中国是一个产煤大国，水泥工业几乎全部以煤为燃料，煤质差别大、波动亦大。不同批次的煤的含水也有很大波动，最高能到 20％。在原、燃料质量波动情况下，如果不采取预均化措施，是很难满足回转窑稳定生产要求的。

2. 自动控制系统硬件装备

大、中型水泥厂和大多数立窑水泥厂都装备了生产过程自动控制系统，至少是生料配料自动控制系统。

3. 分析检测仪器装备

检测是实现有效的自动控制的基础，我国水泥行业引进或自行开发了一系列分析检测仪器和计量装置，并发挥了重要作用。现在应用比较普遍的分析仪器主要有：多元素物料成分分析仪、在线/离线钙铁分析仪、烟气成分分析仪、中子测水仪、发热量分析仪等。检测仪器主要有：全自动压力试验机、精密测长仪、比表面积分析仪、回转窑筒体测温仪、比色高温计、磨机负荷电耳、在线玻璃缺陷检测仪等。计量装置主要包括：各种料位计、大口径气体流量计、皮带秤、失重秤、圆盘秤、绞刀秤、核子秤等。

二、干拌砂浆

国内新型干拌砂浆生产线的自动化程度很高，其主要组成部分包括：干砂设备、干砂分级筛分设备、原材料的储存和输送、精确配料计量系统、高效混合系统、粉体包装机、智能电脑控制系统。

最为突出的自动化控制是：采用三级以上砂子自动筛分装置，确保砂粒径小于 5mm；设有砂子烘干设备，确保砂的含水率小于 0.5%。

三、矿渣粉（以立磨矿粉粉磨工艺为例）

矿粉生产过程中的质量控制主要由三部分组成：比表面积、45μm 筛余及成品水分含量。其中比表面积是生产过程中质量控制的一个最重要指标。比表面积合格率越高，说明产品细度越均匀，产品质量越稳定。

1. 选粉机：快速反应，调整选粉机转速

在取样点上加装巡更器，加强了对取样次数与时间的监督。若比表面积不合格，应立即提高选粉机转速，提高转速 10～20r/min，5min 后取样，再次检验比表面积，若还不合格重复上述操作。通过合理调整选粉机转速，有效降低了比表面积的不合格次数，即使发生不合格现象，也能够做出快速反应，在 10min 内调整比表面积达到合格线。寻找最佳导向叶片角度，定期测量叶片磨损情况，过分磨损的及时更换。

2. ID 风机

根据系统要求保持适当的排风量，在生产过程中及时调整阀门开度，喂料量越大，阀门开度越大。

3. 烘干温度

对出磨物料温度进行即时监控。通过 DCS 程序保护的手段将出磨物料温度控制在 85℃以上，从而保证了成品的烘干率，可以完全满足成品水分含量≤1.0%的要求。

4. 磨辊与磨盘的有效粉磨面积

磨盘和磨辊在粉磨过程中会产生较大的磨损，所以磨辊与磨盘的有效粉磨面积会不断减小，最终严重影响成品质量。对策为严格执行定修计划。

第三节　提升预拌混凝土自动化的几点设想

一、原材料控制

（一）进料环节

1. 卸料地点、卸料过程实时监控

采用实时监控系统对原材料厂家进行辨别，并自动通知运输车到指定地点卸料，这样可以代替人工领位卸料，防止卸错仓、混料等问题。具体可以采用以下方法：①根据车号进行原材料辨别；②筒仓吹料口应设置自动开关装置，由磅房人员进行远程开关控制；③砂石料仓应有电子指示牌，显示需要卸料的车号。

监控系统应对原材料运输车进场、卸料、出场全过程进行监控。记录卸料环节的各个时间，包括进场时间、卸料时间、出场时间等，即对原材料进料有科学的管理，有据可查，同时也可以避免一些弄虚作假的情况出现。

2. 自动通知取样

进料系统对原材料进料量进行累计计算，根据事先规定的"原材料检验批次要求"，达到累计批次数量时，自动通知相关部门进行取样送检工作，同时通知该运输车配合取样。

（二）存储环节

1. 进销存自动计算、显示

对各种原材料的进料量、生产使用量等进行动态计算，从而动态显示出原材料的库存。

① 材料部门可根据实际的库存结果与之进行对比，从而轻松控制材料进料量。

② 同时对近 1～2d 的生产方量，结合配合比进行计算，可以估算出需要进料的量。

③ 材料部门根据实际库存和计算库存的差异，可以及时查找原材料进销存环节中存在的问题，加强材料管理。

④ 选用高精度的料位计，辅助进行粉料的盘点工作。

2. 增加配料仓数量

① 砂石配料仓数量应尽可能多，例如每个机组配套 5 个以上配料仓。这样可以存储不同规格的原材料。

例如砂：粗砂、细砂、中砂或者人工砂、河砂等；石：采用单粒级存储（5～10mm、10～15mm、15～20mm、20～25mm、…），实际生产时，按照设计好的级配比例进行称料。

② 粉料仓共享。

目前限制粉料使用的一大因素是筒仓太少，一般的搅拌站一套搅拌机配套 4～6 个筒仓，限制了原材料品种的选择。建议将现有的粉料仓共享，一个仓可以供两个搅拌机同时使用。可以有效解决原材料紧张、断料等问题。同时可以增加原材料品种，可以对同一厂家的原材料进行二次均化等。

3. 外加剂分类存储和计量

搅拌站使用的外加剂多为复合型的外加剂，复配有减水剂、保坍剂、缓凝剂、消泡剂、引气剂、保水剂等组分，可将这些组分的母液或小料分别存储，这样可以根据原材料质量及混凝土性能要求，随时调整外加剂配方，以保证混凝土质量的稳定性。

（三）预均化工艺

影响预拌混凝土质量控制的主要原因有以下两个方面：首先原材料质量波动大是主要原因。预拌混凝土所用的掺合料——粉煤灰和矿渣粉等为工业废料，质量很不稳定；所用的集料——砂石为地材，受地理条件影响大，并且砂石生产极不规范，同时砂石资源越来越紧张，搅拌站受到的供应制约也越来越多，质量控制难度极大。其次，预拌混凝土不仅工艺简单，并且自动化程度低，特别是质量控制方面几乎没有任何自动化控制手段，对原材料质量波动的调控全部靠专人盯守来完成，人为因素影响很大，想达到质量稳定非常不易。从影响预拌混凝土质量的主要原因来看，通过严格的管理措施控制原材料质量，使其达到相对稳定的程度难以实现，即使可以取得一定的效果，也很难长期稳定，一旦人的因素发生变化，原材料质量又会回到原来的波动状态。作者借鉴水泥生料的预均化工艺提出对预拌混凝土所用部分原材料进行预均化的设想。

1. 预均化工艺现状

我国水泥企业质量管理规程规定，水泥 28d 抗压强度的标准偏差应不大于 1.65MPa，这既保证了水泥强度的稳定，又保证了其他质量指标（安定性、细度、凝结时间、有害化学成分等）均趋稳定，而达到这一控制标准的重要措施就是在不同环节采取了均化处理。均化处理工艺对于稳定的水泥质量非常重要，它贯穿水泥生产的整个过程，包括了原燃材料的预均化、出磨生料的均化、出窑熟料均化、水泥成品出场前的均化等四个方面。对比水泥标准差指标要求，在《预拌混凝土质量控制标准》（GB 50164—2011）中混凝土的质量控制水平按照强度标准差分别规定为：≤3.0MPa（＜C20）、≤3.5MPa（C20～C40）、≤4.0MPa（≥C45）。为什么混凝土的强度标准差远远高于水泥的强度标准差呢？作者认为主要原因在于混凝土生产工艺中完全没有均化处理的工艺。因此为提高混凝土质量的稳定性，有必要选择混凝土中合适的材料进行预均化处理。

廉慧珍教授曾说过，预拌混凝土是用最简单的工艺生产出来的最复杂的产品。预拌混凝土质量不稳定与工艺过于简单有很大关系，同时由于预拌混凝土交付时只能检验拌合物的性能，其硬化后的重要性能指标如：力学性能、抗渗性能、外观质量等均应在交付后的不同龄期进行检验与评定，在时间上会有长达 28d 甚至 60～90d 的滞后，是预拌混凝土区别于一般产品的显著特点。正是因为这一特点，混凝土质量受多方面影响，特别是浇筑与养护过程中的不规范操作，对混凝土质量影响很大，是大家公认的难题。但是，尽管浇筑与养护过程中存在很多不规范现象，我们也不能不正视混凝土生产过程中存在的严重不足，特别是因原材料质量波动太大而造成的质量控制的随意性，也是造成现场不规范操作的重要因素之一。只有正视问题，通过创新性思维找出解决问题的办法，才能有利于整个行业的长远发展。借鉴水泥发展的经验，改进工艺，提高质量控制的自动化水平，是一种有益的尝试。根据我们对琉璃河水泥厂的预均化工艺的考察情况，水泥行业常用两种均化工艺，圆形均化仓和长方形均化仓。圆形均化仓连续均化，连续取料，但均化效果稍差；长方形均化仓间断式均化，均化仓的长度越大，均化效果越好。琉璃河水泥厂石灰石采用圆形均化仓，煤采用长方形均化仓，根据我们的观察，我们认为煤的均化工艺非常适合搅拌站砂的预均化处理，只需进行相应的设备改造即可以实现。

（1）水泥厂预均化工艺介绍　水泥的预均化工艺是在原料的存、取过程中，运用科学的堆取料技术，实现原料的初步均化，使原料堆场同时具备储存与均化的功能。原料预均化的基本原理就是在物料堆放时，由堆料机把进来的原料连续地按一定的方式堆成尽可能多的相互平行、上下重叠和相同厚度的料层。取料时，在垂直于料层的方向，尽可能同时切取所有料层，依次切取，直到取完，即"平铺直取"。通过均化可以达到以下目的。

① 均化原料成分，减少质量波动，以利于生产质量更高的熟料，并稳定烧成系统的生产。比如：对煤进行均化处理就是因为，中国是一个产煤大国，水泥工业几乎全部以煤为燃料，煤质差别大、波动亦大。不同批次的煤的含水也有很大波动，最高能到 20%。在原、燃料质量波动情况下，如果不采取预均化措施，是很难满足回转窑稳定生产要求的。

② 扩大矿山资源的利用，可以放宽矿山开采的质量和控制要求，提高开采效率，最大限度扩大矿山的覆盖物和夹层，在矿山开采的过程中不出或少出废石。

③ 对黏湿物料相容性强。

④ 为工厂提供长期稳定的原料，也可以在堆场内对不同组分的原料进行配料，使其成为预配料堆场，为稳定生产和提高设备运转率创造条件。

（2）石灰石与煤的预均化工艺　煤预均化堆场是直线布置型预均化堆场。堆场为长方形，有两个料堆，一个堆料机进行堆料作业，另一个取料机进行取料作业。石灰石采用的是圆形均化仓，可以连续均化和取料（图 9-1）。

(a) (b)

图 9-1　石灰石与煤的预均化现场图

（3）选择适合预均化处理的预拌混凝土原材料　要想对预拌混凝土原材料进行预均化，首先应选择合适的预均化材料。在预拌混凝土所用的材料中，水泥和外加剂不需要均化，矿物掺合料不具有均化条件，只有集料可以进行均化处理。由于粗集料的级配、含水率及含泥量等技术指标波动范围小，可通过多仓下料或多级配实现均化，没有必要通过专用设备和工艺来处理，而细集料砂正像水泥的原料煤一样存在质量波动性大的特点，其含水率、细度模数、含泥量及含石量这四项技术指标均存在很大波动范围，符合均化条件。

（4）砂的主要技术指标波动情况及对混凝土质量的影响

① 含水率　波动范围通常在 3％～12％ 之间。混凝土中砂的比例约为 30％～50％，用量一般在 700～1200kg/m³。砂含水变化 1％，会给混凝土带入 7～12kg/m³ 的用水，水胶比约变动 0.01～0.03。因此，如果砂含水控制不准，混凝土的强度会受到较大影响。砂供应紧张时期常常是搅拌站生产旺季，随到随用，含水率随时在变，虽然质量控制人员会根据搅拌电流等因素进行适当调整，但过大的波动是无法随时调整到位的，经常造成混凝土坍落度一车大、一车小，带来很多问题。

② 细度模数　细度模数的波动主要是不同产地和不同生产控制水平造成的，范围可在 2.0～3.0 之间波动，使混凝土的砂率时而过大时而过小，严重影响混凝土质量。

③ 含泥量　砂含泥量在 0.3％～10.4％ 之间波动，而且每一天或每几天的砂的含泥量均有较大的变化。含泥量对混凝土的强度、体积稳定性和耐久性等性能均有很大影响，同时含泥量对于混凝土的坍落度及坍落度损失影响也很大（主要是因为外加剂对砂含泥最敏感，泥土吸附了外加剂中的有效组分），是造成混凝土质量问题的主要原因。图 9-2 是某搅拌站近 3 年近 600 组砂的含泥量数据。

④ 含石量　由于北方多数地区天然砂的产量比石的产量低得多，因此砂的价格通常比石高，为了提高产量同时也为了更好的经济利益，多数厂家生产砂时把破碎石产生的石屑加到砂中，造成砂中含有大量的石，其波动范围非常大，可在 5％～40％ 之间波动，使混凝土砂率大幅度变化，很难通过人为控制调整到位，经常造成混凝土严重离析，也是混凝土质量控制的难点之一。

根据我们对北京市琉璃河水泥厂石灰石和煤均化工艺的现场考察，我们认为砂比较适合进行均化处理，同时现有条件改造费用低。

2. 预均化对砂质量的改善

预均化工艺可以明显改善砂的质量。级配、砂含泥、含石、含水等都能得到均化。以上

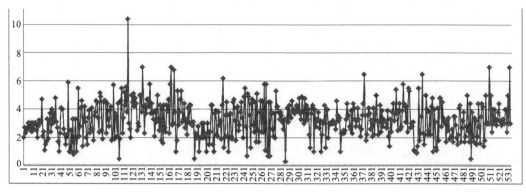

图 9-2　某搅拌站近 3 年近 600 组砂的含泥量波动曲线

面举例的某搅拌站的砂含泥数据进行模拟计算，以 20 次含泥平均值为均化后效果，其移动平均曲线图如图 9-3。

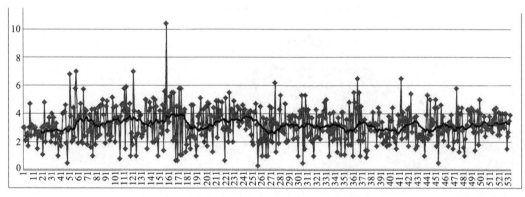

图 9-3　预均化模拟计算（移动平均趋势预测）

可以看出，按 20 次"移动平均趋势预测"的结果非常好地模拟了均化的效果，砂含泥量在 2%～4%之间，得到了有效改善。

3. 砂预均化对混凝土性能及生产经营带来的优势

（1）提高混凝土出站坍落度稳定性　砂均化后，对用水量准确控制非常有利。按照用水量法则，混凝土的坍落度只与用水量有关，因此，只要生产过程中混凝土单方用水量控制准确，混凝土的坍落度波动就会很小，可以保证出站混凝土质量稳定。

（2）提高混凝土生产效率　生产过程混凝土坍落度稳定，配合比调整的情况就会大量减少，生产的连续性大大提高，生产效率也会得到有效提高，而生产效率的提高也会在一定程度上降低生产成本。

（3）有效降低退回混凝土比例　运输到现场的混凝土坍落度稳定可有效减少退回混凝土的比例，这样不仅可以减少混凝土往返运输的距离和时间，同时可以减少退回混凝土处理次数及混凝土报废可能性。

（4）混凝土强度稳定性和耐久性提高　混凝土单方用水量控制是混凝土质量控制的核心，只要单方用水量控制准确，混凝土的水胶比基本与配合比设计值保持一致，不仅可以充分保证混凝土的强度，同时可以大大提高混凝土强度的稳定性。混凝土质量稳定性提高，可以充分保证混凝土耐久性满足配合设计要求，提高混凝土耐久性。

（5）可以有效降低混凝土成本　混凝土强度稳定性提高就意味着混凝土强度标准差降

低，那么混凝土的配制强度就可以显著降低，也就意味着混凝土的胶水比较低，混凝土的配合比成本也会显著下降。

（6）增强竞争力　只要到达现场混凝土坍落度稳定，后期混凝土强度保证率高，肯定可以提升客户的满意度，也就可以提高搅拌站的信誉，可以有效提高搅拌站的市场竞争力。

4. 砂预均化设施及主要成本构成

一般的搅拌站的砂仓较小，按 2 个仓 6000t 的容量，设计均化设施（图 9-4）主要成本构成如表 9-1，其中生产运行中的主要费用为电费和人工成本。

表 9-1　搅拌站均化设施及主要成本构成表

项　　目	价　　格	备　　注
设备费用	50 万元	B650×80m, 橡六皮带厂
非标、钢构、钢平台	20 万元	
安装费	5 万元	
总装机功率		20kW
大棚	130 万元	
合计	205 万元	

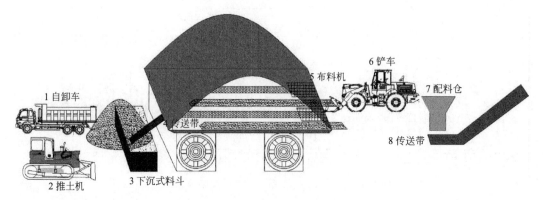

图 9-4　预均化工艺流程示意图

5. 经济效益分析

通过预均化，砂的质量稳定性得到很大提高，混凝土的强度波动也会随之大幅度降低，可以降低混凝土的配制强度，因此可显著降低混凝土配合比成本。下面以普通 C30 混凝土进行成本的对比分析。

《普通混凝土配合比设计规程》（JG J55—2011）中规定，在没有近期的同一品种、同一强度等级混凝土强度资料时，C30 混凝土配合比设计标准差可以取 5.0MPa，但由于目前搅拌站所用原材料不受控，混凝土质量波动很大，搅拌站的实际标准差要大于 5.0MPa，作为成本对比取 5.5MPa 比较符合实际。另外，配合比设计中的配制强度 $f_{cu,0} \geqslant f_{cu,k} + 1.645\sigma$ 偏低，实际设计时多数超过 95% 的保证率，取值较高。我们用 $f_{cu,0} \geqslant f_{cu,k} + 2.0\sigma$ 来确定配制强度，将规程中规定的强度保证率由不小于 95% 提高到不小于 97.7%。表 9-2 是常见系列配合比设计数据。

表 9-2　常见系列配合比

水胶比	水泥 /(kg/m³)	矿渣粉 /(kg/m³)	粉煤灰 /(kg/m³)	砂 /(kg/m³)	石 /(kg/m³)	水 /(kg/m³)	外加剂 /(kg/m³)	28d 强度 /MPa
0.55	216	67	50	911	948	177	6.32	36.5
0.50	238	73	55	878	951	177	6.95	39.7

续表

水胶比	水泥 /(kg/m³)	矿渣粉 /(kg/m³)	粉煤灰 /(kg/m³)	砂 /(kg/m³)	石 /(kg/m³)	水 /(kg/m³)	外加剂 /(kg/m³)	28d强度 /MPa
0.45	264	81	61	842	949	176	7.73	47.9
0.40	297	92	69	802	941	175	8.69	56.2
0.35	340	105	78	757	926	174	9.93	64.3

回归方程：$f_{cu,0}=27.870B/W-14.610$（相关系数 $r=0.992$）

（1）均化前配合比成本　根据以上试验数据及回归方程确定 C30 混凝土配合比。

① 配制强度：$f_{cu,0}\geqslant f_{cu,k}+2.0\sigma=30+2.0\times5.5=41$（MPa）。

② 确定胶水比：$B/W=(f_{cu,0}+14.610)/27.87=1.995$，水胶比为 0.50。

③ C30 混凝土配合比确定见表 9-3。

表 9-3　C30 混凝土配合比的确定　　kg/m³

水胶比	水泥	矿渣粉	粉煤灰	砂	石	水	外加剂
0.50	238	73	55	878	951	177	6.95

④ 假定原材料价格见表 9-4。

表 9-4　原材料价格假定值

原材料品种	水泥	矿渣粉	粉煤灰	砂	石	外加剂
价格(元/立方米)	350	210	180	60	50	2500

⑤ C30 配合比成本：226.14 元/m³。

（2）均化后配合比成本确定　假设使用均化后的砂混凝土强度标准差分别下降为：2.5MPa、3.0MPa、3.5MPa，配制强度及水胶比分别确定如表 9-5。

表 9-5　配制强度及水胶比

标准差/MPa	2.5	3.0	3.5
配制强度/MPa	35.0	36.0	37.0
胶水比	1.780	1.816	1.852
水胶比	0.56	0.55	0.54

混凝土配合比确定见表 9-6。

表 9-6　混凝土配合比确定

水胶比	水泥 /(kg/m³)	矿渣粉 /(kg/m³)	粉煤灰 /(kg/m³)	砂 /(kg/m³)	石 /(kg/m³)	水 /(kg/m³)	外加剂 /(kg/m³)	成本	与均化前 差值/(kg/m³)
0.56	212	65	49	914	951	177	6.21	214.59	−11.55
0.55	216	67	50	911	948	177	6.32	216.53	−9.60
0.54	220	68	51	908	945	177	6.44	218.29	−7.85

假设搅拌站年产量分别为 30 万立米、40 万立米、50 万立米，每年可以降低原材料成本分别为（万元）见表 9-7。

表 9-7　每年可以降低的原材料成本

差值(元/t) ＼ 年产量(万立方米)	30	40	50
−11.55	−346.5	−462	−577.5
−9.60	−288	−384	−480
−7.85	−235.5	−314	−392.5

如果能达到上述假设的结果，年产 30 万立米以上，当年可以收回投资。

6. 社会和环境效益分析

在预拌混凝土中采用砂的预均化工艺，不仅经济上可行，也会产生可观的社会和环境效益。通过工艺革新提高整个行业的质量控制水平，使行业逐渐向自动化和信息化方向发展，提升整个行业的规范化程度，可以改变行业管理粗放及环境脏落差的形象，有利于行业的健康发展，有非常现实的社会意义。同时，混凝土成本降低就意味着占混凝土成本主要因素的水泥用量降低，按照上面的分析，如果混凝土水泥用量由 238kg/m³ 降低到 216kg/m³，单方少用水泥减少 22kg/m³，对于我国年产数亿立方米混凝土的产量来说，每年可以减少水泥用量几百万吨，也就可以减少二氧化碳排放几百万吨，对改善环境有着不可低估的贡献。通过预均化处理，可以扩大有限的砂资源的利用，提高开采效率，还可以适当放宽砂的质量和控制要求，最大限度地利用砂资源。另外，通过均化处理，可以加快再生集料的应用，有利于再生集料行业的发展，对于建筑垃圾处理等行业有一定的促进作用，从另一个侧面体现了砂预均化的环境效益。

预拌混凝土借鉴水泥预均化工艺对砂进行预均化处理既有经济上的可行性，也有现实的社会和环境效益，是完全可行的工艺革新。行业的健康发展不仅需要管理创新和科技创新作支撑，同时也需要工艺革新作为重要保障，因此有条件的企业，有志于将企业做大做强的企业，有雄心将企业打造成名牌企业的预拌混凝土公司，可以尝试进行类似砂预均化的工艺革新，为行业的整体利益做贡献的同时，实现自身的长远健康发展。

二、生产过程

1. 自动测砂石含水、砂含石

砂石含水是影响混凝土用水量的重要因素，采用传感器自动测试砂的含水，可以给生产以及时的参考，及时调整生产时的砂含水。

砂含石是影响混凝土和易性的主要因素。使用的砂含石比实际值过低时，会导致混凝土因砂率低而导致和易性差，容易堵泵、离析等；过高时又会增加混凝土的用水量和外加剂用量，增大坍落度经时损失等。因此对砂含石的实时监控对于保证混凝土的和易性具有很强的必要性。

可以采用从皮带或下料口自动取样，通过过筛的方法来测定含石，同时要考虑砂含水等因素。例如取样 500g 砂子，含水 8%，筛出 5mm 以上石子为 50g（其含水假设为 1%），则实际上的砂含石可以按下式计算：$[50×(1-1\%)]/[500×(1-8\%)]=10\%$。

2. 粉料仓自动取样

水泥、粉煤灰、矿渣粉等胶凝材料的性能对于混凝土质量波动影响也较大，鉴于其测试的复杂性，在生产阶段实时检测其性能难度较大。但如果能实现自动取样检测，则会对生产过程中胶凝材料质量检测的及时性带来很大帮助，希望设备厂家能对此加以专门研究。

我们暂时提出对胶凝材料能够自动取样，这样当混凝土出现质量问题时，我们可以将胶凝材料自动取样，送到试验室进行各项指标的试验检测，从而查找原因，尽快确定混凝土配合比调整方案。

3. 二级搅拌

目前多数搅拌站的材料下料顺序是先下水、外加剂、砂，再下其他材料，这对于外加剂的性能发挥非常不利，因为外加剂与砂先接触，砂中的含泥等杂质将消耗许多外加剂的有效成分。

建议改成：水、外加剂、胶凝材料等先在一小搅拌机中搅拌均匀，然后再同砂石等原材料一起放入大搅拌机中搅拌均匀。这样可以充分发挥外加剂的作用，减少砂质量对外加剂的影响。

4. 拌合物自动取样

在搅拌机下料口或搅拌机内部设置自动取样器，取出一定量的混凝土拌合物以备混凝土的过程检测和混凝土试件的制作。

目前常规的取样为整车打完后，罐车开到质检台（检验场地），将罐车快速搅拌一定时间，然后放料。这种方法存在的问题有：①混凝土搅拌得不够均匀，后面的浆体会偏多；②放料量不好控制，容易浪费；③放料完需要推到试块制作地点，如果路程较长，砂石会沉降，混凝土匀质性变差，需要再进行人工搅拌均匀。

如果能做到自动取样，在混凝土放料过程中或者搅拌完毕后进行取样，可以保证混凝土的匀质性，检验完毕或者试块制作完毕剩下的混凝土，可以再放回搅拌机中，不会造成浪费。

5. 自动检测装置

自动检测装置应能做到自动检测混凝土拌合物的各项性能，如：用水量、水胶比、坍落度、含气量、氯离子含量等。可根据这些参数，对施工配合比进行针对性的调整。也可以将这些参数作为出场检验的数据。

自动检测应在搅拌过程中进行，在搅拌机中设置取样器或传感器。

6. 搅拌过程中自动加减水、外加剂

根据自动检测的结果，搅拌过程中可以按照事先设定好的范围进行自动加减水或外加剂，这样可以将混凝土调整为最佳状态。

7. 回收利用

目前已有一些成熟的技术对泥浆、雨水等进行自动回收使用，泥浆自动回收使用可以使搅拌站真正做到零排放，对环境保护和废物利用意义重大。雨水回收可以节约水资源。目前我国已有许多生产泥浆、雨水回收设备的企业，已经初步做到了自动化回收使用。

剩退混凝土是搅拌站每天都要发生的，需要进行正确的处理，以免浪费。应制定科学的剩退混凝土处理办法，不能采取技术手段处理的剩退混凝土应通过泥浆自动回收系统进行处理，循环利用。

三、运输和交付过程

1. 罐车内混凝土自动检测

罐车内的混凝土如能进行自动检测水胶比、坍落度等指标，并实时上传数据共享，对于混凝土的运输过程质量控制非常有益。调度或质检部门可以根据实际传回的数据，进行该车混凝土的调配。例如该车混凝土优先浇筑、确定调整方案进行调整、无法调整的混凝土及时拉回站内处理等。

2. 罐车内自动添加外加剂

对于特殊混凝土或炎热天气下的混凝土运输，如果能做到在运输过程中边搅拌边添加外加剂，可以很好地控制混凝土坍落度损失。

罐车自动添加外加剂也可以帮助质检人员对混凝土进行调整。

3. 罐车强制搅拌时可设置和显示搅拌时间，并实现搅拌过程自动控制

目前混凝土现场调整时，罐车强制快速搅拌的时间需要人工控制，往往搅拌时间不够，导致调整后的混凝土搅拌不均匀。如果能设置和显示搅拌时间，并按照设定时间进行自动搅拌，则可以改善混凝土调整效果。

4. 罐车运输交付过程的时间自动化记录

混凝土罐车运输和交付的全过程时间的自动化记录，包括：出站、到达现场、等待、浇筑开始、浇筑完毕、回站等时间。如果对这些时间实施监控和记录，可以有效地杜绝卖灰、卖油等现象，可以协助调度进场车辆的调配，同时方便问题或事故追踪调查。

本章的这些设想是基于国内搅拌站的质量控制现状而提出来的，有些设想正在实现，有些设想仍停留在设想阶段。希望对自动化水平有兴趣的搅拌站或者设备厂家，能够从中得到启发，对相关项目进行专项研究和改造，从而提高预拌混凝土的质量控制水平，使整个行业得到快速健康发展。